感測器應用實務(使用 LabVIEW)

陳瓊興、歐陽逸　編著

全華圖書股份有限公司

Use of **POWERED BY LABVIEW LOGO**
CONSENT AGREEMENT

THIS "Consent Agreement" is made on May 7, 2019, between National Instruments Corporation ("NI") with its principal place of business at 11500 N. Mopac Expwy, Austin, Texas 78759 and National Kaohsiung University of Science and Technology with its principal place of business at No. 142,Haizhuan Rd. Nanzi District,Kaohsiung City, Taiwan 811.

National Kaohsiung University of Science and Technology would like to make use of National Instruments Powered by LabVIEW Logo that is the Intellectual Property and/or proprietary, copyrighted material of National Instruments. National Instruments consents to allow limited use of the LOGOS subject to the terms and conditions below and the National Instruments Corporate Logo Use Guidelines ("GUIDELINES") incorporated herein by reference.

Terms and Conditions

1. National Instruments grants to National Kaohsiung University of Science and Technology the nonexclusive right to use the Powered by LabVIEW logo in their textbook for the publishing of NI LabVIEW and NI myRIO related interfaces. The Powered by LabVIEW LOGO will only be used in the specific manner described above and as defined in the LOGO GUIDELINES.

2. NI will be cited as the source of the material in every use. For oral presentations, this citation may be verbal. For all printed materials that include a direct copy of images, diagrams, or text, the citation shall include "©2017 National Instruments Corporation. All Rights Reserved" next to the direct copy. For printed materials where the ideas are incorporated into text, a citation of NI as the source of the ideas or concepts shall be included in a *notes or bibliography* section.

3. Where a Logo or Icon is used as an indication of the NI brand, the additional copyright text next to the Logo is not needed. Where other images are used to illustrate an article, publication, or event, they must be identified somewhere in the text (bibliography, footnotes, foreword) or on the website (in the Privacy and Use policy of the website and/or in a note at the bottom of the page on which they are displayed) as the protected property of NI with the words "Designs and images representing NI ideas and concepts are the sole property of National Instruments Corporation."

4. If a logo or icon is being provided, then a copy of the GUIDELINES must accompany this Consent Agreement. Signing this form is an affirmation that the GUIDELINES have been read, understood, and will be followed.

5. All right, title, and interest in the LOGO or ICON, including the intellectual property embodied therein, is and shall remain the sole property of NI.

6. This Agreement exists only for the specific use for which permission to use the LOGO is granted, and the terms of this agreement are not transferable to other uses. NI may terminate this Consent Agreement with 30 days written notice or immediately upon any breach or violation of the terms of this Consent Agreement or the GUIDELINES. Upon the expiration or termination, National Kaohsiung University of Science and Technology shall, to the best of its ability, insure the destruction and/or deletion of all physical and electronic copies stored or archived on any disc or hard drive. National Kaohsiung University of Science and Technology shall provide a letter affirming such destruction and/or deletion upon request from NI.

National Instruments	**National Kaohsiung University of Science and Technology**
	Signature: Chiung Hsing Chen
Printed Name: Shelley Gretlein	Printed Name: Chiung-Hsing Chen
Title: Vice President Corporate Marketing	Title: Professor
Date: May 7, 2019	Date 2019. 5. 10

National Instruments Corporation, 11500 N. Mopac Expwy., Austin, TX 78759 USA/ Telephone: (512) 683-0100

作者序

指導學生專題製作設計一套智慧型的控制系統搭配多種不同的感測器元件。因此，對於工業上各式各樣的感測器的使用已頗有心得。隨著科技的進步與發展，感測器模組的發展也登上另一個高峰且各有其擅長。學習感測器的使用前必須詳讀其規格書，在編輯時已特別將感測器的主要規格說明揭露在本文內。教學內涵要與產業的需求達到無縫接軌，本書在介紹感測器的使用設計上都盡量採用工業上的標準。讀者們可透過本書深入淺出且實用的軟硬體範例，來提升程式撰寫與資料擷取之能力。本書內容乃延續之前已出版的“LabVIEW 與感測電路應用”的感測篇延伸，且在附錄中有感測器的精簡規格表和自己研發的感測電路的主要 IC 規格表。此次獨家蒐錄目前全球正夯的物聯網概念，將使用 iOS 作業系統的蘋果手持式裝置與 LabVIEW 做結合，並利用簡單範例來引導初學者入門。

雲端和物聯網 (IoT) 的時代已來臨，產業也吹起了雲端風。美商 NI 公司也趁勢在 2017 年推出新一代的開發軟體 LabVIEW NXG。讓使用者可以透過 LabVIEW NXG Web Module 輕鬆的建立遠端即時監測數據的網頁。本書的遠端監控章節將氣體感測與 LabVIEW NXG Web Module 結合，如此可省略網頁設計的程序。

為方便讀者學習，此次特別將電子電路由使用麵包板插元件方式進化成自行開發的教具模組。讀者可透過本書開發的教具模組，來熟悉工業上常見的感測器類比輸入與數位 I/O 之程式撰寫。此次出版考量讀者自我學習，採用價格較親民的低階 NI USB-6008 DAQ 卡外，並增加手持式遠端監控的應用實例。希望透過一套方便教學的簡單教具模組，使學生可以更加明瞭 NI DAQ 卡在不同感測器上的使用並輔以實務上的應用。為了提升程式設計的學習成效，已拍攝程式設計教學影片並將部分影片放在 youtube 上。

配合本教材而自行開發的教具模組將與廠商合作製作販售。使用本教材時建議可以採取以下方式之一：

(1) 購買電子材料搭配麵包板由學生自己完成感測電路。

(2) 購買電子材料和印刷電路板 (PCB) 由學生自己完成焊接。

(3) 直接購買教具模組。

教學影片連結

本次編輯期間承蒙李菊雄先生在電路設計的鼎力相助、本系許晉瑋同學的校稿與盧浚瑋同學在教具模組測試的協助，在此一同致謝。

國立高雄科技大學　電訊工程系　陳瓊興　博士　謹識　2020/09/11

編輯部序

「系統編輯」是我們的編輯方針，我們所提供給您的，絕不只是一本書，而是關於這門學問的所有知識，它們由淺入深，循序漸進。

本書以淺顯易懂的方式描述 LabVIEW 圖形化程式設計的工作環境及指令功能，以期奠定讀者程式撰寫之基礎。本書共分成 17 章，第 1 章描述 NI 資料擷取卡 (DAQ 卡) 的硬體設定與使用；第 2 章至第 14 章以各式感測電路元件以及簡單實驗引導初學者入門；第 15 章至第 17 章介紹與網路相關的進階程式設計功能、NI 網路資料傳輸 (DataSocket)、LabVIEW NXG 使用，以及結合手持式裝置的遠端監控。

本書適用大學、科大電子、電機、電訊系「感測器原理與應用」、「LabVIEW 圖控程式設計與應用」等課程。

同時為了使您能有系統且循序漸進研習相關方面的叢書，我們以流程圖方式，列出各有關圖書的閱讀順序，以減少您研習此門學問的摸索時間，並能對這門學問有完整的知識。若您在這方面有任何問題，歡迎來函連繫，我們將竭誠為您服務。

相關叢書介紹

書號：0253477
書名：感測與量度工程(第八版)
(精裝本)
編著：楊善國
20K/272 頁/350 元

書號：06366007
書名：KNRm 智慧機器人控制實驗
(C 語言)(附範例光碟)
編著：宋開泰
16K/224 頁/400 元

書號：06361007
書名：快速建立物聯網架構與智慧
資料擷取應用(附範例光碟)
編著：蔡明忠.林均翰
研華股份有限公司
16K/320 頁/520 元

書號：06329016
書名：物聯網技術理論與實作(第二版)
(附實驗學習手冊)
編著：鄭福炯
16K/416 頁/540 元

書號：10471
書名：訊號與系統概論－LabVIEW
& Biosignal Analysis
編著：李柏明.張家齊.林筱涵.蕭子健
20K/472 頁/500 元

書號：10468
書名：生醫訊號系統實作：LabVIEW
& Biomedical System
編著：張家齊.蕭子健
20K/224 頁/300 元

◎上列書價若有變動，請以
最新定價為準。

流程圖

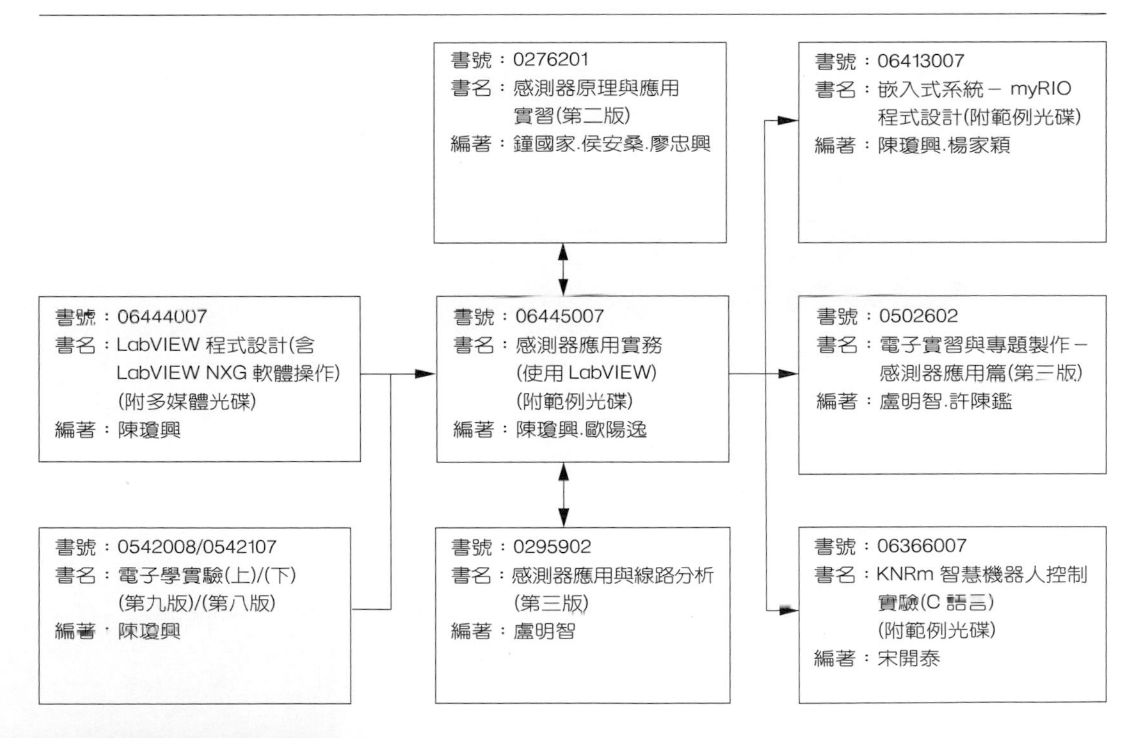

目錄 *Contents*

DAQ－資料擷取與控制

1-1 DAQ 概論

DAQ (Data AcQuisition) 稱為資料擷取，意指量測真實訊號的過程。由圖 1-1 所示，可以得知 LabVIEW 能藉由 DAQ (資料擷取) 卡擷取 Sensor (感測器) 的訊號 (包括類比與數位)，例如溫度、速度、濁度 (PPM)、酸鹼度 (pH)、流量、壓力與開關 (高位準與低位準)……等。由 DAQ 卡擷取進來的資料可以透過 LabVIEW 的程式設計將其藉由網路傳送至遠端的電腦或手持裝置上，讓遠端的電腦或手持裝置能夠即時同步監控。

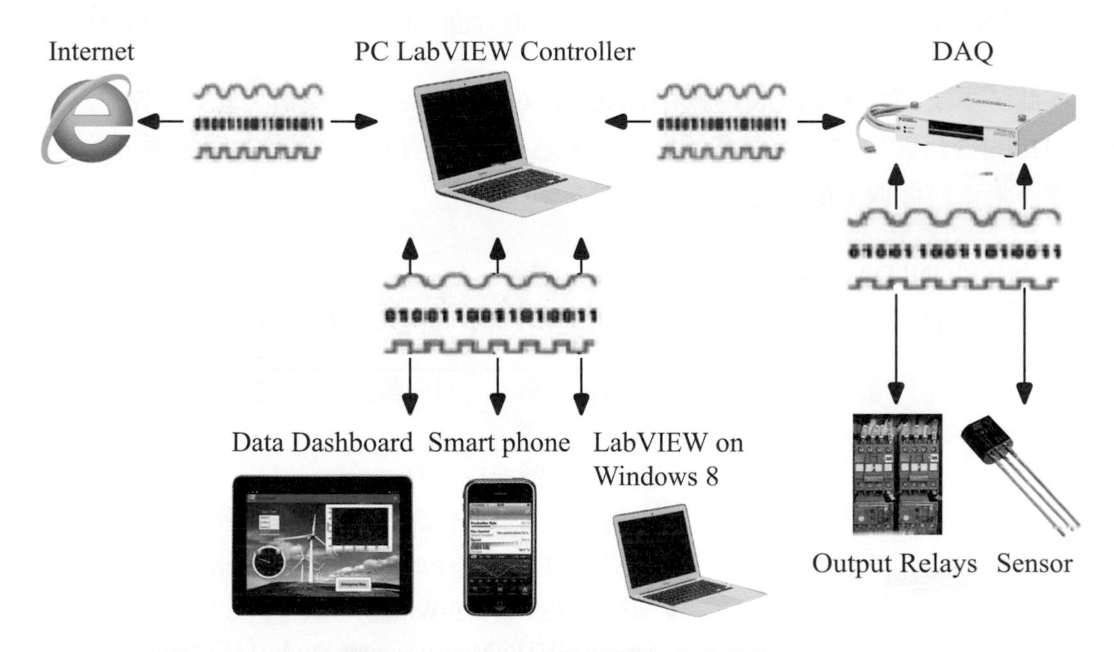

圖 1-1　LabVIEW 的遠端監控示意圖

假如一位家住高雄的水產養殖場老闆，而想要在家中隨時隨地監測位在屏東的養殖場之水溫，此時只要在屏東的養殖場架設一台安裝 LabVIEW 及 DAQ 卡驅動程式的電腦，並藉由 DAQ 卡透過溫度感測器讀取魚池的水溫到電腦上，接著再透過 LabVIEW 程式發送至網路上，你只要輸入該網頁在網路上的網址，便可在任何地點對屏東的水產養殖場進行監測。

除此之外，也可以將透過 DAQ 卡讀取進來的資料存放在 Word 檔、Excel 檔及手持裝置，如智慧型手機或平板電腦，或者也可將資料透過 LabVIEW 中的程式設計，並藉由 DAQ 卡傳送至 Output Relays 上。例如當 LabVIEW 藉由 DAQ 卡讀取到溫度過低的訊號時，則透過 Output Relays 啟動一個加熱系統。

1-1.1 DAQ 卡之選擇

NI 公司生產的 DAQ 擷取卡依與電腦之間的連結有兩種選擇：

(1) PIC 匯流排：為目前最常使用的內部電腦匯流排之一。PCI 可提供最高 1Gb/s 匯流排理想頻寬，以進行高速傳輸。

(2) USB 通用序列匯流排：使用 USB 連結的硬體裝置均為可熱插拔。

讀者有興趣可上 http://www.ni.com.tw (NI 的官方網站) 查詢，裡面有更詳細的資料。如圖 1-2 是 NI 的其中一張資料擷取卡，是採用 USB 介面，而圖 1-3 則是採用 USB-6008 介面。

在此，本文將會介紹 USB 介面 (DAQPad-6016) 匯流排的規格。此外，NI 公司尚有許多規格的資料擷取卡。在眾多的擷取卡，該如何去選擇，下列有 3 個選項可做為該如何選擇一張資料擷取卡的參考。

適用於USB的NI DAQPad-6016

16位元解析度、200 kS/s取樣率、32個數位I/O的多功能DAQ資料擷取卡

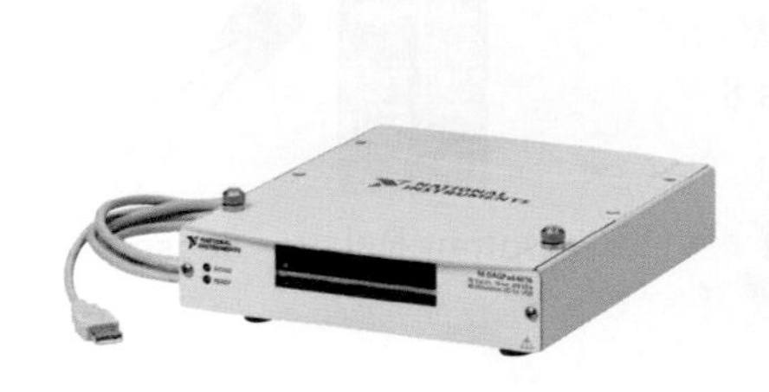

- 16個類比輸入、32個數位I/O、2個類比輸出、2個計數器/計時器
- 內建的訊號連接能力
- 針對更多通道或較高的取樣率，可採用USB M系列
- 亦提供OEM版本(P/N 193368-01)，請來電詢問報價
- 與LabVIEW、LabWindows / CVI，以及用於Visual Studio.NET的Measurement Studio有卓越的整合
- 隨插即用USB連結功能，便於快速設置

圖 1-2　DAQPad-6016

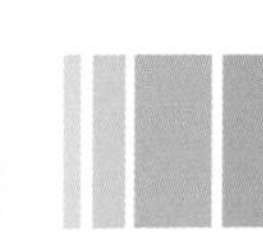

NI USB-6008

12位元、10 kS/s、低價位多功能DAQ

- 8個類比輸入(10 kS/s、12位元)
- 2個類比輸出(12位元、150 S/s)；12個數位I/O；32位元計數器
- 高機動性的匯流排供電功能；內建訊號連結功能
- 供應OEM版本
- 相容於LabVIEW、LabWindows / CVI、Measurement Studio for Visual Studio.NET
- NI-DAQmx驅動程式與NI LabVIEW SignalExpress LE互動式資料記錄軟體

圖 1-3　DAQ USB-6008

1-1.2　DAQ 卡之解析度問題

解析度決定了取樣的一類比訊號是否能保持原先的形狀，愈接近原形則所需解析度愈高。若以 3 位元來記錄取樣，則其所能表達的組合種類是 2 的 3 次方，即 8，若以 8 位元的取樣大小能分辨出 256 個層次，若採 16 位元來取樣，則能分辨的差異將高達 2 的 16 次方，為 65536，其精確度自然大為提高。16bit 或 8bit 取樣的差別在於將訊號量化 (Quantization) 的解析度；量化的解析度愈大，訊號起伏的大小變化就能夠更精細地被記錄下來。如果用將數位信號還原成類比訊號的角度來看，量化誤差就是失真 (Distortion)，可以用增加取樣大小的方式來降低量化誤差，也就是利用更多的位元 (bits) 來表示一個取樣訊號，這樣便可以提高對於電壓變化的靈敏度。

所謂的量化 (Quantization) 就是將連續的類比訊號分成一段一段的區間 (Interval)，每一段區間我們定義一個數位化的值。區間的數目是跟取樣大小有關。假設一個訊號它的最大值是 3.0，取樣大小為 3 個位元，則每個量化區間就是 $3 \div 2^3$，也就是 0.375 單位。下面就為大家示範一個例子，讓大家更了解到什麼是量化。

例如 3bit digital 的取樣值，如圖 1-4 所示。例如 5bit digital 的取樣值，如圖 1-5 所示。例如 8bit digital 的取樣值，如圖 1-6 所示。

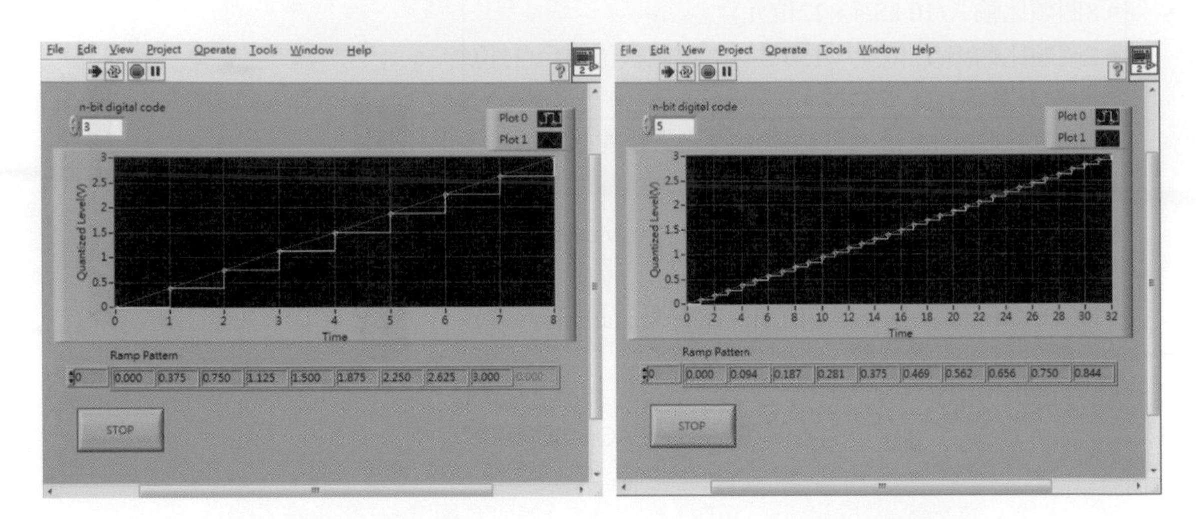

圖 1-4　3bit 取樣

圖 1-5　5bit 取樣

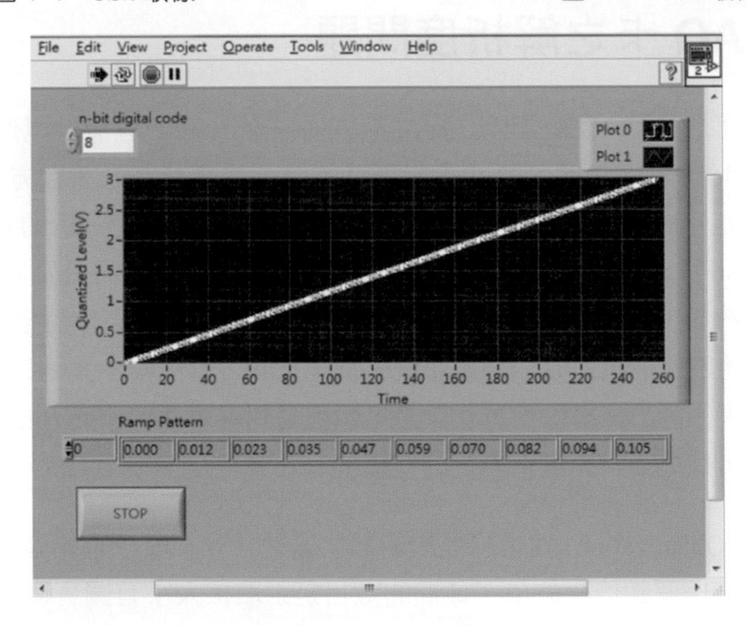

圖 1-6　8bit 取樣

由上面的例子可得知，同一張 DAQ 卡上利用愈高的解析度，則擷取到的訊號會愈接近原始的訊號。

1-1.3 取樣速率及更新速率

首先，先為大家介紹 Nyquist theorem。根據 Nyquist Theorem，假如一訊號的最大頻率為 f_c，那麼取樣的頻率 f_s，應為 $f_s \geq 2f_c$。取樣頻率 (Sampling Rate) 指訊號在一秒之中對波形做記錄的次數。取樣率愈高，所記錄下來的訊號就愈清晰，當然，愈高的取樣所記錄下來的檔案 f_s 就會愈大。想必大家對這個式子會感到懷疑吧？為什麼一定要 $2f_c$，難道一倍就不行嗎？沒關係，下面為大家示範一個例子，相信經過這個例子示範之後，大家會接受這個定義的意義。

假設 $f_c = 500\text{Hz}$，$f_s \geq 2f_c$，所以 $f_s = 1000\text{Hz}$，如圖 1-7 所示。

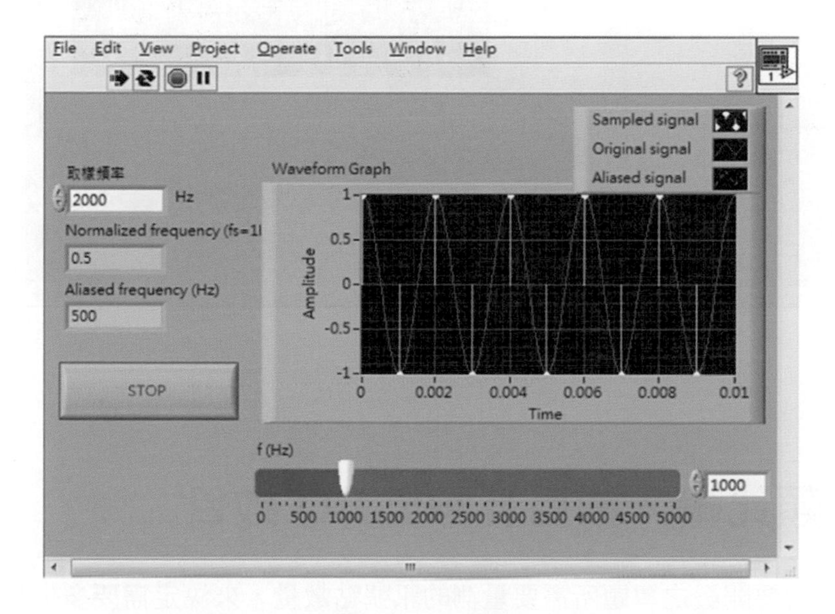

圖 1-7　$f_s \geq 2f_c$

那大家一定會懷疑，假如 $f_s < 2f_c$，又會如何呢？下面為大家介紹，為什麼 $f_s < 2f_c$ 不行。SR 為 Sampling rate，f 為 Aliased frequency，f' 為 |Aliased frequency–Sampling rate|。$f' = |f - SR|$Example：

$SR = 20{,}000\text{Hz}$Nyquist Frequency = 10,000Hz

$f = 12{,}000\text{Hz} \Rightarrow f' = 8{,}000\text{Hz}$

$f = 18{,}000\text{Hz} \Rightarrow f' = 2{,}000\text{Hz}$

$f = 20{,}000\text{Hz} \Rightarrow f' = 0\text{Hz}$

從上面的例子，得到一個結論。當 f < Nyquist frequency，這種情況叫做 aliasing，如圖 1-8 所示。

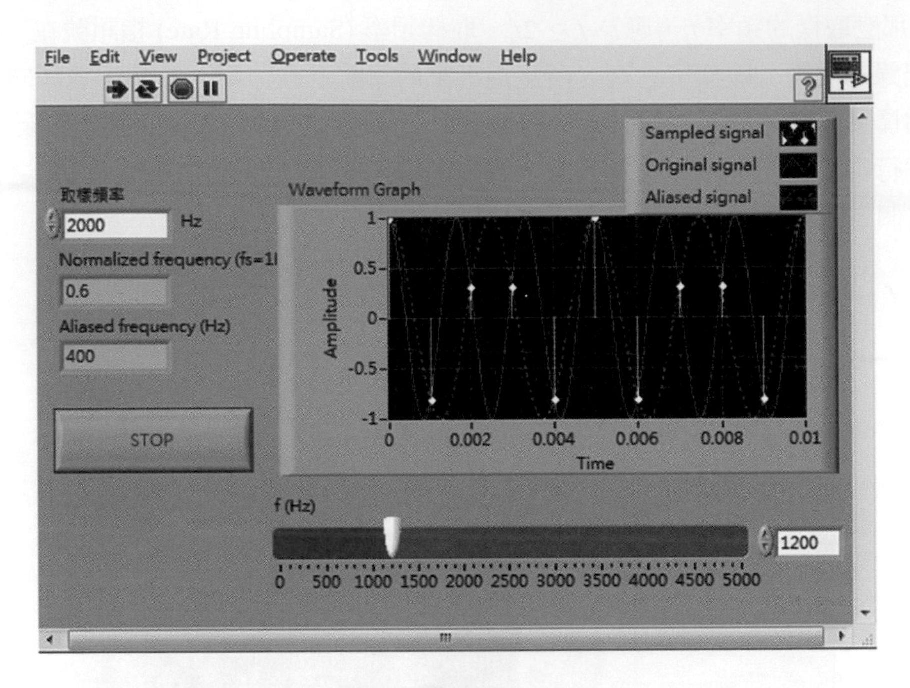

圖 1-8

1-1.4 類比輸入數目及數位 I/O 數目

依使用者所要開發之專題所需要量測的訊號點數量，來決定需要多少數目的類比輸入及數位 I/O，就可依此來決定該使用那種擷取卡。如圖 1-2 DAQPad-6016 有 16 個類比輸入及 32 個數位 I/O，而圖 1-3 USB-6008 則只有 8 個類比輸入及 12 個數位 I/O，當然價格也成正比。

1-2 訊號輸入模式

1-2.1　DAQPad-6016

DAQPad-6016 為一台整合 DAQ 擷取卡與接腳介面的 DAQ 裝置，如圖 1-9 所示，其擁有 96 隻接腳，如圖 1-10 為接腳說明圖，透過 USB2.0 介面連結至電腦。

NI DAQPad-6016 (用於USB)

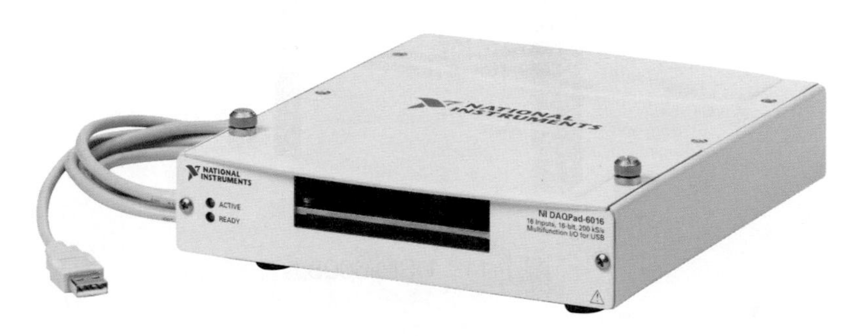

圖 1-9　DAQPad-6016

Extended Digital				Digital and Timing				Analog			
P3.7	96	80	P3.3	P0.0	33	49	CTR 0 OUT	AI 0	1	17	AI 4
D GND	95	79	D GND	P0.1	34	50	PFI 8/CTR 0 SOURCE	AI 8	2	18	AI 12
P3.6	94	78	P3.2	D GND	35	51	D GND	AI GND	3	19	AI GND
P3.5	93	77	P3.1	P0.2	36	52	PFI 9/CTR 0 GATE	AI 1	4	20	AI 5
P3.4	92	76	P3.0	P0.3	37	53	PFI 5/AO SAMP CLK	AI 9	5	21	AI 13
D GND	91	75	D GND	P0.4	38	54	PFI 6/AO START TRIG	AI GND	6	22	AI GND
P2.7	90	74	P2.3	D GND	39	55	D GND	AI 2	7	23	AI 6
P2.6	89	73	P2.2	P0.5	40	56	PFI 7/AI SAMP CLK	AI 10	8	24	AI 14
P2.5	88	72	P2.1	P0.6	41	57	CTR 1 OUT	AI GND	9	25	AI GND
D GND	87	71	D GND	P0.7	42	58	PFI 3/CTR 1 SOURCE	AI 3	10	26	AI 7
P2.4	86	70	P2.0	D GND	43	59	D GND	AI 11	11	27	AI 15
P1.7	85	69	P1.3	AI HOLD COMP	44	60	PFI 4/CTR 1 GATE	AI GND	12	28	AI GND
P1.6	84	68	P1.2	EXT STROBE	45	61	PFI 1/AI REF TRIG	AI SENSE	13	29	AI GND
D GND	83	67	D GND	PFI 2/AI CONV CLK	46	62	PFI 0/AI START TRIG	AI GND	14	30	AI GND
P1.5	82	66	P1.1	+5 V	47	63	D GND	AO 0	15	31	AO 1
P1.4	81	65	P1.0	D GND	48	64	FREQ OUT	AO GND	16	32	AO GND

圖 1-10　DAQPad-6016 腳位說明

1-2.2　USB-6008

USB-6008 共有 32 支腳位，為 12bit 解析度，10ks/s 取樣率包含了 8 個類比輸入，2 個類比輸出 (12-bit，150s/s)，12 個數位 I/O，和 31-bit 計數。其工作範圍：類比電壓 ±10V、電流最大限制 50mA；數位電壓正 5V、電流最大限制 200mA。實體如圖 1-11 所示。

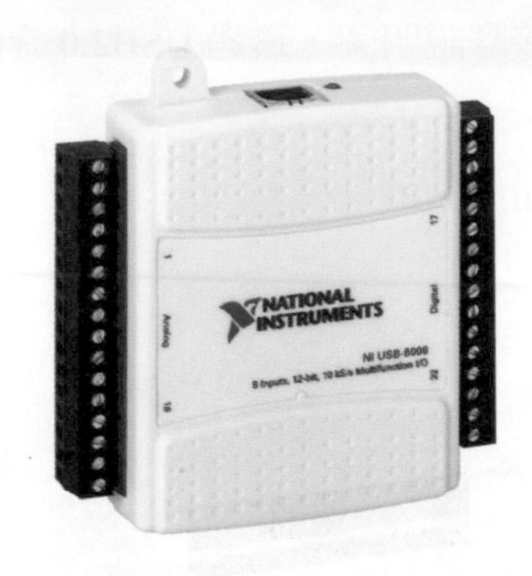

圖 1-11　USB-6008

USB-6008 介面的接腳是由一字型的螺絲起子鎖住，其接腳說明則如圖 1-12 所示。

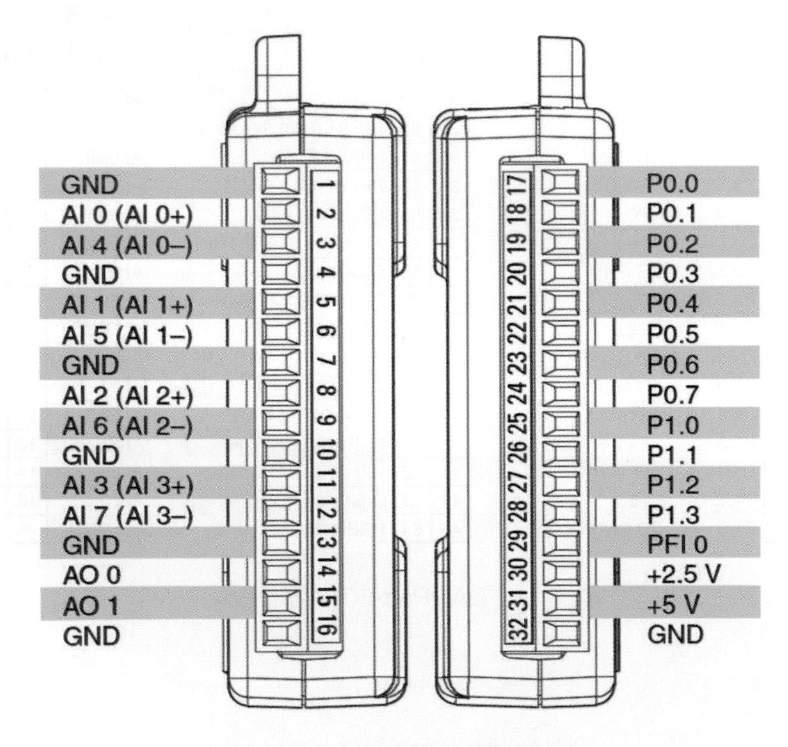

圖 1-12　USB-6008 腳位配置

1-3 DAQ 擷取訊號的模式

DAQ 擷取訊號的模式分為三種模式：

1.Differential(差動式量測模式)

DIFF(差動量測模式) 是指待量測系統的輸入訊號沒有連接到固定參考點，例如大地或建築物接地端。一個差動量測系統類似於一個浮接的訊號源，因為量測時對接地端是浮接的。手持式裝置和以電池為電力來源的儀器都是屬於差動量測系統。如圖 1-13 是 NI 提供的各種量測的接法，使用者可根據輸入訊號源 (接地或浮接) 來決定如何連接待測元件。

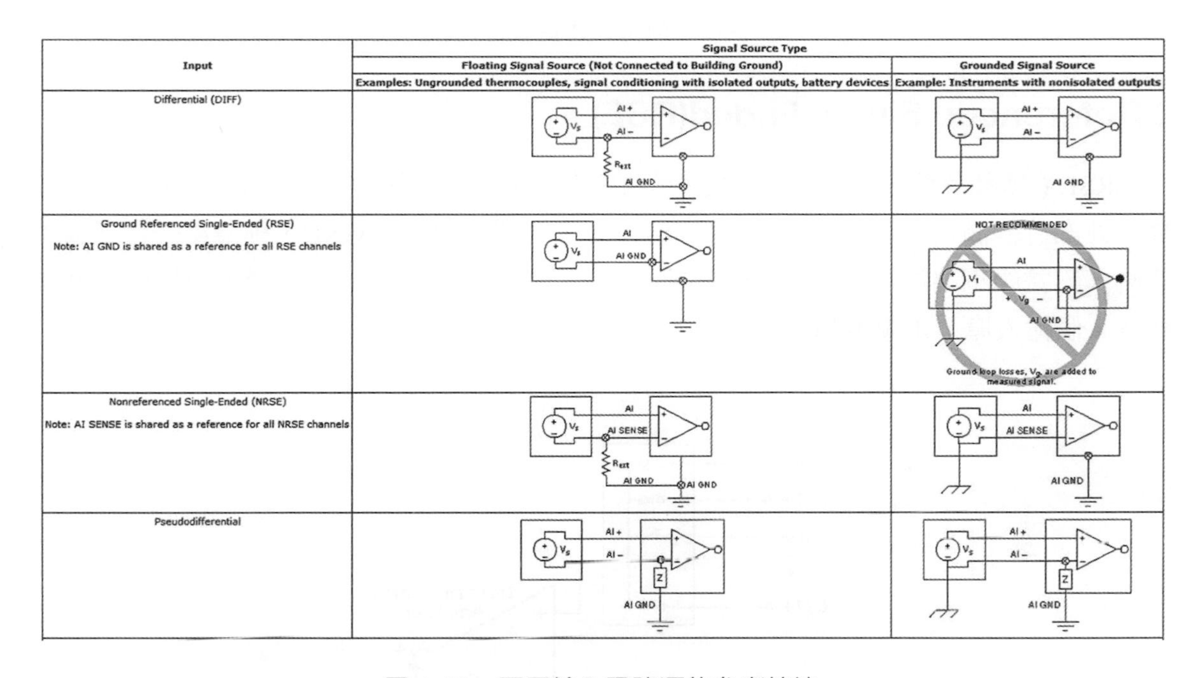

圖 1-13　不同輸入訊號源的參考接法

以 DAQ USB-6008 為例，將來自外部待檢測訊號的兩端接在 USB-6008 的兩個類比輸入接點上，將訊號線的正端接至 AI 0+ (第 2 腳位)，負端接至 AI 0– (第 3 腳位)，則為第一個通道 (圖 1-12)。若訊號線的正端點接至 AI 1+ (第 5 腳位)，負端點接至 AI 1– (第 6 腳位)，則為第二個通道，依此類推。正端若接至 AI 0 ～ AI 3，則負端點必須接至相對應的 AI 4 ～ AI 7 才可組成一個通道，所以使用 DIFF 只有 4 個輸入埠。

如圖 1-14 是一個使用在 NI 元件的典型 8 通道差動量測系統的實現。類比多工器被用來當只有一個儀表放大器時來增加量測的通道數。圖中標示 AI GND，類比輸入接地，是量測系統的接地端。

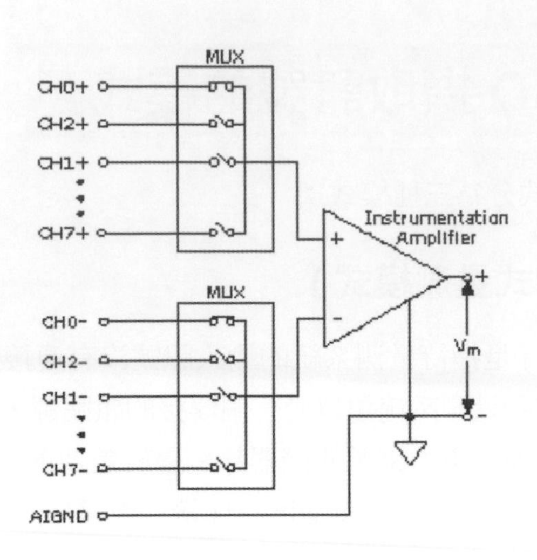

圖 1-14　典型 8 通道 DIFF 模式

2.Referenced Single Ended(RSE)

RSE (具參考點的單端量測模式) 是將所有輸入通道的接地端皆連接至 GND 上。將來自外部待檢測輸入訊號的正端連接至 AI 0+，負端點連接至 GND，則為第一個通道；若輸入訊號的正端連接至 AI 1+，負端點連接至 GND，則為第二個通道。所以使用 RSE 會有 8 個輸入埠，如圖 1-15 所示。

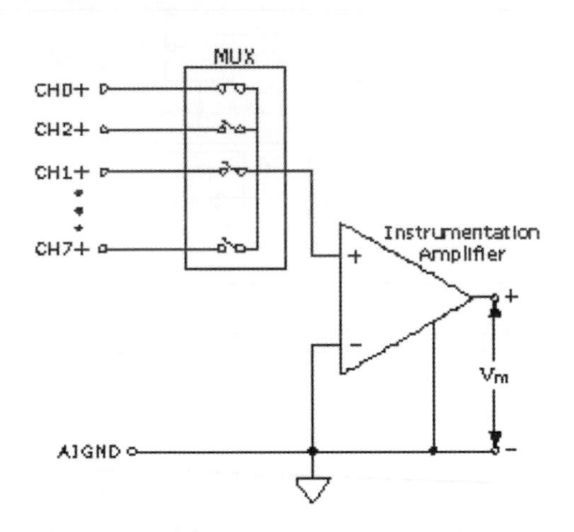

圖 1-15　典型 8 通道 RSE 模式

3.Non-Referenced Single Ended(NRSE)

NRSE (不具參考點的單端量測模式) 是 RSE 量測技術的變種。由於 USB-6008 並沒有支援 NRSE 模式，所以在這裡只單純講解 NRSE 模式。在 RSE 量測模式中，所有量測通道的負端點皆連接至整個量測系統的類比接地點 (AI GND) 上，但 NRSE 的量測模式中，其量測通道的負端點則是可自訂的參考地端。假設將輸入訊號的正端連接至 CH0+，負端點連接至 AI SENSE，則為一個通道；若正端連接至 CH2+，負端點連接至 AI SENSE，則為第二個通道，以此類推，如圖 1-16 所示。

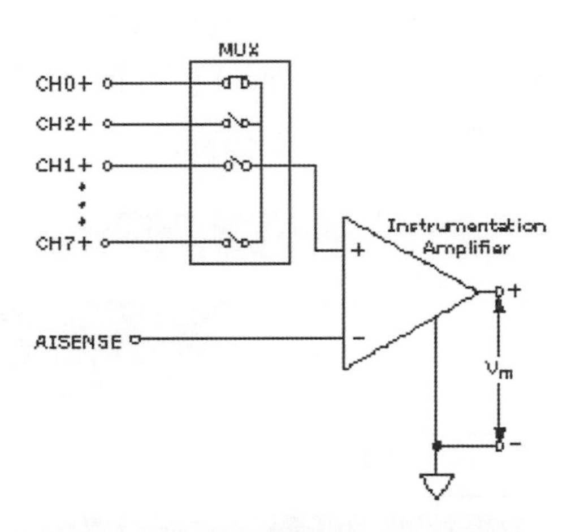

圖 1-16　典型 8 通道 NRSE 模式

註 想要知道更詳細的資訊，請開啟 LabVIEW 的主程式，再從“Help”下拉式選單中點選“LabVIEW Help”來開啟 LabVIEW Help 視窗。在“索引”內打上量測模式名稱並搜尋，即可找到相關資料。

注意事項

1. 要注意儀器的接地點是否有接到地表，若接地點不正確，測量值會與訊號來源有所誤差。
2. 如果您要量測低位準的電壓 (低於 2V)，最好使用 differential 模式，因為它可以消除共模雜訊，增加訊號雜訊比。其缺點是它比使用 non-referenced single(NRSE) 模式減少了一半可使用的頻道數。如果您量測的是一高電位的訊號，而且需要多個頻道數，您可使用 (NRSE) 模式。不要用 RSE 模式量測，它會產生接地迴路。
3. 請注意訊號與量測系統只能有一個接地，若訊號與量測系統都有接地，如圖 1-17 所示，會形成一個接地迴路，則測量值與訊號來源將有所誤差。

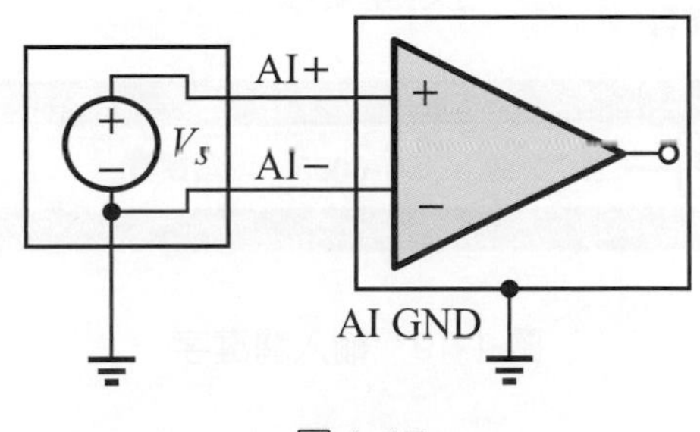

圖 1-17

1-4 如何下載驅動程式及安裝

STEP 1 任何硬體一定要有驅動程式才可以使用，DAQ 卡當然也不例外。可以到 NI 的中文網站 (http://www.ni.com/zh-tw.html)，在首頁的表單點選支援來尋找驅動程式軟體，如圖 1-18 所示。

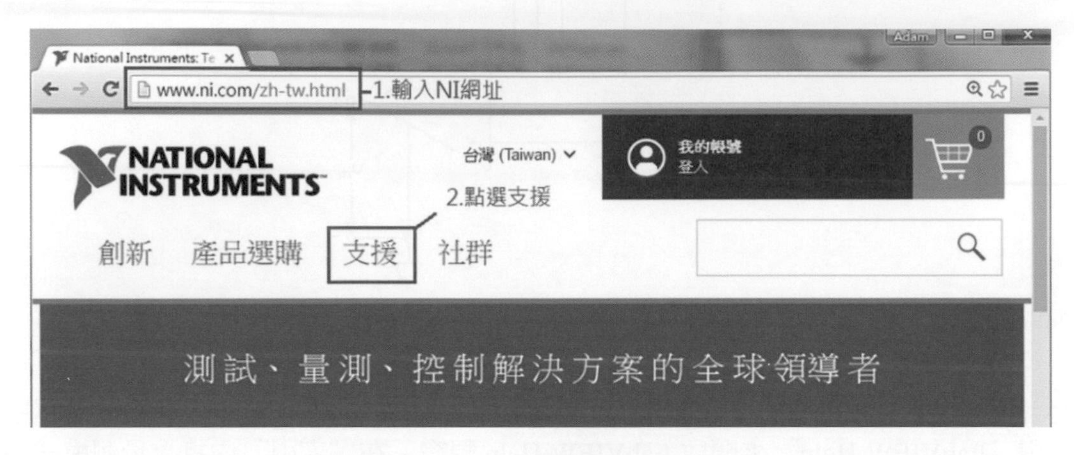

圖 1-18　NI 官方網站首頁

STEP 2 點選支援後，將選項調整為“下載項目”，並輸入 USB-6008 後搜尋，如圖 1-19 所示。

圖 1-19　輸入關鍵字

STEP 3 點選 NI-DAQmx15.5 或是點選符合的硬體型號的版本來進行下載，如圖 1-20 所示。(建議安裝最新版本)

圖 1-20　選擇 NI-DAQmx

STEP 4 點選後，進入 NI-DAQmx15.5 的頁面，如圖 1-21 所示。

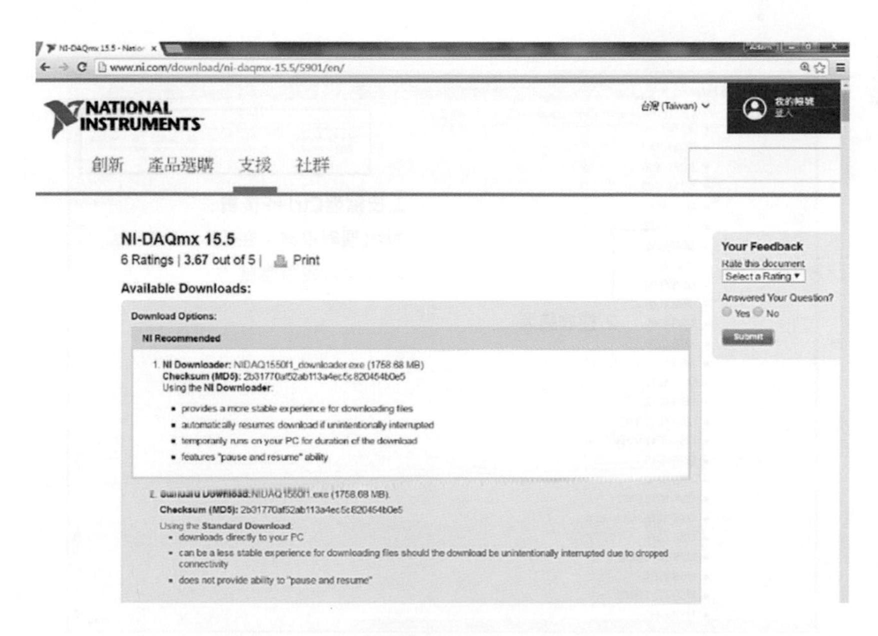

圖 1-21

如果要查詢軟體版本是否支援所使用的硬體，請將如圖 1-21 的網頁往下拉，之後點開 Description 與 Supported hardware 的選項，如圖 1-22 所示。

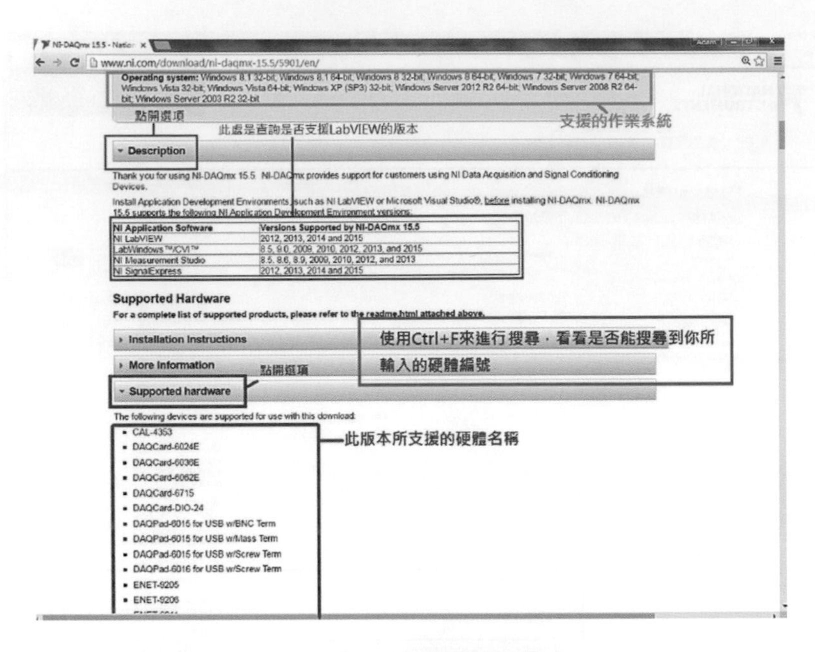

圖 1-22　軟體版本選擇

搜尋結果，如圖 1-23 所示，有搜尋到所輸入的硬體編號的話，那就代表此軟體版本是有支援所搜尋的硬體，確認後再回到此網頁的最上方。

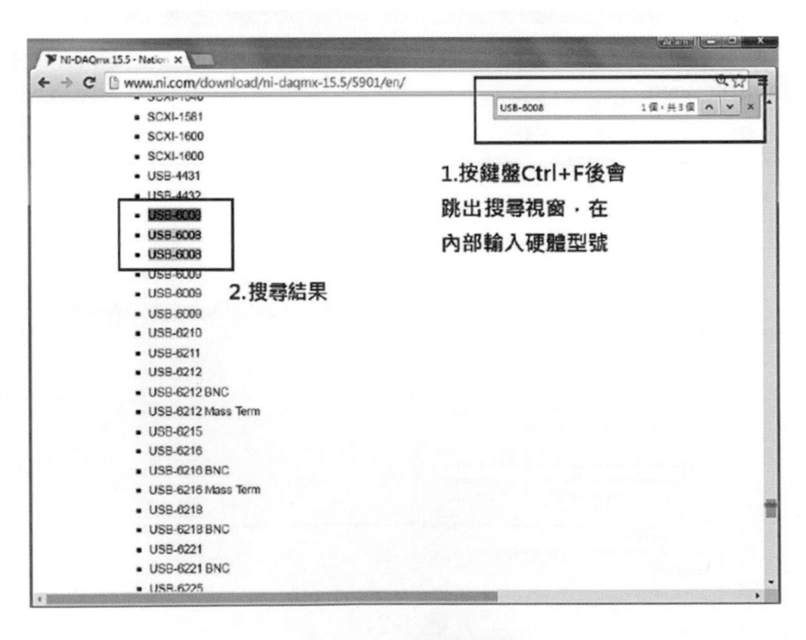

圖 1-23　硬體選擇

STEP 5 登入帳號密碼後，點選 NIDAQ1550f1_downloader.exe 或 NIDAQ1550f1.exe 即可下載，如圖 1-24 所示。將下載完成的檔案安裝後就可以使用了。

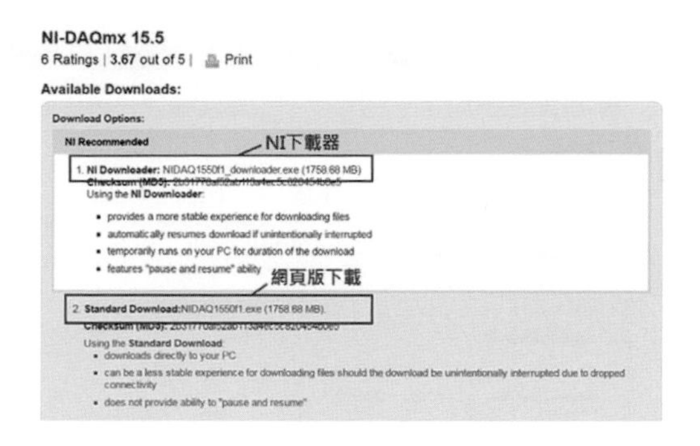

圖 1-24

1-5 USB-6008 驅動軟體安裝、測試與程式撰寫

STEP 1 利用 LabVIEW 的一個 NI MAX 程式來檢測我們所安裝的 DAQ 裝置是否正確。首先，點選 NI MAX，如圖 1-25 所示。

圖 1-25　NI MAX 執行檔

STEP 2 進入 Measurement & Automation Explorer 即可看出 DAQ 卡是否正確安裝，若安裝正確，在 Devices and Interface 即可發現安裝的 USB-6008，如圖 1-26 所示。

注意事項 讀者也可以透過 Measurement & Automation Explorer 測試儀器是否有損壞。

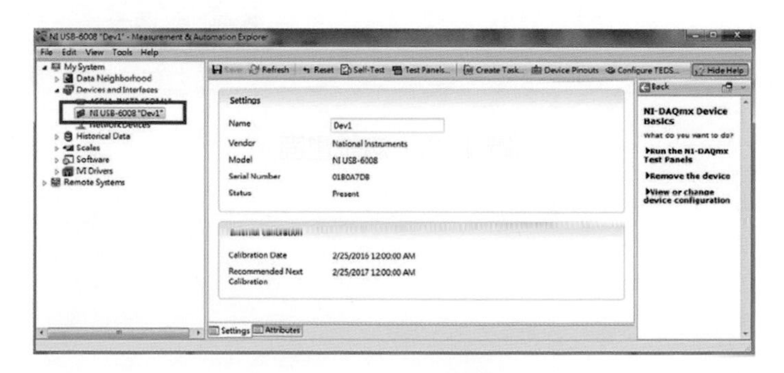

圖 1-26　硬體資訊

STEP 3 點選「Devices and Interfaces → NI USB-6008 "Dev1" 」，在右邊的面板即可觀察 NI USB-6008 的硬體資訊，如圖 1-27 所示。

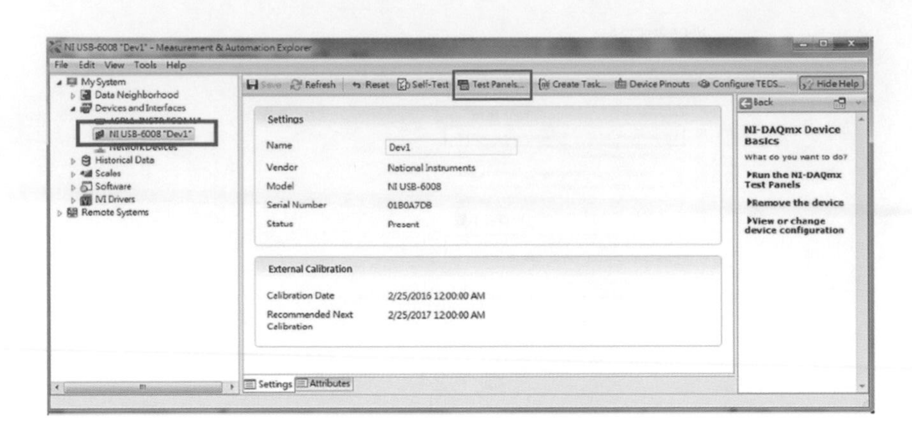

圖 1-27　DAQ 卡硬體資訊

STEP 4 點選 Test Panels，點選後此面板共有 4 個表單，分別是 Analog Input、Analog Output、Digital I/O、Counter I/O，如圖 1-28。此面板也可測試 NI USB-6008 是否正常運作，可測試 Digital、Analog 與 Counter 各 Channel 是否正常運作。

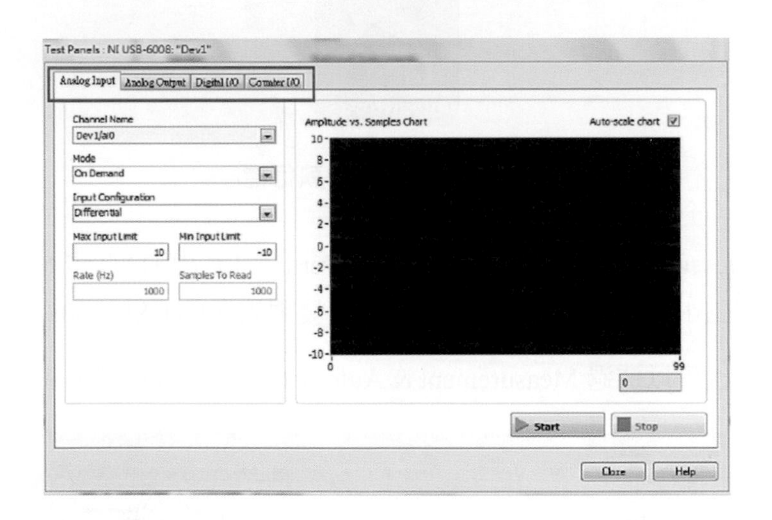

圖 1-28　測試畫面

1-5.1　USB-6008 程式設定

1.AI (類比輸入信號，Analog Input) 程式設定

STEP 1 在圖形程式區上按滑鼠右鍵，在跳出的函數面板上進入 Functions 面板裡的「Express → Input → DAQ Assistant」，如圖 1-29 所示。

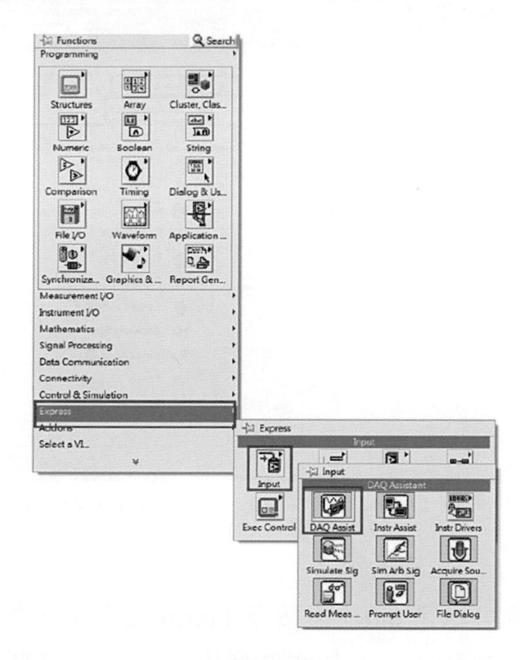

圖 1-29

STEP 2 進入 DAQ 小幫手之後，可以看到 step by step 的視窗畫面，在 DAQ 小幫手裡，它是採取選單式的方式來撰寫程式，選單中有 Acquire Signals、Generate Signals，如圖 1-30 所示。

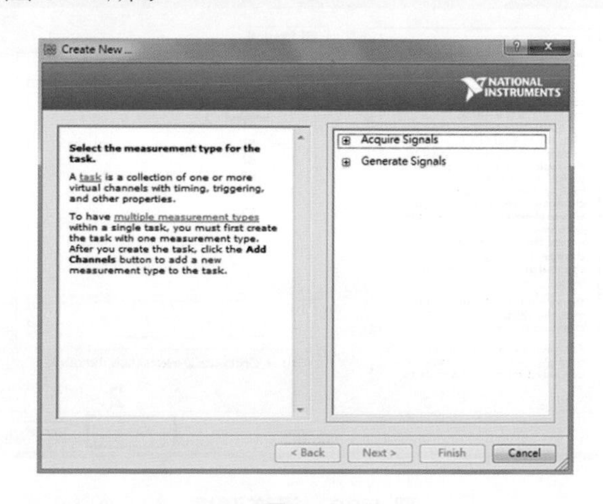

圖 1-30

STEP 3 按下 Acquire Signal 後，裡面又可分為 4 個項目，分別是 Analog Input、Counter Input、Digital Input、TEDS。首先，先點選 Analog Input，Analog Input 可以抓取不同的物理量，選擇 Voltage，如圖 1-31 所示。但這裡只介紹 Voltage，其餘的用法大同小異，讀者若有興趣可以自行使用看看。

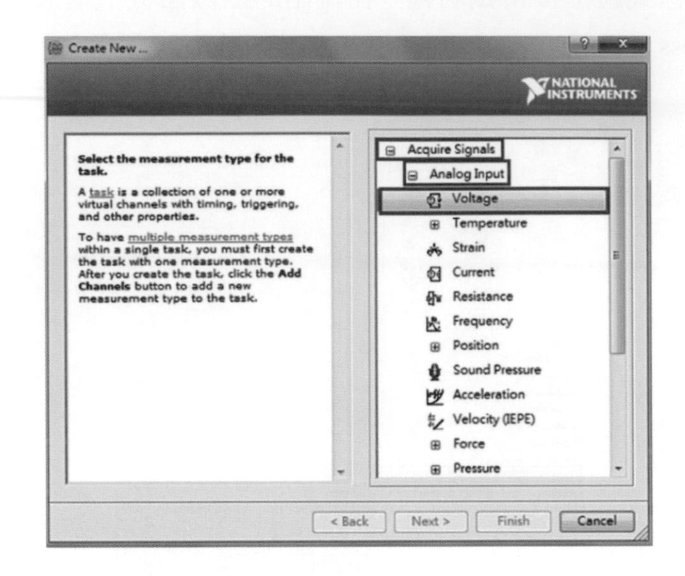

圖 1-31

STEP 4 點選 Voltage 後再點選 ai0，再按下 Finish 後完成，如圖 1-32 所示。點選 ai0 後訊號就會由 ai0 輸入，由於視窗所顯示出來的接腳為 ai0 ～ ai7，所以使用 NIUSB-6008 總共有 8 個類比輸入。

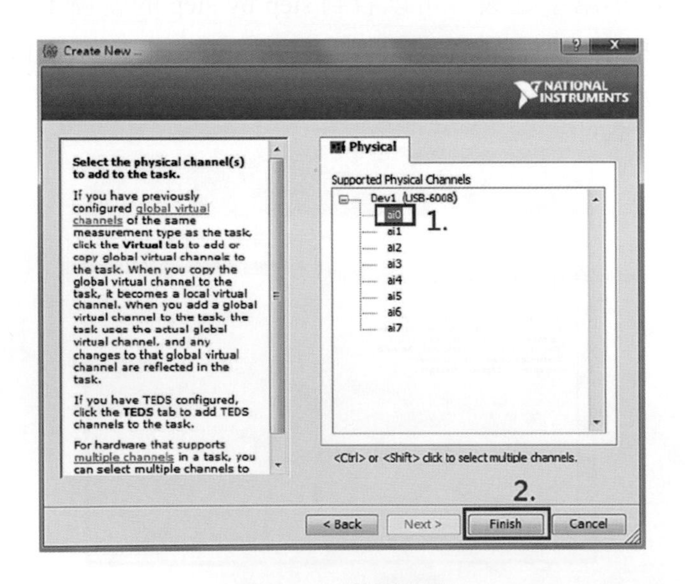

圖 1-32　通道選擇

STEP 5 在 Configuration 表單上，訊號輸入範圍採用 –10 ～ 10，而訊號輸入方式採用 RSE，如圖 1-33 所示。

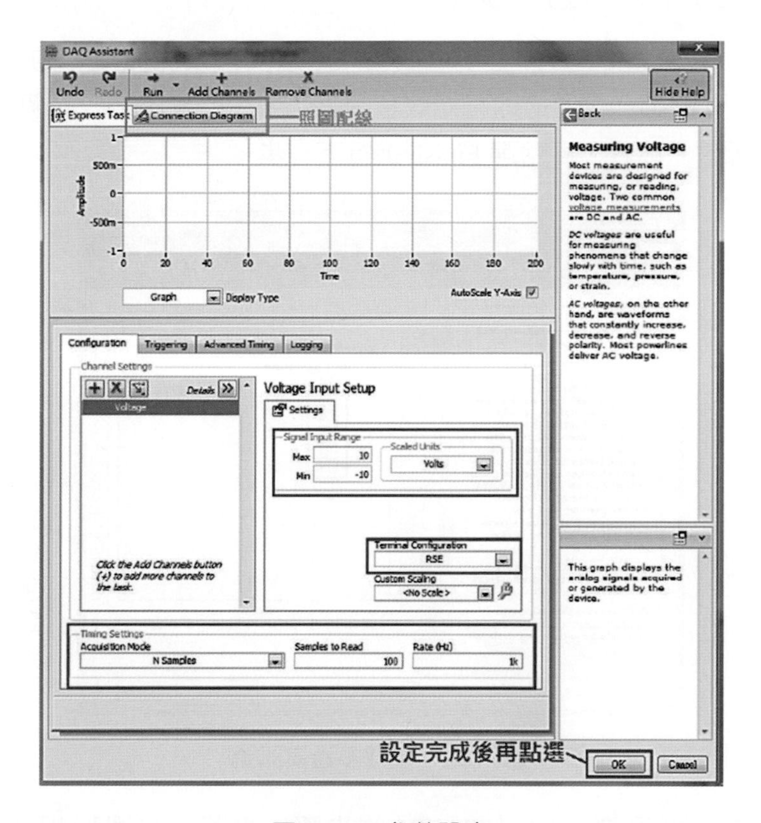

圖 1-33　參數設定

註 NI 提供一項方便接腳的方式，以供使用者照圖配線 (如圖 1-33 中綠框 Connection Diagram，讀者請自行參考)。

2.AI 多重訊號擷取

STEP 1 重覆 1-5.1 中的步驟 1 ～步驟 3。

STEP 2 完成上述步驟後，選擇其中一個輸入通道後再按住鍵盤上的 shift 鍵後，再使用滑鼠點擊另一個通道即可擷取多個訊號。在此我們擷取六個通道為例，如圖 1-34 所示。接著，再點選 Finish 進行下一步。

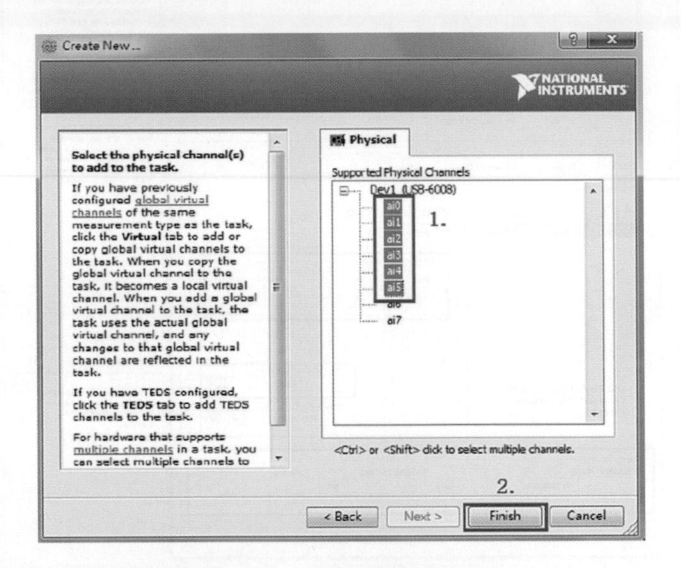

圖 1-34　擷取多通道訊號

STEP 3 接下來，再重覆 1-5.1 中 STEP5 的步驟。接著，在圖形程式區上按滑鼠右鍵，在跳出的函數面板上進入「Express → Signal Manipulation」裡找到“Split Signals”函數，如圖 1-35 所示。

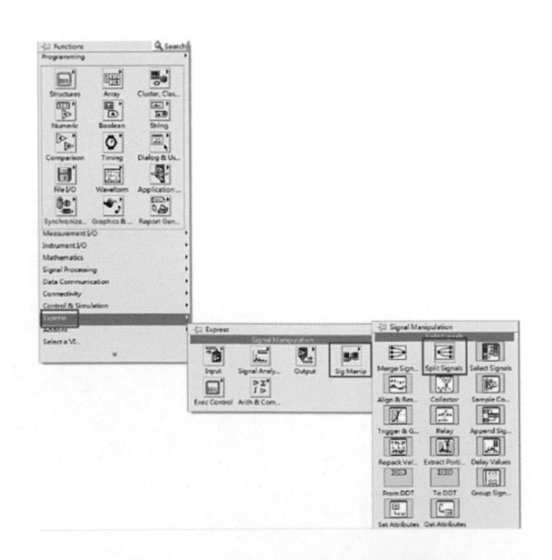

圖 1-35　Split Signals 函數

STEP 4 完成上述步驟後，將 DAQ Assistant 的 data 接往 Split Signals 函數，在人機介面上取得“Tank”、“Meter”與“Thermometer”這三個數值顯示元件，再將各元件如圖 1-36 之圖形程式區所示連接。

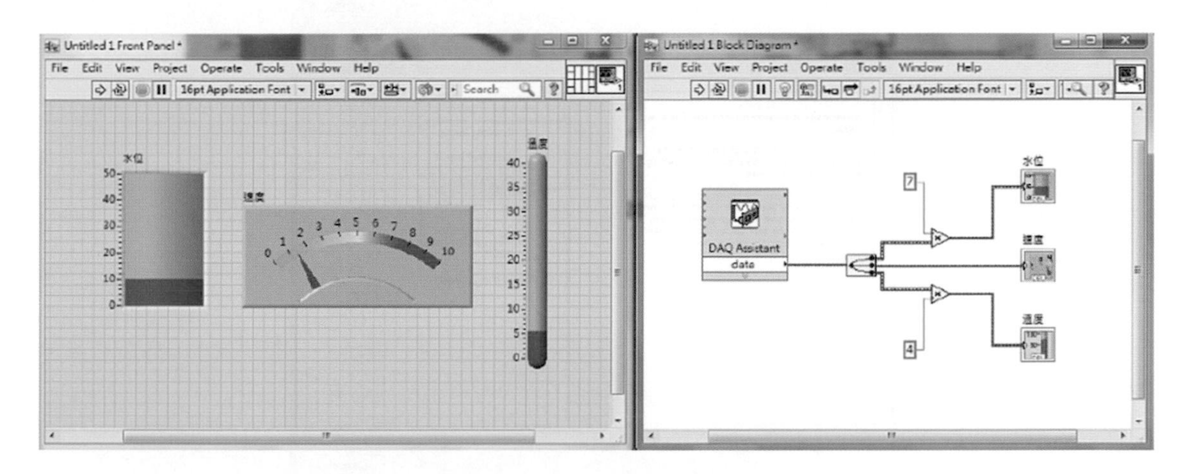

圖 1-36　**程式畫面**

3.DI (數位輸入信號，Digital Input) 程式設定

STEP 1 在圖形程式區上按滑鼠右鍵，在跳出的函數面板上進入 Functions 面板裡的「Express → Input → DAQ Assist」，如圖 1-37 所示。

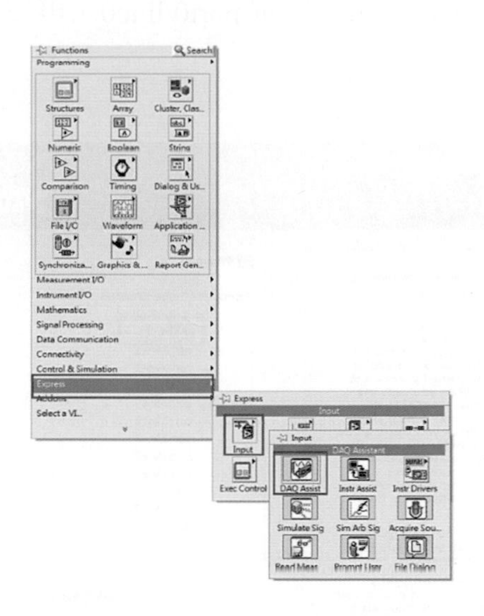

圖 1-37　DAQ Assist **函數**

STEP 2 進入 DAQ 小幫手之後，選擇 Acquire Signals 中的 Digital Input，而 Digital Input 又可分為 Line Input 與 Port Input，如圖 1-38 所示。

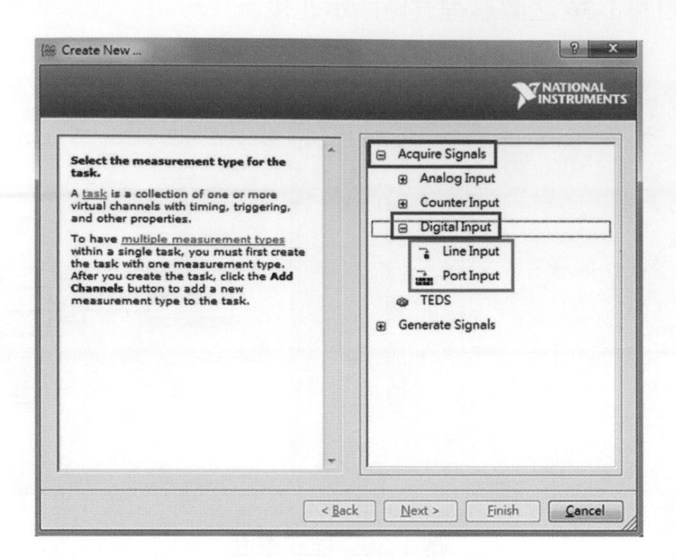

圖 1-38 選擇數位輸入

註 Line Input 是將 32 個 Digital Channel 各別拿來讀取或寫入，至於 Port Input 是將 32 個 Digital Channel 分成 4 個 Port，每次存取 8 個 Channel。

STEP 3 點選 Line Input 後，接下來再點選 port0/line0，再按下 Finish 後完成，如圖 1-39 所示。

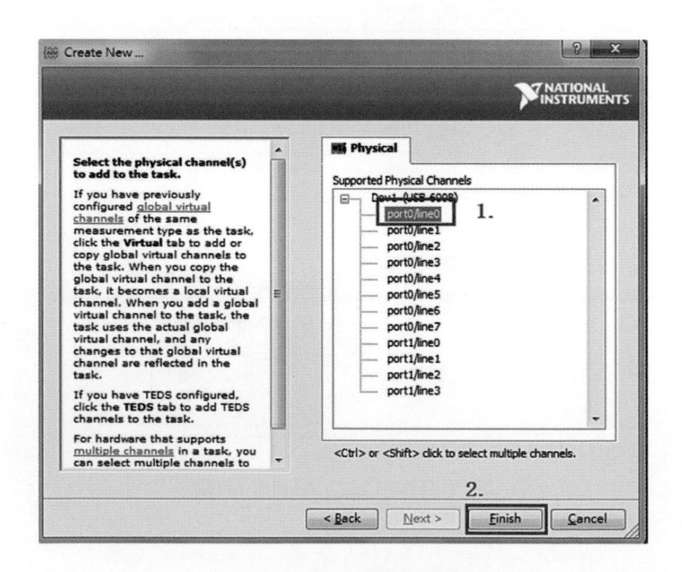

圖 1-39 參數設定

STEP 4 最後，按下 OK 鍵之後，即可完成 Digital I/O 部分的設定，如圖 1-40 所示。

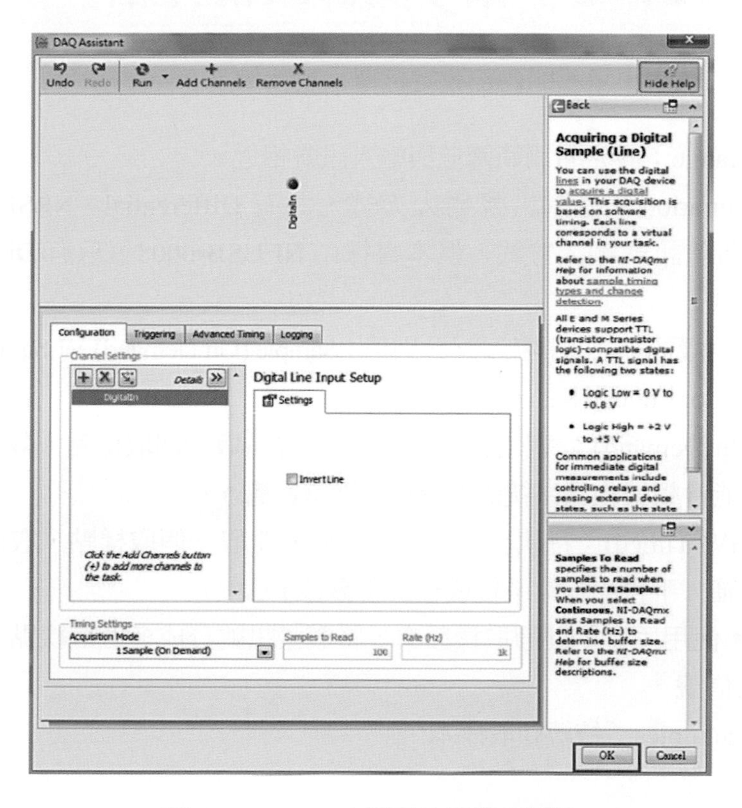

圖 1-40　DAQ 小幫手內部設定選單

1-6 DAQ 小幫手內部架構介紹

如圖 1-41 為 DAQ 小幫手的內部設定選單，定義如下：

1. ignal Input Range：設定量測範圍並與輸入訊號相近。
2. minal Configuration：選擇訊號輸入方式，共有 Differential、NRSE、RSE、Pseudo differential 四種訊號輸入方式，但本書採用 NI USB-6008，只有 Differential 與 RSE 兩種輸入方式。
3. quire Mode：選擇訊號之取樣模式，分別是 1 Sample (On Demand)、1 Sample (HWTimed)、N Samples、Continuous Samples。

   1 Sample (On Demand)：每執行一次程式，只會抓取一個取樣點，取樣速度取決於軟體時間 (可能會根據作業系統的忙碌程度而有影響)。

   1 Sample (HW Timed)：每執行一次程式，只會抓取一個取樣點，取樣速度取決於硬體時間 (準確，不會受作業系統或程式所影響)。

   N Samples：使用固定的硬體取樣頻率，將取樣訊號分成多個取樣點，達到取樣數後就停止抓取信號。

   Continuous Samples：持續擷取樣本。

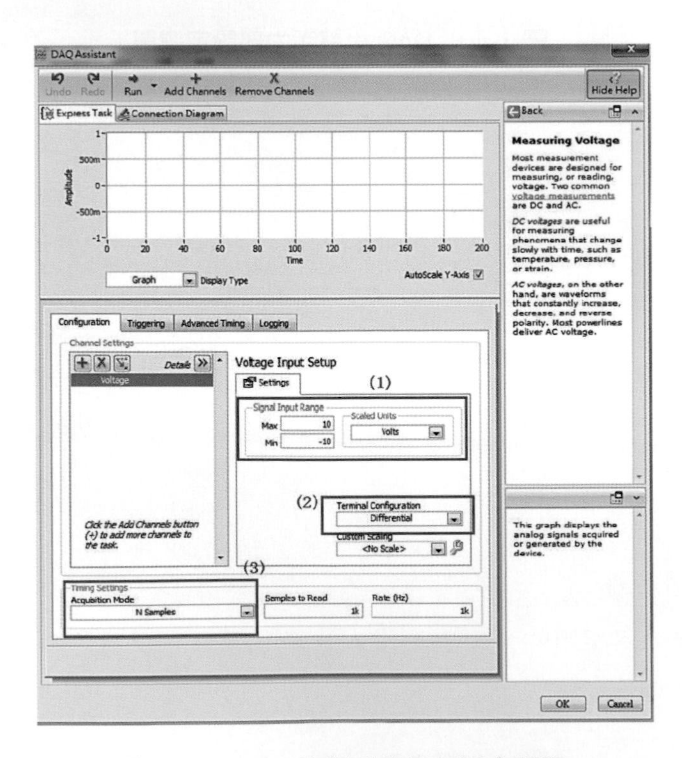

圖 1-41 DAQ 小幫手的內部設定選單

光反射器

2-1 光反射器的原理

NX5 系列光反射器 (Photoelectric sensors) 是一種光遮斷式的光電感測器。由兩台光反射器組成，一台負責發射光訊號，另一台負責接收。可使用在 24 ～ 240V AC 或 12 ～ 240V DC 來運作，因此適合使用於世界各地。有三種傳遞模式，分別為直射型 (Thru-beam)、反射型 (Retroreflective) 與擴散反射型 (Diffuse reflective)，如圖 2-1 所示 [1-2]。

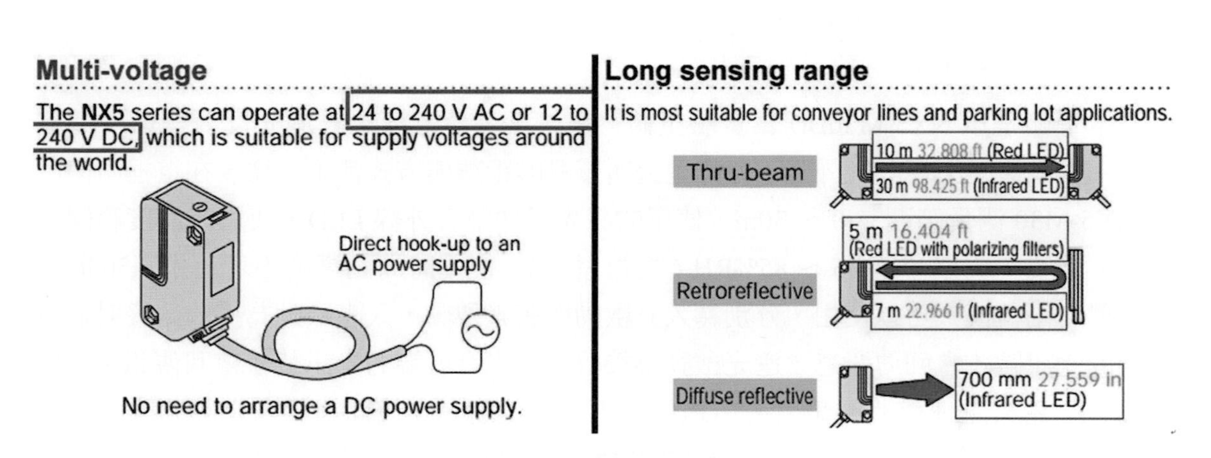

圖 2-1 光反射器規格 [1]

反射式光遮斷器為光電開關的一種，它屬於非接觸型的光電開關。圖 2-2(a) 分別為直射型光電開關的發射器及接收器，發射器所使用的發射元件為一種不可見光的紅外線發射二極體，而接收器則使用具有接收不可見光及可見光的接收元件－光電晶體或紅外線接收二極體，發射器採用的是反射型當中的直射原理，因此發射及接收元件的擺設位置應如圖 2-2(b) 所示的方式加以放置 (中間那組)，同時發射 (TX) 以及接收 (RX) 元件應平行並列放置與檢測物成垂直方向，才能使本設備發揮最佳的動作功能，以增加有效的檢測距離，圖 2-2(b) 從左上角到右下角分別為：反射型、直射型及擴散型。如需要查閱更多詳細資訊，請參閱附書光碟“附錄 6”的介紹。

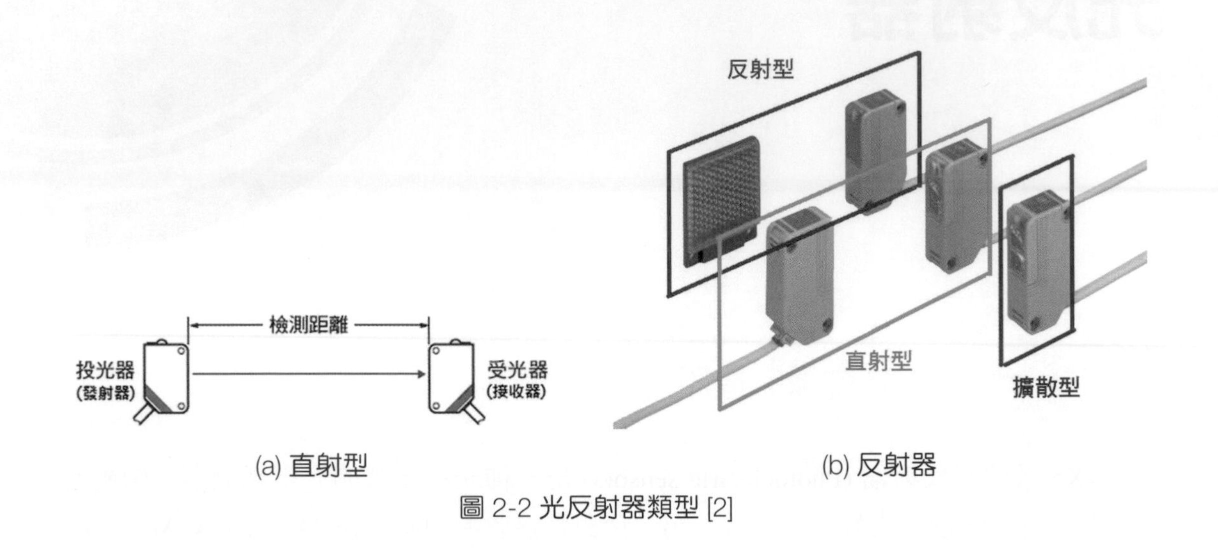

(a) 直射型　　(b) 反射器

圖 2-2 光反射器類型 [2]

2-2 光反射器產品介紹

本章節是以 NX5-M30BD 為實驗主體，這一系列產品擁有一個光反射器與一個傳送器，用來發射與接收紅外光。每個型號所感測的距離與方式都不一樣，在這裡所使用的 NX5-M30 測量範圍為 0 ～ 30m，使用的發光元件為紅外線 LED，使用時溫度範圍為 −20 ～ 55°C，周圍濕度 35 ～ 85%RH (相對溼度)，使用時周圍亮度不可超過 3,500lx。光反射有兩種模式可以使用，分別為入光啟動與遮光啟動，入光啟動為接收到發射端所射出的光訊號才會回傳訊息，遮光啟動為接收端失去發射端的光訊號才會回傳訊息。偏光濾鏡是用來處理透明物體反射所造成的不良光反射，在後面我們會介紹到詳細的功能。表 2-1 為各類型的相關資訊，表 2-2 為特性。市面上常見的產品譬如陽明電機的 MT-6MX 光反射器也跟 NX5-M30 光反射器大同小異，其中有比較明顯差距在於價格及光反射器的有效距離，MT-6MX 的規格表請參考表 2-3，實體圖參考表 2-3 右邊。

(請參閱附書光碟“附錄 5”光反射器規格表)

表 2-1　各類型光反射器

類型			實體	感測範圍	型號	發光元件	輸出
直射型（對照型）		入光啟動		10m	NX5-M10RA	紅色 LED	繼電器觸點 1c
		遮光啟動			NX5-M10RB		
	長距離	入光啟動		30m	NX5-M30A	紅外線 LED	
		遮光啟動			NX5-M30B		
反射型（回歸反射型）	偏光濾鏡	入光啟動		0.1 ～ 5m	NX5-PRVM5A	紅色 LED	
		遮光啟動			NX5-PRVM5B		
	長距離	入光啟動		0.1 ～ 7m	NX5-RM7A	紅外線 LED	
		遮光啟動			NX5-RM7B		
擴散反射型		入光啟動		700mm	NX5-D700A	紅外線 LED	
		遮光啟動			NX5-D700B		

表 2-2　NX5-M30 的特性

名稱	NX5-M30A / NX5-M30B
距離	30m
電源	24 ～ 240V AC，12 ～ 240V DC
使用時周圍溫度	−20 ～ +55°C
保存溫度	−30 ～ +70°C
使用時周圍濕度	35 ～ 85%RH
保存濕度	35 ～ 85%RH
使用時周圍亮度	3,500lx 以下

表 2-3　MT-6MX 規格表

型式	標準出線型		M8 接頭型	
型號	MT-6MX	MT-6MXP	PT-6MX	PT-6MXP
防水等級	IP-67	IP-67	IP-65	IP-67
感應距離	6m			
工作電壓	10 ～ 30V DC；Ripple < 20% peak to peak			
電流消耗	Emitter < 20mA，Receive < 25mA			
輸出方式	NPN & PNP two way output			
輸出狀態	NO(Normal open)			
輸出電流	150mA max.			
發射光源	Infrared LED			
保護迴路	Short circuit & Polarity reversed protection			
重量 (Appr.)	180g	192g	20g	32g

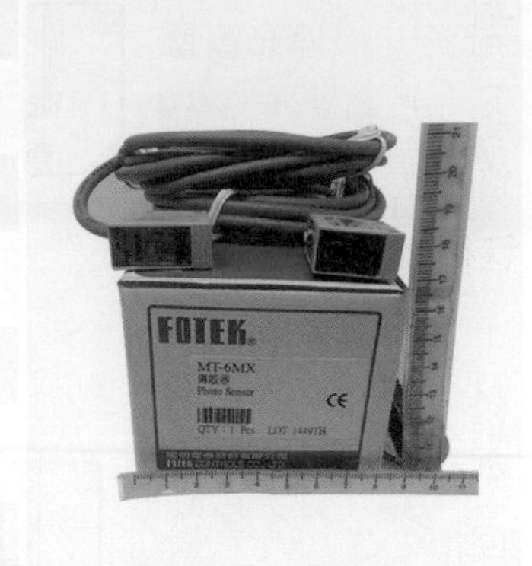

如圖 2-3(a) 為光反射器不同類型的感測方式，有對照型、回歸反射型與擴散反射型 (參照表 2-1)，這些感測方式是為了檢測物體表面是否有異物或變化，當有異物或變化時，將會影響射出去的光線進而產生反射，我們便可以知道這檢測物是有問題的。

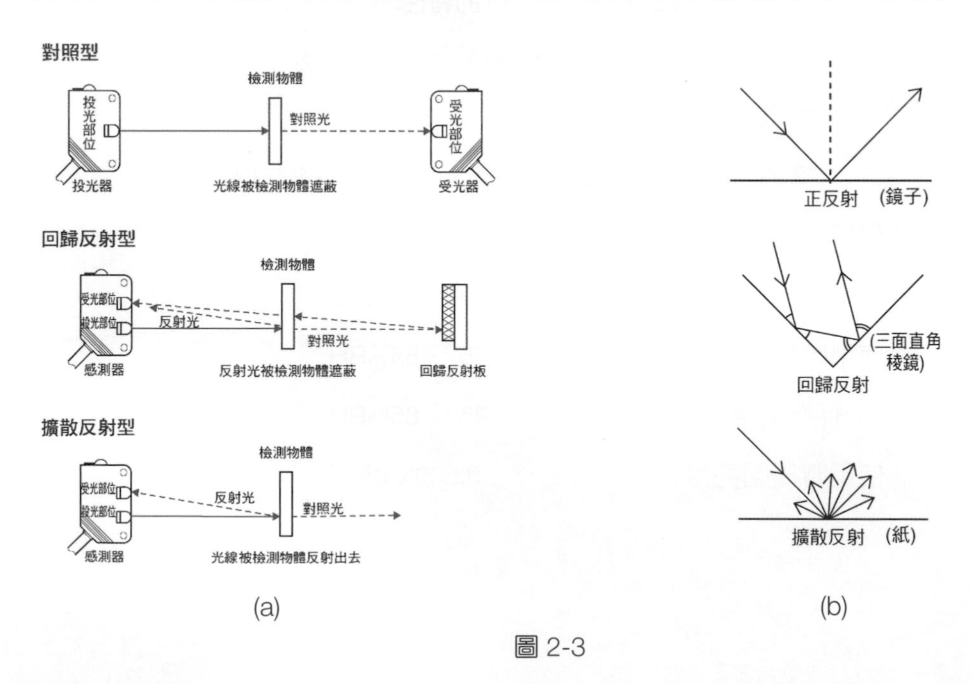

(a)　　(b)

圖 2-3

一般的平面光反射，入射角 = 反射角，例如：鏡子，稱為「對照型」，如圖 2-3(b)。光線就會反覆進行正反射，反射光最後到達方向與投射光方向相反，這種反射方式就稱之為「回歸反射型」，如圖 2-3(b)。像是白紙等不具光澤性的表面，所以光會被反射到所有的方向，因此稱之為「擴散反射」，如圖 2-3(b)。

如圖 2-4 為光反射器的一些簡單的運用。偵測車輛的停靠位置與偵測輸送帶上的物品，例如：機械式停車場 (直射型) 與肉品輸送帶 (反射型)，還能運用在各種不同的地方，等待著讀者自行去開發及應用。

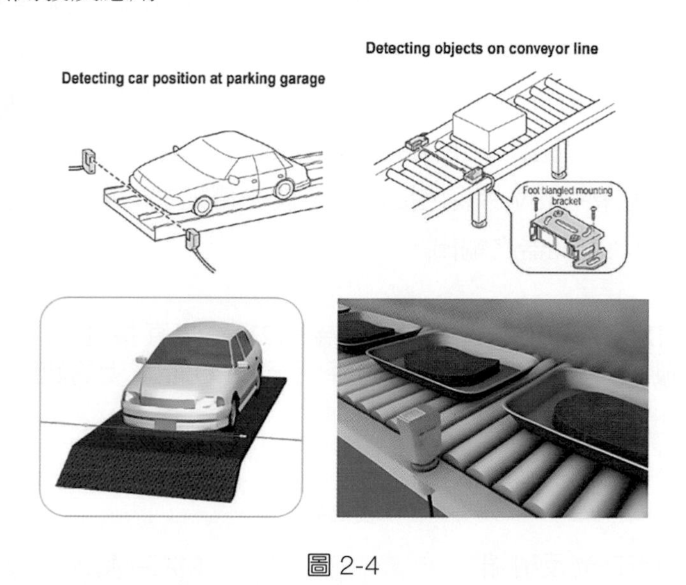

圖 2-4

NX5-M30A 與 NX5-M30B 發射器 (Emitter) 及接收器 (Receiver) 的距離和角度變化，如圖 2-5 所示。當兩者的距離愈來愈遠，接收器能接收到的範圍就會變寬。當兩者的角度愈偏差愈大，接收器能接收到的範圍便會縮小。

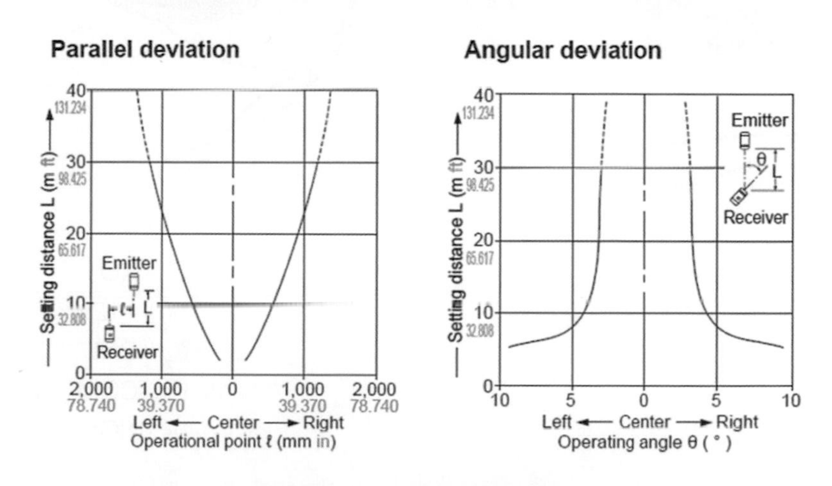

圖 2-5　距離變化 (左圖) 與角度變化 (右圖)

2-3 光反射器元件與 USB-6008 連結

2-3.1 採用麵包板電路接線

表 2-4 為光發射端和光反射端接線端子的功能說明。工業標準化產品一般都有附配線示意圖且控制線都會以不同顏色區分，方便作業人員施工。圖 2-6(a) 為光反射器與光傳送器和 USB-6008 結合的電路接線圖，由外界電源供應器提供 DC +12V。考量程式設計課一般都安排在電腦教室上課，因此電源供應器選用網路上容易取得且價格低的小型直流電源供應器，如圖 2-6(b) 所示。圖 2-6(c) 為麵包板實體電路接線圖。光反射器經過轉換電路，輸出為“數位輸出”，所以在 USB-6008 上選擇 Channel 0 第 17 接腳為數位輸入。光反射端的棕色接 +12V、藍色接地。至於光傳送端的黑色與棕色接 +12V、藍色與灰色 GND、白色則為感測器之輸出。

注意事項 因為 NX5-M30BD 之輸出電壓為 +12V，若直接連結 USB-6008 可能導致 DAQ 硬體燒毀，請先串聯電阻降壓至 DAQ 能承受的範圍內後，再接往所使用的硬體。

表 2-4

MX5-M30BD 光反射端	MX5-M30BD 光傳送端
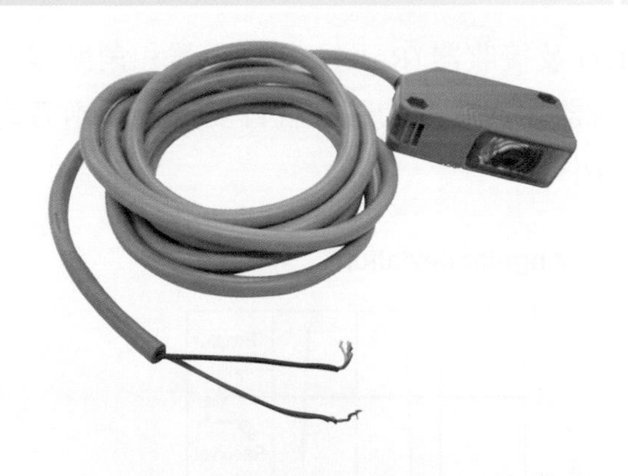	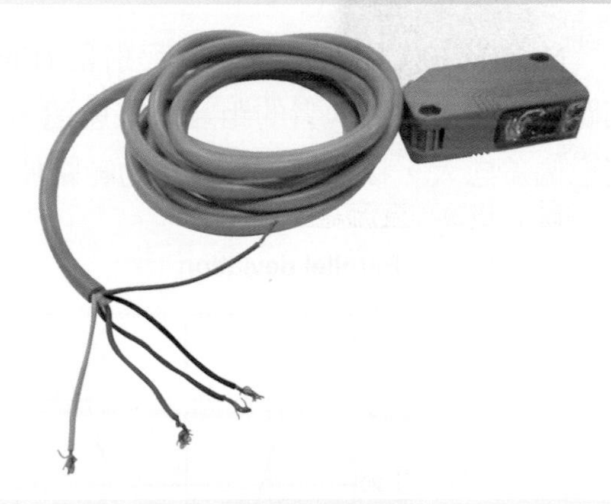
棕：+12V 藍：GND	黑：NO 棕：+12V 藍：GND 白：COM 灰：NC

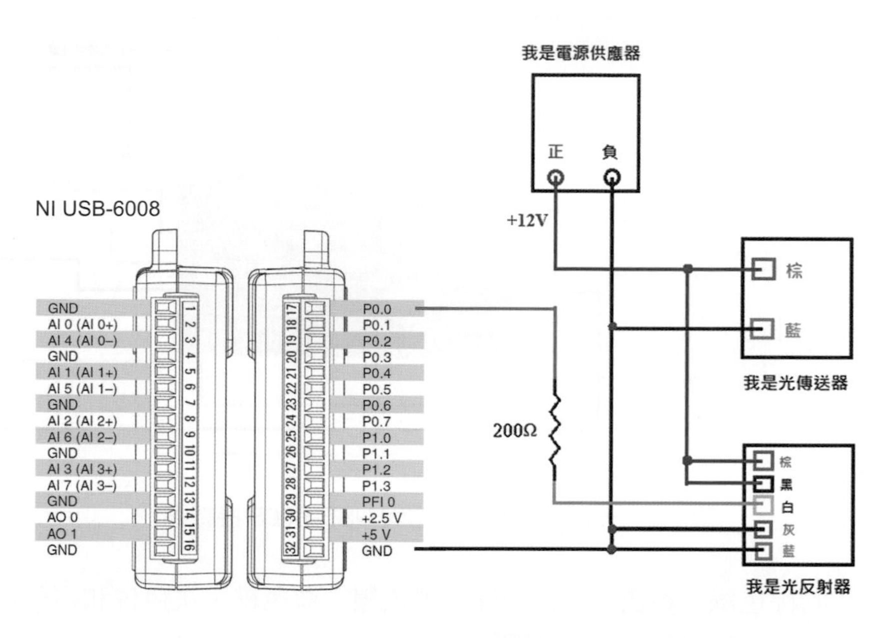

圖 2-6(a)　電路圖

圖 2-6(b)　直流電源供應器

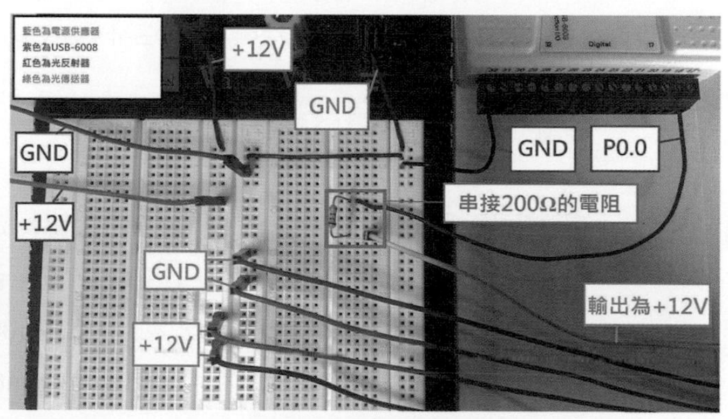

圖 2-6(c)　實體圖

2-3.2　採用教具模組接線

為了教學操作方便，將原先使用的麵包板接線方式進階客製成一個專屬的教具模組。光反射端的棕色線接至模組 +12V、藍色線則接至模組 GND。至於光傳送端的黑色線與棕色線都接到模組 +12V。藍色線與灰色線則分別連接至模組 GND，白色線則接到模組 white 端。其中模組 P0.0 的腳位則是連接 DAQ 中的 P0.0。P0.0 的接地端則是連接到 GND。教具模組中的 12V 及 GND 端點都各自共通，因此教具模組與光反射器與電源供應器的連接只需接到模組中的腳位即可，如圖 2-7 所示。

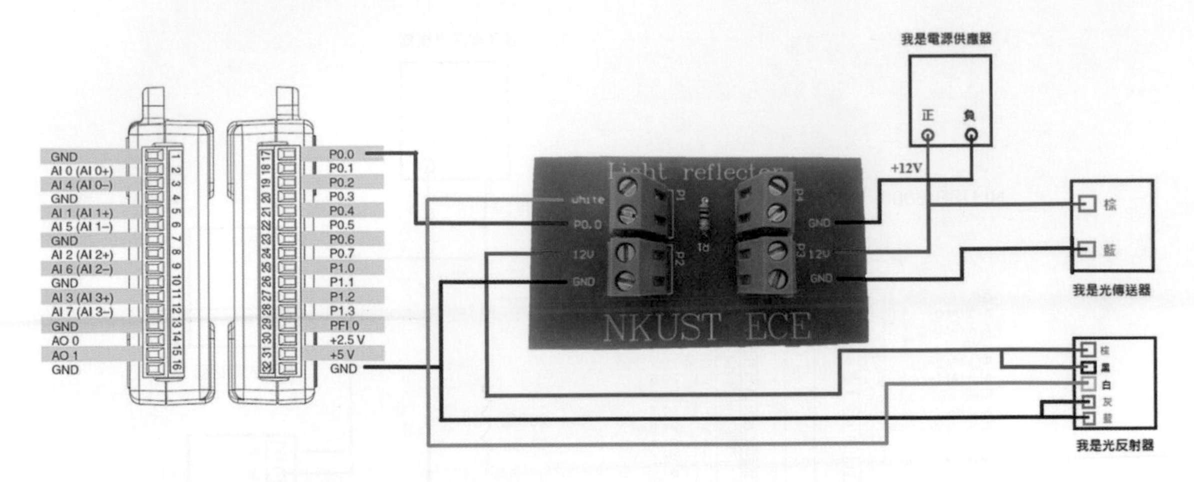

圖 2-7　光反射器教具模組與 USB-6008 接線圖

註　此處提到的棕色線、藍色線、白色線、黑色線、藍色線、灰色線和白色線則是光反射實體物上面所分別擁有的電線顏色。

2-4　USB-6008 的安裝與設定

STEP 1　就如同電腦一樣，新增的硬體在使用前一定要確認安裝成功。因此，在每次程式撰寫之前，需再確認一次 USB-6008 是否運作正常。利用 LabVIEW 的一個 NI MAX 執行程式來檢測所安裝的 USB-6008 是否正確。首先，先點選如圖 2-8 所示的執行檔，執行後會看到 Measurement & Automation 視窗，如圖 2-9 所示。

圖 2-8　NI MAX 執行程式

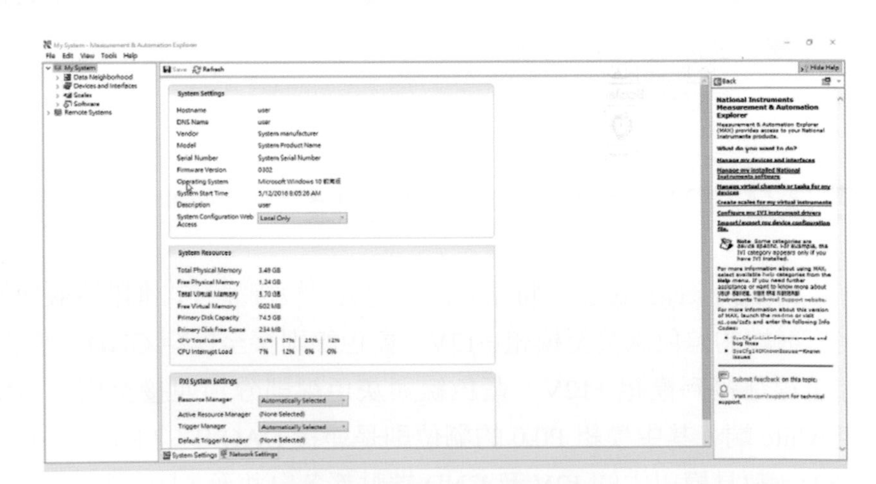

圖 2-9　NI MAX 的程式畫面

STEP 2 滑鼠點選路徑「My System → Devices and Interface → NI USB-6008 "Dev1"（第一個安裝的硬體為 "Dev1"，第 2 個安裝的硬體為 "Dev2"……以此類推），來檢查裝置是否有正確安裝，如圖 2-10 所示。

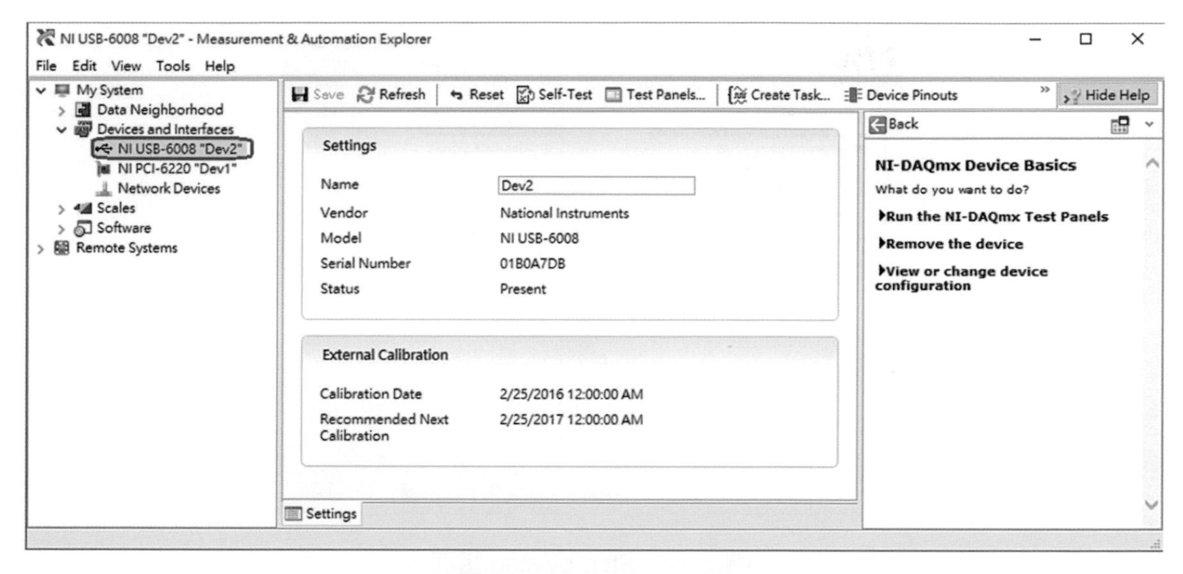

圖 2-10　NI USB-6008

STEP 3 確定 USB-6008 安裝正確後，接著開啟一個新的 VI。在圖形程式區裡，按滑鼠右鍵，點選「Functions → Measurement I/O → NI-DAQmx → DAQ Assistant」，如圖 2-11 所示。

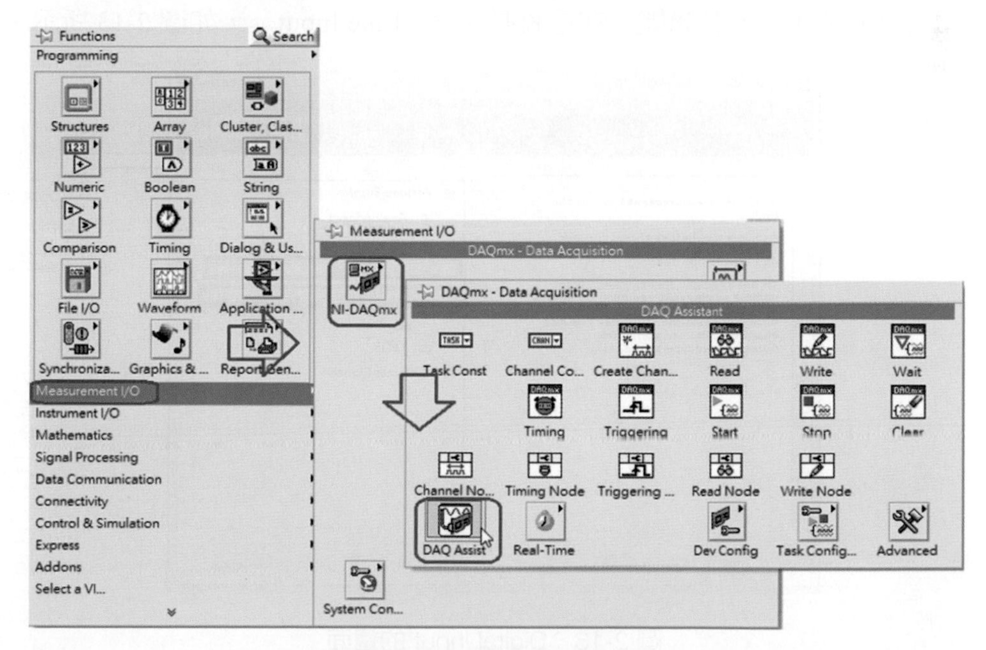

圖 2-11　DAQ Assistant

STEP 4 進入 DAQ 小幫手之後，可以看到 step by step 的視窗畫面。在 DAQ 小幫手裡，它是採取選單式的方式來撰寫程式，選單中有 Acquire Signals、Generate Signals，如圖 2-12 所示。

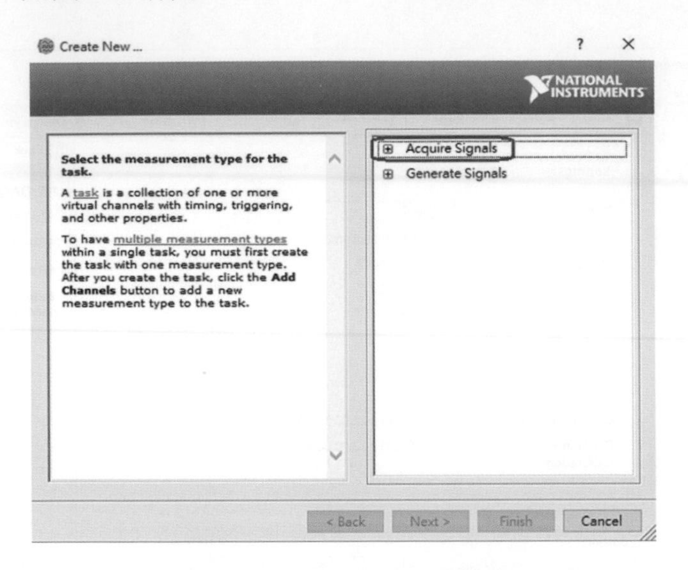

圖 2-12　Step by step 畫面

STEP 5 按下 Acquire Signals 後，裡面又可分為 4 個項目，分別是 Analog Input、Counter Input、Digital Input、TEDS。在這裡，我們只介紹 Analog Input 與 Digital I/O 的用法，其它的用法大同小異，讀者有興趣的話可以自行試試看。首先，先介紹 Digital Input，點選 Digital Input 後，「Digital Input」可以抓取各種 0 或 1 的數位訊號，在這我們選擇「Line Input」，如圖 2-13 所示。

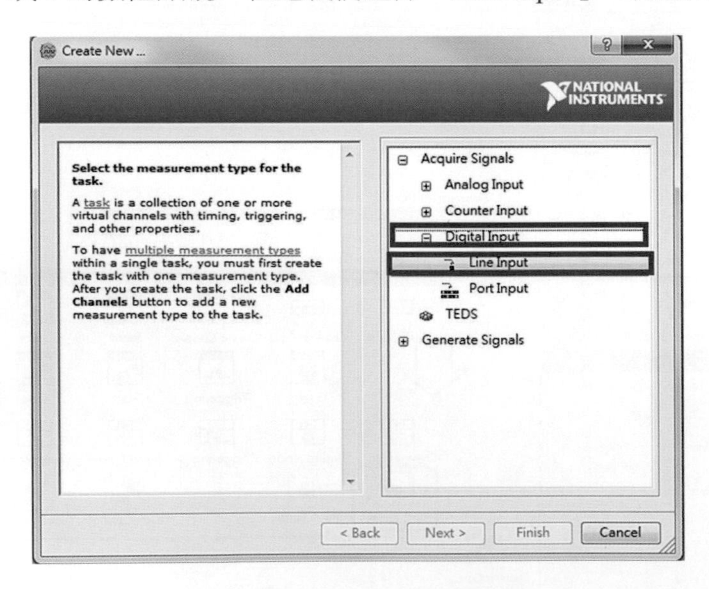

圖 2-13　Digital Input 的畫面

STEP 6 點選 Line Input 之後，接下來我們在 Dev10 中選擇 port0/line0 (請讀者選擇自己所使用的 DAQ 卡型號)，再按下 Finish，如圖 2-14 所示。

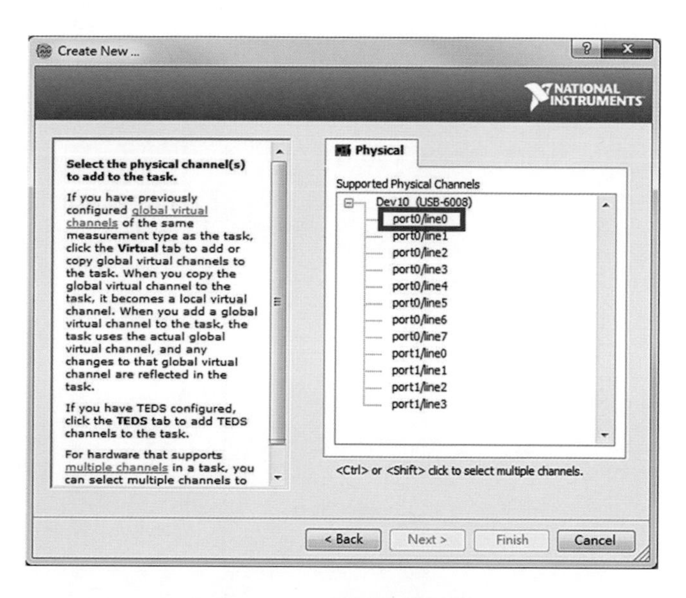

圖 2-14　通道選擇畫面

補充說明 假如有多個感測點需要量測，那是不是都要一個一個設定呢？答案是 NO 的。可以利用鍵盤上的 shift 鍵或 Ctrl 鍵，按住滑鼠左鍵點選所需量測的通道數即可，如圖 2-15 所示。

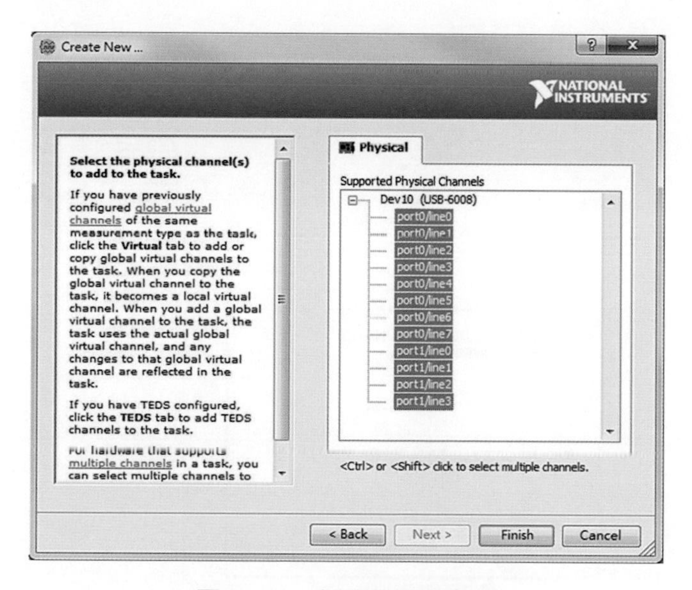

圖 2-15　多通道選擇畫面

STEP 7 完成 STEP6 後，會跳出下一個視窗，可以先點選 Run 測試是否成功擷取訊號，如圖 2-16 所示。

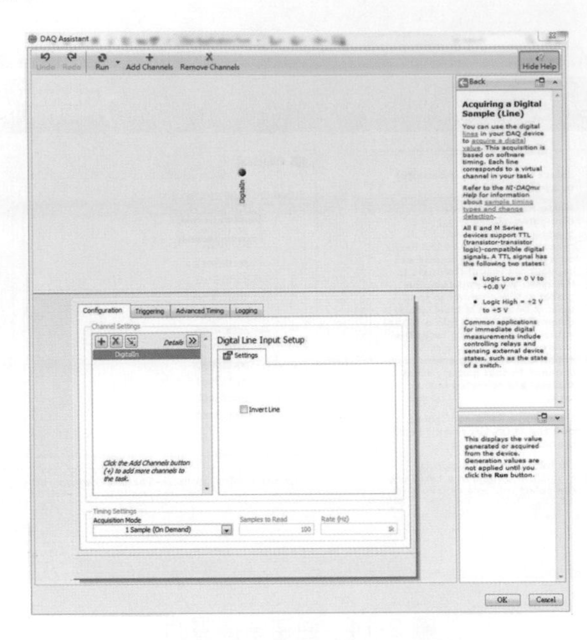

圖 2-16 DAQ Assistant 的設定

STEP 8 為了配合程式擷取，所以選擇擷取模式：1 Sample (On Demand)，這個模式為：每執行一次程式，只會抓取一個取樣點，如圖 2-17 所示。如此即完成 DAQ Assistant 的初始設定。

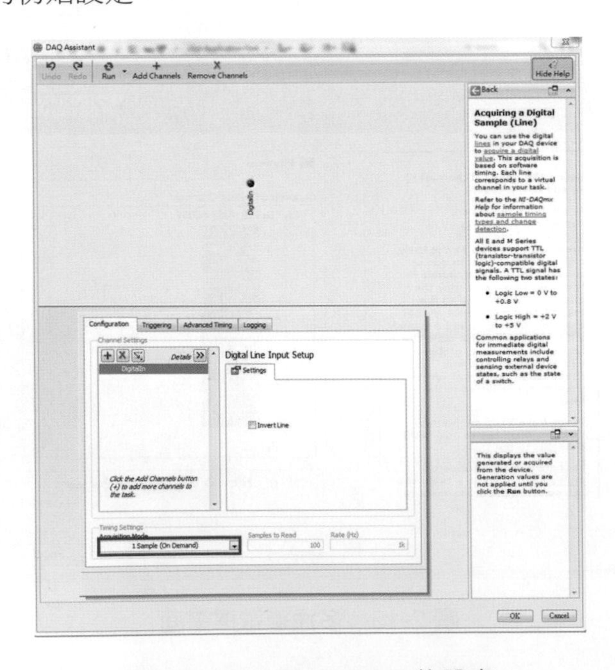

圖 2-17 DAQ Assistant 的設定

2-5 程式設計

STEP 1 利用 DAQ Assistant，Step by Step 來完成整個程式設計。從圖形程式區點選右鍵「Measurement I/O → NI DAQmx」中找到 DAQ Assistant，如圖 2-18 所示。DAQ Assistant 的設定步驟可參考如圖 2-19 所示。

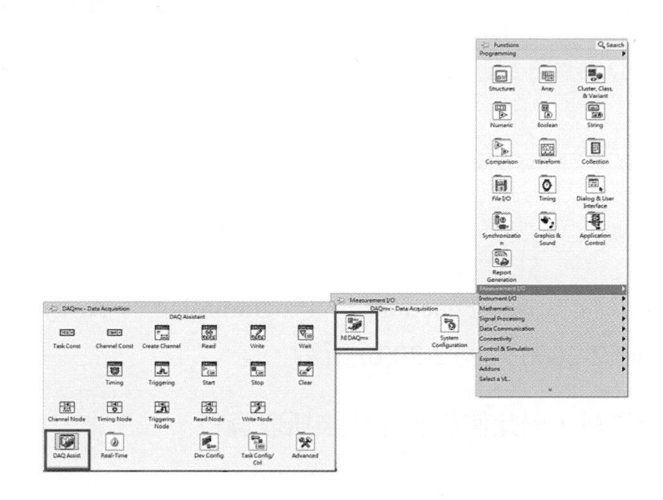

圖 2-18　DAQ Assistant 路徑

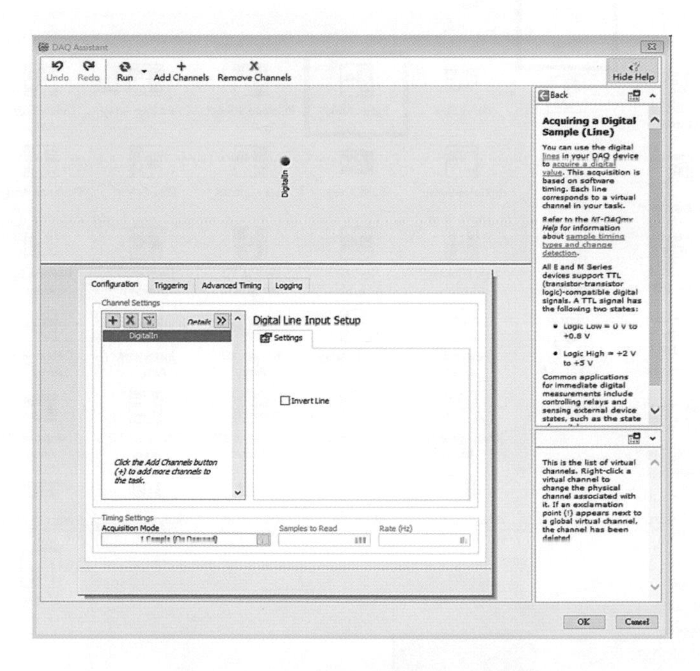

圖 2-19(a)　DAQ Assistant 設定

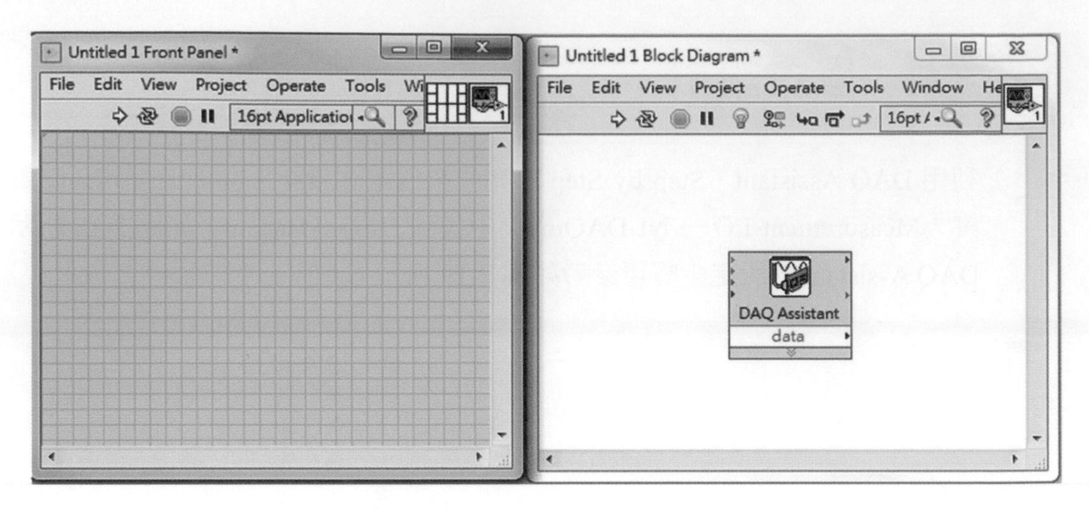

圖 2-19(b)　程式畫面

STEP 2 接著在圖形程式區「Functions → Programming → Array」中分別取出 Index Array，如圖 2-20(a) 及圖 2-20(b) 所示。

註 因為輸入為陣列資料，因此使用該元件來抓取資料。

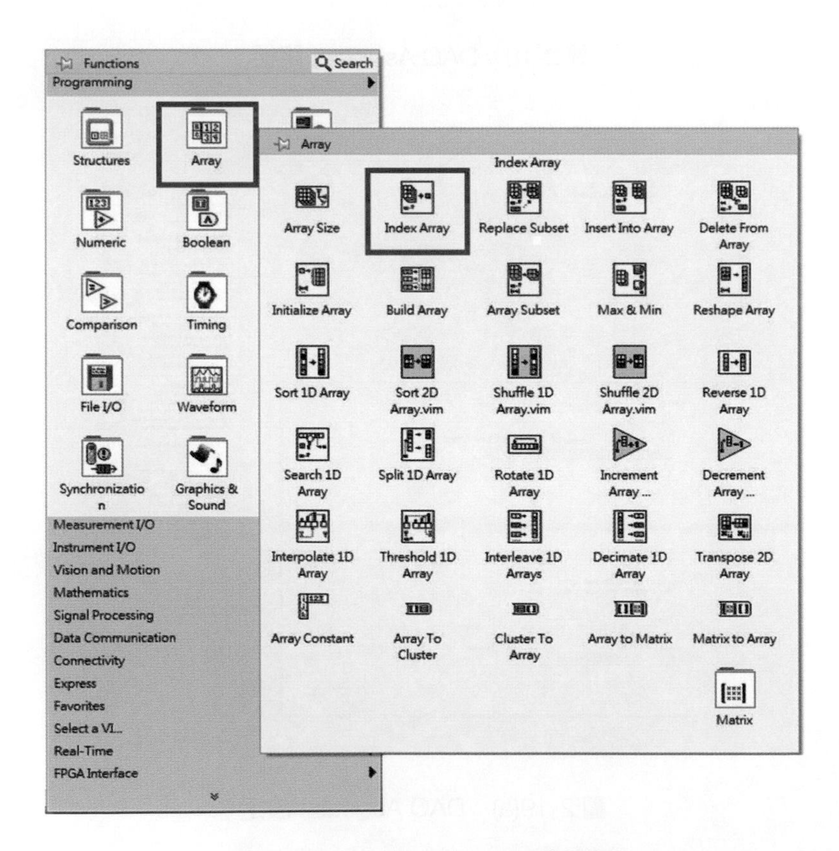

圖 2-20(a)　Index Array 元件路徑

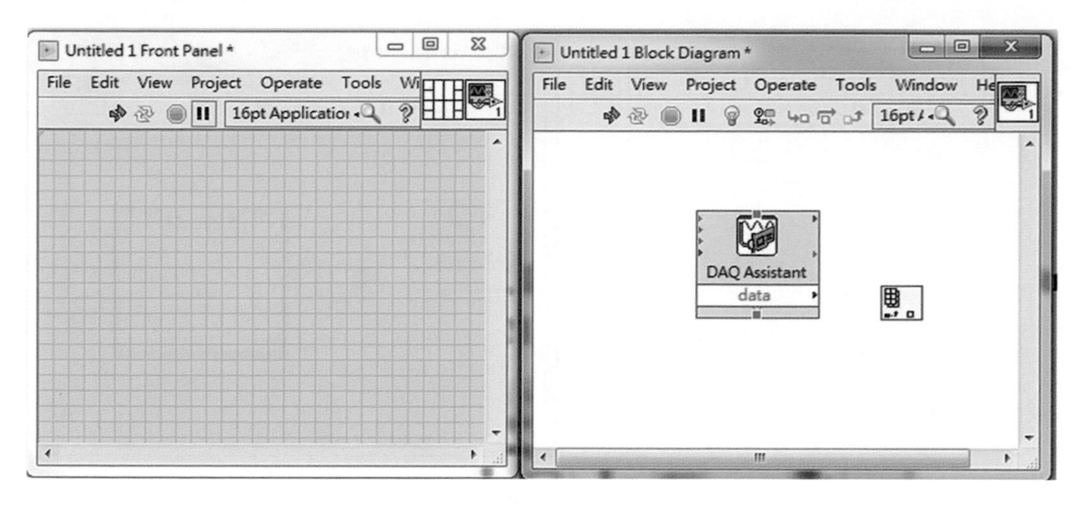

圖 2-20(b)　程式畫面

STEP 3 在圖形程式區「Functions → Programming → Structures」中分別取出 Case Structures，如圖 2-21 所示。

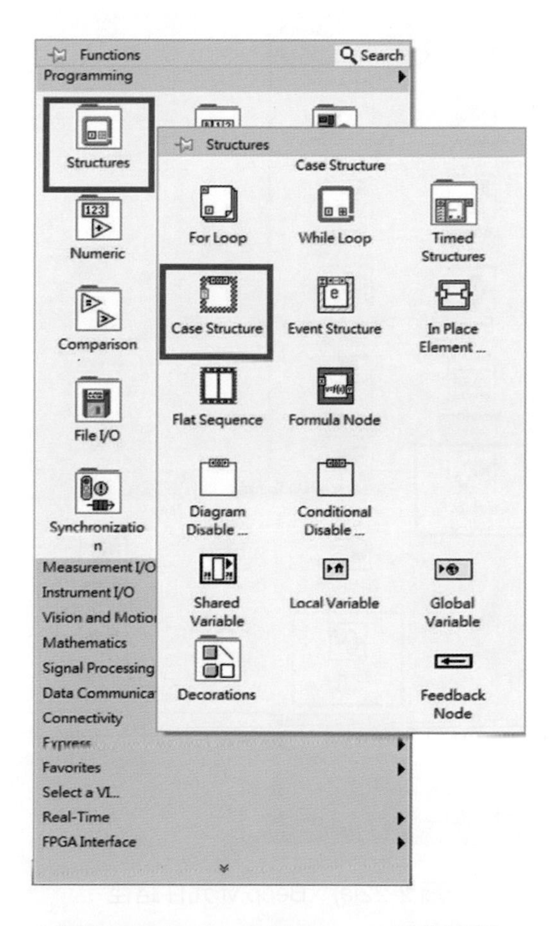

圖 2-21(a)　Case Structures 元件路徑

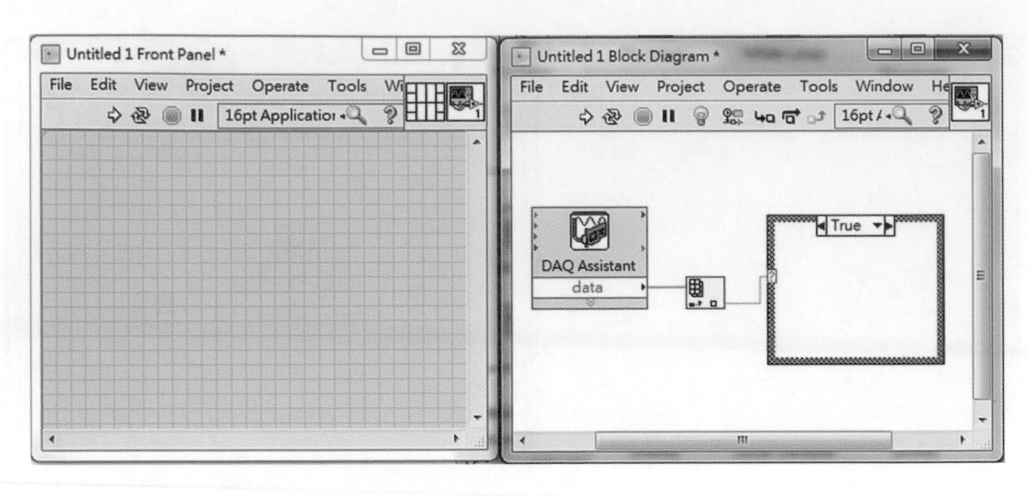

圖 2-21(b) 程式畫面

STEP 4 在圖形程式區「Functions → Programming → Graphics & Sound」中取出 Beep.vi，如圖 2-22 所示。

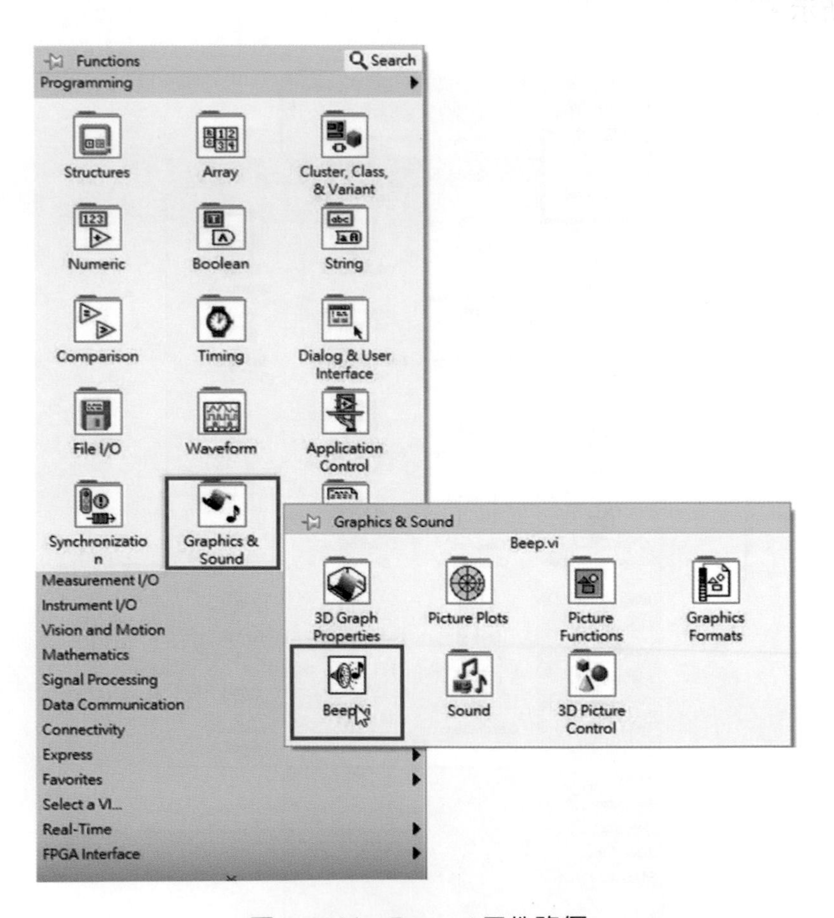

圖 2-22(a) Beep.vi 元件路徑

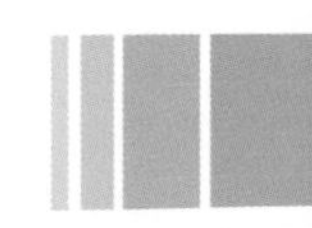

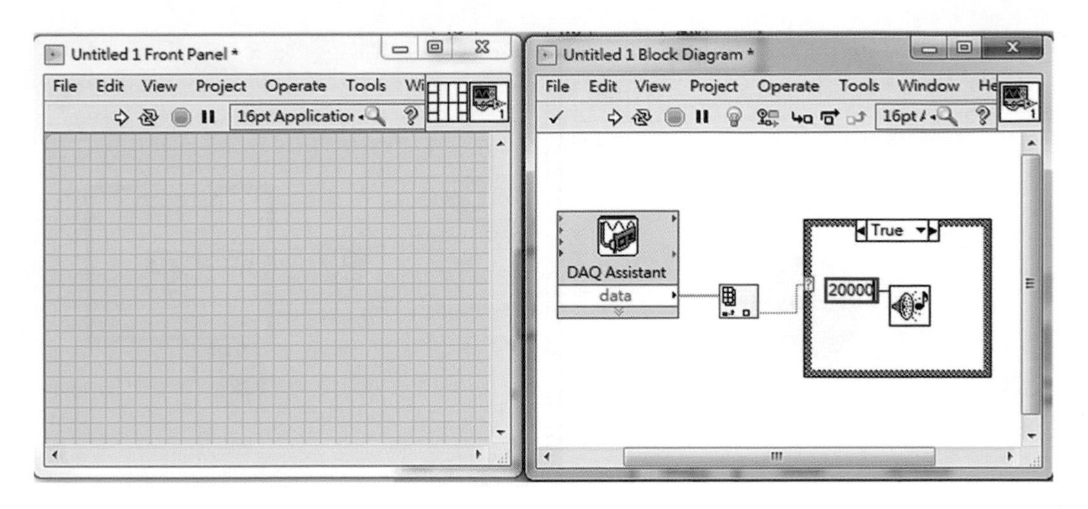

圖 2-22(b)　程式畫面

STEP 5 在人機介面「Controls → Modem → Boolean」中取出 Round LED，如圖 2-23 所示。

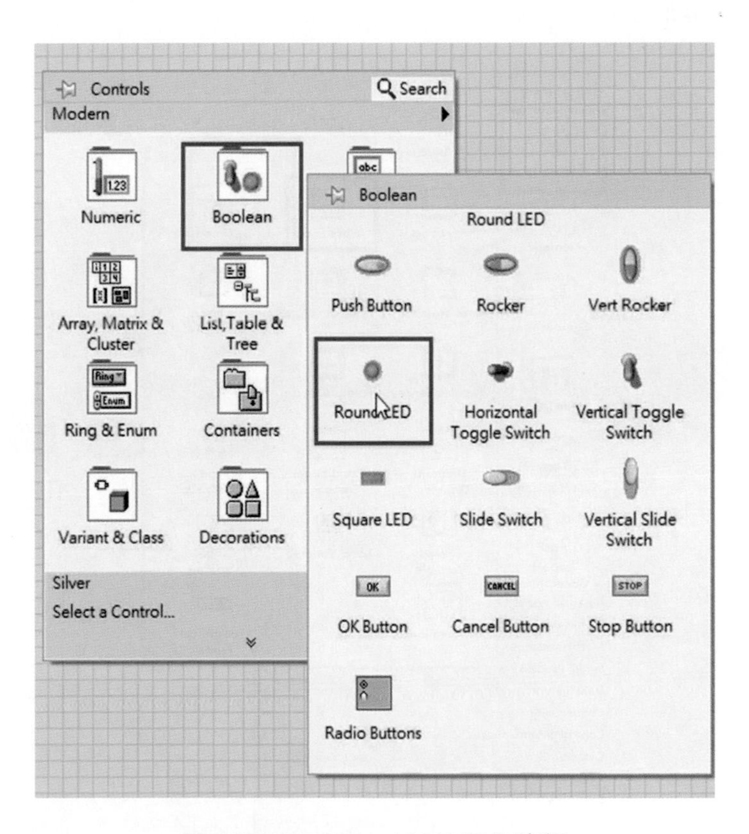

圖 2-23(a)　Round LED 元件路徑

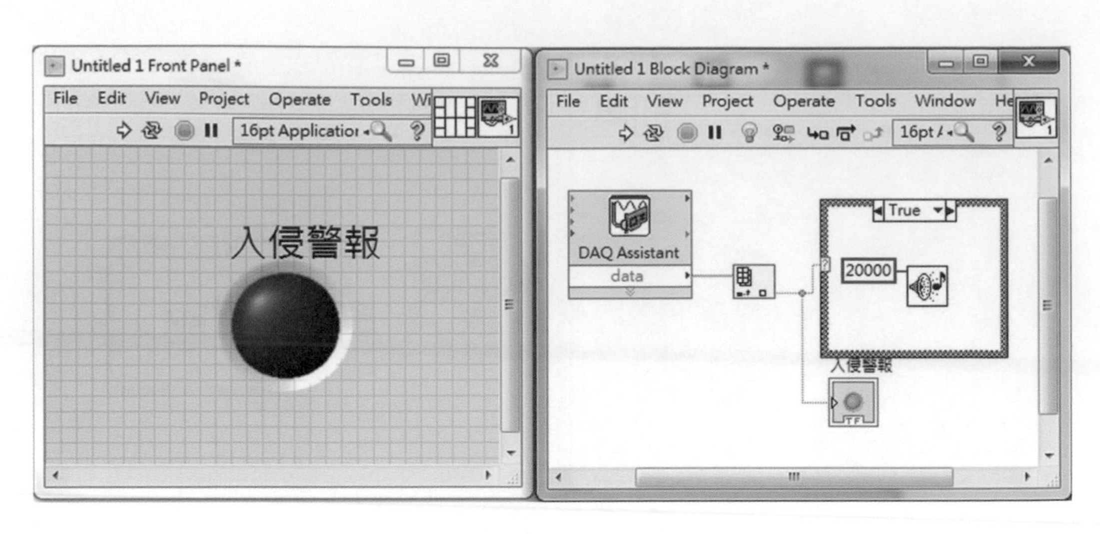

圖 2-23(b) 程式畫面

STEP 6 為了讓程式能夠一直執行，在圖形程式區的「Functions → Programming → Structures」中取出 While Loop，如圖 2-24 所示。接下來用 While Loop 將全部元件包裹在內並在迴圈右下角紅點的左邊接點按一下右鍵創造一個 STOP 元件，如圖 2-25 所示。

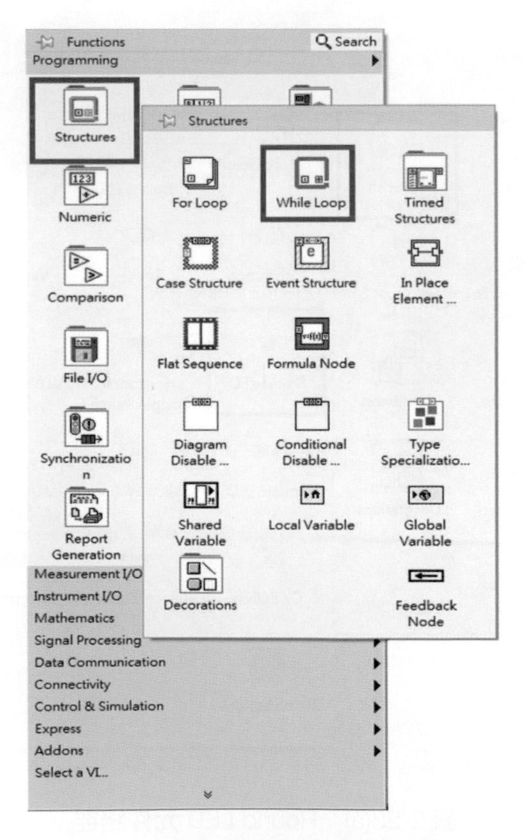

圖 2-24 While Loop 元件路徑

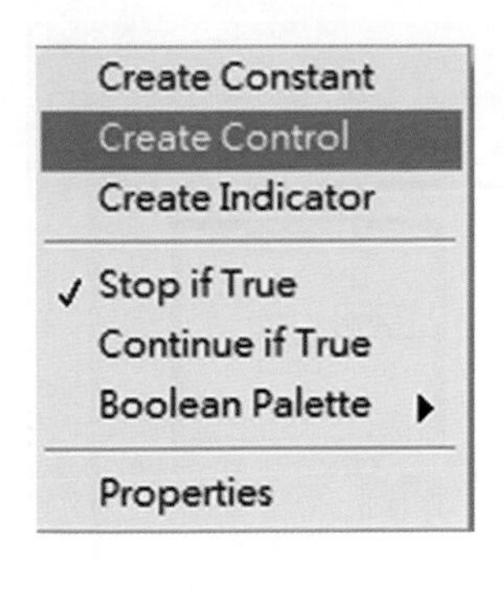

圖 2-25(a)　STOP 元件

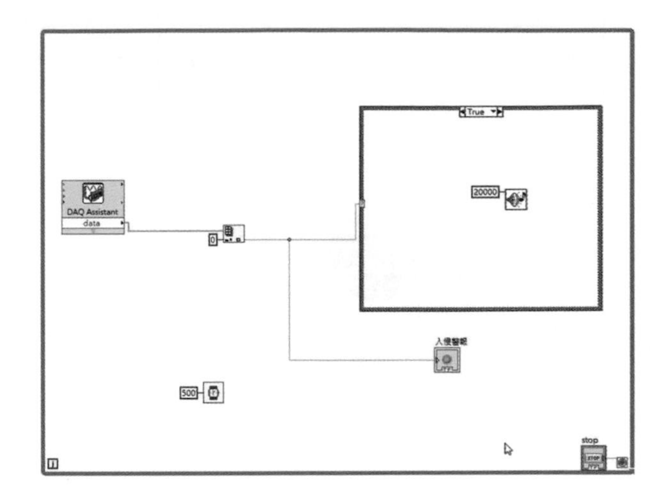

圖 2-25(b)　圖形程式區

STEP 7 為了讓程式不吃電腦太多資源，因此需要一個 delay 元件。在圖形程式區的「Functions → Programming → Timing」中取出 Wait 元件，如圖 2-26 所示。

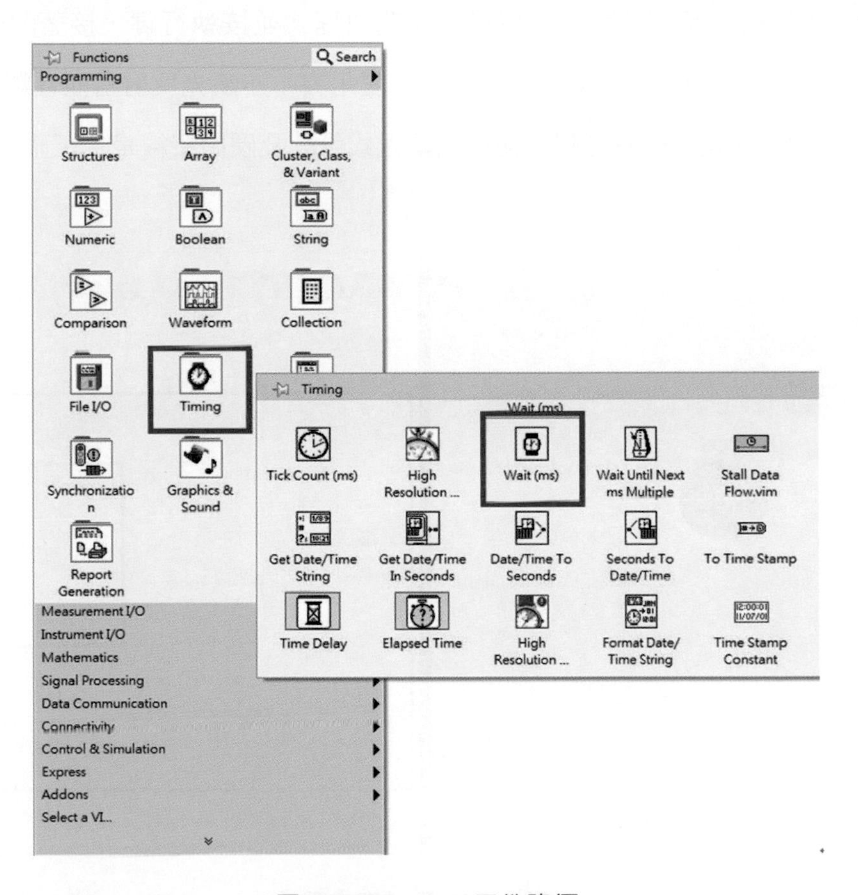

圖 2-26(a)　Wait 元件路徑

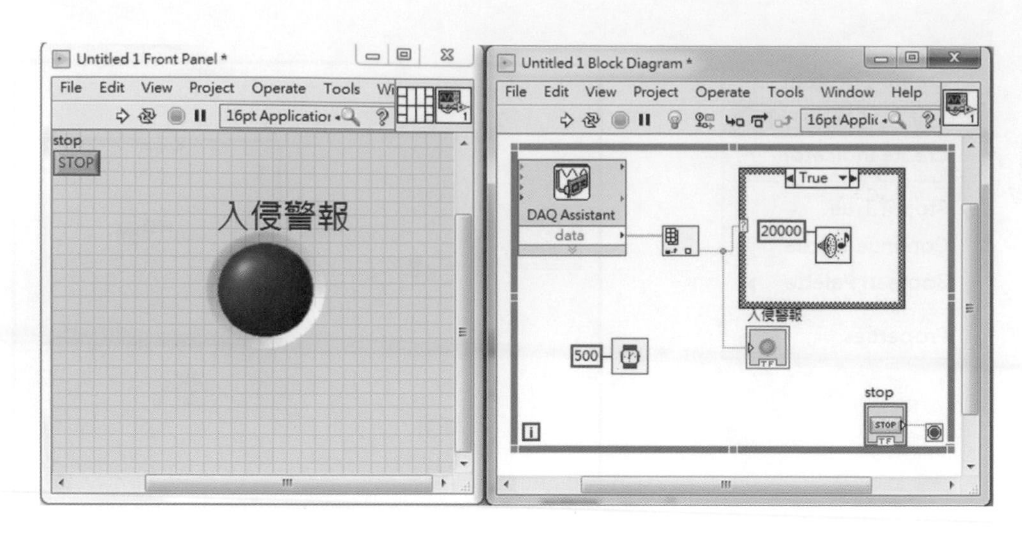

圖 2-26(b) 程式畫面

STEP 8 將所有元件擺好連結後，如圖 2-27 所示。接著便可開始執行程式。

實驗步驟 硬體接線及程式設計完成後，先開啟程式並按執行鍵，接著開啟電源供應器。將一組光反射器對照擺好後，使用書本遮斷光反射器並且觀察人機介面的 LED 燈是否有亮起，便可判斷程式設計及硬體接線是否正確。

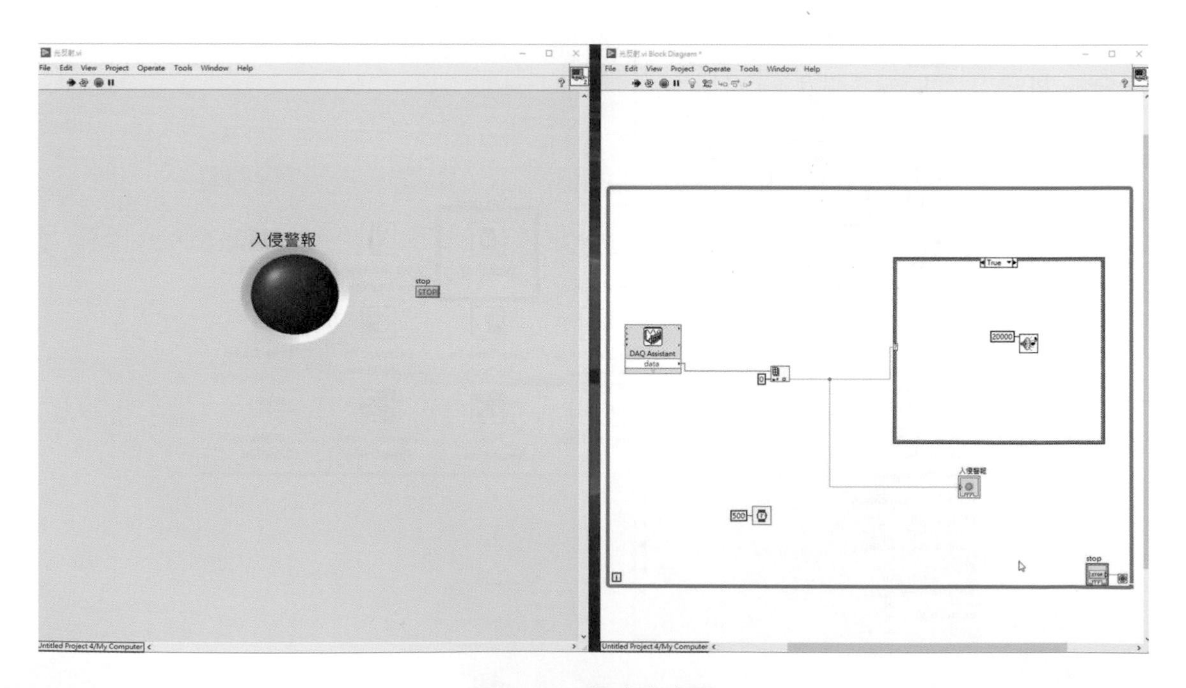

圖 2-27 程式完成圖

氣體感測器

3-1 氣體感測器的原理

舉凡瓦斯、一氧化碳、氫氣、氧氣、有機溶劑之揮發性氣體 (如：甲烷、乙醇、丙酮……) 及可燃性氣體，都是氣體感測器的偵測對象。縱使感測原理相同，對於不同的氣體也會有不同的反應，所以不同氣體的偵測，應考量感測器的感測習性。如表 3-1 所示為 FIGARO 公司生產的 TGS 系列氣體感測器。FIGARO 是一家專業生產半導體氣體傳感器的公司，1962 年發明全球第一款半導體產品，目前全球第一。各種不同的氣體感測器，皆有其不同的測量對象，本章就一般家庭容易引起的瓦斯中毒與大樓火災時啟動噴水的煙霧感測裝置，這兩種主要感測對象作討論。體積濃度表示法：一百萬體積的空氣中所含污染物的體積數，即 ppm 大部分氣體檢測儀器測得的氣體濃度都是體積濃度 (parts per million，ppm)。1ppm 即是一百萬分之一。

表 3-1　TGS 系列氣體感測器

分類	型號	主要氣體種類	濃度 (ppm)
可燃性氣體	TGS109	丙烷、丁烷	500 ～ 1,000
	TGS813	一般可燃性氣體	500 ～ 10,000
	TGS816		
	TGS842	甲烷、丙烷、丁烷	500 ～ 10,000
	TGS815	甲烷	500 ～ 10,000
	TGS821	氫氣	50 ～ 1,000

表 3-1　TGS 系列氣體感測器 (續)

分類	型號	主要氣體種類	濃度 (ppm)
有毒氣體	TGS203	一氧化碳	500 ～ 1,000
	TGS824	氨氣	30 ～ 300
	TGS825	硫化氫	5 ～ 100
有機溶劑	TGS822	酒精、甲苯、二甲苯	50 ～ 5,000
	TGS823		
氟氯化碳	TGS830	R-113、R-22	100 ～ 3,000
	TGS831	R-21、R-22	100 ～ 3,000
	TGS832	R134a、R-12、R-22	10 ～ 3,000
臭味氣體	TGS550	硫化物	0.1 ～ 10
空氣品質	TGS100	香菸煙霧、汽車揮發	10 以下
	TGS800	瓦斯成分氣體、煙霧	500 ～ 10,000
烹飪蒸氣	TGS880	從食物中所揮發或蒸	
	TGS881	發的氣體，煙霧或臭氣	
	TGS882	從食物中所蒸發的酒精	

瓦斯的主要成分為甲烷，為一種可燃性氣體，理應無色、無味、無臭，但在瓦斯中另有一氧化碳的成分，故會造成人體中毒現象，為了防止瓦斯引起的災害，市面上提供了偵測瓦斯的漏氣警報器，而作者選擇具良好靈敏度、氣體偵測範圍寬廣的特性，並適用於測試瓦斯的 TGS800。

3-2 訊號類型

3-2.1 元件特性

TGS800 其體積如煙頭般大小，如圖 3-1。主要是由二氧化錫半導體和加熱器所組成，當有待測氣體 (如易燃性氣體) 接近而附著於二氧化錫的時候，將與氧氣作用，使得晶格中的氧被釋放，而產生電子，使二氧化錫半導體的導電率增加，阻抗降低，所以 TGS800 感測器屬於「電阻變化型」的感測元件。

圖 3-1　TGS800 的外觀

TGS 系列氣體感測器，依加熱方法可區分為：直接加熱與間接加熱兩類，而本章所討論的 TGS800 是屬於間接加熱式，間接加熱式是把加熱器裝置於高溫陶瓷管內，並將二氧化的兩極部分各自獨立製作，且不負責加熱的工作，使得加熱器和電極部分各自分開使用，所以稱之為間接加熱式 TGS，其結構圖如圖 3-2、圖 3-3。

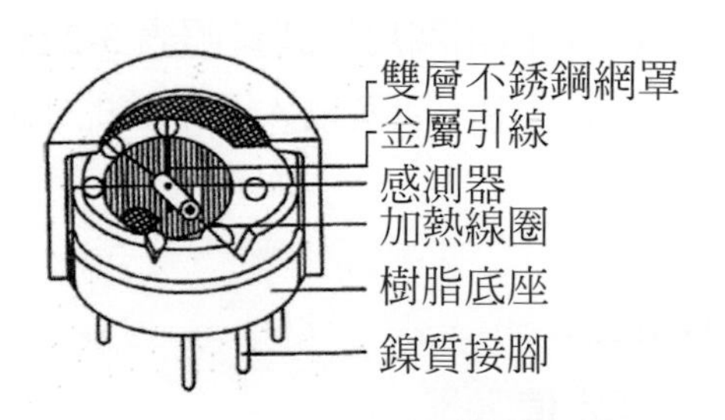

圖 3-2　TGS800 外觀結構圖

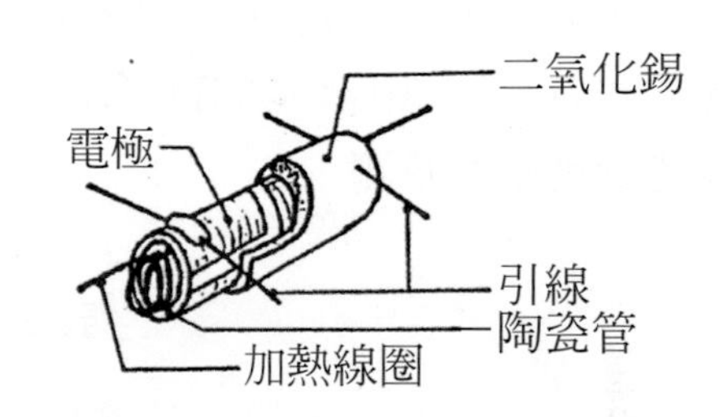

圖 3-3　TGS800 內部結構圖

如圖 3-4 是 TGS800 對不同的氣體濃度下所產生的阻抗比例 (感測器的變動阻抗 R / 感測器於濃度為 1000ppm 的甲烷中產生的固定阻抗 R_o)，所以 TGS800 對於甲烷濃度為 1000ppm 的阻抗比例為 1。

特殊氣體濃度的阻抗值計算如下：

例：若感測器在濃度為 1000ppm 的甲烷中，所產生的阻抗 R_o 為 7kΩ，而你想知道感測器在濃度為 4000ppm 的丙烷中所產生的阻抗 R，在圖 3-4 中，可發現丙烷在濃度為 4000ppm 的阻抗比為 0.4，故 $R=(\frac{R}{R_o})\times R_o=0.4\times 7\text{k}=2.8\text{k}\Omega$

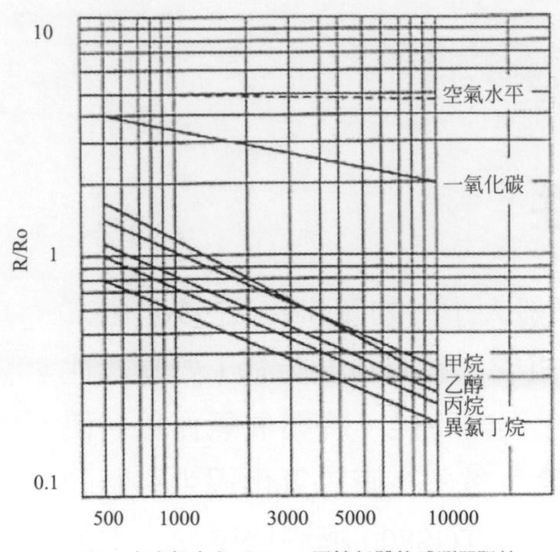

圖 3-4　TGS800 的特性曲線圖

3-2.2　規格表說明

使用 TGS800 進行測試時，建議電路電壓用 10V (其他相關規格請參照表 3-2 使用)，依照此方式有下列原因：假如感測器在很溼或很髒的空氣中，或者輸入不準確的電壓時，就不能達到精確的感測。

表 3-2　TGS 規格表

參數	額定值
電路電壓	24V max
燈絲電壓	5±0.2V
電力消耗	15W max
最高溫度範圍	−30 ～ 70 °C
操作溫度範圍	−10 ～ 40 °C

一般在市面上購買到的瓦斯漏氣警報器套件，可能如圖 3-5(a) 所示，其電路圖如圖 3-5(b) 所示。因為使用 LabVIEW 進行信號處理，只需要檢知瓦斯是否漏氣，所以可省略警報器的部分。

圖 3-5(a)　瓦斯漏氣警報器

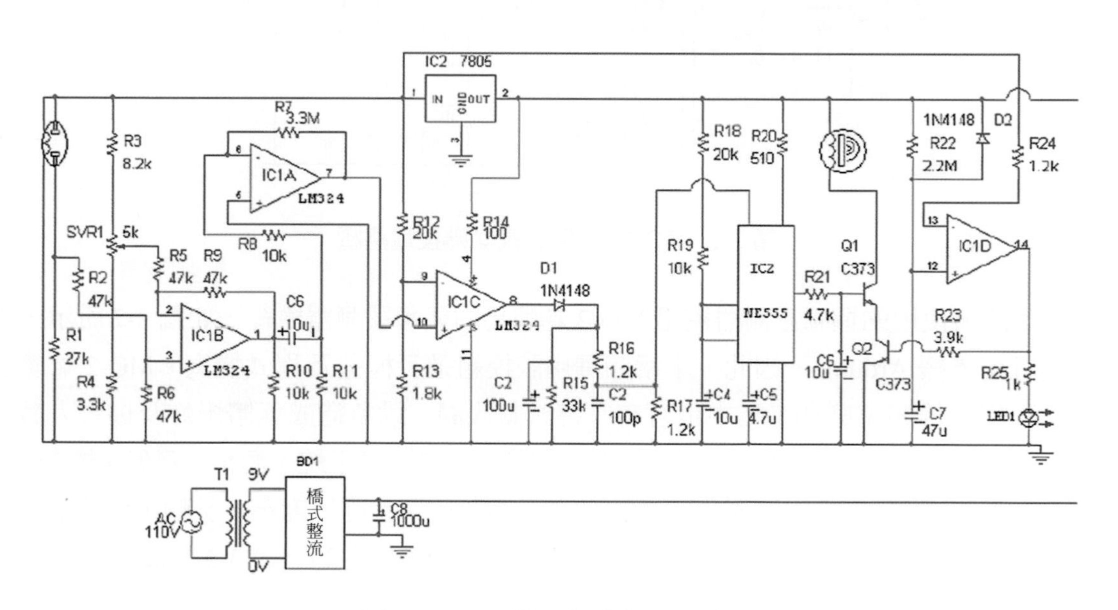

圖 3-5(b)　瓦斯漏氣警報器電路圖

如圖 3-6 所示，瓦斯煙霧感測電路主要可分成以下三個部分：

1. 橋式平衡檢測電路

IC1B 是利用橋式電路作為感測器的零準位調整，當 IC1B 的第 2、3 腳電位相等時，第 1 腳輸出亦相當於零輸出，此動作又稱為 offset 調整。

2. 放大電路

IC1A 為一般的反相放大器，由 IC1A、R_7 (3.3M) 及 R_8 (10k) 所組成，擁有 –330 倍的增益輸出。

3. 比較器

當 IC 第 10 腳非反相高於第 9 腳反向時輸出為 High 電位，反之為 Low 電位，第 9 腳設定的臨界電壓約在 1.6V 左右，即 $5\text{V} \times \dfrac{R_{13}}{R_{12} + R_{13}}$。

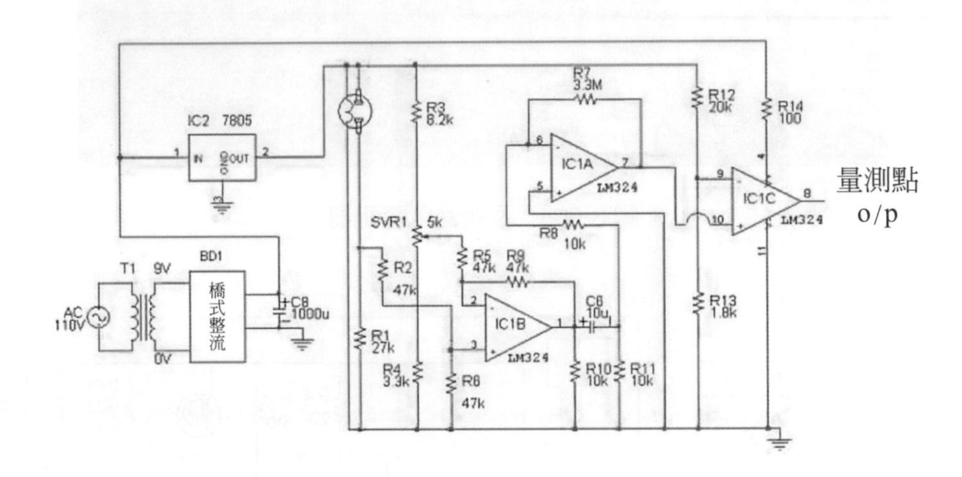

圖 3-6　TGS800 氣體感測轉換電路圖

本章節所使用的煙霧感測器模組 MQ-2 為簡易的氣體感測器模組，如圖 3-7 所示，價廉物美且可支援 Arduino。因此，本章節選用該模組進行模擬及程式撰寫。MQ-2 氣體感測器主要用於檢測家庭和工業中是否有有害氣體洩漏，以免造成氣體爆炸及傷害人體。MQ-2 可檢測許多氣體，例如：液化石油氣、甲烷、乙烷、異丁烷、酒精、氫氣、煙霧等，且 MQ-2 優點相當多，例如：檢測範圍廣、驅動電路簡單且靈敏度高，且輸出信號為簡易的類比電壓輸出，當電壓輸出愈高代表所檢測到的氣體濃度愈高，表 3-3 為簡易規格表。

圖 3-7　MQ-2 氣體感測器模組

表 3-3　MQ-2 氣體感測器規格表

主要晶片	LM393 電壓比較器、ZYMQ-2 氣體感測器
工作電壓	直流 5V

特點：1. 具有信號輸出指示

2. 雙路信號輸出 (類比量輸出及 TTL 平輸出)

3.TTL 輸出有效信號為低電平 (當輸出低電平時信號燈愈亮，可直接接於單晶片機)

4. 類比量輸出 DC 0 ～ 5V 電壓，氣體濃度愈高電壓愈低

5. 對液化氣、天然氣與煤氣有較好的靈敏性

6. 具有長期的使用壽命和可靠的穩定度

7. 快速的回應恢復特性

3-2.3　MQ-2 氣體感測器模組與 USB-6008 接線

如圖 3-8 所示，該模組所使用的 5V 電源由 USB-6008 提供，並接上電源端的 GND。氣體感測器模組的輸出腳則接到 USB-6008 的 AI 0+ 腳位。

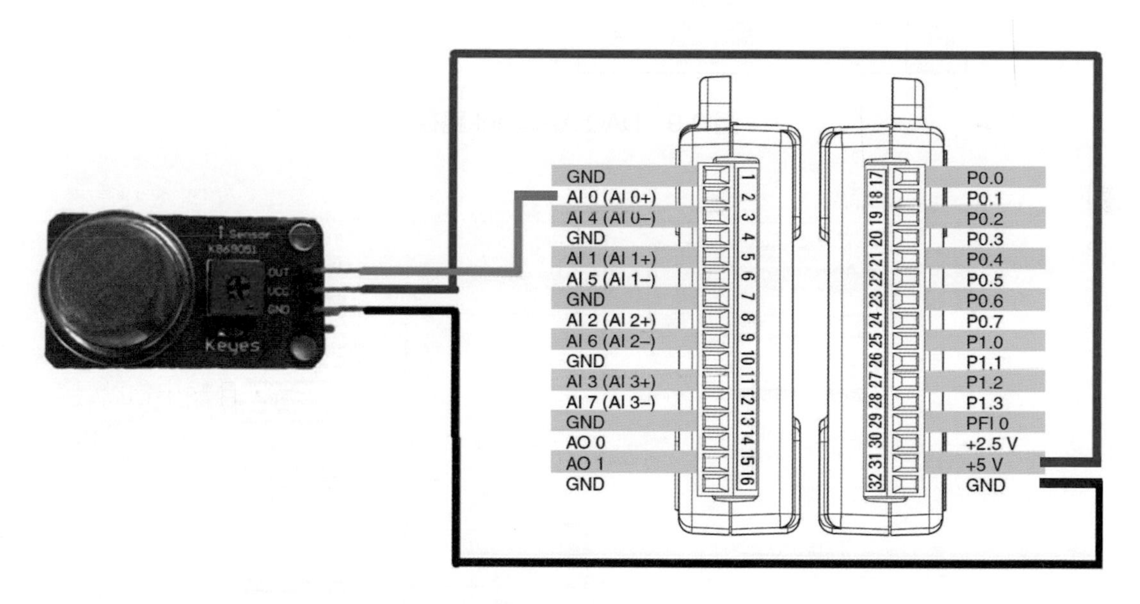

圖 3-8　MQ-2 氣體感測器模組與 USB-6008 接線圖

3-3 程式設計

STEP 1 利用 DAQ Assistant，Step by Step 來完成整個程式設計。從圖形程式區點選右鍵「Measurement I/O → NI DAQmx」中找到 DAQ Assistant，如圖 3-9 所示。DAQ Assistant 的設定步驟可參考如圖 3-10。

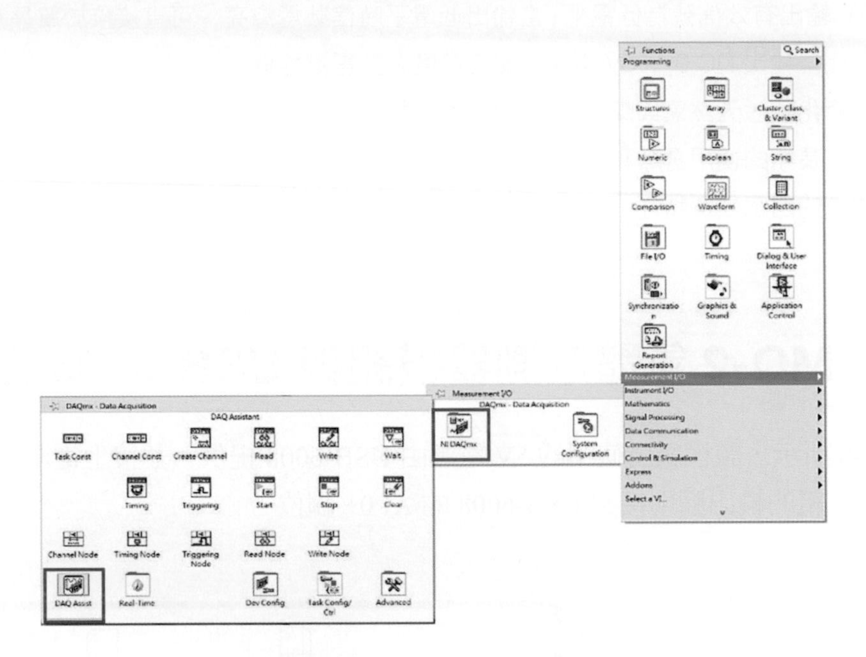

圖 3-9　DAQ Assistant 路徑

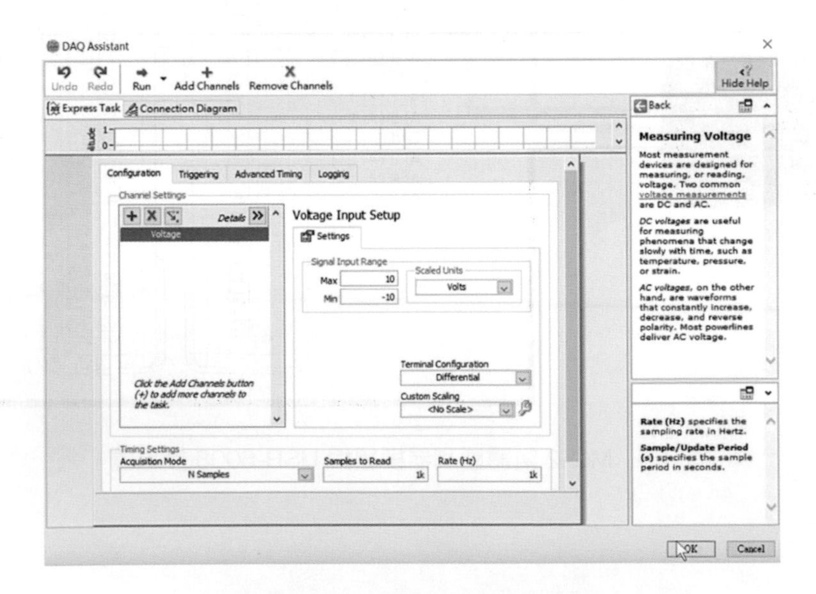

圖 3-10(a)　DAQ Assistant 設定

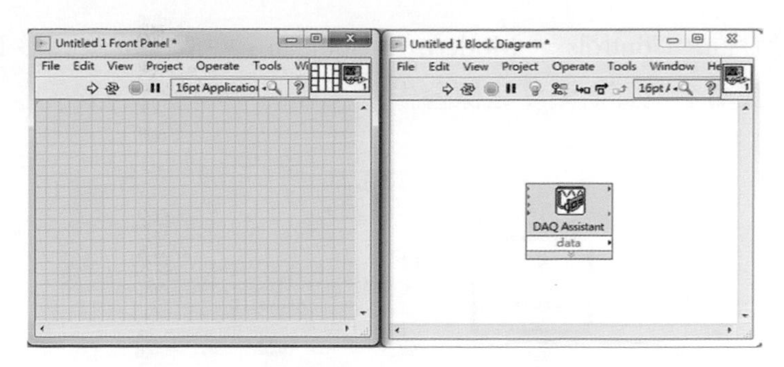

圖 3-10(b)　程式畫面

STEP 2 在人機介面「Controls → Modern → Numeric」中取出一個數值顯示元件，如圖 3-11 所示。顯示元件命名為模組電壓 /V。

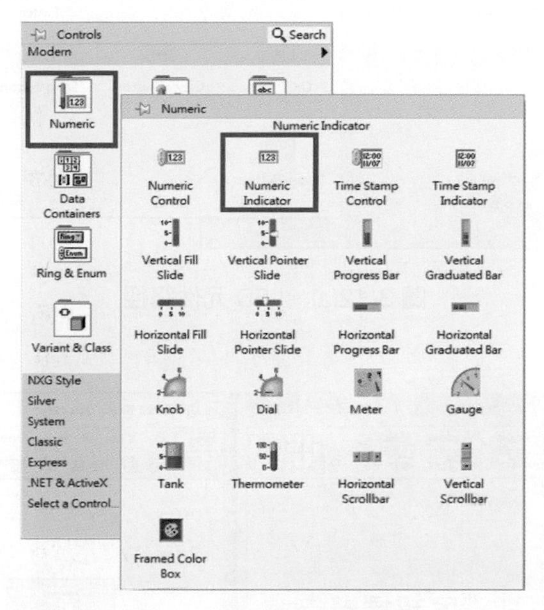

圖 3-11(a)　數值元件路徑

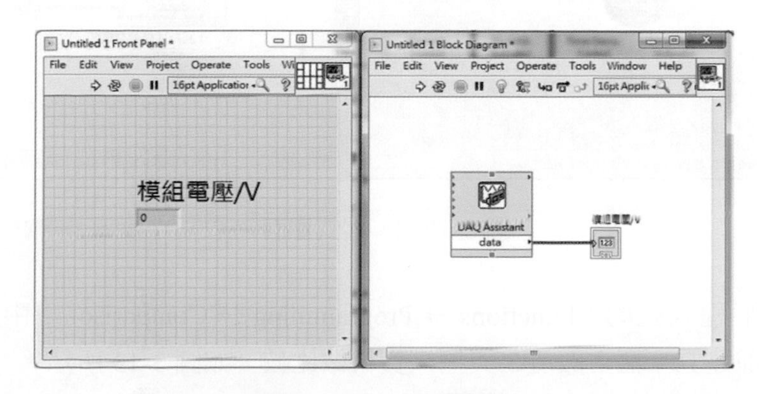

圖 3-11(b)　程式畫面

STEP 3 在人機介面「Controls → Modern → Boolean」中取出一個圓形 LED，如圖 3-12 所示，並命名為瓦斯濃度超標警告。

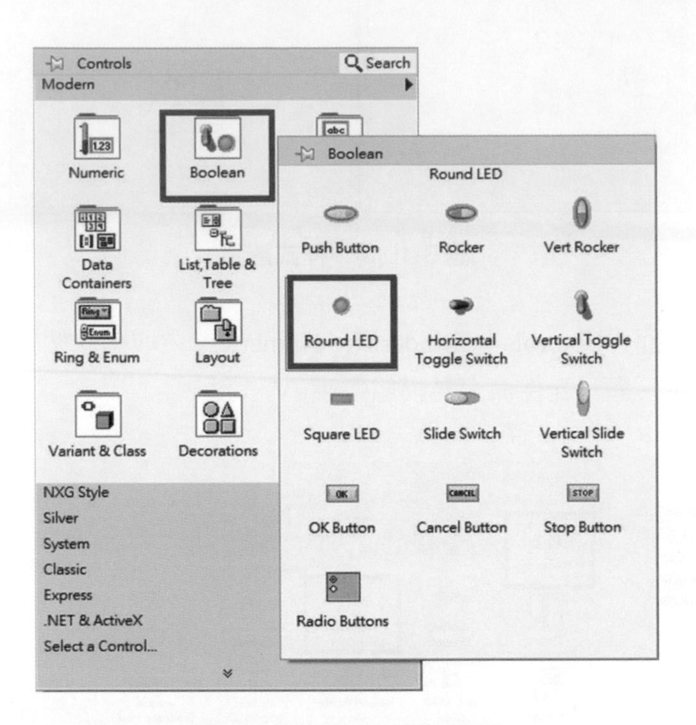

圖 3-12(a)　LED 元件路徑

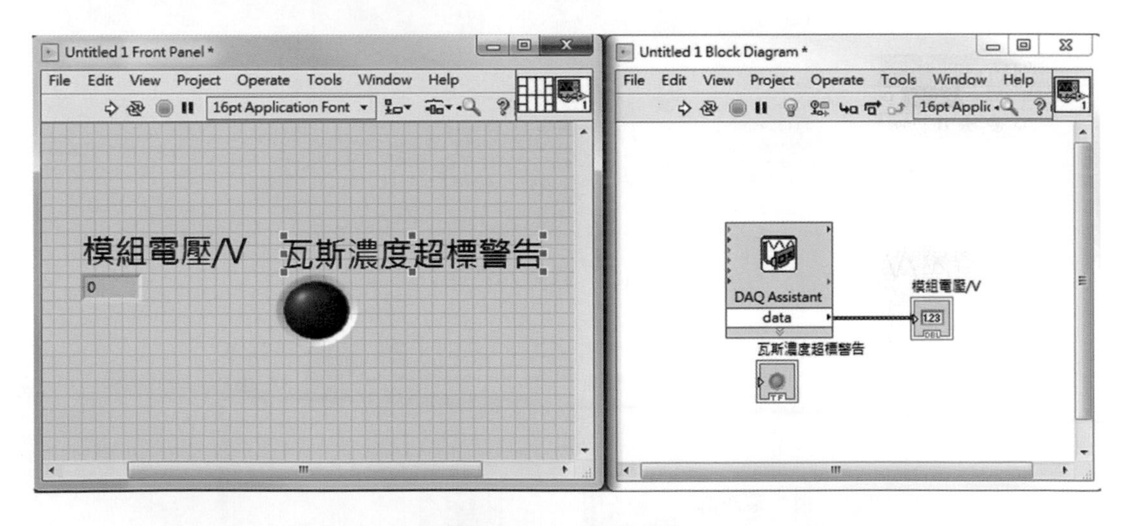

圖 3-12(b)　程式畫面

STEP 4 在圖形程式區的「Functions → Programming → Comparison」中取出一個大於函數並建立一個常數值 3 與輸入資料做比較，如圖 3-13 所示。

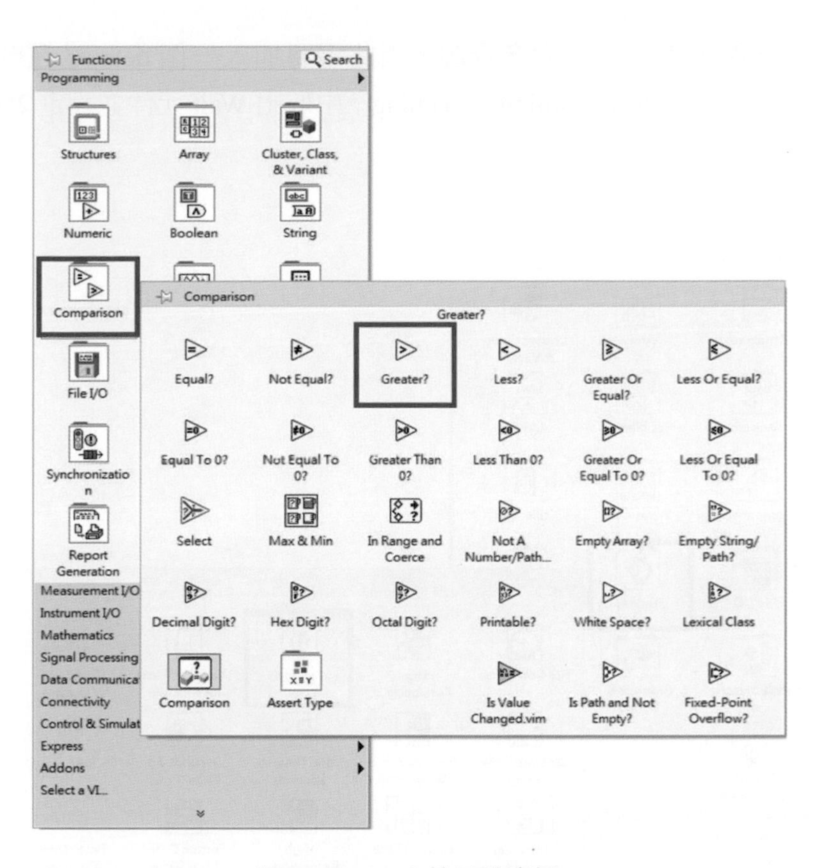

圖 3-13(a)　大於元件路徑

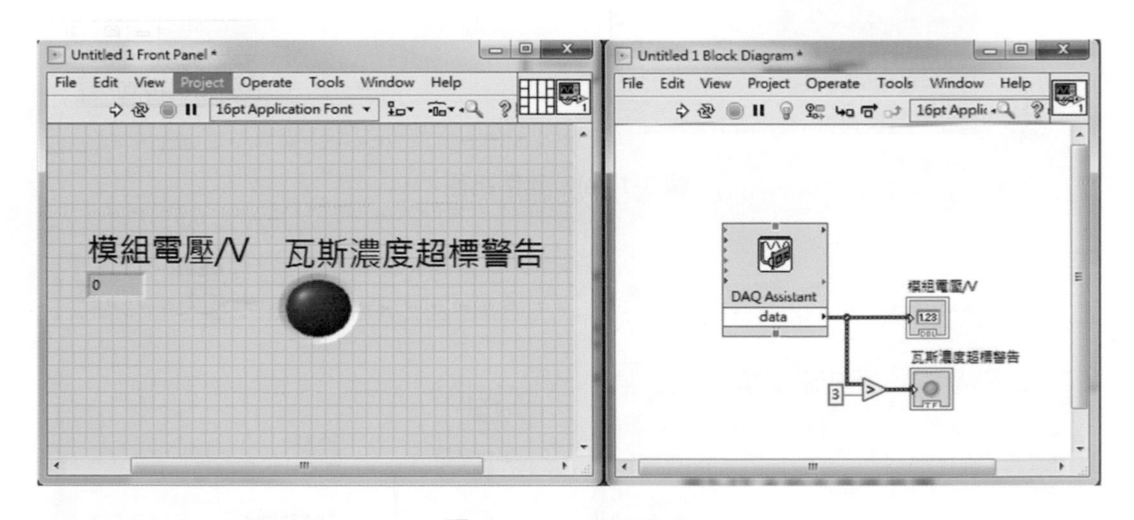

圖 3-13(b)　程式畫面

註　此處常數輸入 3 是因為模組本身基準電壓為 1 伏特，實驗時為了降低程式對於模組的敏感度，因此將比對值設定為 3。

STEP 5 為了讓程式不吃電腦太多資源，因此需要加入一個 delay。在圖形程式區的「Functions → Programming → Timing」中取出 Wait 元件並設定 250，如圖 3-14 所示。

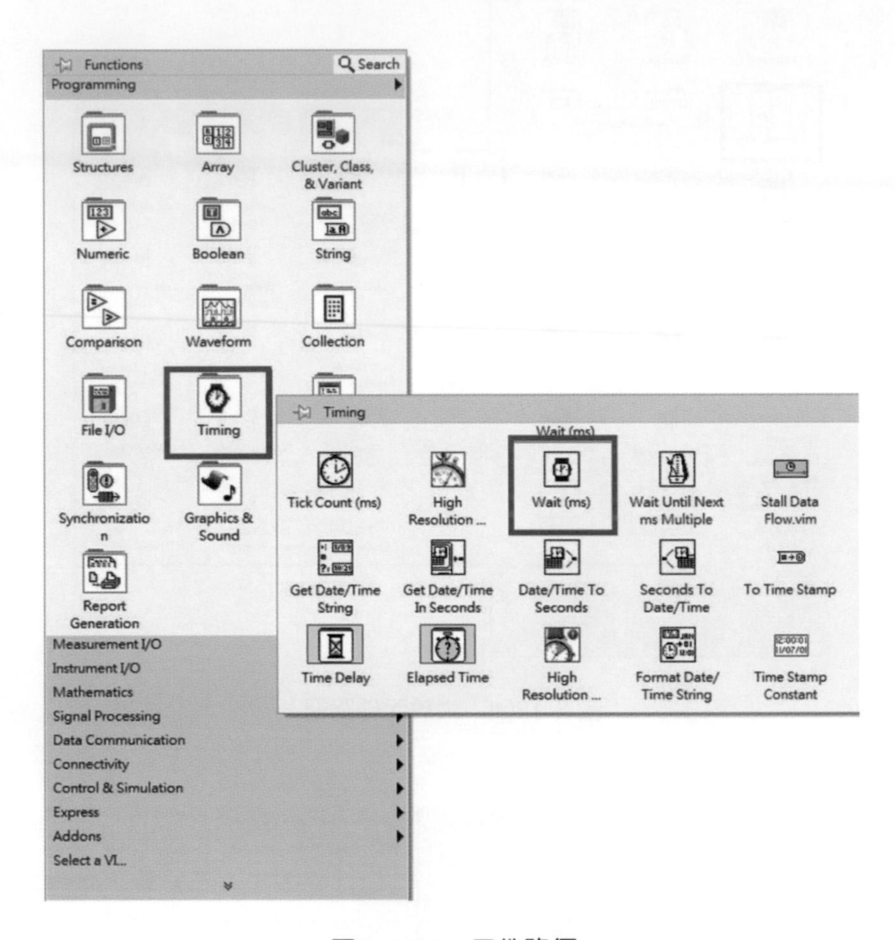

圖 3-14(a) 元件路徑

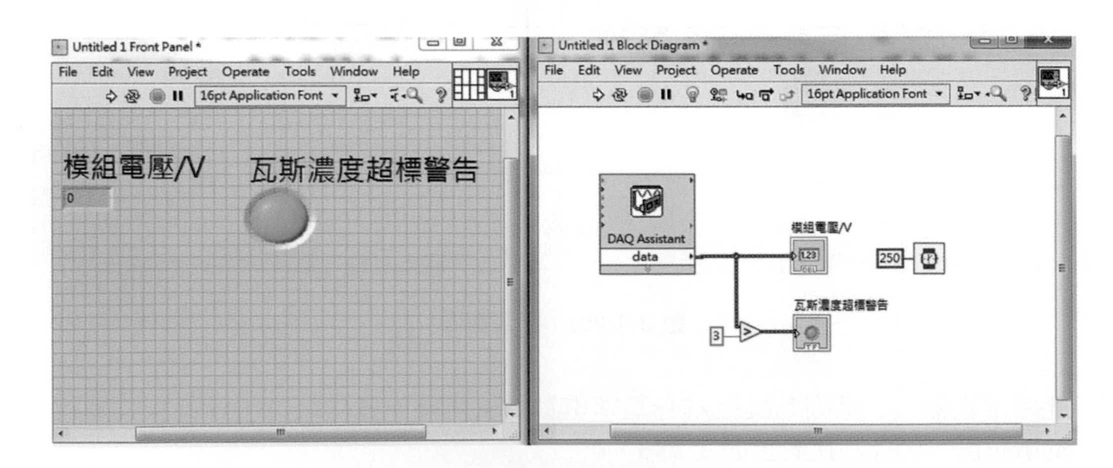

圖 3-14(b) 程式畫面

STEP 6 為了讓程式能夠一直執行，在圖形程式區的「Functions → Programming → Structures」中取出 While Loop，如圖 3-15 所示。接下來用 While Loop 將全部元件包裹在內並在迴圈右下角的紅點左邊接點按一下右鍵創造一個 STOP 元件，如圖 3-16 所示。

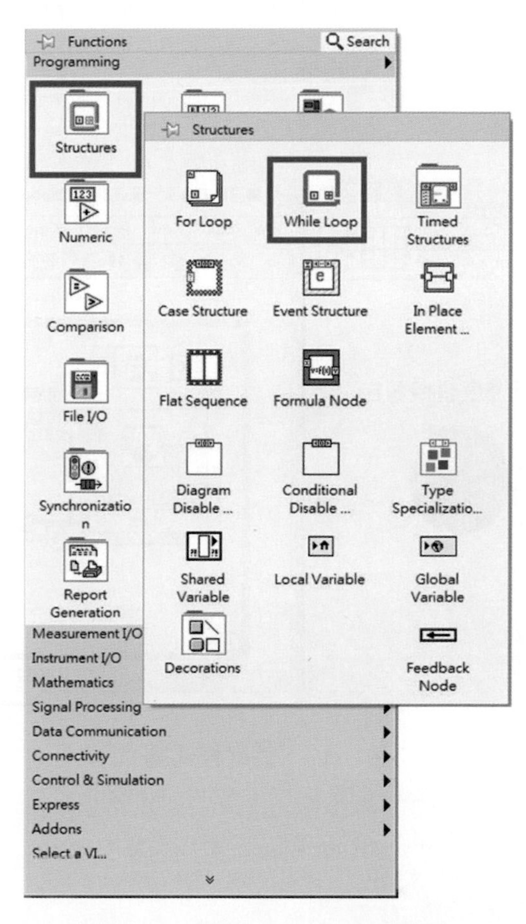

圖 3-15　While Loop 元件路徑

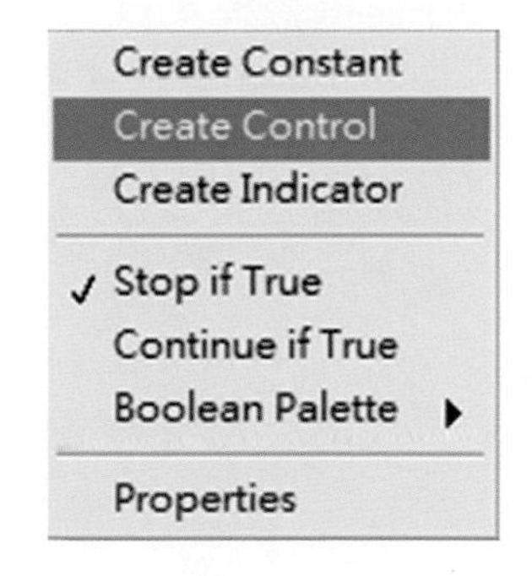

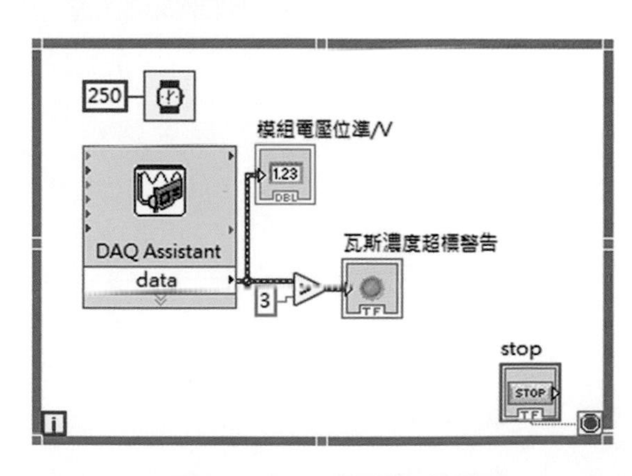

圖 3-16(a)　STOP 元件

圖 3-16(b)　圖形程式區

STEP 7 將所有元件擺好連接後，如圖 3-17 所示。接著便可開始執行程式。

實驗步驟 硬體接線及程式完成後可使用簡易打火機或是瓦斯罐，在 MQ-2 氣體感測器模組周圍輕壓瓦斯開關使瓦斯洩漏一點，即可看到模組的電壓上升，可搭配三用電表來觀察輸出電壓的變化。

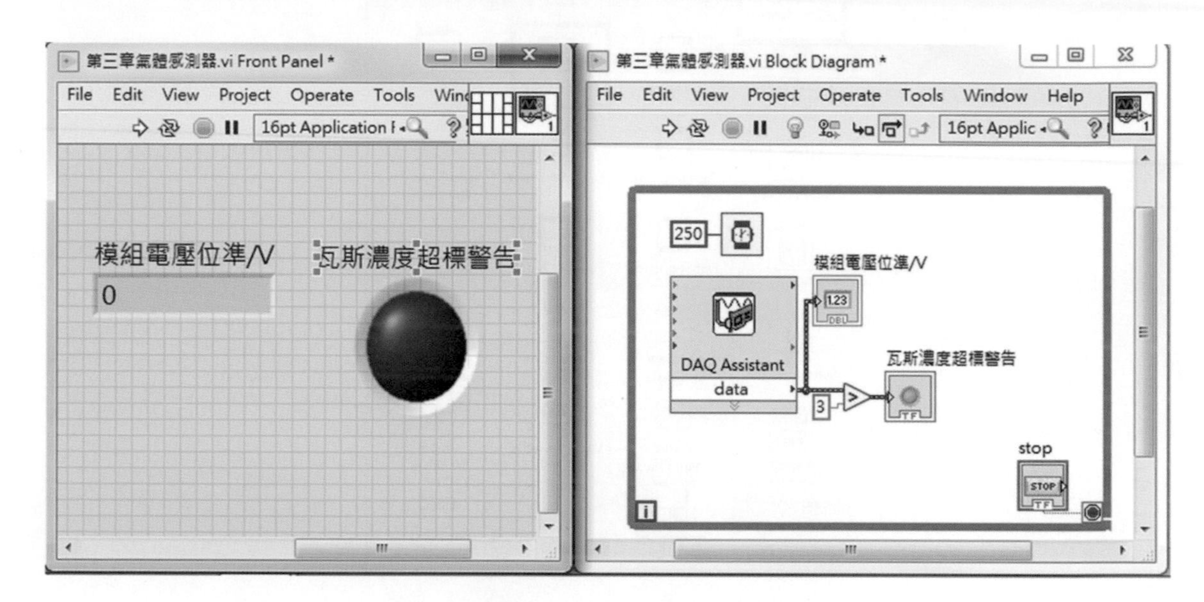

圖 3-17　完整程式圖

LM335
半導體溫度感測器

4-1 LM335 半導體溫度感測器介紹

LM335 是國家半導體公司 (National Semiconductor，NS) 製造的一系列半導體溫度感測器的一種。它的工作原理與稽納二極體相似，其逆向崩潰電壓輸出隨溫度成正比線性變化。除了 LM335 之外，在這系列中還有許多不同型號的溫度感測器，其各有不同的溫度量測範圍與特性。如圖 4-1 為 LM-X35 溫度感測器系列的部分規格表。LM-X35 系列溫度感測器共有三種包裝，分別為 TO-92、SO-8 和 TO-46 可供使用者選擇，如圖 4-2 為各種包裝的腳位示意圖及電路符號。本章節的範例中使用的元件為 LM335，TO-92 的塑膠包裝。表 4-1 為 LM-X35 的特性，其檢測的溫度範圍在 −40 °C ～ +100 °C 之間 [4]。

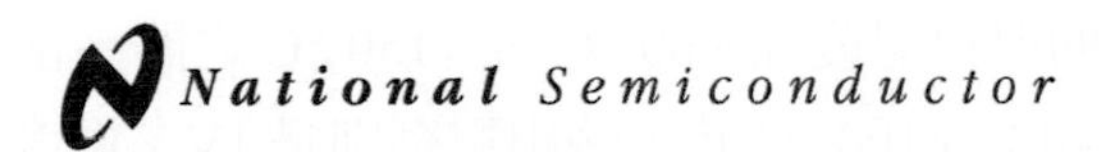

November 2000

LM135/LM235/LM335, LM135A/LM235A/LM335A
Precision Temperature Sensors

General Description

The LM135 series are precision, easily-calibrated, integrated circuit temperature sensors. Operating as a 2-terminal zener, the LM135 has a breakdown voltage directly proportional to absolute temperature at +10 mV/°K. With less than 1Ω dynamic impedance the device operates over a current range of 400 μA to 5 mA with virtually no change in performance. When calibrated at 25°C the LM135 has typically less than 1°C error over a 100°C temperature range. Unlike other sensors the LM135 has a linear output.

Applications for the LM135 include almost any type of temperature sensing over a −55°C to +150°C temperature range. The low impedance and linear output make interfacing to readout or control circuitry especially easy.

The LM135 operates over a −55°C to +150°C temperature range while the LM235 operates over a −40°C to +125°C temperature range. The LM335 operates from −40°C to +100°C. The LM135/LM235/LM335 are available packaged in hermetic TO-46 transistor packages while the LM335 is also available in plastic TO-92 packages.

Features

- Directly calibrated in °Kelvin
- 1°C initial accuracy available
- Operates from 400 μA to 5 mA
- Less than 1Ω dynamic impedance
- Easily calibrated
- Wide operating temperature range
- 200°C overrange
- Low cost

圖 4-1　國家半導體公司 LM-X35 系列溫度感測器系列的特性

Connection Diagrams

TO-92
Plastic Package

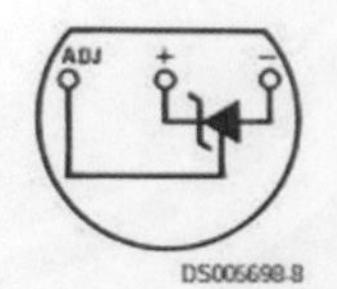

Bottom View
Order Number LM335Z
or LM335AZ
See NS Package
Number Z03A

SO-8
Surface Mount Package

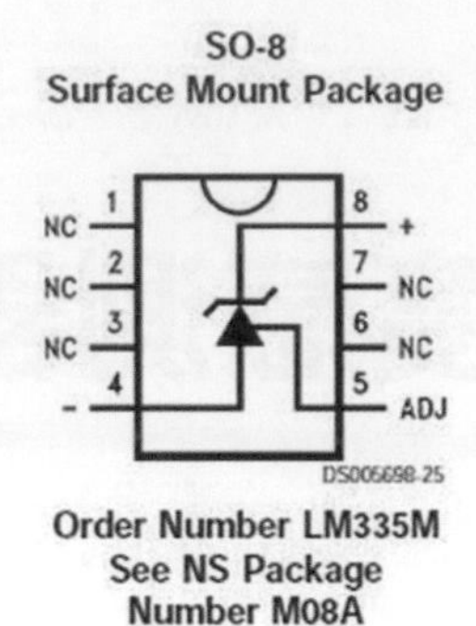

Order Number LM335M
See NS Package
Number M08A

TO-46
Metal Can Package*

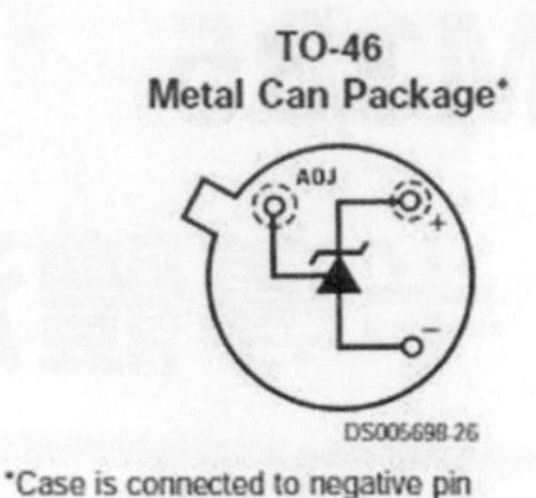

*Case is connected to negative pin

Bottom View
Order Number LM135H,
LM135H-MIL, LM235H,
LM335H, LM135AH,
LM235AH or LM335AH
See NS Package
Number H03H

圖 4-2　國家半導體公司 LM-X35 系列不同包裝的腳位示意圖及電路符號

表 4-1　LM335 的特性

(a) 工作溫度	−40 °C ～ +100 °C	(d) 可承受反向電流	15mA
(b) 工作電流	400μA ～ 5mA	(e) 保存溫度	−60 °C ～ +150 °C
(c) 可承受正向電流	10mA	(f) 靈敏度	10mV/°K

LM335 可以等效成一個稽納二極體，在外加電流 400μA ～ 5mA 之間皆有穩定的電壓輸出，不受電流變化的影響。LM335 可以承受正向電流 10mA 及反向電流 15mA，所以 LM335 被反接也不會損壞。LM335 的保存溫度在 −60 °C ～ +150 °C 之間。當溫度為 0 °C 時，LM335 的輸出電壓為 0V。當溫度為 100 °C 時，輸出電壓則是 1V。溫度每升高 1°K，輸出電流增加 10mV，因此溫度係數 T 為 10mV/°K。如圖 4-3 為 LM335 不同包裝的實體圖。

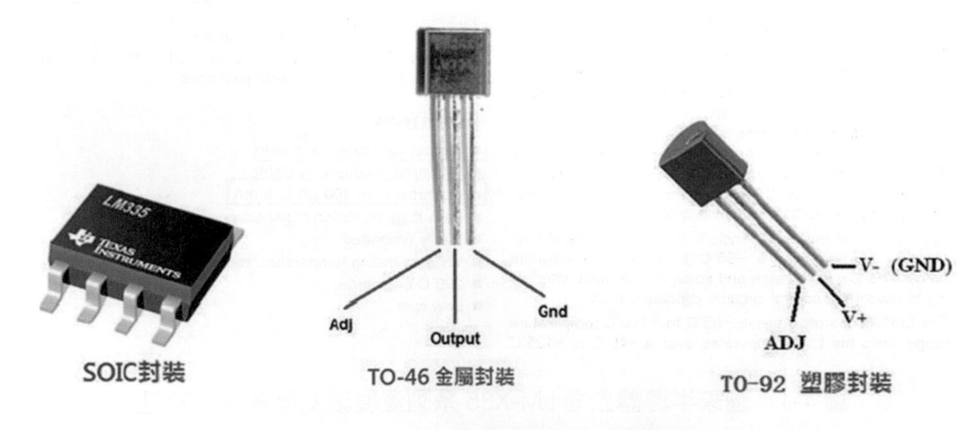

圖 4-3　LM335 不同包裝的實體圖

4-2 LM-X35 系列之比較

表 4-2 為 LM-X35 系列的特性規格表，從表中可得知 LM335 的誤差最大為 ±9.0 °C，而 LM335A 的誤差最小為 ±2.0 °C。在一個額定工作溫度範圍內，絕對溫度的誤差值，在沒有外部調整或經校正誤差調整後以及非線性度方面，LM335 都比 LM335A 的值來得大。

表 4-2(a)　LM-X35 系列特性規格表

項目		LM135	LM135A	LM235	LM235A	LM335
絕對最大額定	順向電流	10mA				
	反向電流	15mA				
工作需求狀態	工作溫度	−55 °C ~ +100 °C	−55 °C ~ +100 °C	−40 °C ~ +125 °C	−40 °C ~ +125 °C	−40 °C ~ +100 °C
	儲存溫度	−60 °C ~ +150 °C	−60 °C ~ +150 °C	−60 °C ~ +150 °C	−60 °C ~ +150 °C	−60 °C ~ +150 °C

表 4-2(b)　溫度精準性：LM135/LM235

參數		測試狀態	LM135A/LM235A			LM135/LM235			單位
			最小	典型	最大	最小	典型	最大	
工作狀態下輸出電壓		$T_C = 25$ °C，$I_R = 1$mA	2.97	2.98	2.99	2.95	2.98	3.01	V
未校準時的溫度誤差		$T_C = 25$ °C，$I_R = 1$mA		0.5	1		1	3	°C
未校準時的溫度誤差		$T_{MIN} \le T_C \le T_{MAX}$，$I_R = 1$mA		1.3	2.7		2	5	°C
在 25 °C 時的溫度誤差		$T_{MIN} \le T_C \le T_{MAX}$，$I_R = 1$mA		0.3	1		0.5	1.5	°C
校正	額外校正後誤差	$I_C = T_{MAX}$ (Intermittent)		2			2		°C
溫度	非線性	$I_R = 1$mA		0.3	0.5		0.3	1	°C

表 4-2(c)　溫度精準性：LM335、LM335A

參數		測試狀態	LM135A/LM235A			LM135/LM235			單位
			最小	典型	最大	最小	典型	最大	
工作狀態下輸出電壓		T_C = 25 °C，I_R = 1mA	2.97	2.98	3.04	2.95	2.98	3.01	V
未校準時的溫度誤差		T_C = 25 °C，I_R = 1mA		2	6		1	3	°C
未校準時的溫度誤差		$T_{MIN} \le T_C \le T_{MAX}$，$I_R$ = 1mA		4	9		2	5	°C
在 25 °C 時的溫度誤差		$T_{MIN} \le T_C \le T_{MAX}$，$I_R$ = 1mA		1	2		0.5	1	°C
校正	額外校正後誤差	$T_C = T_{MAX}$ (Intermittent)		2			2		°C
溫度	非線性	I_R = 1mA		0.3	1.5		0.3	1.5	°C

4-3 訊號處理

4-3.1 訊號轉換的目的

感測系統主要是以利用各種型式感測器來檢出物理量為目的。由感測器檢出各種物理訊號 (如電阻值、電壓或電流)，然後再將這些訊號轉換成能與其他儀表連接之訊號，例如溫度表、壓力表或電流表等。以下為訊號轉換的相關術語。

1. 訊號準位變換：通常需要感測器檢測出類比訊號，有低準位和高準位等各種的電壓準位，這些訊號通常須經過放大器轉換為制式的訊號準位，1 ～ 5V DC 或 0 ～ 10V DC。
2. 訊號型態的轉換：為了便於處理檢出的訊號，訊號型態的轉換是必要的。例如電阻值變化的訊號可轉換為電壓訊號，以方便作放大處理。當感測器與受信器之間距離較遠時，一般則會轉換成電流訊號，如此可以降低傳輸線的訊號衰減，工業常見的自動化控制元件的輸出電流訊號一般為 4 ～ 20mA。
3. 線性化：感測器的輸出特性，一般為非線性，例如 K-type 和 PT-100。它們的檢出訊號均為非線性，因此需利用轉換器將訊號作線性化之處理，讓儀表的讀值顯示更準確。

4. 濾波：控制系統中，電動機與電磁閥等大功率消耗機器的微小訊號常會與測定器並用，對 60Hz 的電源頻率會存在同步雜訊或脈波性雜訊，因此需防止雜訊引起受信器的錯誤動作。可用電容與電阻組成一次濾波器，以去除 50 ～ 60Hz 的雜訊成份。

4-3.2　LM335 的典型應用與 LM335 轉換電路

如圖 4-4 為 LM-X35 系列規格表提供之 LM-X35 系列設計規範。這裡來介紹一些簡單的 LM-X35 系列量測溫度的參考電路圖。如圖 4-5 為 LM335 之轉換電路，其輸出為 mV 的電壓，只需要透過可變電阻進行校正，即可得到 10mV/ °C 的電壓輸出。使用 SVR1 及 SVR4 10kΩ 電阻來做為 LM335 的線性誤差調整 (可修正線性)，其目的在藉由調整過程中，可以藉由測量 4 °C(冷水) → V_o = 40mV 和 100 °C(熱水) → V_o = 1V 當下的輸出電壓值來驗證結果，以便達到校正效果。為了要精確的調整至 10mV/°K，我們使用一個 5.1kΩ 電阻串聯一個 10kΩ 的精密可變電阻，即可精確的調整至 10mV/°K(°C 及 °K 之溫度間距相同)。

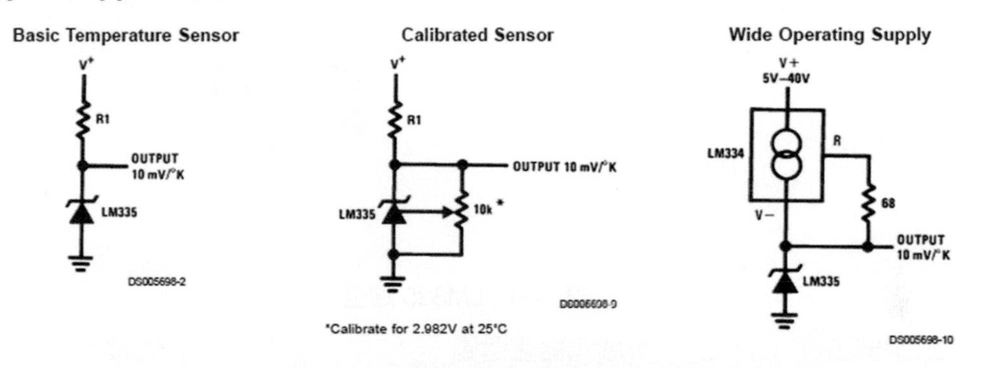

圖 4-4　LM-X35 系列規格表提供之設計參考電路

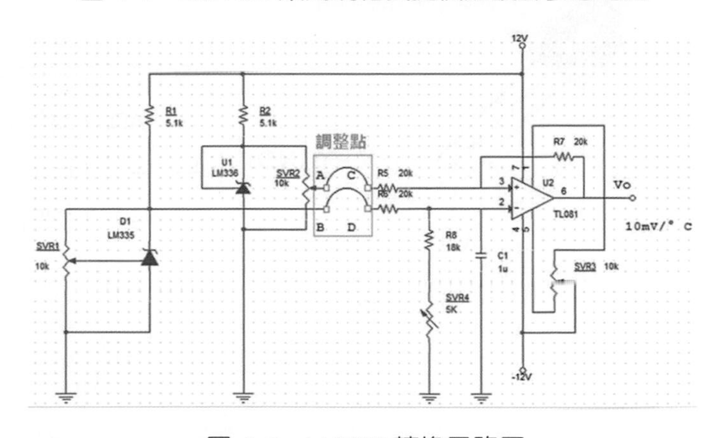

圖 4-5　LM335 轉換電路圖

4-3.3 使用 LabVIEW 時 LM335 的轉換電路

透過 LabVIEW 的強大功能，可以簡化圖 4-5 中的放大電路。材料表如表 4-3 所示，使用歐式端子台 (表 4-3 右方圖片)。表 4-4 為 LM335 的腳位圖，透過圖 4-5 的接線方式，使用 +5V 電源串聯 2.2kΩ 提供 LM335 電源，再來調整 10kΩ 可變電阻及使用三用電表量測 LM335 的輸出電壓等於絕對溫度乘上 10mV/°K，因為 °C 轉 °K 的公式為：[K] = [°C] + 273，故可以得出：((26+273)°K × 10mV/°K) = 2.99V(室溫 26 °C 當下的輸出電壓)，如此一來我們就可以得到室溫底下對應的輸出電壓。當然讀者也可以到後面程式完成後，利用人機介面的虛擬儀表再進行調整，有了對溫度的了解就開始程式的撰寫吧。

表 4-3　材料表

LM335 半導體溫度感測器訊號轉換電路	
材料名稱	
精密電阻 2.2kΩ × 1	歐式端子台 2pin × 2
可變電阻 (SVR) 10kΩ × 1	
TO-92 LM335 × 1	

表 4-4　LM335 腳位

感測器名稱	感測器實體圖	腳位
LM335	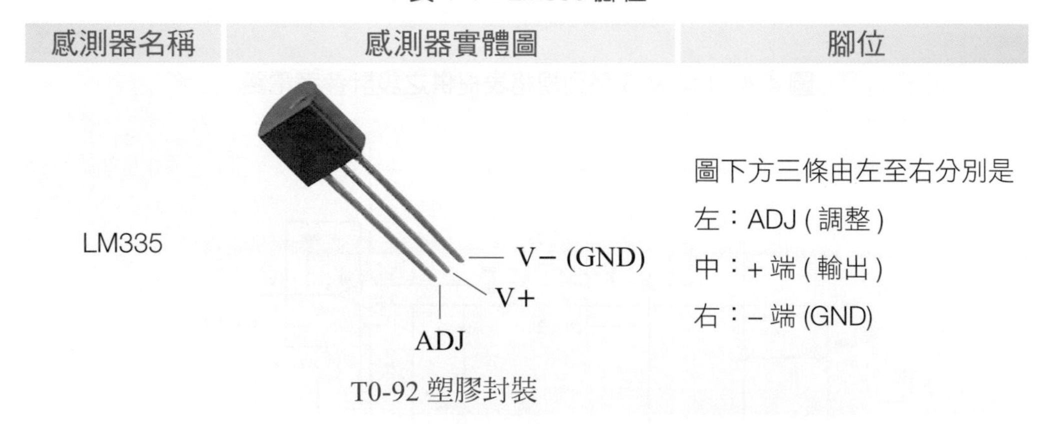	圖下方三條由左至右分別是 左：ADJ (調整) 中：+ 端 (輸出) 右：– 端 (GND)

4-4 USB-6008 與感測電路接線

4-4.1 採用麵包板電路接線

如圖 4-6 為 LM335 感測電路與 USB-6008 的連接圖。選擇 USB-6008 的第 2 腳位 (AI 0：類比輸入通道 0) 當擷取訊號腳，將 LM335 的 (“+”) 正腳位連接至 USB-6008 的第 2 腳位，而 USB-6008 的第 1 腳位 (GND) 與 LM335 的 (“–”) 負腳位連接。由於 USB6008 沒有支援 NRSE，而 Differential 是量測極微小訊號 (非接地訊號)，故在此使用 RSE 作為量測。

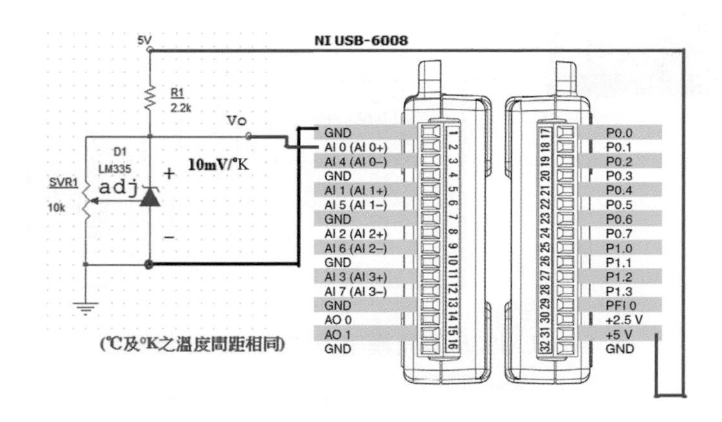

圖 4-6　LM335 感測電路與 USB-6008 接線圖

4-4.2 數值 V.S. 儀表的計算準則

絕對溫度的 °K 是熱力學上的一種單位，把分子能量最低時的溫度定為絕對零度記為 0°K，相當於 –273.15 °C (即 0°K = –273.15 °C)，是一種極限溫度，在此種溫度下，分子運動不再具有可以轉移給其他系統的能量。攝氏 –273 °C 是絕對溫度 0 °K，所以水的冰點是 27 3°K，沸點是 373 °K。溫度轉換計算方式參考如圖 4-7 所示。

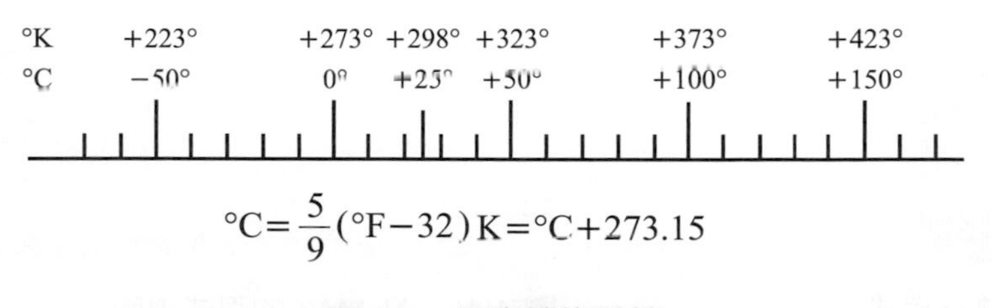

圖 4-7　溫度轉換計算

4-4.3 採用教具模組接線

為了教學操作方便，將原先使用的麵包板電路接線方式進階客製化成一個專屬的教具模組。將模組上標註 5V 處連接到 USB-6008 的 +5V 端點，AI 0+ 端點連接到 USB-6008 的 AI 0+ 端點，GND 則連接到類比輸入端的 GND，如圖 4-8 所示。

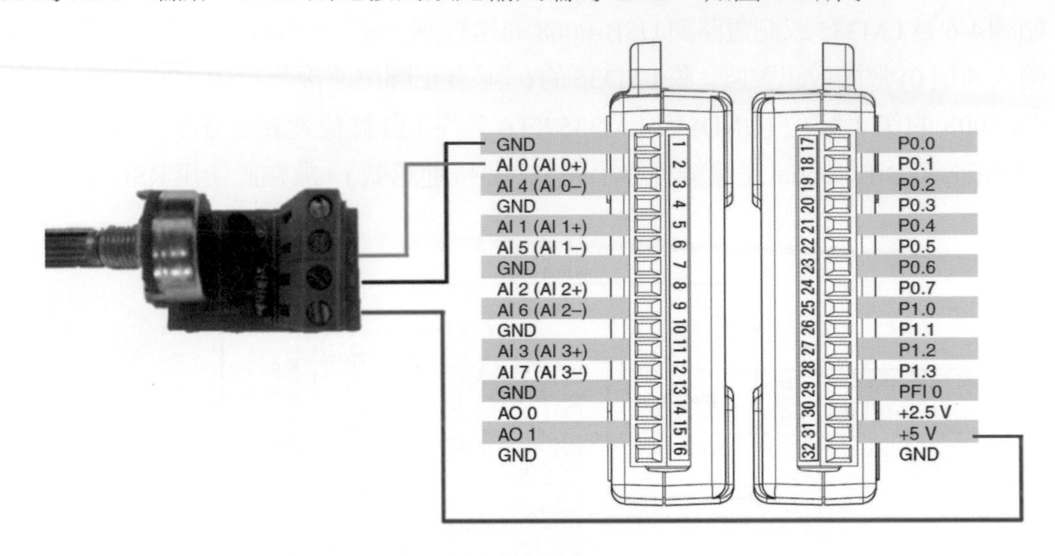

圖 4-8　LM335 教具模組與 USB-6008 接線圖

4-4.4 USB-6008 的安裝與設定

STEP 1 每次程式撰寫之前，需再確認一次 USB-6008 是否運作正常。利用 LabVIEW 的一個 NI MAX 執行程式來檢測所安裝的 USB-6008 是否正確。首先，點選如圖 4-9 所示的執行檔，執行後會看到 Measurement & Automation 視窗，如圖 4-10 所示。

NI MAX

圖 4-9　執行程式

圖 4-10　NI MAX 的程式畫面

STEP 2 滑鼠點選路徑「My System → Devices and Interface → NI USB-6008 "Dev1"（第一個安裝的硬體為 "Dev1"，第 2 個安裝的硬體為 "Dev2"……以此類推），來檢查裝置是否有正確安裝，如圖 4-11 所示。

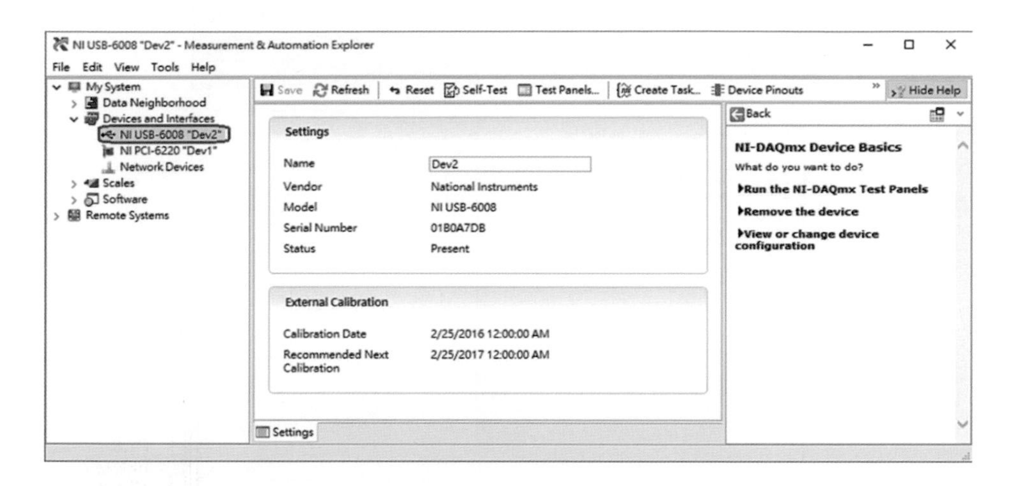

圖 4-11　NI USB-6008

STEP 3 確定 USB-6008 安裝正確後，接著開啟一個新的 VI。在圖形程式區裡，按滑鼠右鍵，點選「Functions → Measurement I/O → NI-DAQmx → DAQ Assistant」，如圖 4-12 所示。

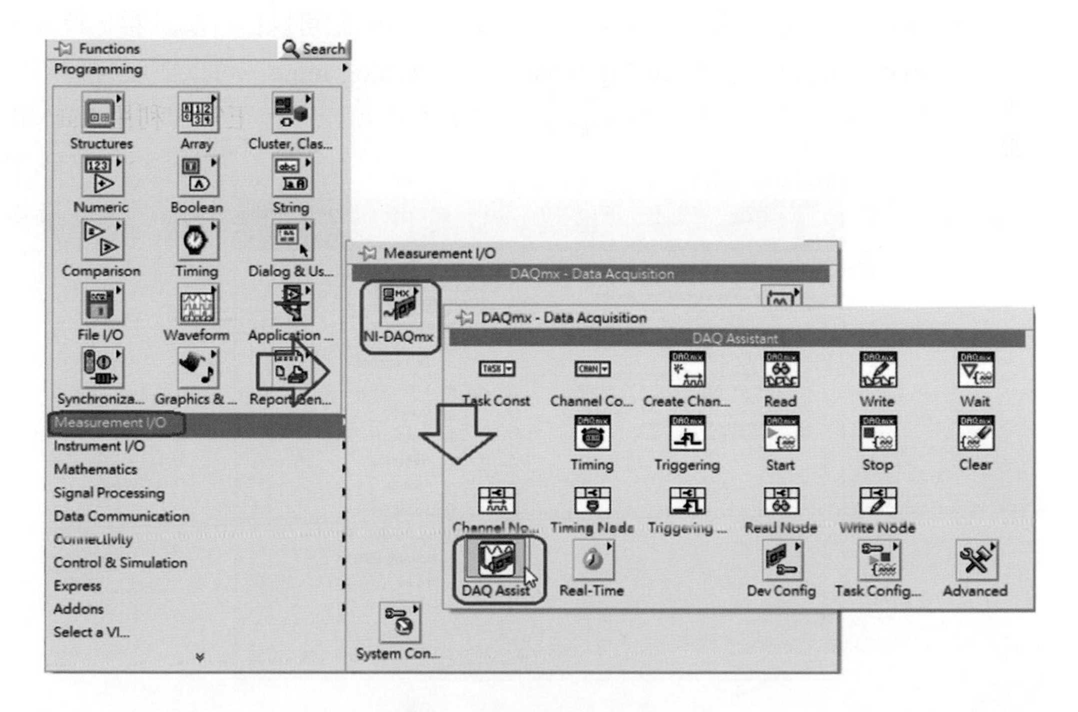

圖 4-12　DAQ Assistant

STEP 4 進入 DAQ 小幫手之後，可以看到 step by step 的視窗畫面。在 DAQ 小幫手裡，它是採取選單式的方式來撰寫程式，選單中有 Acquire Signals、Generate Signals，如圖 4-13 所示。

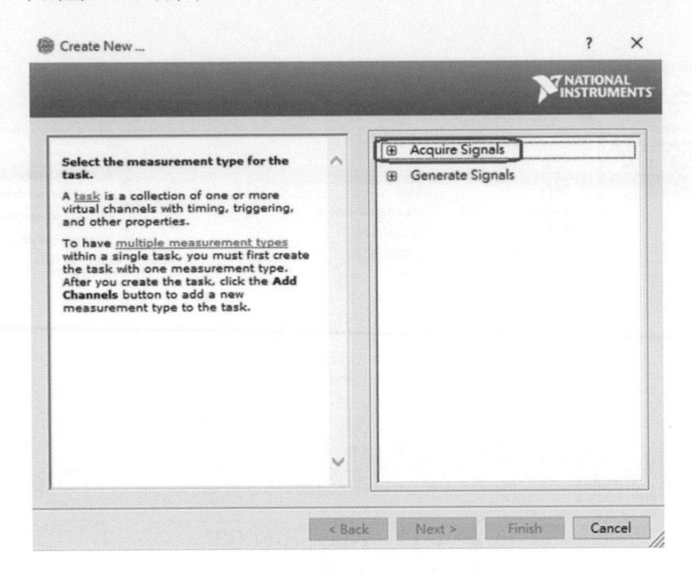

圖 4-13　Step by step 畫面

STEP 5 按下 Acquire Signals 後，裡面又可分為 4 個項目，分別是 Analog Input、Counter Input、Digital Input、TEDS。在這裡，只介紹 Analog Input 與 Digital I/O 的用法，其它的用法大同小異，讀者有興趣的話可以自行試試看。首先，介紹 Analog Input，點選 Analog Input 後，「Analog Input」可以抓取各種不同的物理量，在這我們選擇「Voltage」，如圖 4-14 所示。

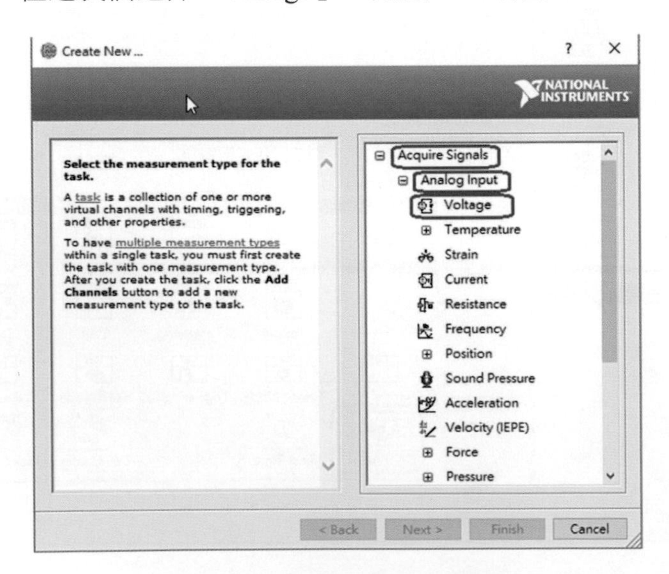

圖 4-14　Analog Input 的畫面

STEP 6 點選 Voltage 之後，接下來在 Dev2 中選擇 ai0(請讀者選擇自己所使用的 DAQ 卡型號)，再按下 Finish，如圖 4-15 所示。

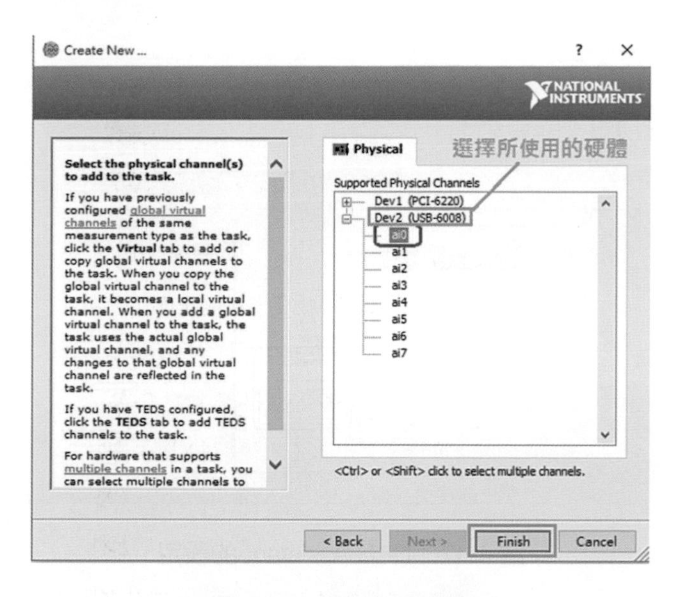

圖 4-15　通道選擇畫面

補充說明 假如有多個感測點需要量測，那是不是都要一個一個設定呢？答案是 NO 的。我們可以利用鍵盤上的 shift 鍵或 Ctrl 鍵，按住滑鼠左鍵點選所需量測的通道數即可，如圖 4-16 所示。

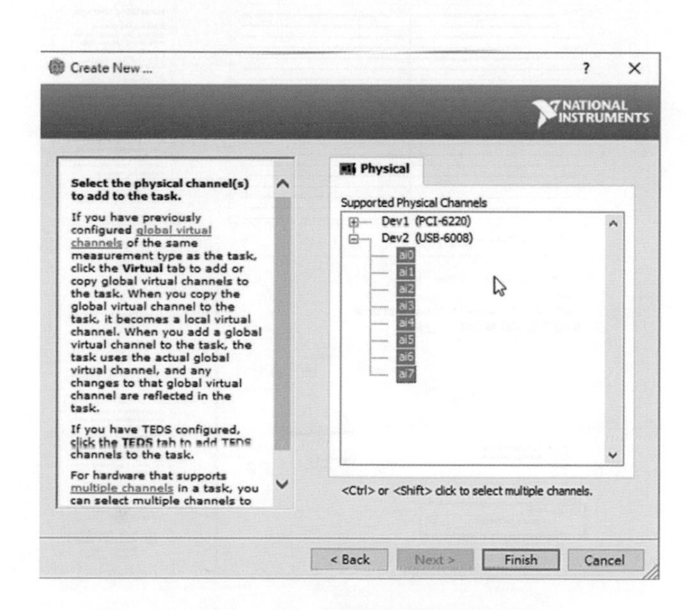

圖 4-16　多通道選擇畫面

STEP 7 完成 STEP6 後，會跳出下一個視窗，在 Terminal Configuration 選擇量測模式：RSE。您可以先點選 Run 測試是否成功擷取訊號，如圖 4-17 所示。

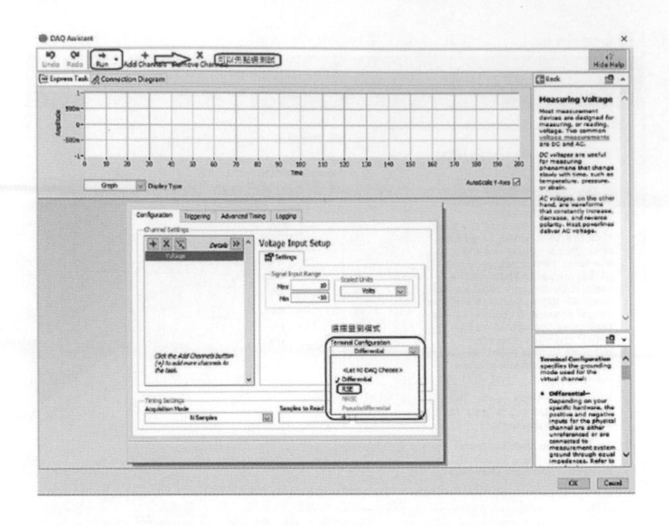

圖 4-17　DAQ Assistant 的設定

STEP 8 為了配合程式擷取，所以選擇擷取模式：1 Sample(On Demand)，這個模式為：每執行一次程式，只會抓取一個取樣點，如圖 4-18 所示。如此即完成 DAQ Assistant 的初始設定。

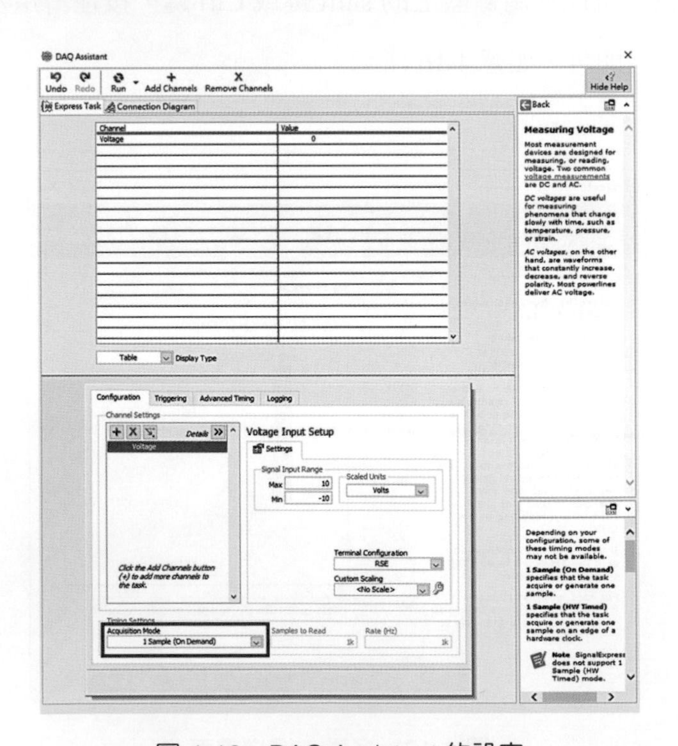

圖 4-18　DAQ Assistant 的設定

4-5 程式設計

STEP 1 利用 DAQ Assistant，Step by Step 來完成整個程式設計。從圖形程式區點選右鍵「Measurement I/O → NI DAQmx」中找到 DAQ Assistant，如圖 4-19 所示。DAQ Assistant 的設定步驟可參考如圖 4-20(a) 及圖 4-20(b)。

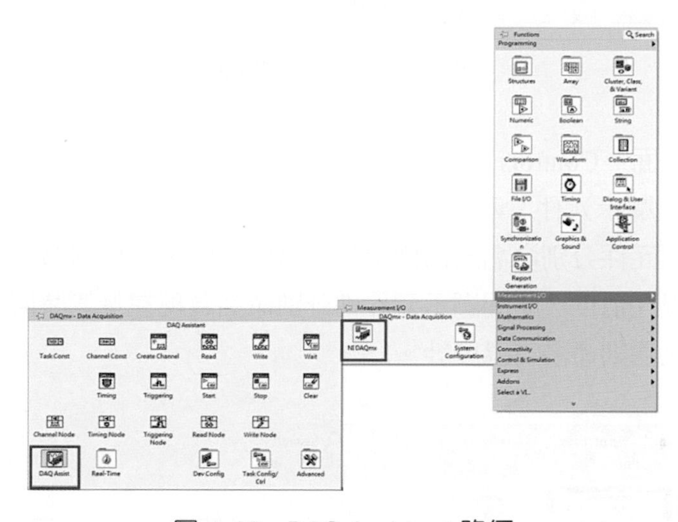

圖 4-19　DAQ Assistant 路徑

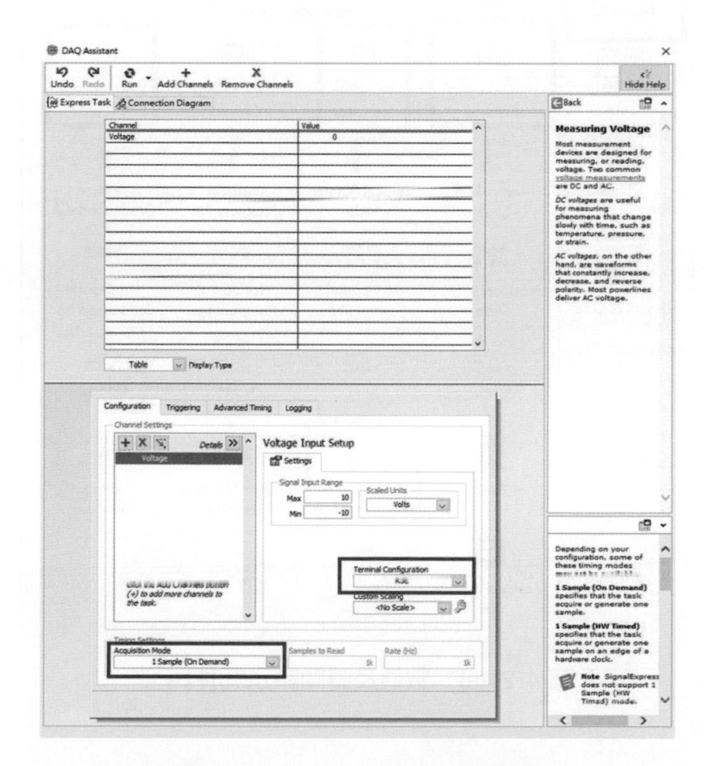

圖 4-20(a)　DAQ Assistant 設定

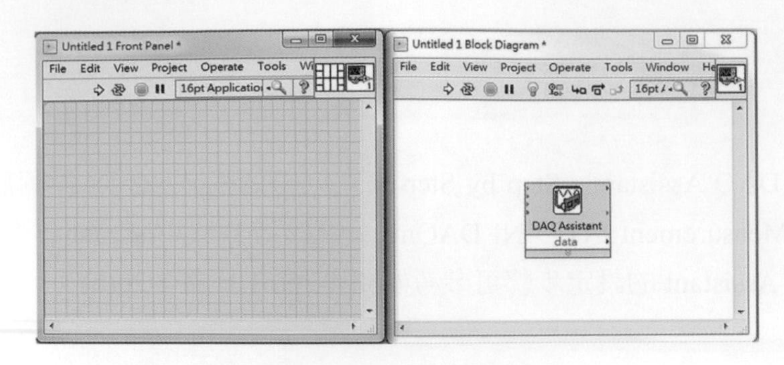

圖 4-20(b) 程式畫面

STEP 2 在人機介面「Controls → Modern → Numeric」中分別取出三個數值控制元件、一個數值顯示元件、兩個時間顯示元件及一個溫度計顯示元件，如圖 4-21 所示。控制元件分別命名為溫度上限、溫度下限、五秒倍數量測一次。顯示元件命名為現在溫度，時間顯示元件則分別命名為現在量測時間及下次量測時間，溫度計元件則命名為溫度計。

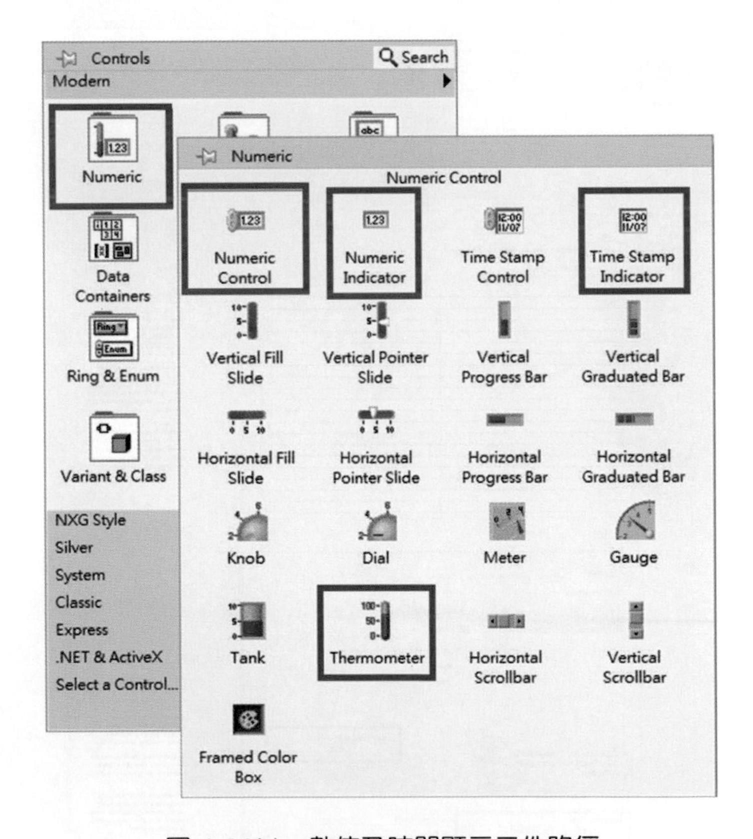

圖 4-21(a) 數值及時間顯示元件路徑

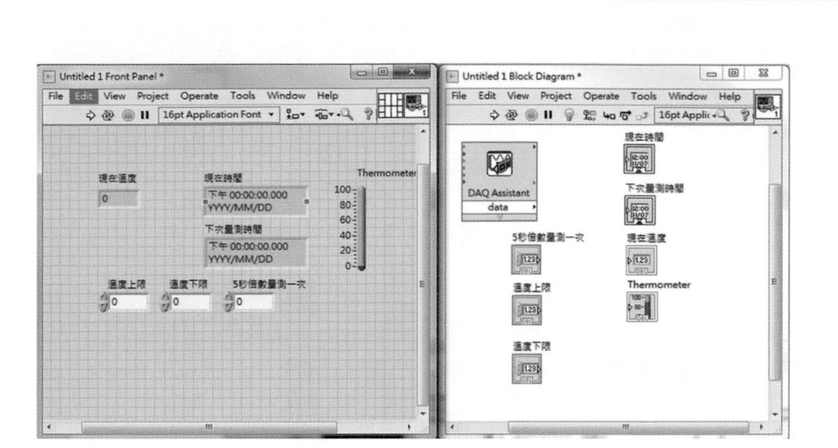

圖 4-21(b)　**程式畫面**

STEP 3 在人機介面「Controls → Modern → Boolean」中分別取出二個 LED 及一個按鈕，如圖 4-22 所示。LED 分別命名為溫度過高及溫度過低，按鈕則命名為確認。

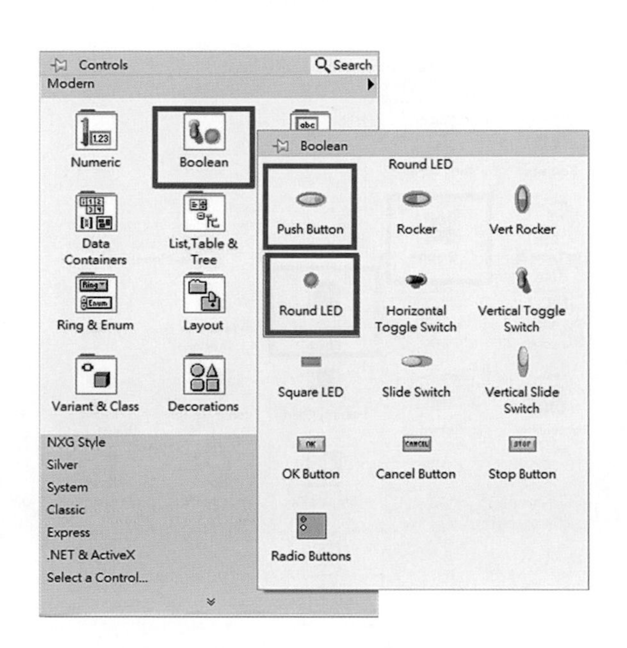

圖 4-22(a)　LED **及按鈕元件路徑**

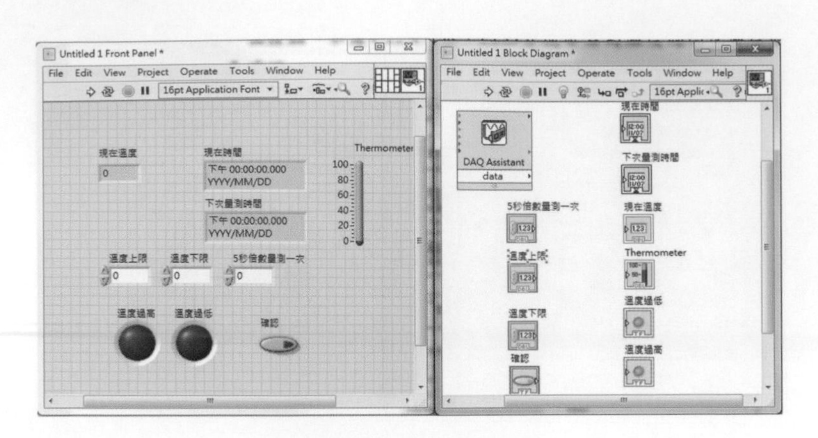

圖 4-22(b)　程式畫面

STEP 4 在人機介面「Controls → Modern → Graph」中取出一個示波器，並命名為溫度波形，如圖 4-23 所示。

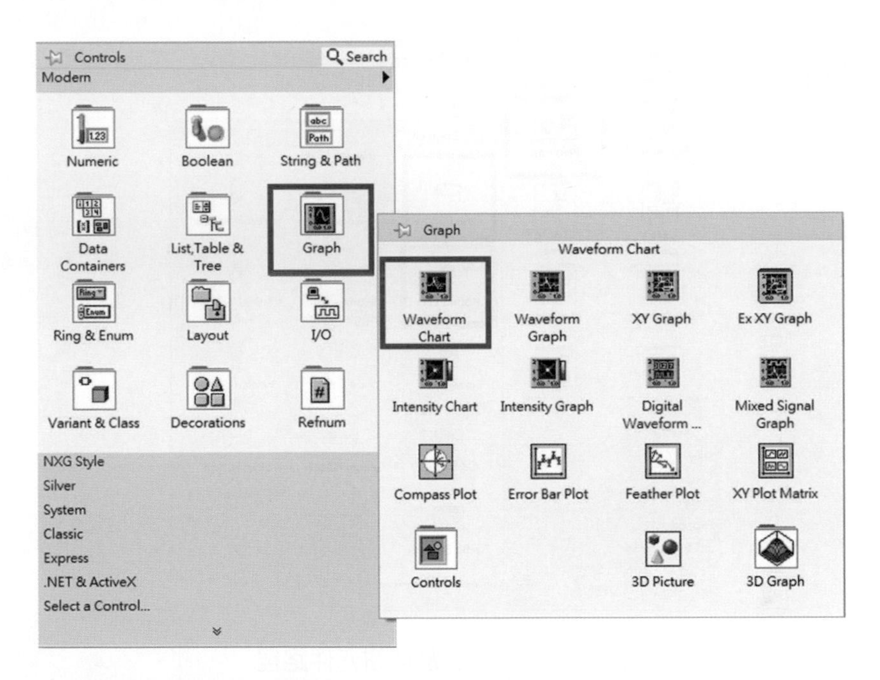

圖 4-23(a)　示波器元件路徑

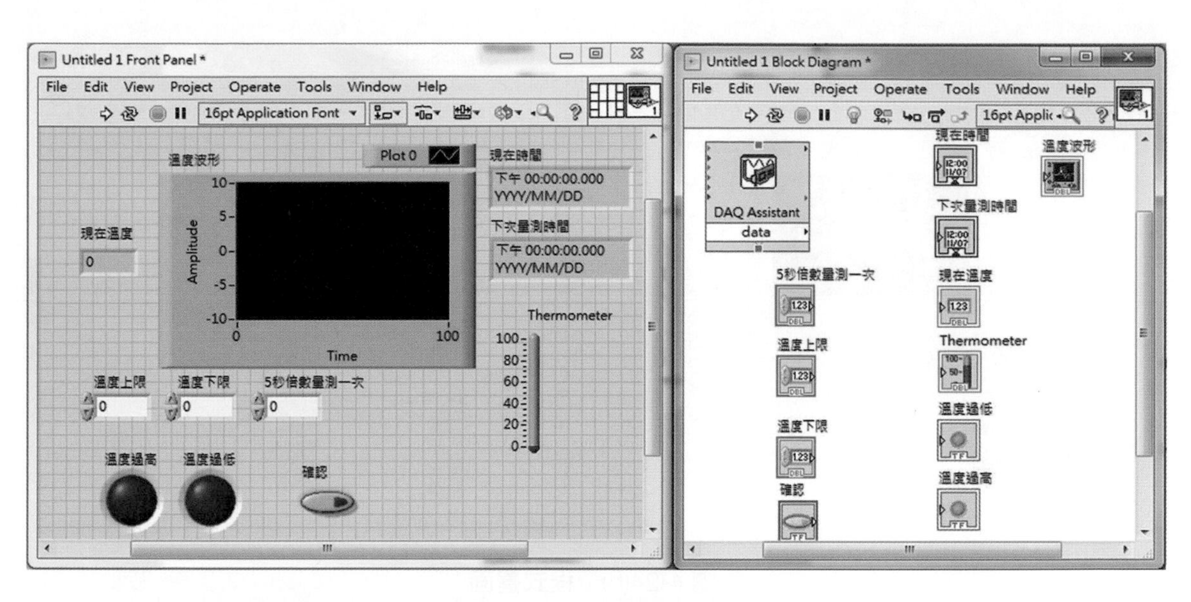

圖 4-23(b)　程式畫面

STEP 5 在圖形程式區的「Functions → Programming → Timing」中取出 Get Date/Time In Seconds 元件，如圖 4-24 所示。

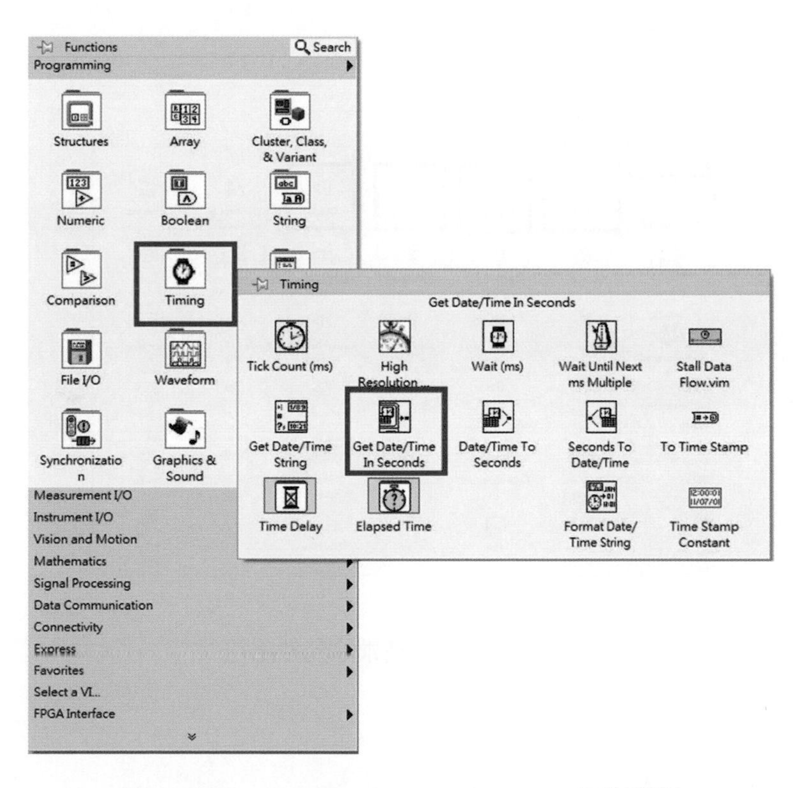

圖 4-24(a)　Get Date/Time In Seconds 元件路徑

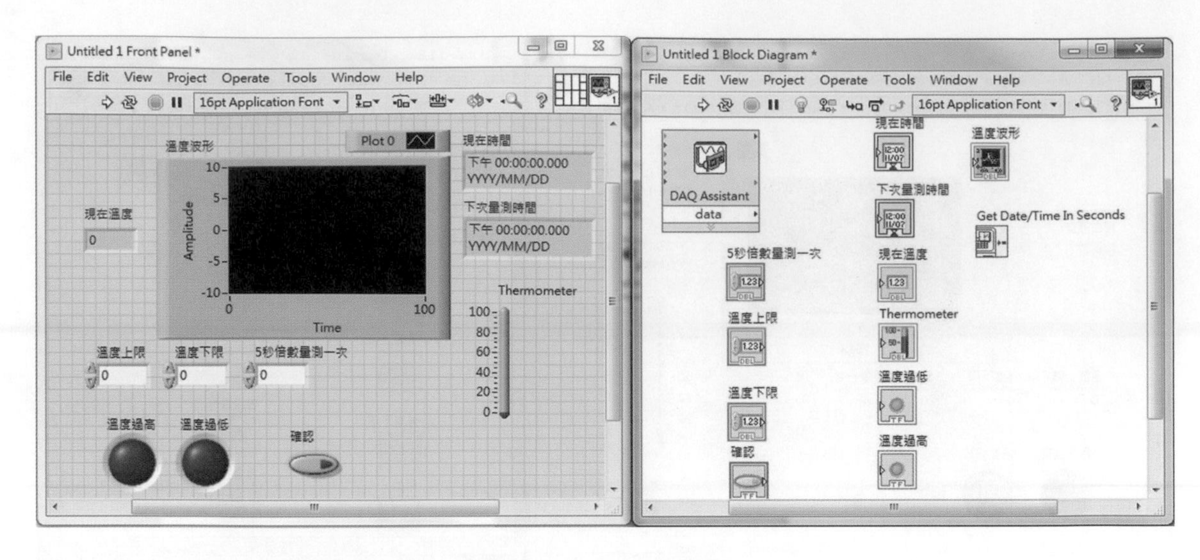

圖 4-24(b) 程式畫面

STEP 6 在圖形程式區的「Functions → Programming → Numeric」中分別取出兩加號、兩個乘號、一個減號及一個除號元件，如圖 4-25 所示。

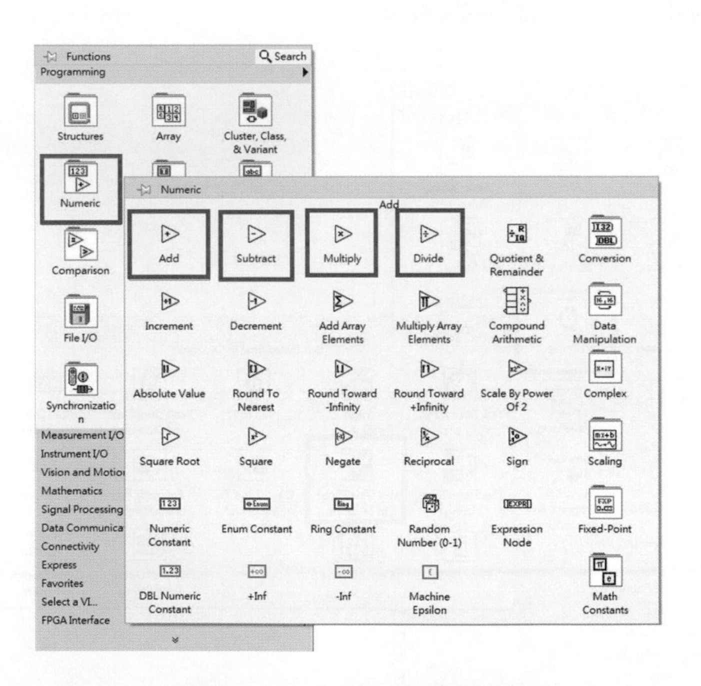

圖 4-25(a) 加減乘除元件路徑

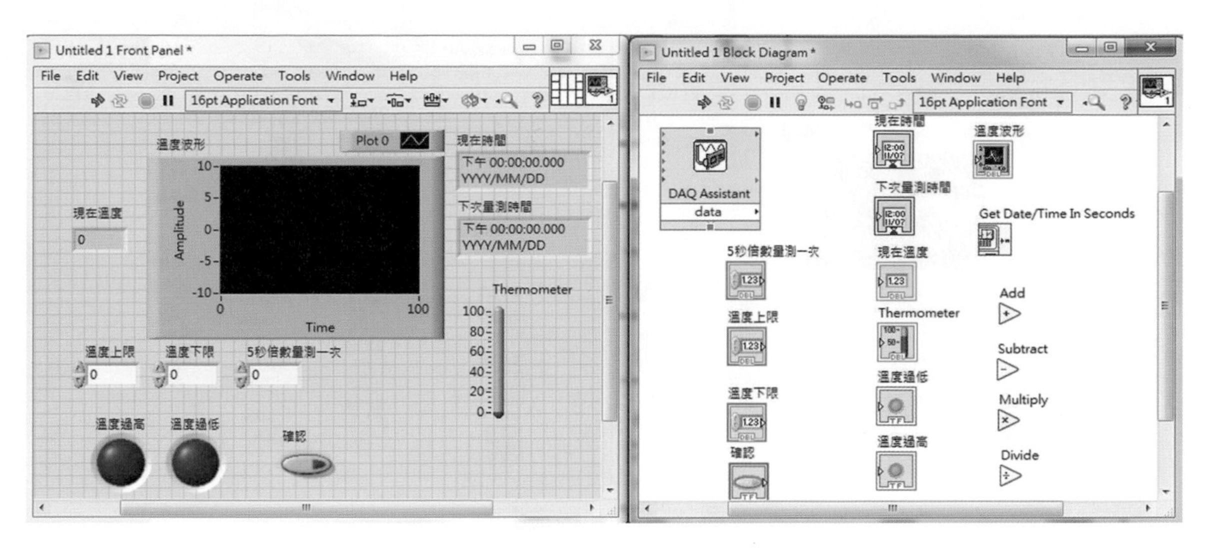

圖 4-25(b)　程式畫面

STEP 7 在圖形程式區的「Functions → Programming → Comparison」中分別取出等於、大於及小於元件，如圖 4-26 所示。

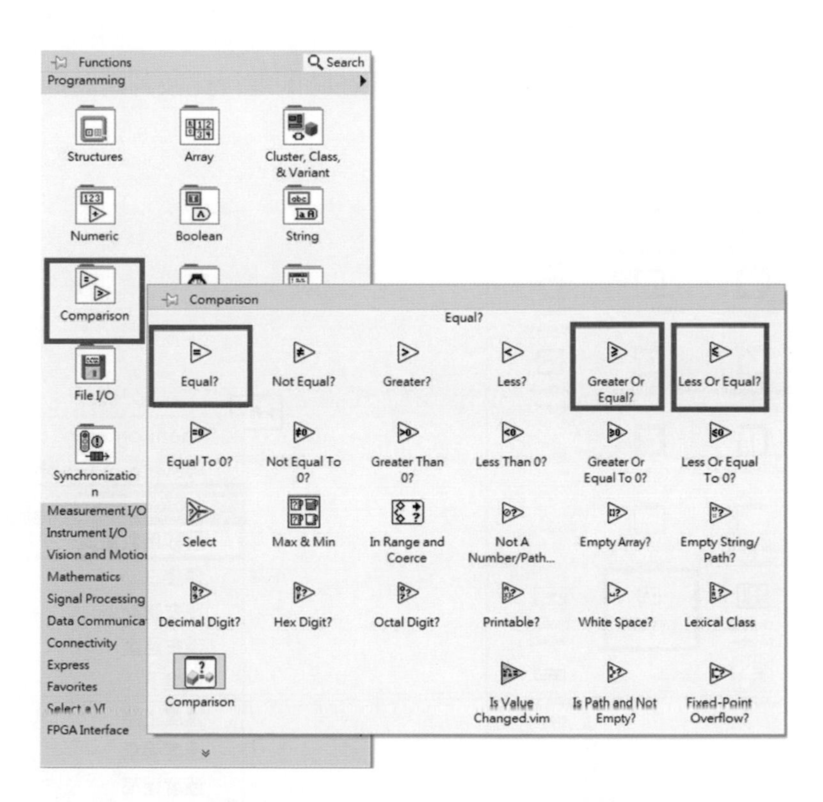

圖 4-26(a)　等於、小於、大於路徑

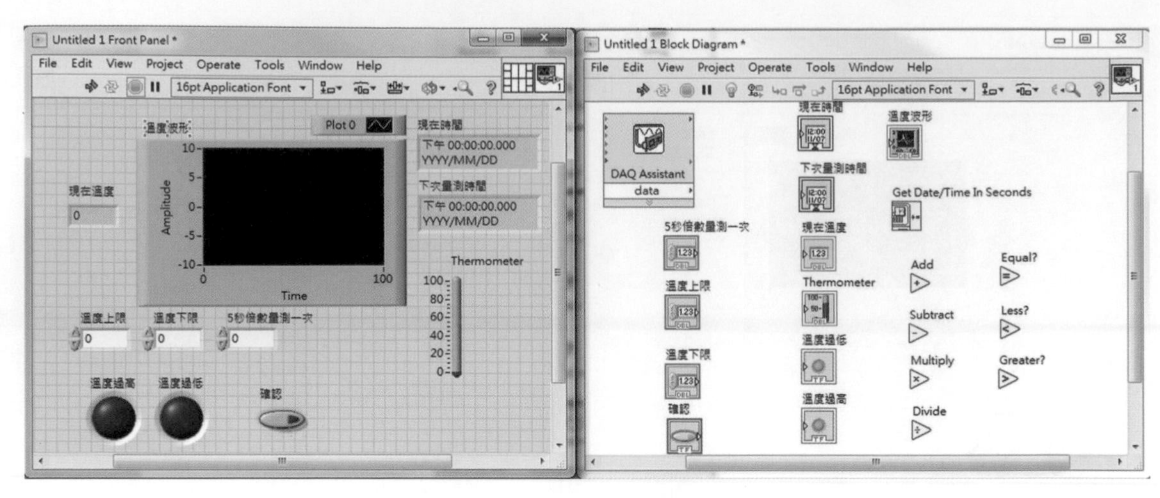

圖 4-26(b)　程式畫面

STEP 8 在圖形程式區的「Functions → Programming → Structure」中取出三個區域變數元件，如圖 4-27(a) 所示。取出區域變數元件後對元件問號端按下滑鼠左鍵，其中兩個區域變數選取下次量測時間，另一個區域變數則選取五秒倍數量測一次如圖 4-27(b) 及圖 4-27(c) 所示。

註 使用區域變數對下次測量時間加上五秒跟現在時間進行比較判斷時間是否相等。

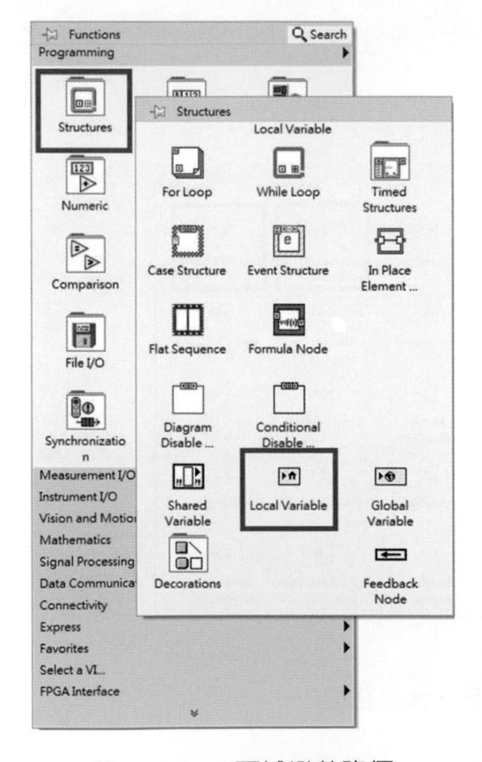

圖 4-27(a)　區域變數路徑

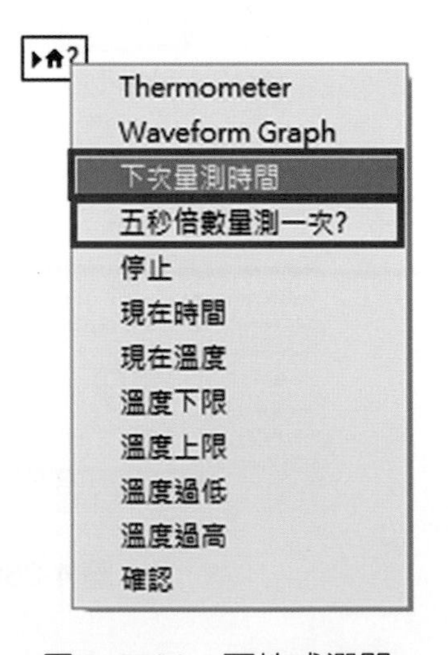

圖 4-27(b)　下拉式選單

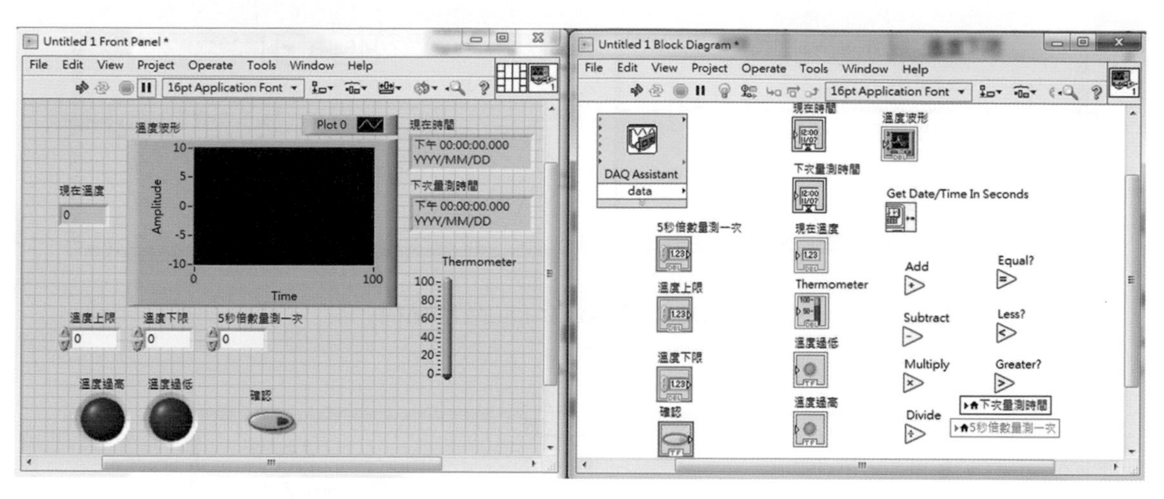

圖 4-27(c)　**程式畫面**

STEP 9 在圖形程式區的「Functions → Programming → Structure」中取出兩個 Case Structure 元件，如圖 4-28 所示。將所有元件連接後並取出 Case Structure 將全部包裹在內，如圖 4-29 所示。

註 使用 Case Structure 用意在於判斷條件是否為使用者所需的條件並決定迴圈內執行的程式。

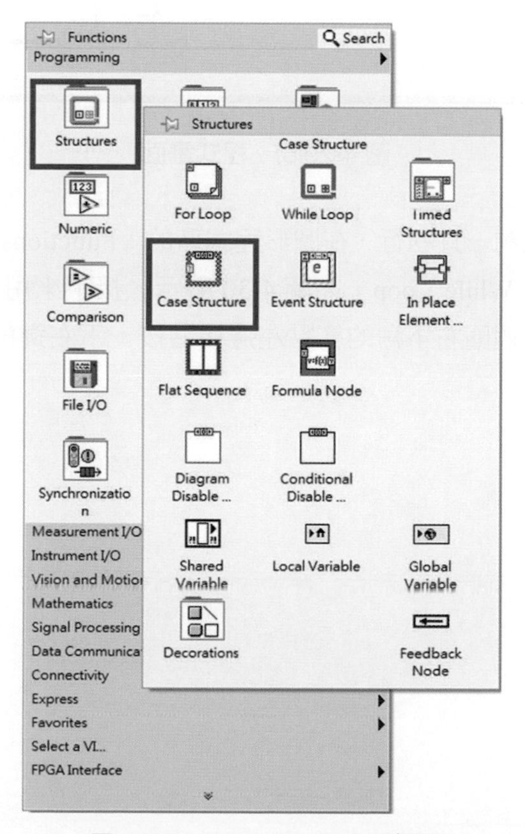

圖 4-28　Case Structure 路徑

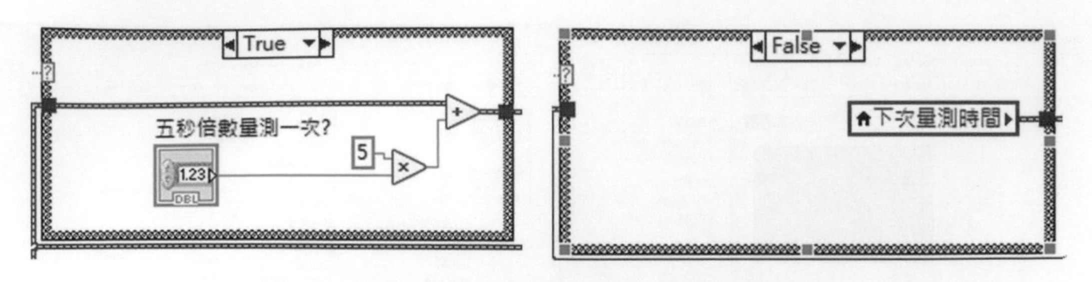

圖 4-29(a) Case Structure 的結構

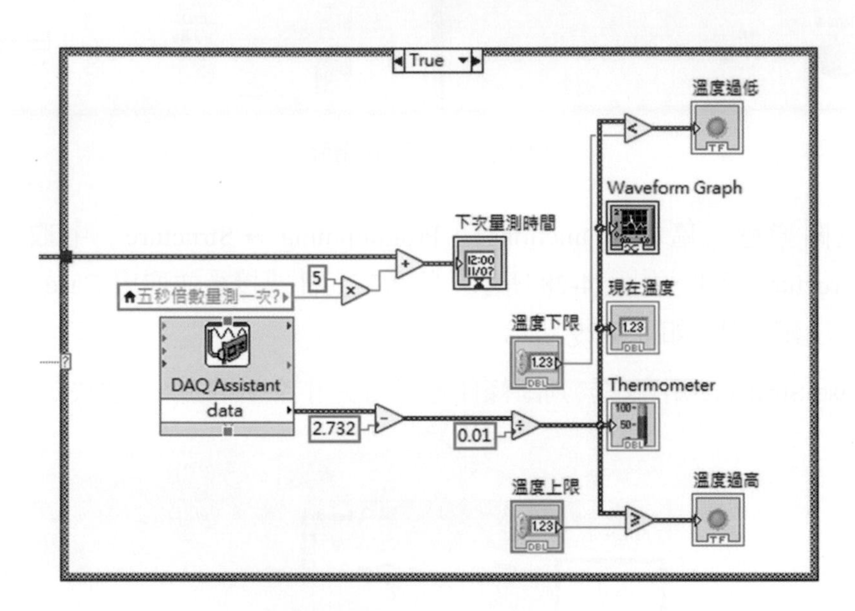

圖 4-29(b) 程式畫面

STEP 10 為了讓程式能夠一直執行，在圖形程式區的「Functions → Programming → Structures」中取出 While Loop，如圖 4-30 所示。接下來用 While Loop 將全部元件包裹在內並在迴圈右下角的紅點左邊接點按一下右鍵創造一個 STOP 元件，如圖 4-31 所示。

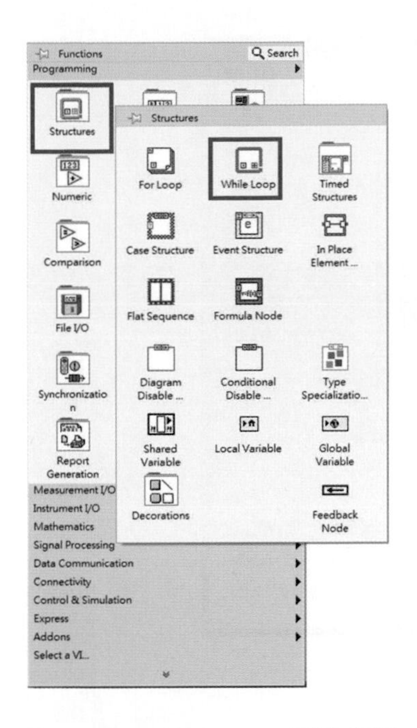

圖 4-30　While Loop 元件路徑

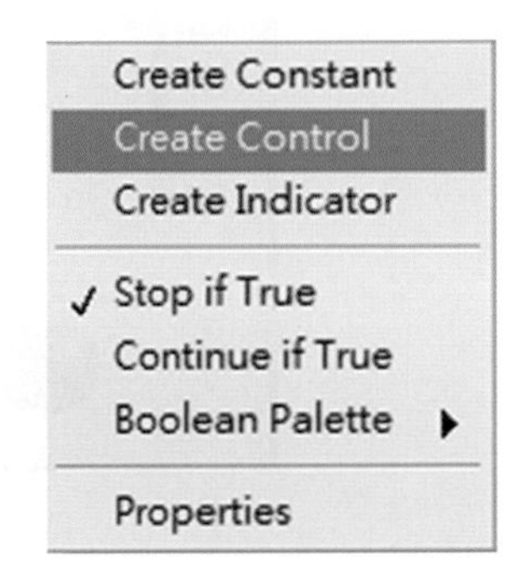

圖 4-31(a)　STOP 元件路徑

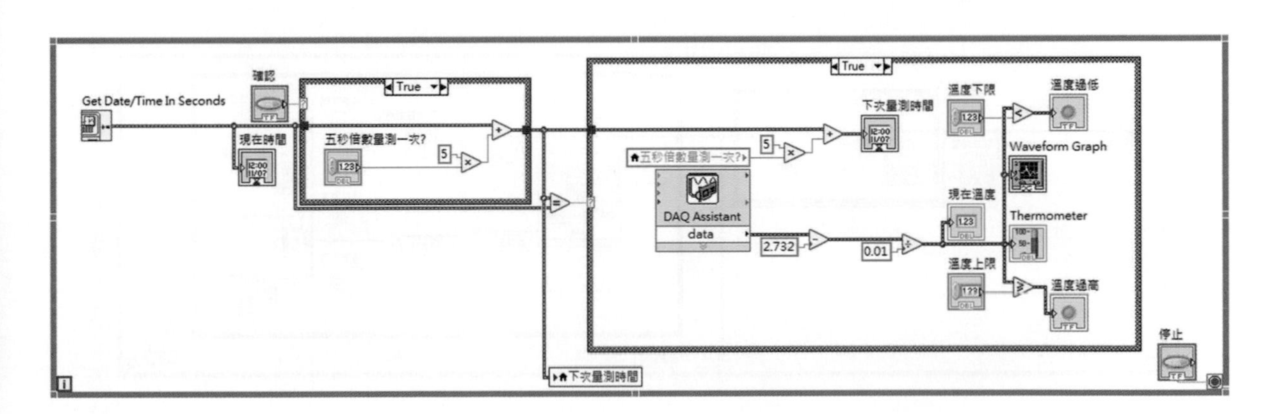

圖 4-31(b)　圖形程式區

STEP 11 將所有元件擺好連接後，接著便可開始執行程式，如圖 4-32 所示。

註 使用程式實際測量溫度前必須先對電路板上的可變電阻進行校準動作，以水銀溫度計量測為參考值。

實驗步驟 當溫度調整到與水銀溫度計接近時即可使用吹風機對 LM335 進行加熱動作，此時應可看到 LM335 溫度上升，降溫動作則是採用電風扇對 LM335 進行降溫動作，此時應可看到溫度緩慢下降。

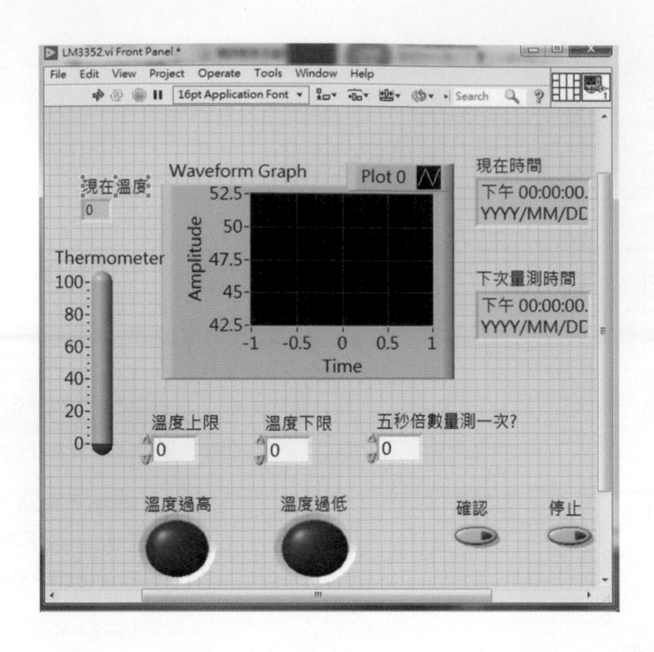
LM3352.vi Front Panel *
File Edit View Project Operate Tools Window Help
16pt Application Font
現在溫度
Waveform Graph
Plot 0
現在時間
下午 00:00:00.
YYYY/MM/DD
Thermometer
Amplitude
Time
下次量測時間
溫度上限
溫度下限
五秒倍數量測一次?
溫度過高
溫度過低
確認
停止

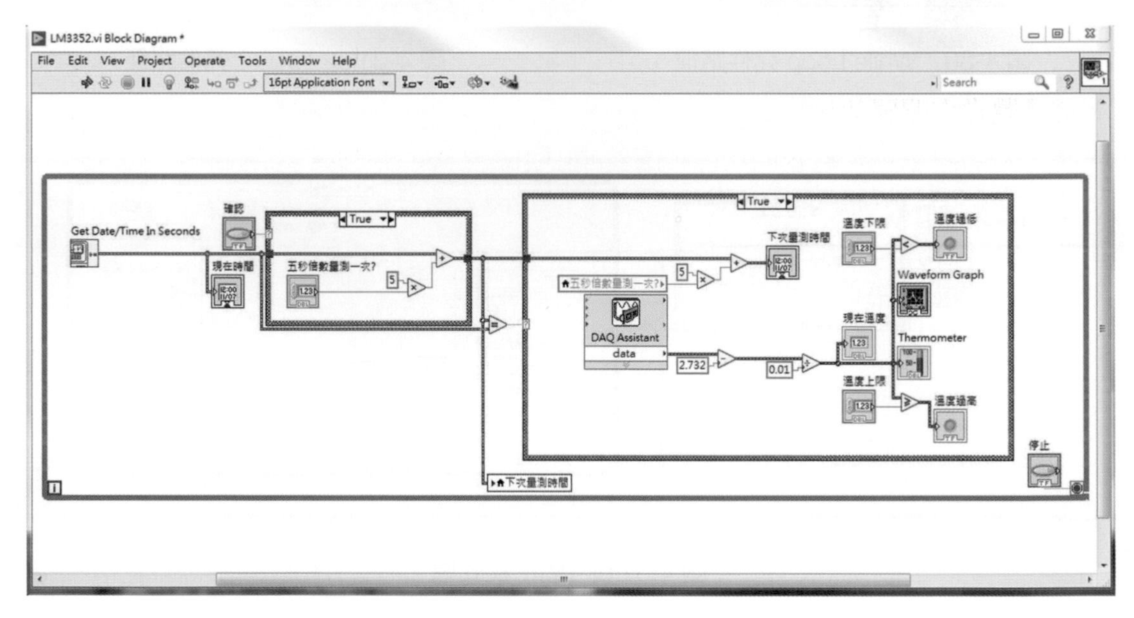
LM3352.vi Block Diagram *
File Edit View Project Operate Tools Window Help
16pt Application Font
Get Date/Time In Seconds
確認
現在時間
True
五秒倍數量測一次?
下次量測時間
DAQ Assistant
data
2.732
0.01
溫度下限
溫度過低
Waveform Graph
現在溫度
Thermometer
溫度上限
溫度過高
停止

圖 4-32　完整程式圖

環境溫度監控系統

本章節乃延續 LM335 半導體溫度感測器的應用，並且配合基本電子學實驗課程中介紹的電晶體可當作開關使用及小型直流繼電器來設計一個簡單的環境溫度調節系統。

5-1 電晶體和繼電器原理介紹

電晶體當作開關使用時，只會在飽和區和截止區來回運作。當基一射極間沒有順向偏壓時，電晶體是呈現截止的狀態，而其輸出相當於 VCC，電晶體等同於開路；當基一射極之間有順向偏壓時，電晶體是呈現飽和的狀態，而其輸出相當於 0.3V，電晶體等同於短路。電晶體詳細特性如圖 5-1 (右) 所示，其中包含飽和電壓：0.3V ～ 1V 和開啟 (關閉) 的延遲時間：35ns、285ns。如圖 5-1 (左) 所示電晶體的腳位圖，由左至右分別為射極 (Emitter)、基極 (Base) 和集極 (Collector)。

2N2222

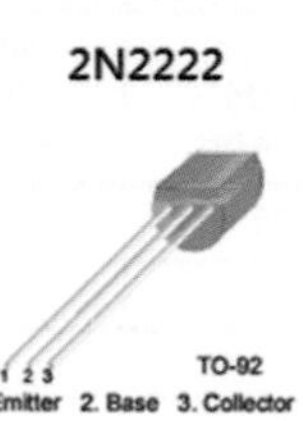

Electrical Characteristics * T_a = 25°C unless otherwise noted

Symbol	Parameter	Test Condition	Min.	Typ.	Max.	Units
$V_{(BR)CBO}$	Collector-Base Breakdown Voltage	I_C = 10μA, I_E = 0	75			V
$V_{(BR)CEO}$	Collector-Emitter Breakdown Voltage	I_C = 10mA, I_B = 0	40			V
$V_{(BR)EBO}$	Emitter-Base Breakdown Voltage	I_E = 10μA, I_C = 0	6.0			V
I_{CBO}	Collector Cutoff Current	V_{CB} = 60V, I_E = 0			0.01	μA
I_{EBO}	Emitter Cutoff Current	V_{EB} = 3.0V, I_C = 0			10	nA
h_{FE}	DC Current Gain	V_{CE} = 10V, I_C = 0.1mA, V_{CE} = 10V, I_C = 1mA, V_{CE} = 10V, I_C = 10mA, V_{CE} = 10V, I_C = 150mA, V_{CE} = 10V, I_C = 500mA	35 50 75 100 40		 300 	
$V_{CE(sat)}$	Collector-Emitter Saturation Voltage	I_C = 150mA, I_B = 15mA I_C = 500mA, I_B = 50mA			0.3 1	V V
$V_{BE(sat)}$	Base-Emitter Saturation Voltage	I_C = 150mA, I_B = 15mA I_C = 500mA, I_B = 50mA		0.6	1.2 2.0	V V
f_T	Current Gain Bandwidth Product	I_C = 20mA, V_{CE} = 20V, f = 100MHz	300			MHz
C_{obo}	Output Capacitance	V_{CB} = 10V, I_E = 0, f = 1.0MHz			8	pF
t_{ON}	Turn On Time	V_{CC}= 30V, I_C = 150mA, I_{B1}= 15mA, $V_{BE(off)}$= 0.5V			35	ns
t_{OFF}	Turn Off Time	V_{CC}= 30V, I_C = 150mA, I_{B1}= I_{B1} = 15mA			285	ns
NF	Noise Figure	I_C = 100μA, V_{CE}= 10V, R_S= 1KΩ , f = 1.0KHz			4	dB

* DC Item are tested by Pulse Test : Pulse Width≤300us, Duty Cycle≤2%

圖 5-1　2N2222 電氣特性

繼電器 (Relay) 常被用來控制機電設備，如家用電器、自動控制、配電盤及電源供應器等等，而在此我們將用它來控制風扇和加熱器的燈號該開或關的動作，還有其他更廣泛的應用等著讀者去發現。

繼電器的規格表如圖 5-2(右) 所示，其中“線圈額定電壓”(Coil Nominal Voltage)、線圈電阻 (Resistance of Coil)、額定電流 (Nominal Current)、最大吸合電壓 (Maximum Pick Up Voltage)、最小釋放電壓 (Minimum Drop Out Voltage)。

線圈額定電壓是依型號做判斷，假如繼電器型號是 LU-12，那麼線圈額定電壓就等於 12V，同理可證 LU-5 其線圈額定電壓等於 5V。額定電流指的也是繼電器所能承受的最大電流，吸合電壓是指繼電器能夠產生吸合動作的最小電壓，釋放電壓是指繼電器產生釋放動作的最大線圈電壓。如果減小在吸合狀態的繼電器的線圈電壓，當電壓減小到一定程度時，繼電器觸點將恢復到線圈未通電時的狀態。如圖 5-2(左) 所示繼電器的腳位圖，其中上方三隻腳由左至右分別為“常態短路”NC (Normal Closed)、Coil A、“共同腳位”COM (Common)，下方三隻腳由左至右分別為“常態開路”NO (Normal Open)、Coil B、“共同腳位”COM (Common)。

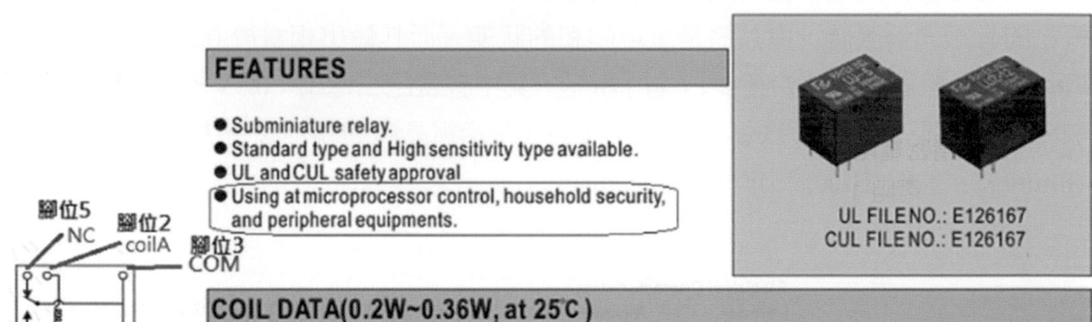

Coil Nominal Voltage (VDC)	Resistance Tol.±10% (Ohms)	Nominal Current (mA)	Maximum Pick Up Voltage (V)	Minimum Drop Out Voltage (V)
3	25	120.0	2.25	0.3
5	125	40.0	3.75	0.5
6	180	33.3	4.5	0.6
9	405	22.2	6.75	0.9
12	720	16.7	9.0	1.2
24	2,880	8.3	18.0	2.4

圖 5-2　繼電器的規格表及腳位

5-2 電路設計分析

5-2.1 採用麵包板電路接線

當基一射極間沒有順向偏壓時，電晶體是呈現截止的狀態。忽略漏電流則電晶體所有的電流均為零，VCE 等於 VCC。這時繼電器的線圈端沒有電壓，所以繼電器此時是不會有動作的，此 ** 時接在 NO 上的燈泡就會熄滅。當基一射極間為順向偏壓時，電晶體是呈現短路的狀態。這時繼電器的線圈端會有 5V 的電壓通過，此時繼電器就會動作，而簧片就會被吸過去 NO 端，此時接在 NO 上的元件就會開始動作。環境監控電路材料表如表 1 所示，端子台使用的則是歐式端子座，風扇則是使用 5V 小型風扇，如表 1 下方圖片所示。環境監控電路與 DAQ 卡的連結如圖 5-3 所示，其中繼電器腳位 1 為 Coil B、腳位 2 為 Coil A、腳位 3 為 COM、腳位 4 為 NO、腳位 5 為 NC。實體電路如圖 5-4 所示。

表 5-1　材料表

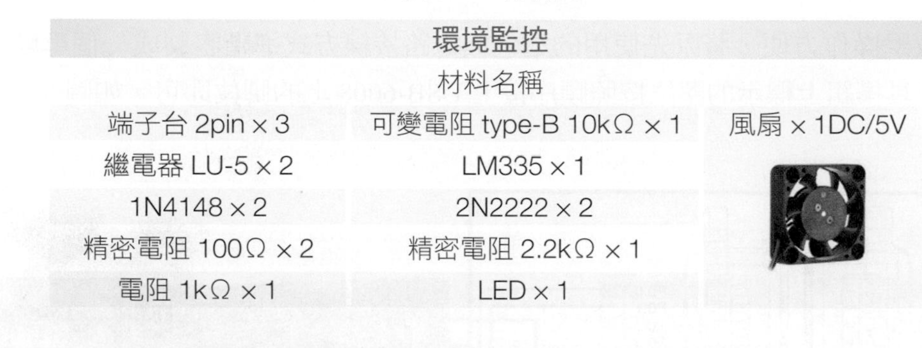

環境監控		
材料名稱		
端子台 2pin × 3	可變電阻 type-B 10kΩ × 1	風扇 × 1DC/5V
繼電器 LU-5 × 2	LM335 × 1	
1N4148 × 2	2N2222 × 2	
精密電阻 100Ω × 2	精密電阻 2.2kΩ × 1	
電阻 1kΩ × 1	LED × 1	

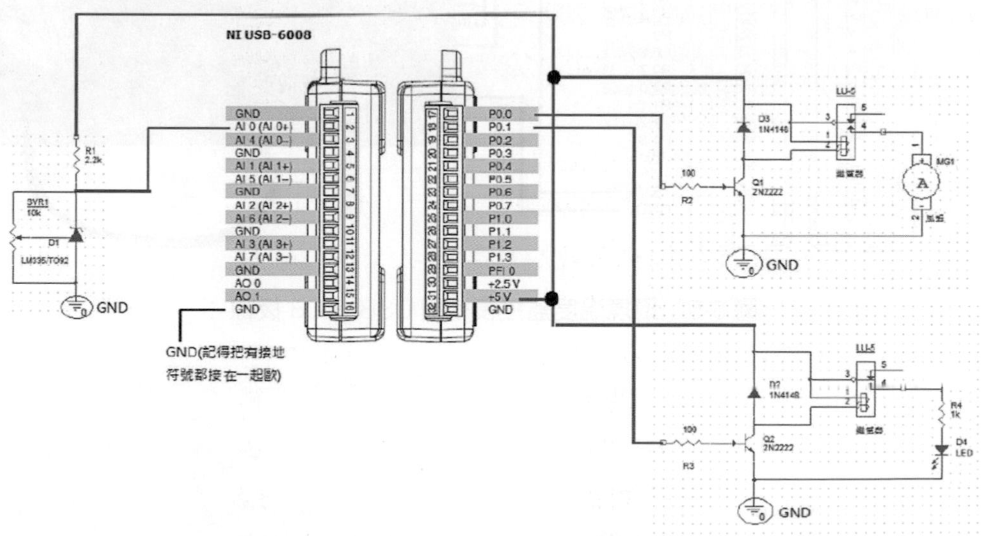

圖 5-3　環境溫度監控電路與 USB-6008 接線圖

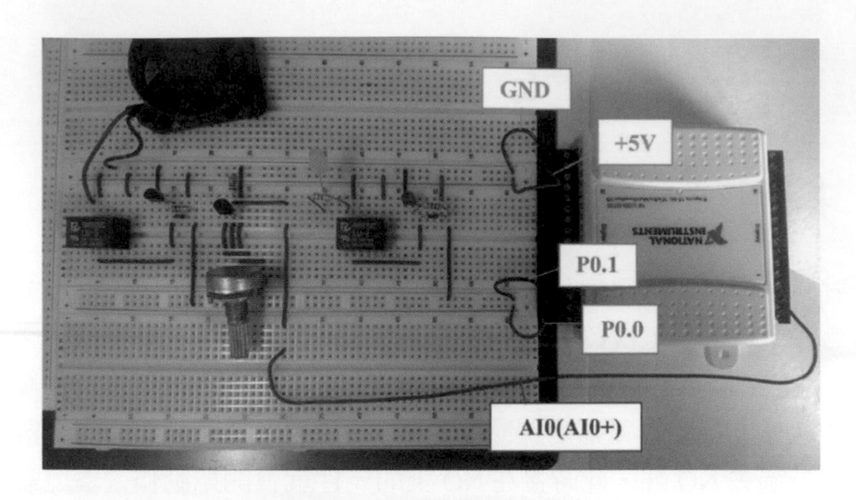

圖 5-4　麵包板電路接線

5-2.2　採用教具模組接線

為了教學操作方便，將原先使用的麵包板電路接線方式進階客製成一個專屬的教具模組。將教具模組上標示的腳位按照順序接上 USB-6008 上的腳位即可，如圖 5-5 所示。

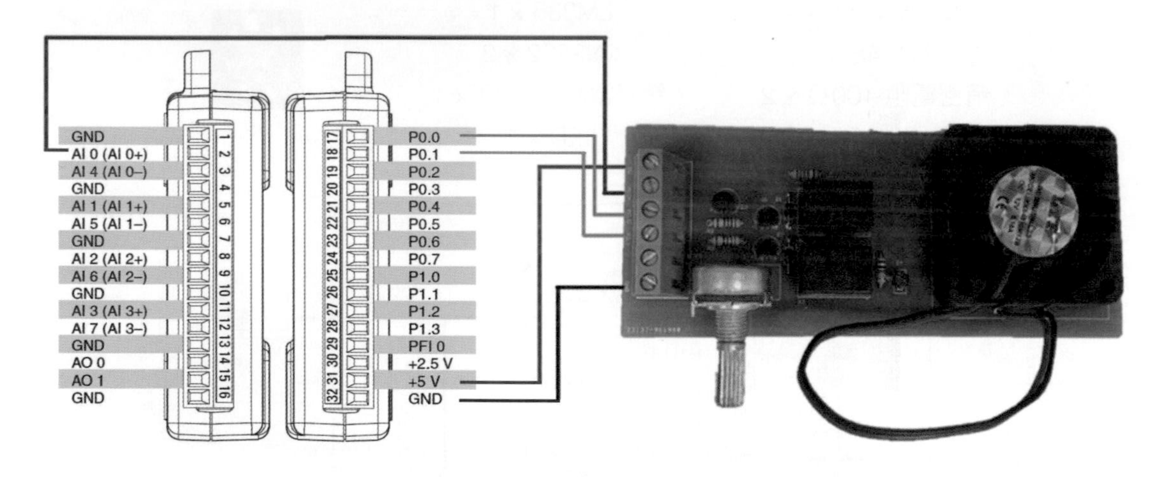

圖 5-5　環境溫度監控模組與 USB-6008 接線

5-3 程式撰寫

STEP 1 利用 DAQ Assistant，Step by Step 來完成整個程式設計。從圖形程式區點選右鍵「Measurement I/O → NI DAQmx」中找到 DAQ Assistant，如圖 5-6 所示。DAQ Assistant 的設定可參考如圖 5-7。

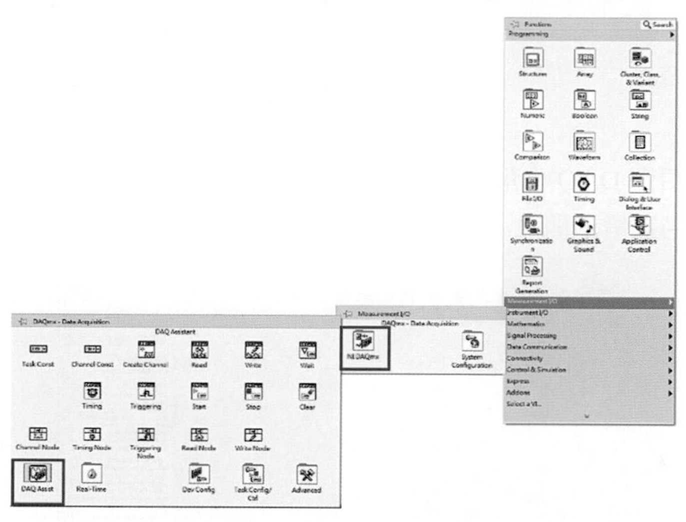

圖 5-6　DAQ Assistant 路徑

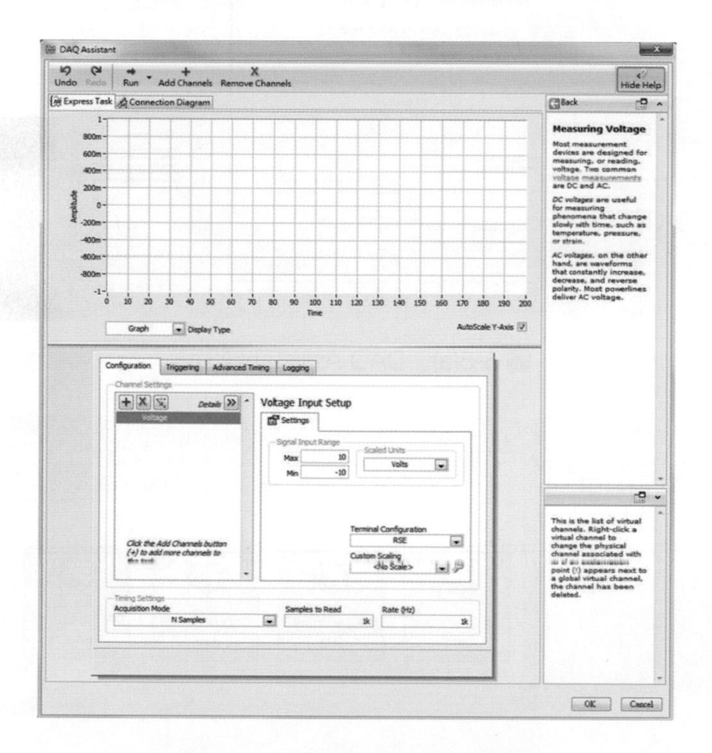

圖 5-7(a)　DAQ Assistant 設定

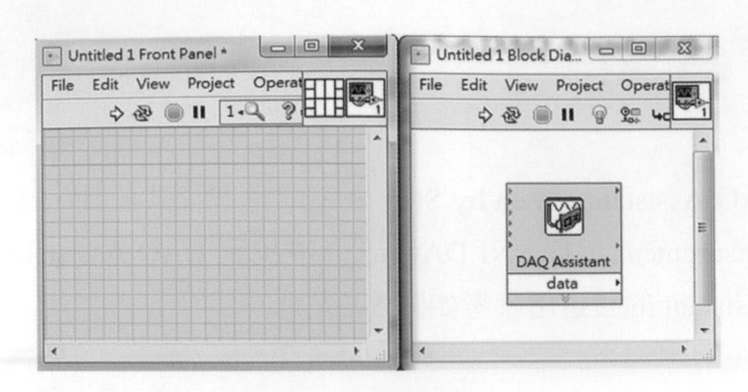

圖 5-7(b)　程式畫面

STEP 2 再取出四個 DAQ 小幫手用於控制風扇及燈泡，其中兩個取名為風扇開啟另外兩個取名為燈泡開啟，設定參考如圖 5-8。

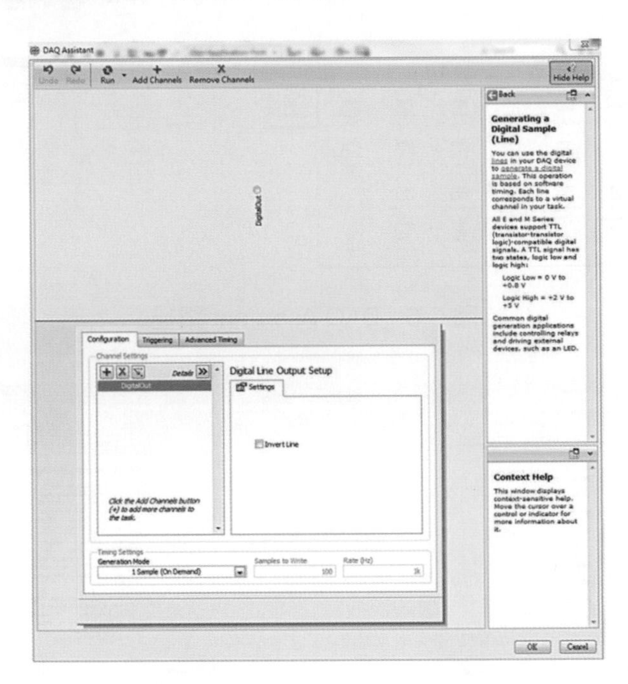

圖 5-8(a)　DAQ Assistant 設定

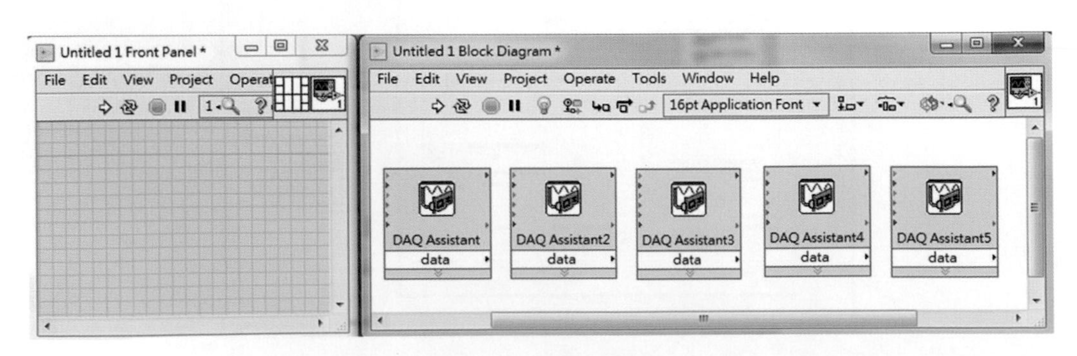

圖 5-8(b)　程式畫面

STEP 3 在人機介面「Controls → Modern → Numeric」中分別取出兩個數值滑桿元件、三個數值顯示元件和一個溫度計顯示元件，如圖 5-9 所示。數值滑桿元件分別命名為下限溫度及上限溫度，數值顯示元件則分別命名為現在溫度、下限溫度及上限溫度，溫度計元件則命名為 LM335。

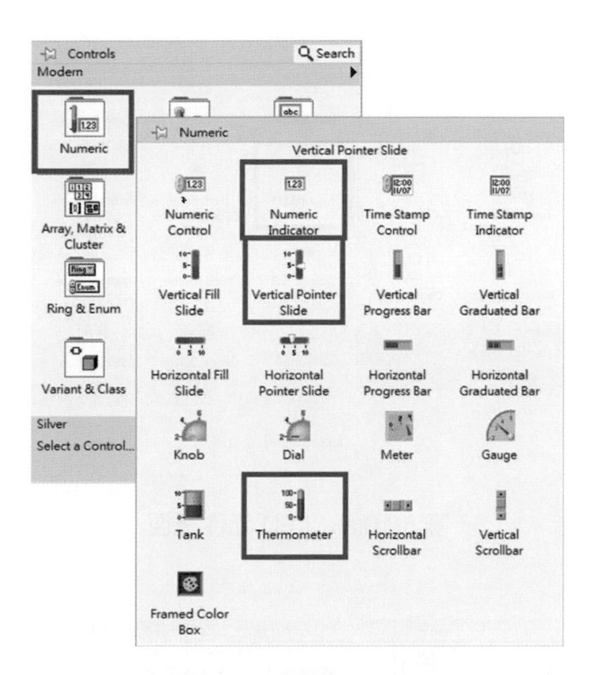

圖 5-9(a)　數值元件路徑

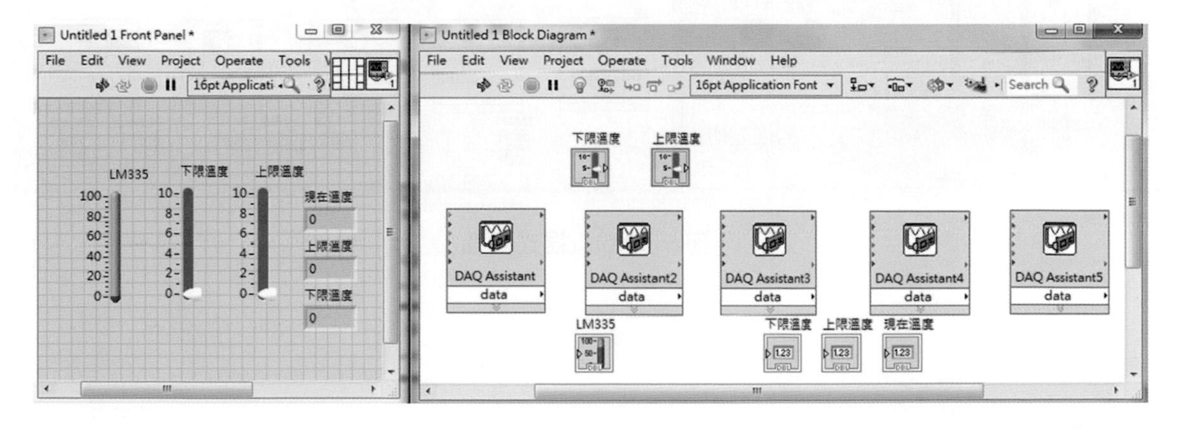

圖 5-9(b)　程式畫面

STEP 4 在人機介面「Controls → Modern → Boolean」中分別取出二個 LED，如圖 5-10 所示。LED 分別命名為風扇開啟及燈泡開啟。

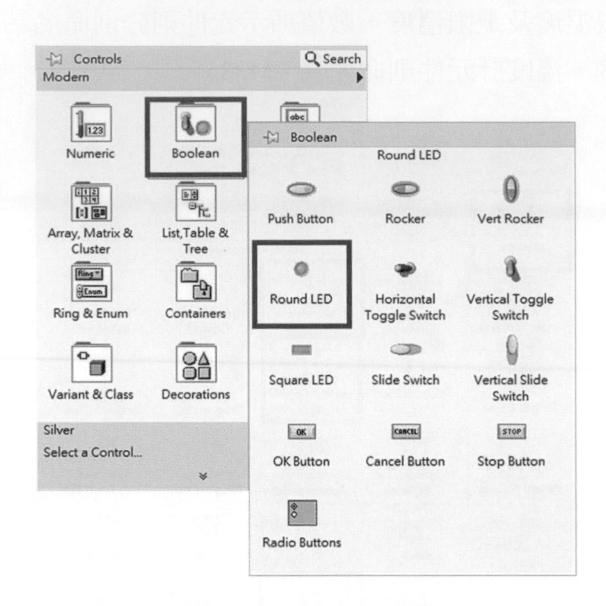

圖 5-10(a) LED 元件路徑

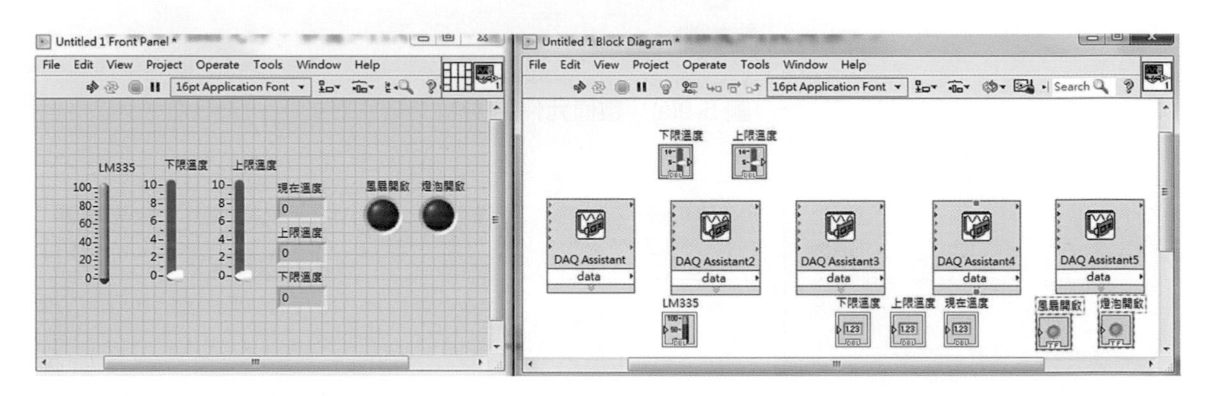

圖 5-10(b) 程式畫面

STEP 5 在圖形程式區的「Functions → Programming → Express → Signal Analysis」中取出 Filter 元件，如圖 5-11(a) 所示。濾波器設定如圖 5-11(b) 及 5-11(c) 所示。

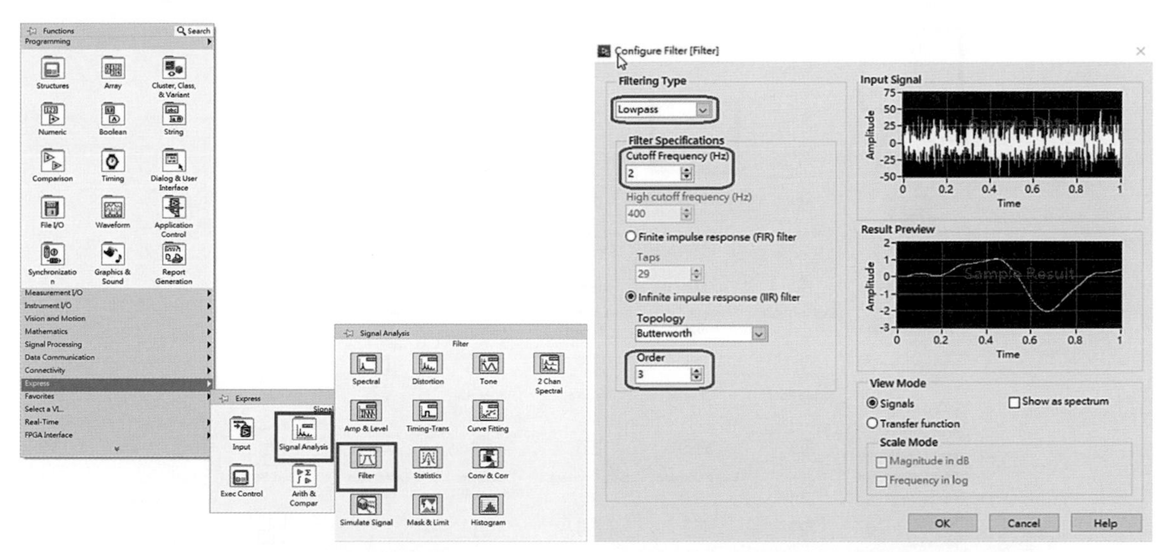

圖 5-11(a)　Filter 元件路徑　　　圖 5-11(b)　Filter 元件設定

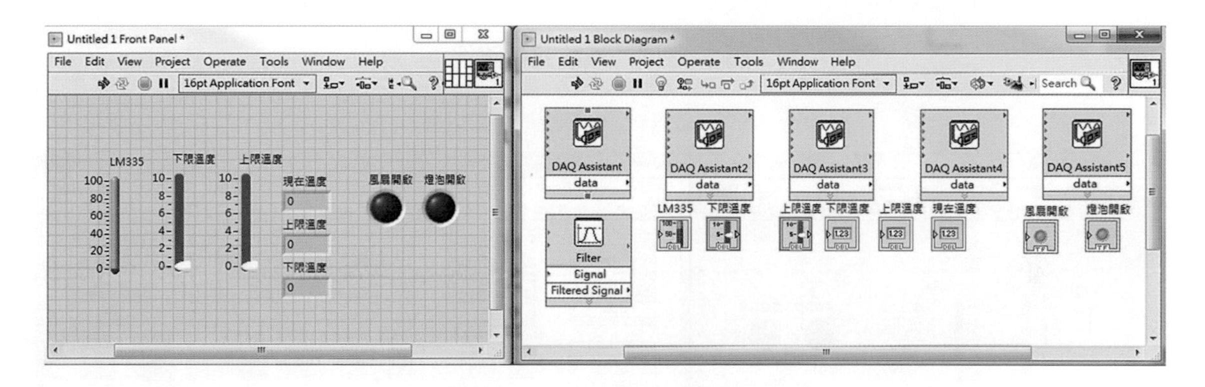

圖 5-11(c)　程式畫面

STEP 6 在圖形程式區的「Functions → Programming → Numeric」中分別一個減號及一個除號元件，如圖 5-12 所示。接著在除號及減號 Y 端點創造出一個常數元件分別輸入 2.732 及 0.001。

註　輸入 2.732 及 0.01 是因為當溫度為 0 °C 時，LM335 的輸出電壓為 2.732V 且 LM335 輸出為 10mv，所以才要減 2.732 並除上 0.01。LM335 輸出的數值才會與溫度計所量測的一致。

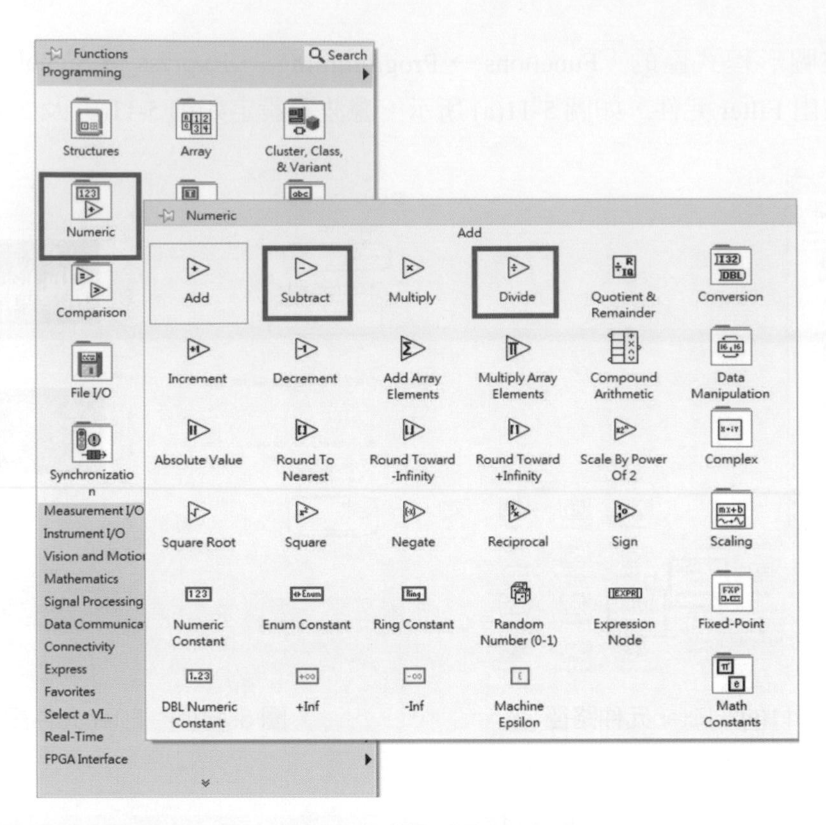

圖 5-12(a) 減除元件路徑

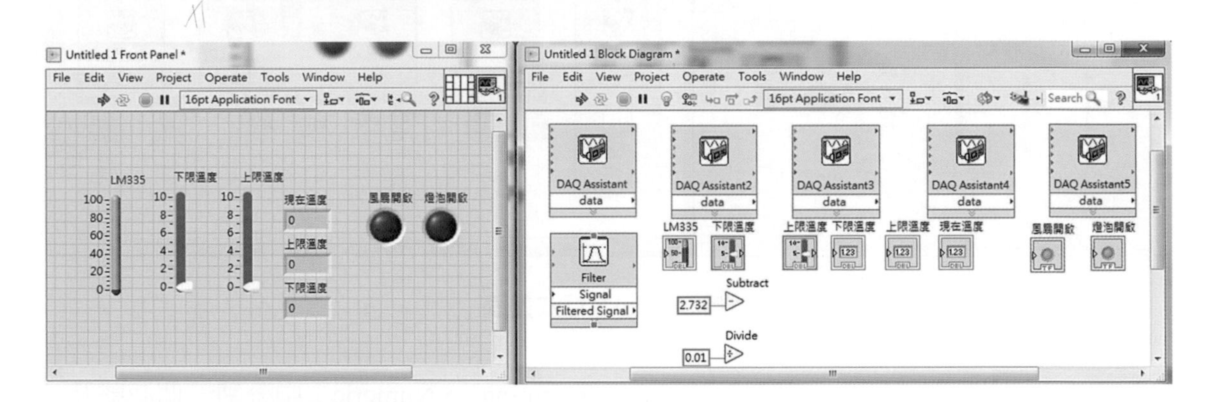

圖 5-12(b) 程式畫面

STEP 7 在圖形程式區的「Functions → Programming → Comparison」中分別取出大於及小於元件，如圖 5-13 所示。

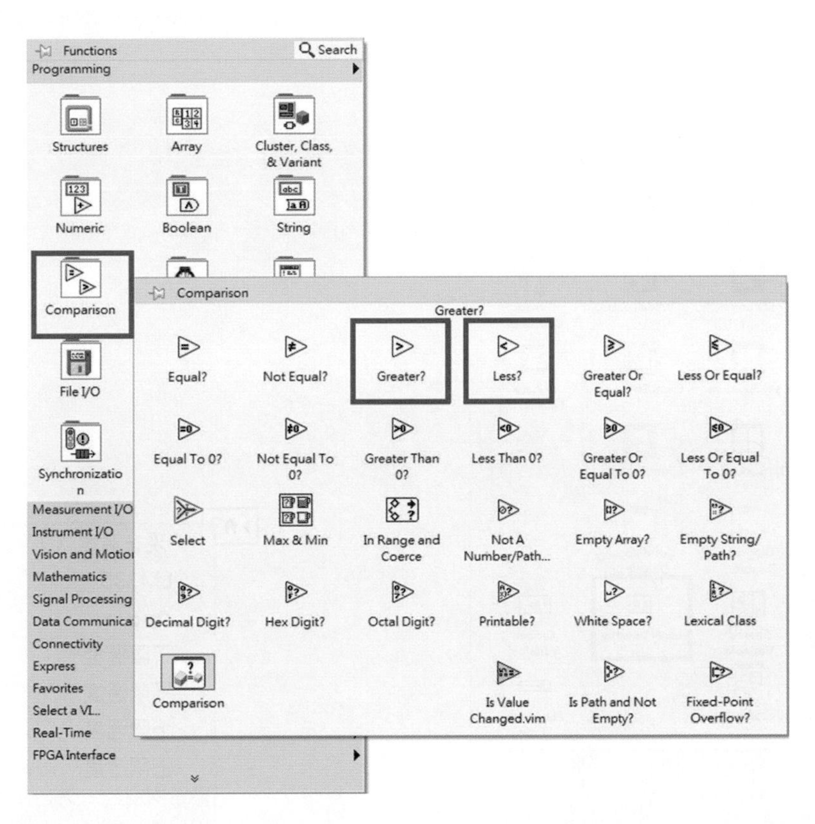

圖 5-13(a)　小於、大於路徑

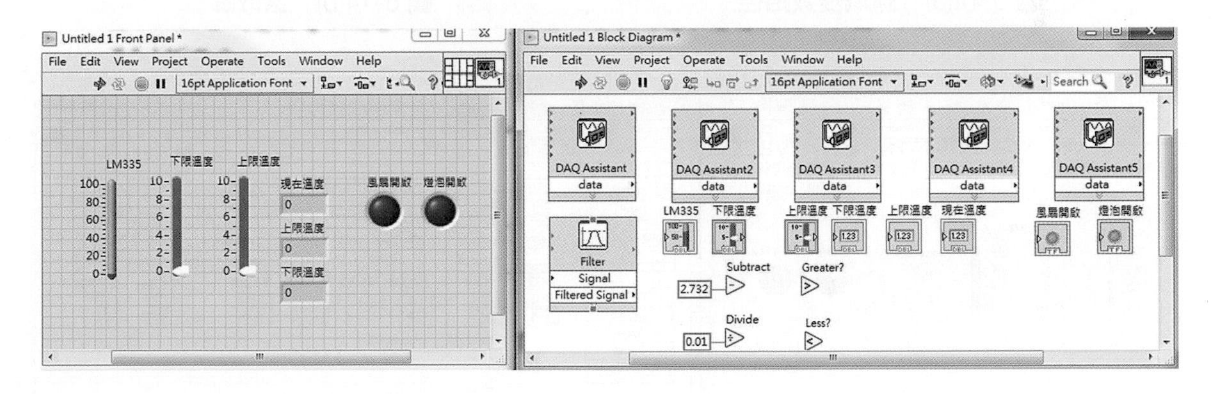

圖 5-13(b)　程式畫面

STEP 8 在圖形程式區的「Functions → Programming → Structure」中取出兩個區域變數元件，如圖 5-14(a) 所示。取出區域變數元件後對元件問號端按下滑鼠左鍵，其中一個區域變數選取風扇開啟，另一個區域變數則選取燈泡開啟，如圖 5-14(b) 及 5-14(c) 所示。

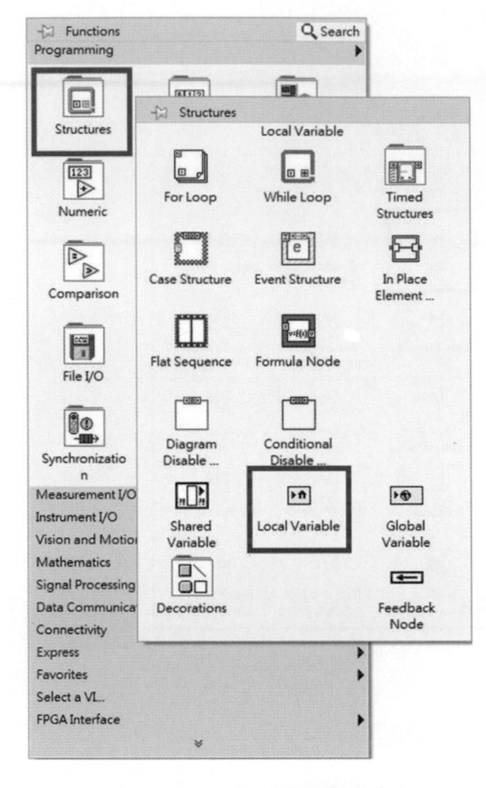

圖 5-14(a) 區域變數路徑

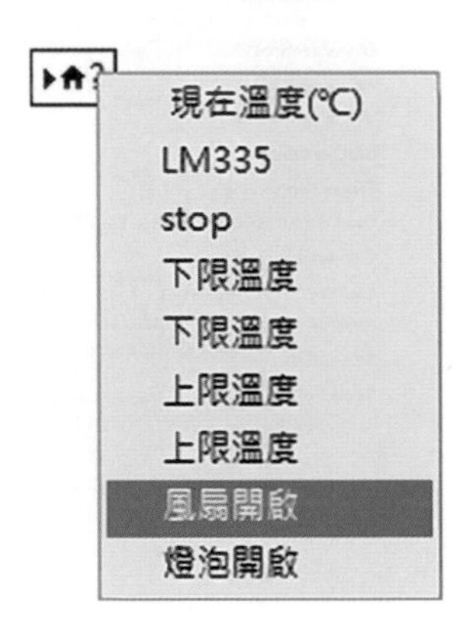

圖 5-14(b) 選取圖

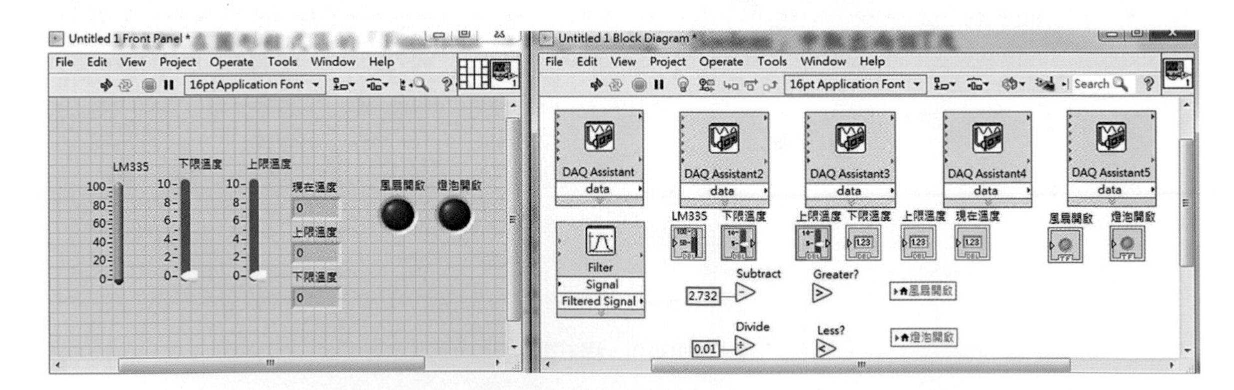

圖 5-14(c) 程式畫面

STEP 9 在圖形程式區的「Functions → Programming → Boolean」中取出兩個 T 及兩個 F 元件，如圖 5-15 所示。

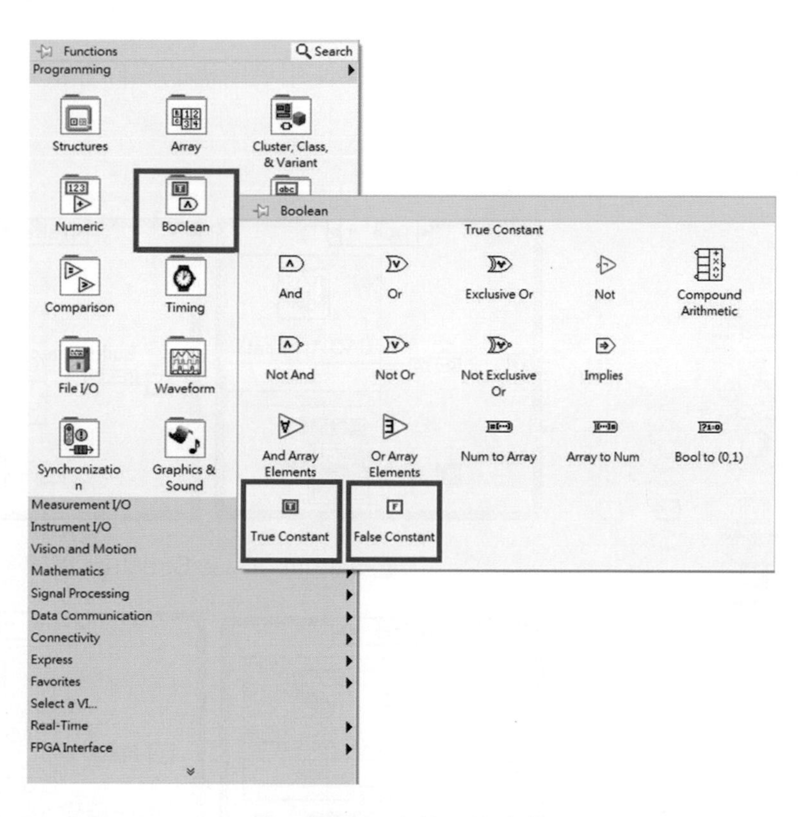

圖 5-15(a)　布林元件路徑

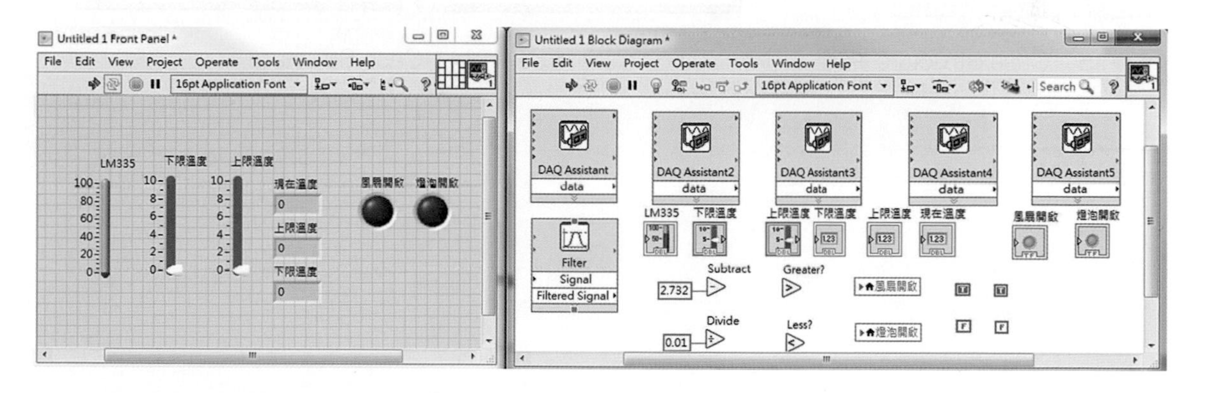

圖 5-15(b)　程式畫面

STEP 10 在圖形程式區的「Functions → Programming → Structure」中取出兩個 Case Structure 元件，如圖 5-16 所示。將元件連接後並取出 Case Structure 將全部包裹在內，如圖 5-17 所示。

註 使用 Case Structure 用意在於判斷條件是否為使用者所需的條件並決定迴圈內該執行的程式。

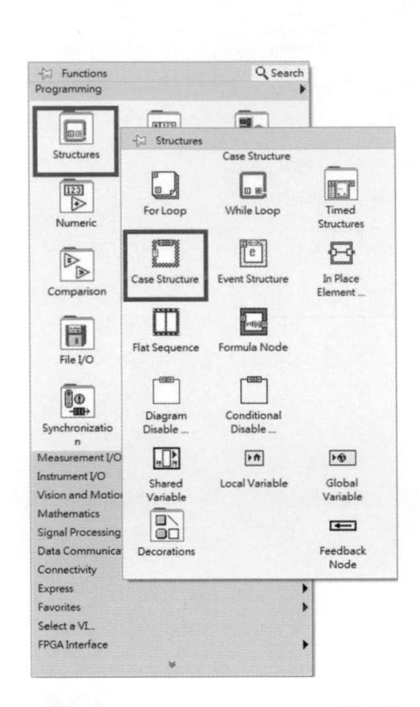

圖 5-16　Case Structure 路徑

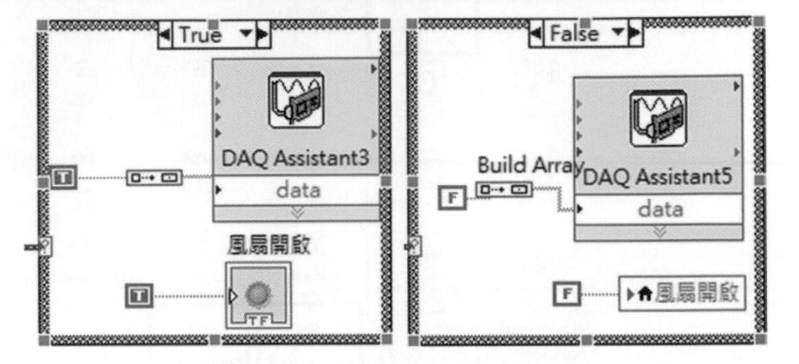

圖 5-17(a)　Case Structure 接線

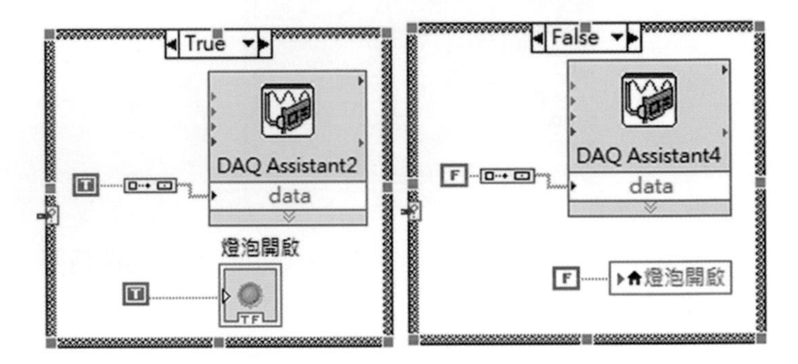

圖 5-17(b)　Case Structure

STEP 11 為了讓程式能夠一直執行，在圖形程式區的「Functions → Programming → Structures」中取出 While Loop，如圖 5-18 所示。接下來用 While Loop 將全部元件包裹在內並在迴圈右下角的紅點左邊接點按一下右鍵創造一個 STOP 元件，如圖 5-19 所示。

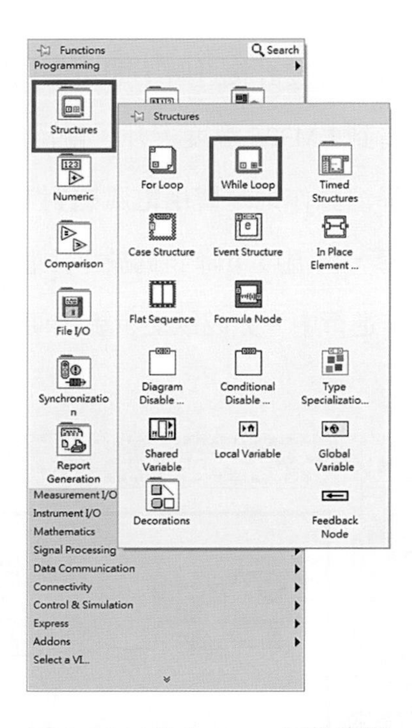

圖 5-18　While Loop 元件路徑

Create Constant
Create Control
Create Indicator
✓ Stop if True
Continue if True
Boolean Palette
Properties

圖 5-19(a)　STOP 元件

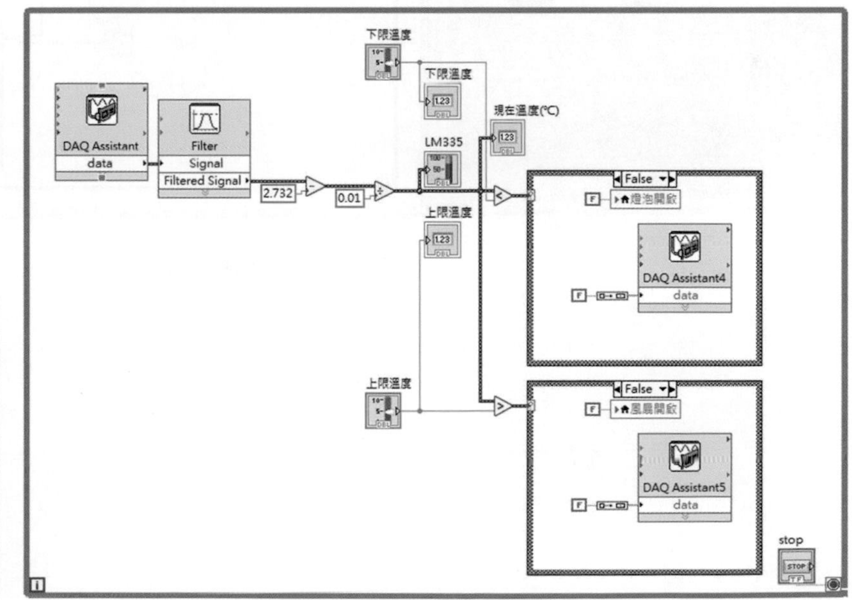

圖 5-19(b)　圖形程式區

STEP 12 將所有元件擺好連接後，如圖 5-20 所示，便可開始執行程式。

註 使用程式實際測量溫度前必須先對電路板上的可變電阻進行校準動作。簡易校準可將 LM335 量測溫度與水銀溫度計做比較。

實驗步驟 當溫度調整到與水銀溫度計接近時，即可使用吹風機對 LM335 進行加熱動作。此時，應可看到 LM335 溫度上升。當溫度上升到上限設定值時應可看到電風扇開啟。降溫動作則是使用電風扇對 LM335 進行降溫動作，應該會看到溫度緩慢下降，當溫度下降到低於下限溫度時應該會看到紅色 LED 燈亮起代表加熱動作進行中。完成以上步驟後便可確認程式及硬體皆為正確。

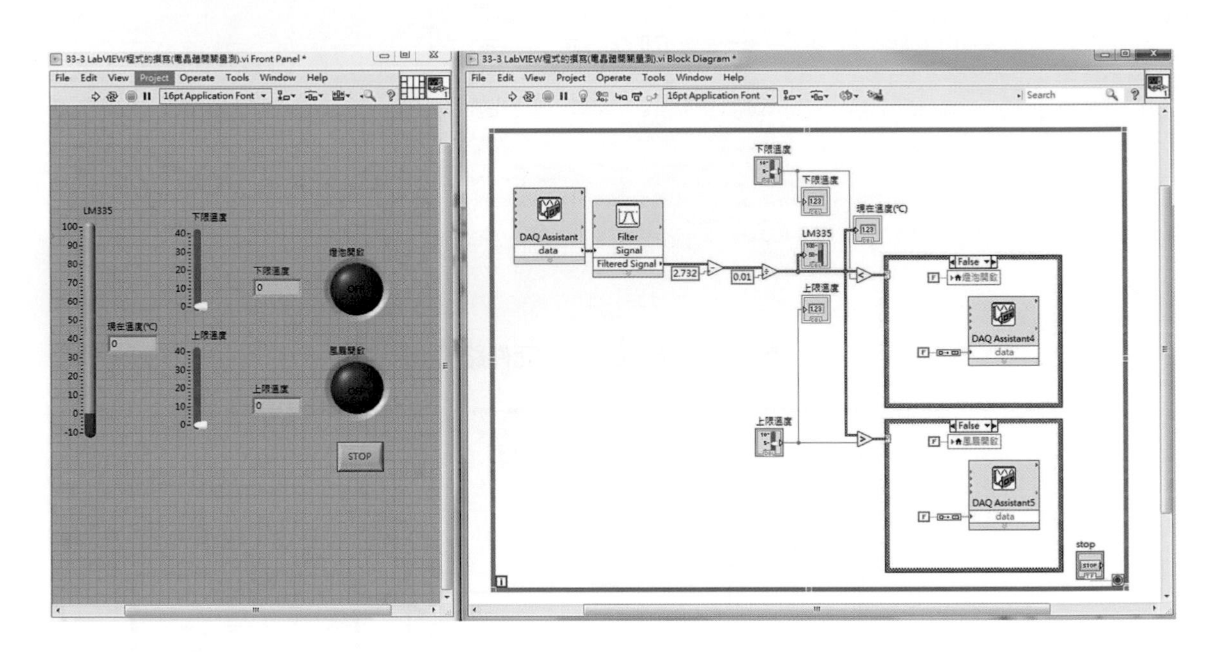

圖 5-20　完整程式圖

6

PT-100 電阻式溫度感測器

6-1 PT-100 電阻式溫度感測器的原理

工業用常見的 PT-100 (PT-100 platinum resistance thermometers，PRTs) 元件其感測端的外觀為圓柱形，如圖 6-1 所示。PT-100 結構體是將一支細長的鉑 (俗稱白金) 導線纏繞在一個絕緣的小圓柱上，如圖 6-2 所示，此圓柱之材質可以為玻璃、電木、陶瓷等。由於白金導線並沒有絕緣的外層，因此白金導線在纏繞時須避免相互觸碰，並且須注意白金導線在相鄰繞阻間的絕緣程度。同時要避免因遭受溫度變化時所造成的白金導線本體之伸縮變形，導致溫度變化所引起的誤差，因而影響了測量結果。白金測溫電阻體在市面上所販賣的有 0 °C 為 100Ω 的 PT-100、0 °C 為 50Ω 的 PT-50、0 °C 為 1kΩ 的 PT-1000。因此很難從外型去判定感測器是 PT-100 還是 PT-1000 只能透過量測的方式去判定。而連接訊號的方式可以透過客制來去改變；例如：BNC、直接拉出等方式。本章節所討論的是使用 0 °C 為 100Ω 的 PT-100 且為三線式。(購買 PT-100 需事先訂做且要說明所要量測的溫度範圍，廠商沒有現貨在店面)。

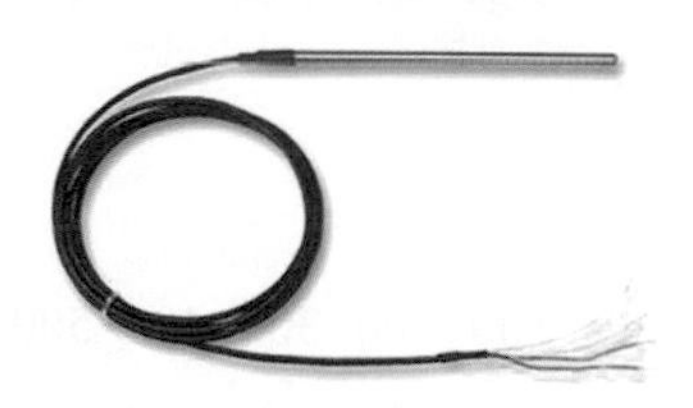

圖 6-1　PT-100 元件的外型

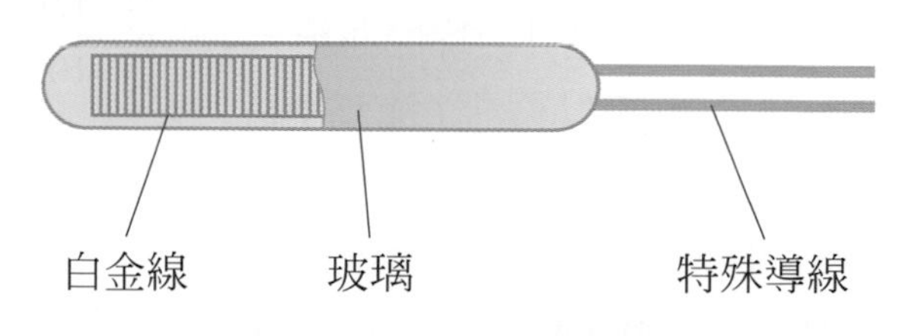

圖 6-2　PT-100 的內部構造

6-2 元件特性及其特性曲線圖

PT-100 是一種「溫度—電阻」型的電阻性溫度檢測器 (簡稱 RTD)，具有低價格與高精度的優點，測量範圍大約為 –200 °C ～ +630 °C，故常用在工業控制中的溫度檢測裝置上。

PT-100 導體電阻與溫度兩者間的關係是隨著溫度上升而電阻變大，因此 RTD 導體具有正溫度係數，導體電阻 R_T 與溫度 T 的關係可以表示為：

$$R_T = R_0(1 + AT + BT^2 - 100CT^3 + CT^4 \cdots)$$

其中 R_T：導體在 T °C 時的電阻 (單位：Ω)

R_0：導體在參考溫度 0 °C 時的電阻 (單位：Ω)

A、B、$C \cdots$：導體材料的電阻溫度係數 (單位：% / °C)

T：攝氏溫度 (單位：°C)

其中 A：0.003908、B：–5.775E–7、C：–4.183E–12，而 E–7 代表乘 10 的負 7 次方

從上述公式中可以看出 RTD 導體有某種程度的非線性特徵，但若使用在一定溫度測量範圍內，例如在 0 ～ 100 °C 時，則上式可以簡化為

$$R_T = R_0 (1 + AT)$$

RTD 通常由純金屬如白金 (鉑)、銅或鎳等材料所製成，這些材質在範圍內每個溫度都有其固定的電阻值。如圖 6-3 所示，為鉑、銅、鎳三種金屬材料的「溫度—電阻」特性曲線。一般實用場合大都以白金 (簡稱 PT) 測溫電阻體所製成的感溫元件最為常見，主要的原因是因為白金導線之純度可製作高達 99.999% 以上，且具有極高的精密度以及安定性的要求。目前國際之間以 0 °C 時感溫電阻為 100Ω 之白金導線作為製作時的標準規格，也就是一般俗稱的 PT-100。

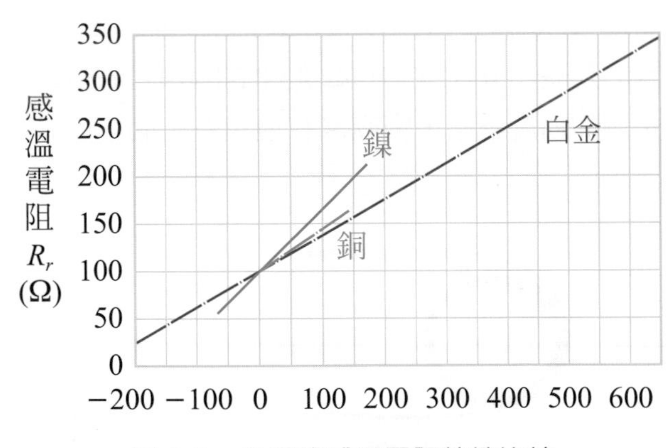

圖 6-3 金屬式感溫電阻特性比較

表 6-1 所示為 PT-100 之「溫度—電阻」特性規格表。表左上角為最低測量溫度 $T = -200(°C)$ 以及感測電阻 $R_T = 17.31(\Omega)$，表右下角為最高測量溫度 $T = 630(°C)$ 以及感測電阻 $R_T = 327.08(\Omega)$。

表 6-1　PT-100 T (°C) 與 R_T (Ω) 關係表

T (°C)	R_T(Ω)	T (°C)	R_T(Ω)	T (°C)	R_T(Ω)
–200	17.31	80	131.42	360	235.47
–190	21.66	90	135.3	370	239.02
–180	25.98	100	139.16	380	242.55
–170	30.27	110	143.01	390	246.08
–160	34.53	120	146.85	400	249.59
–150	38.76	130	150.68	410	253.09
–140	42.97	140	154.49	420	256.57
–130	47.97	150	158.3	430	260.05
–120	51.32	160	162.09	440	263.51
–110	55.47	170	165.87	450	266.96
–100	59.59	180	169.64	460	270.4
–90	63.7	190	173.4	470	273.83
–80	67.79	200	177.14	480	277.25
–70	71.87	210	180.88	490	280.65
–60	75.93	220	184.6	500	284.04
–50	79.97	230	188.31	510	287.43
–40	84	240	192.01	520	290.79
–30	88.02	250	195.7	530	294.15
–20	92.03	260	199.37	540	297.5
–10	96.02	270	203.03	550	300.83
0	100	280	206.69	560	304.15
10	103.97	290	210.33	570	307.47
20	107.93	300	213.95	580	310.76
30	111.87	310	217.57	590	314.05
40	115.81	320	221.17	600	317.33
50	119.73	330	224.77	610	320.59
60	123.64	340	228.35	620	323.84
70	127.54	350	231.92	630	327.08

如圖 6-4 是 PT-100 溫度對電阻的特性曲線。從特性曲線中不難發現 –200 °C ～ –100 °C 時其溫度係數較大，–100 °C ～ 300 °C 時具有理想的線性關係，300 °C 以上其溫度係數反而小了一些，即 PT-100 作低溫或高溫測試時，必須對這微小的非線性做適當的線性補償。

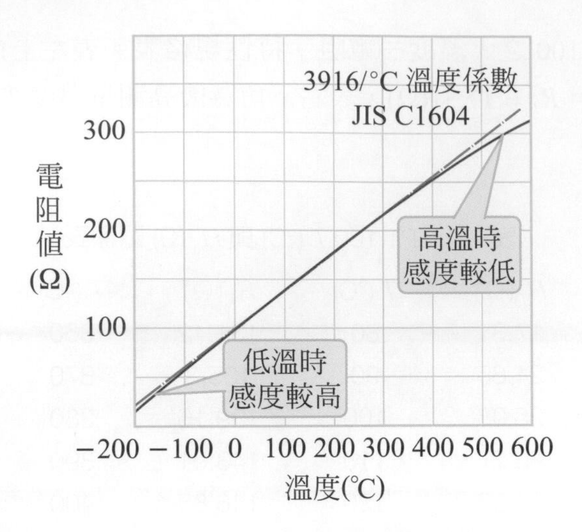

圖 6-4 PT-100 溫度對電阻的特性

6-3 PT-100 三線式緣由和電壓訊號、電流訊號差別

PT-100 採用三線式接法是為了消除連線導線電阻引起的測量誤差。這是因為測量熱電阻的電路一般是不平衡的電橋。PT-100 熱電阻作為電橋的一個橋臂電阻，其連線導線 (從熱電阻到中控室) 也成為橋臂電阻的一部分，這一部分電阻是未知的，且隨環境溫度變化造成測量誤差。採用三線式將導線一根接到電橋的電源端，其餘兩根分別接到熱電阻所在的橋臂及與其相鄰的橋臂上，這樣消除了導線線路電阻帶來的測量誤差。

工業上 PT-100 一般都採用三線式接法。採用電流訊號的原因是不容易受外界信號干擾，並且電流源內阻無窮大，導線電阻串聯在迴路中不影響精度在普通雙絞線上可以傳輸數百米。工業上使用 PT-100 時，通常會搭配對應的傳送器，其規格為 4 ～ 20mA。上限取 20mA 是因為防爆的要求：20mA 的電流通斷引起的火花能量不足以引燃瓦斯。下限沒有取 0mA 的原因是為了能檢測斷線：正常工作時不會低於 4mA，當傳輸線因故障斷路，環路電流降為 0。常取 2mA 作為斷線報警值。PT-100 熱電阻產生的是一個毫伏訊號，不存在這個問題。兩線式時的導線電阻對溫度測量易造成誤差，三線式和四線式能有效的消除引線電阻的影響。但四線式較三線式測量精度更高，而四線式需要多一根電纜，成本較三線式更高，所以多數採用三線式。

資料來源：江蘇金湖創偉自動化儀表科技公司

6-4.1　普遍性的 PT-100 轉換電路

如圖 6-5 為 PT-100 溫度一電壓轉換電路，由 PT-100 感測外界的溫度 T (°C)，而呈現出溫度對應電阻體的電阻值 VR_2，經過定電壓電路、電橋電路、濾波電路以及差動放大電路，組合成電阻值 VR_2 對測試端 Tp_4 的輸出直流電壓值。如圖 6-6 為轉換電路方塊圖。

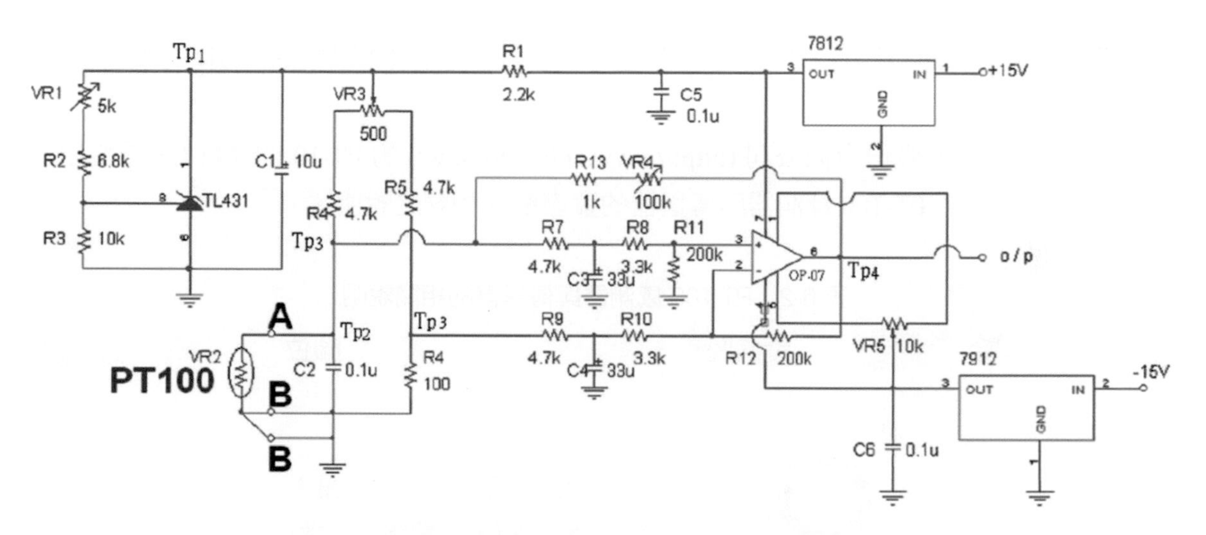

圖 6-5　PT-100 溫度一電壓轉換電路

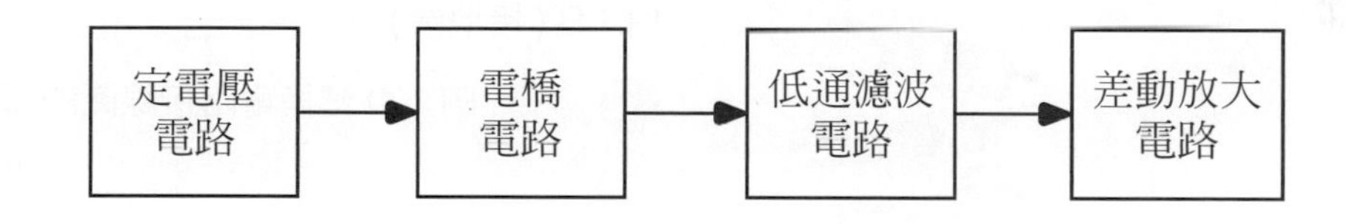

圖 6-6　轉換電路方塊圖

定電壓電路基本上是利用精確可調分流調整器功能的 IC (編號為 TL431)、穩壓 IC (7812 及 7912) 所組成。主要是用來提供決定整個溫度一電壓轉換電路的精確參考電壓 5V (Tp_1)，因此當調整可變電阻器 VR_1 (5kΩ) 使得測試點 Tp_1 的電壓愈接近 5V 時，則電路的準確度愈高。

惠斯頓電橋電路由 R_4 (4.7kΩ)、R_5 (4.7kΩ)、VR_2 (PT-100) 電阻體的電阻以及 R_6 (100Ω) 所構成，用以作為 PT-100 的測定及不平衡的檢出，經由測試點 Tp_3 相對於 Tp_2 而輸出，可變電阻器 VR_3 (500Ω) 用以調校整個溫度一電壓轉換電路低點溫度測定的零點調整。當惠斯頓電橋電路有不平衡輸出時，測試點 Tp_3 及 Tp_2 分別經過由 R_7 (4.7kΩ)、C_3 (33μF)、R_9(4.7kΩ) 以及 C_4 (33μF) 所構成的低通濾波電路後，再經由 R_8 (3.3kΩ) 及 R_{10} (3.3kΩ) 加到由 IC_1 (OP-07) 所構成的差動放大電路加以輸出到測試端 Tp_4，可變電阻 VR_4 則做為高點溫度測定的跨距調整。

6-4.2 使用工業用傳送器時 PT-100 與 USB-6008 的接線

使用七泰電子股份有限公司 (http://www.chitai.com.tw/) 的 PT-100 溫度傳送器輸出作為範例。表 6-2 為 PT-100 感測器與傳送器的實體配件相關之說明。

表 6-2 PT-100 感測器與傳送器的相關說明

設備名稱	設備圖	腳位
PT100 溫度感測器	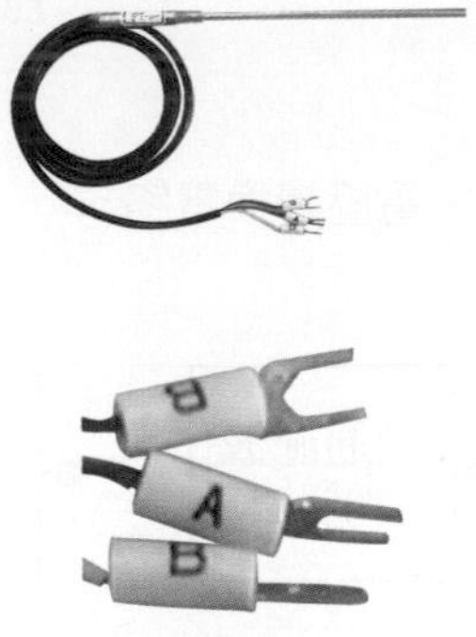 B A B	圖下方三條導線分別是： 紅：A (轉換電路 Tp2 端) 白：B (接地端) 白：B (接地端) 註 對照 PT100 轉換電路接線圖的腳位
傳送器 (RRD-2Y13) 輸出為 4 ~ 20mA	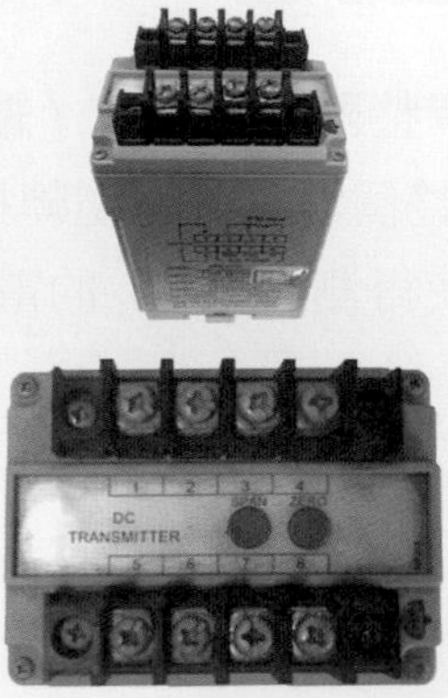 DC TRANSMITTER 1 2 3 4 5 6 7 8	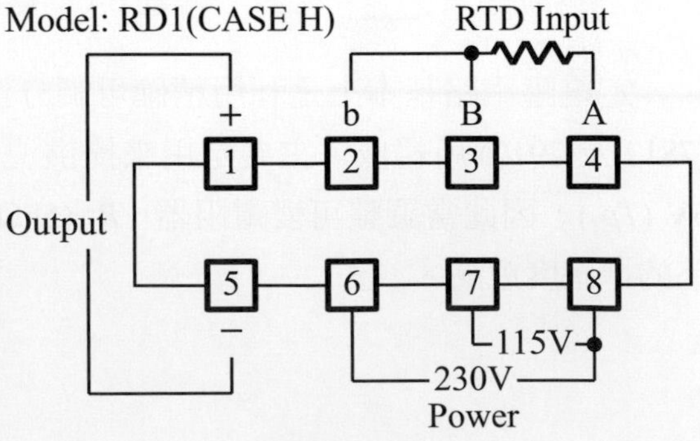 Model: RD1(CASE H) RTD Input + b B A 1 2 3 4 Output 5 6 7 8 − 115V 230V Power 接線示意圖

如圖 6-7 和 6-8 為 PT-100、傳送器與 USB-6008 接線和實體圖。圖中 RTD 為 PT-100、115V 為 AC 電源插座，在此選擇 USB-6008 第 2 腳 (AI 0：類比輸入當第一接點) 當信號擷取腳，而接地腳選擇 USB-6008 第 1 腳 (GND)。

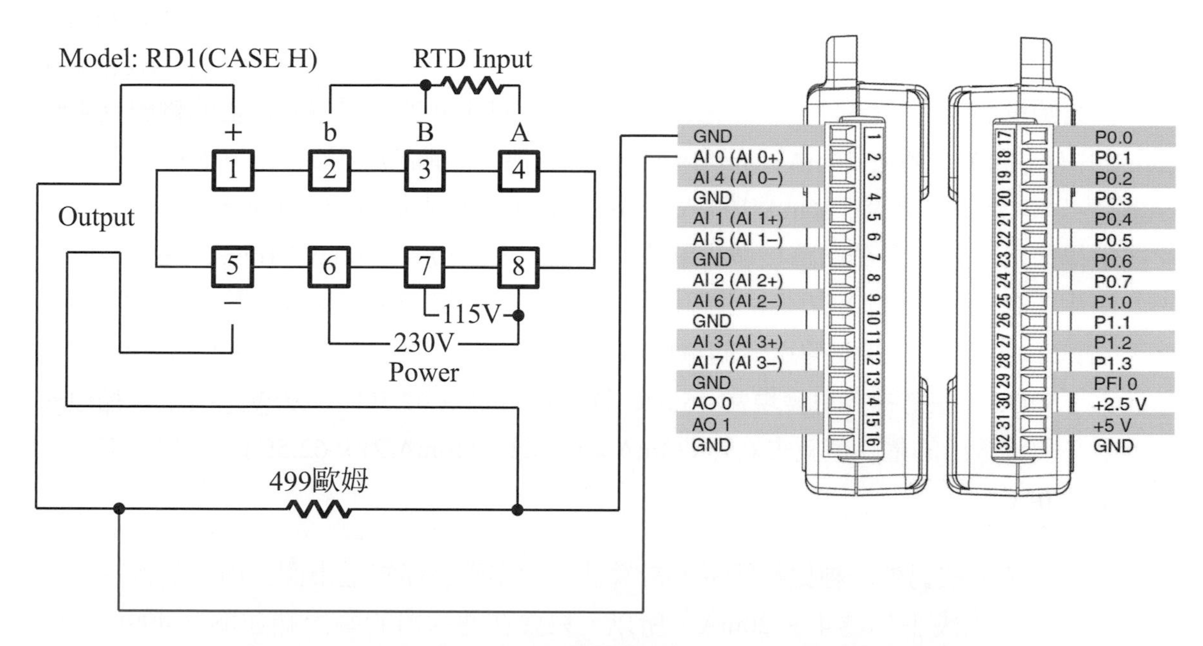

圖 6-7　PT-100 與工業用信號傳送器以及 USB-6008 的接線圖

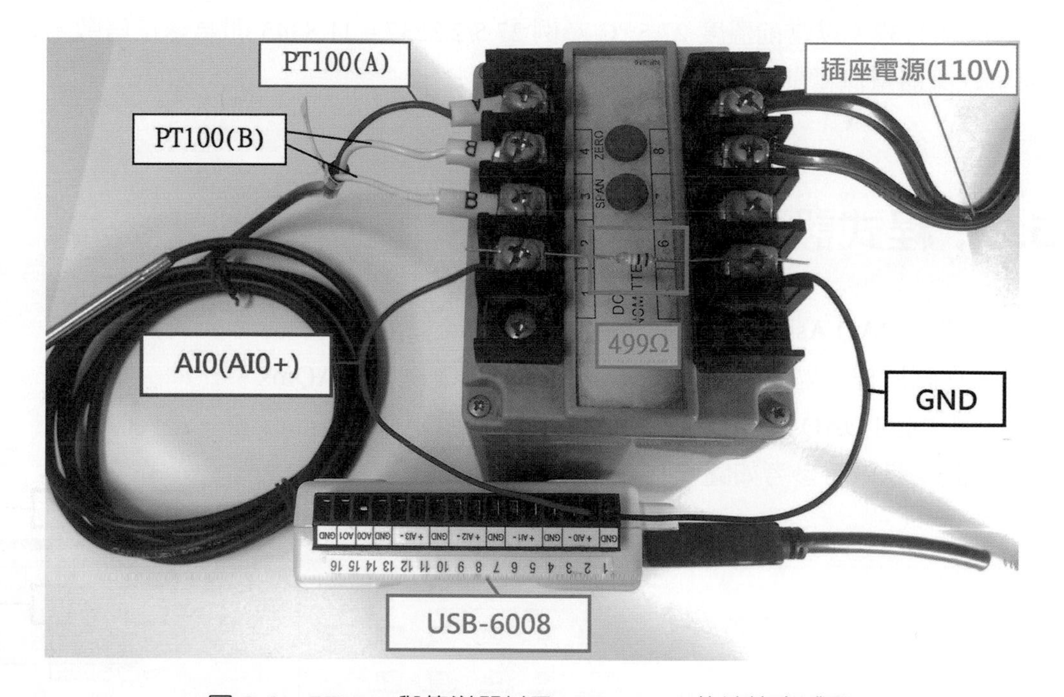

圖 6-8　PT-100 與傳送器以及 USB-6008 的連接實體圖

6-5 PT-100 搭配工業用信號傳送器的溫度量測

6-5.1 數值 V.S. 儀表的計算準則

在開始量測前需要計算所需的電阻值。選擇的 PT-100 工業標準傳送器的輸出為 4 ～ 20mA 共有 16mA 的範圍 (20mA – 4mA = 16mA)，且溫度的輸出範圍為 –50 ～ 50 °C。因此，計算每一 °C 為多少電流，16mA/100 °C = 160μA/ °C，代表每 °C 有 160μA。最後，利用歐姆定律來計算需在負載端跨接多少歐姆的電阻，$R = V/I$ = 1000mV/16mA = 62.5Ω。首先，使用一個 10 轉 500Ω 的精密可調電阻，先在電阻的二端跨接三用電表將電阻值調整至 62.5Ω，再將其跨接到傳送器的輸出端上，如圖 6-7。由於，假設 4mA 為 –50 °C 而 20mA 為 50 °C。在這裡，會發現當 –50 °C 時會有 4mA × 62.5Ω = 0.25V。所以，在程式設計上必須將輸出的電壓值減去 0.75V(4mA × 62.5Ω + (16mA/2) × 62.5Ω)，在程式畫面上才會顯示 0 °C。

再為大家介紹另外一種比較簡易的計算法。大家應該都知道市面上所賣的傳送器，只要是電流輸出幾乎都為 4 ～ 20mA。所以，只要在傳送器的輸出端並聯一 499Ω 的精密電阻。在程式中擷取進來的電壓值約為 8.32189 減去 5.988V(4mA × 499Ω + (16mA/2) × 499Ω) 等於 2.3237。以當前溫度 27.5 °C 為例 27.5/2.3237 = 11.8345 即為修正倍數。如此，即可利用感測器量測當前的溫度值。

6-5.2 程式設計

STEP 1 利用 DAQ Assistant，Step by Step 來完成整個程式設計。從圖形程式區點選右鍵「Measurement I/O → NI DAQmx」中找到 DAQ Assistant，如圖 6-9 所示。DAQ Assistant 的設定步驟可參考如圖 6-10。

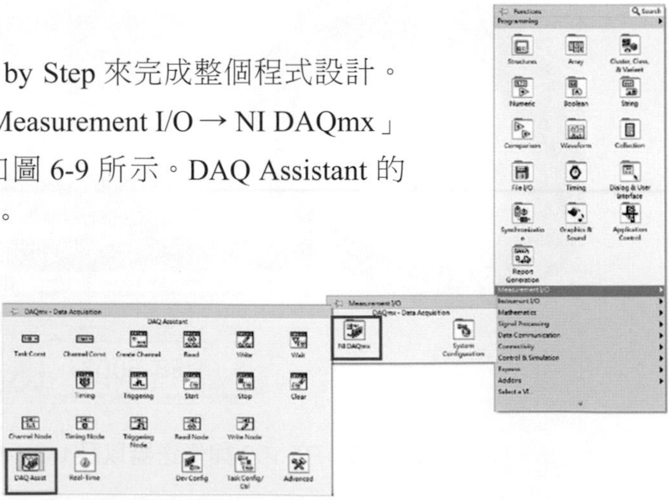

圖 6-9 DAQ Assistant 路徑

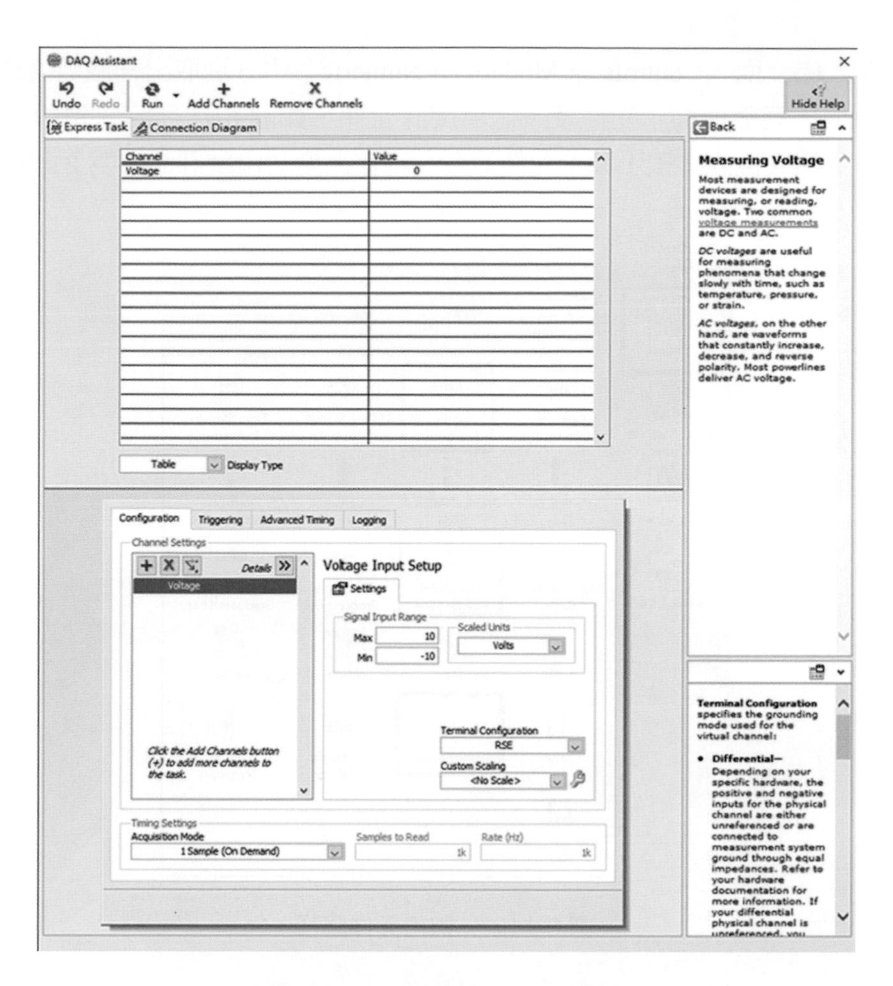

圖 6-10(a)　DAQ Assistant 設定

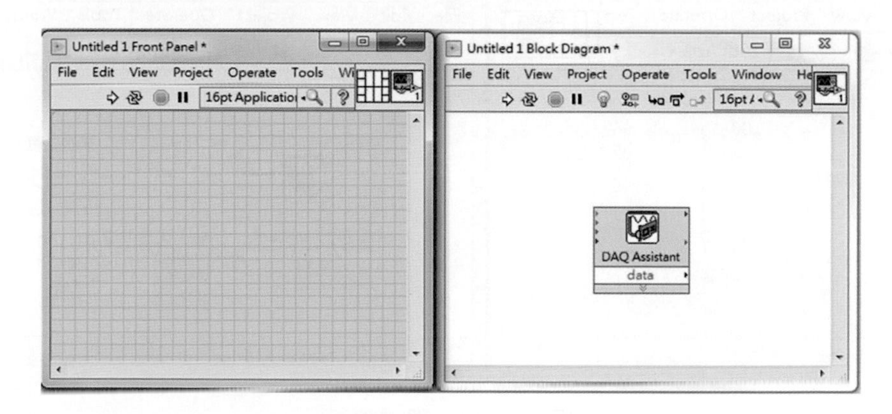

圖 6-10(b)　程式畫面

STEP 2 在人機介面「Controls → Modern → Numeric」中分別取出一個數值滑桿控制元件、一個數值顯示元件及一個溫度計元件，如圖 6-11 所示。滑桿控制元件命名為輸入溫度上限，顯示元件命名為現在溫度，溫度計命名為 PT-100。

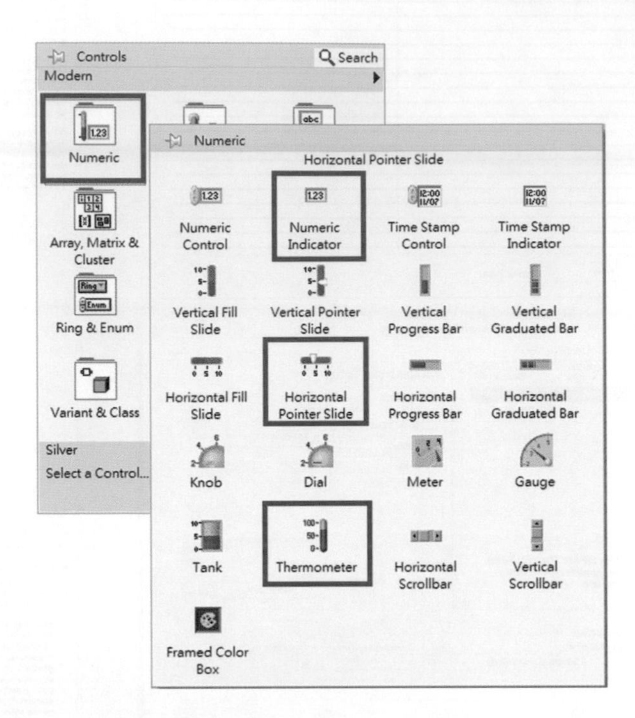

圖 6-11(a) 數值元件路徑

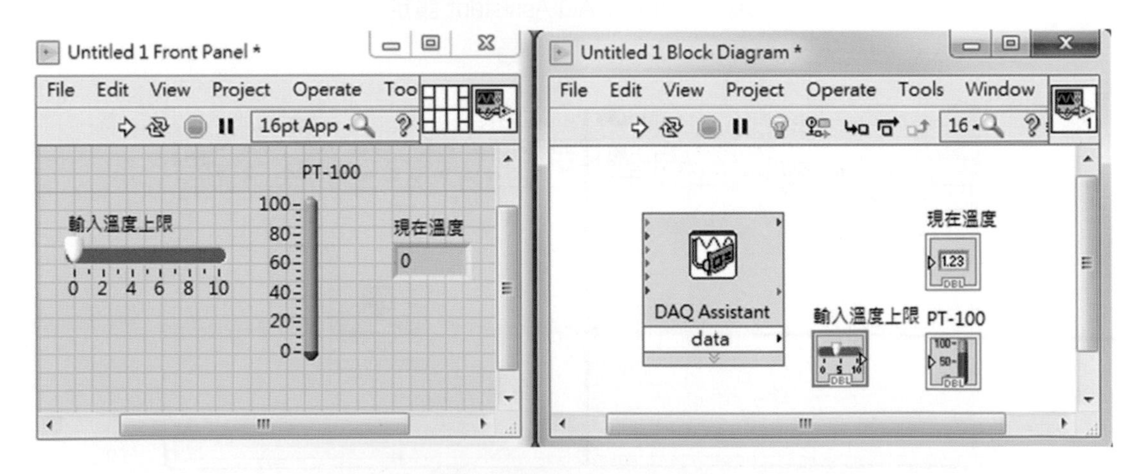

圖 6-11(b) 程式畫面

STEP 3 在人機介面「Controls → Modern → Boolean」中取出一個 LED，如圖 6-12 所示，命名為溫度過高警示。

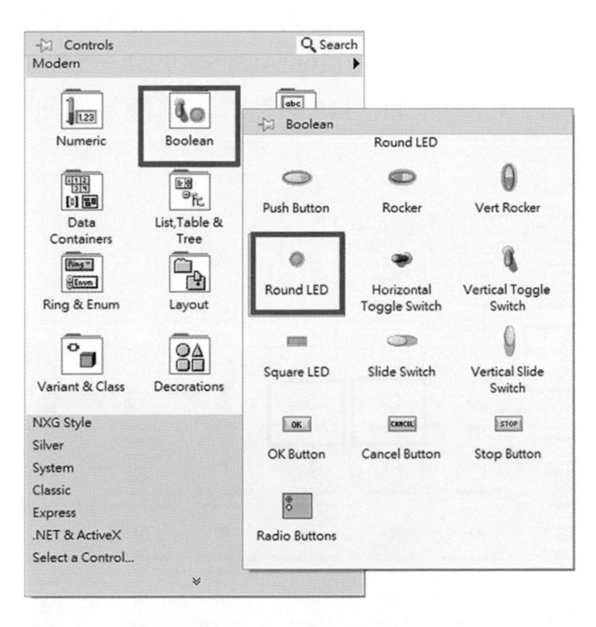

圖 6-12(a)　LED 元件路徑

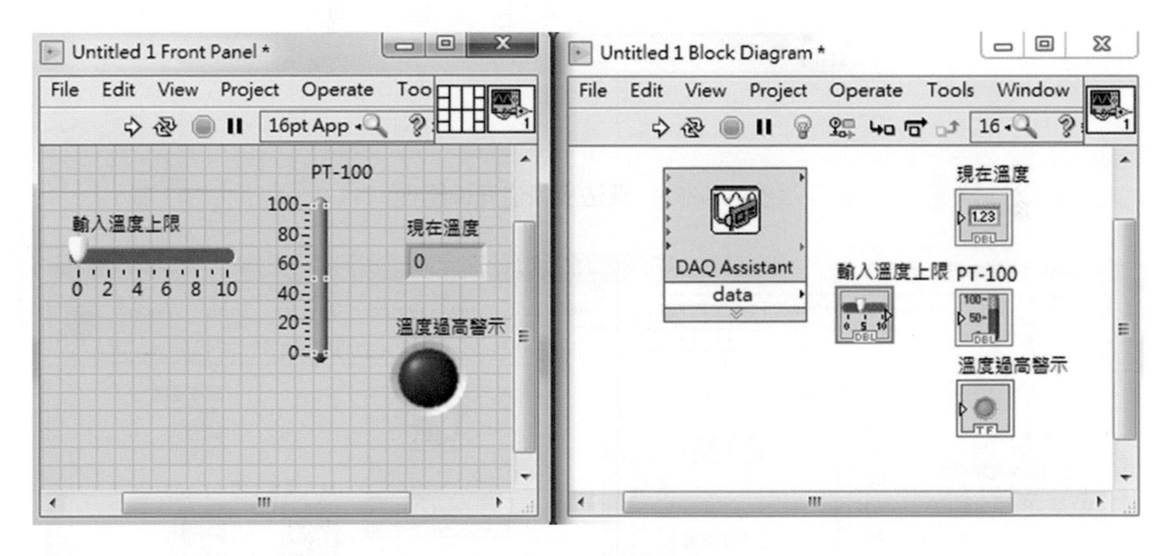

圖 6-12(b)　程式畫面

STEP 4 在圖形程式區的「Functions → Programming → Numeric」中取出減法元件及乘法元件，並分別創造一個常數元件輸入 5.988 及 11.83457，如圖 6-13 所示。

註 當傳送器的輸出端並聯一個 499Ω 的精密電阻。接下來，在程式中擷取進來的電壓值約為 8.32189 減去 (4mA × 499Ω + (16mA/2) × 499Ω = 5.988V) = 2.3237，以當前溫度 27.5 °C 為例 (27.5/2.3237) = 11.8345 即為修正倍數。如此，即可利用感測器量測當前的溫度值。

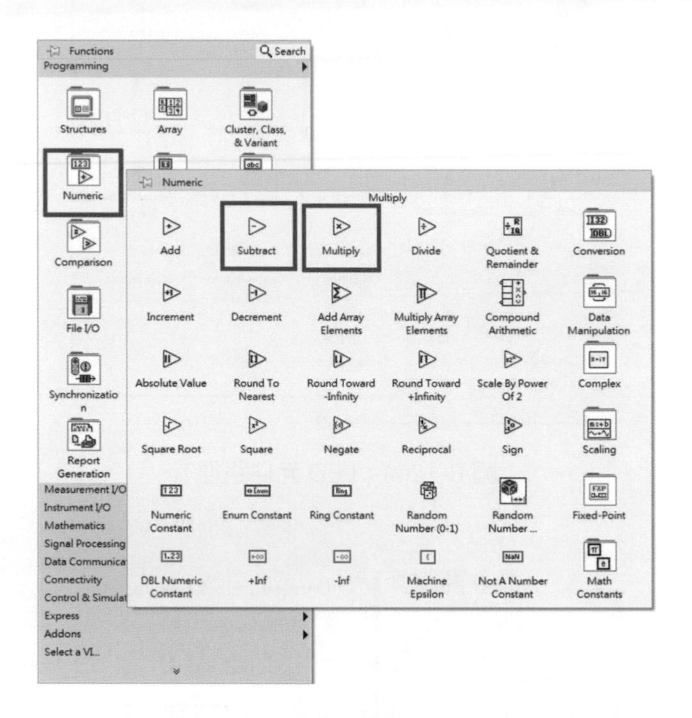

圖 6-13(a) 乘法及減法元件路徑

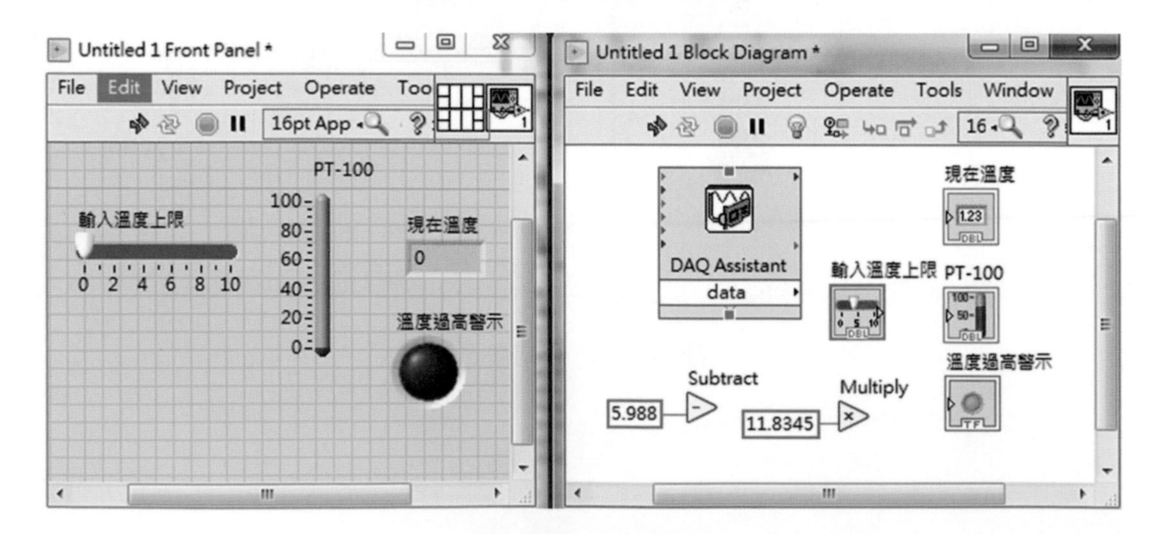

圖 6-13(b) 程式畫面

STEP 5 在圖形程式區的「Functions → Programming → Comparison」中取出大於函數一個，如圖 6-14 所示。

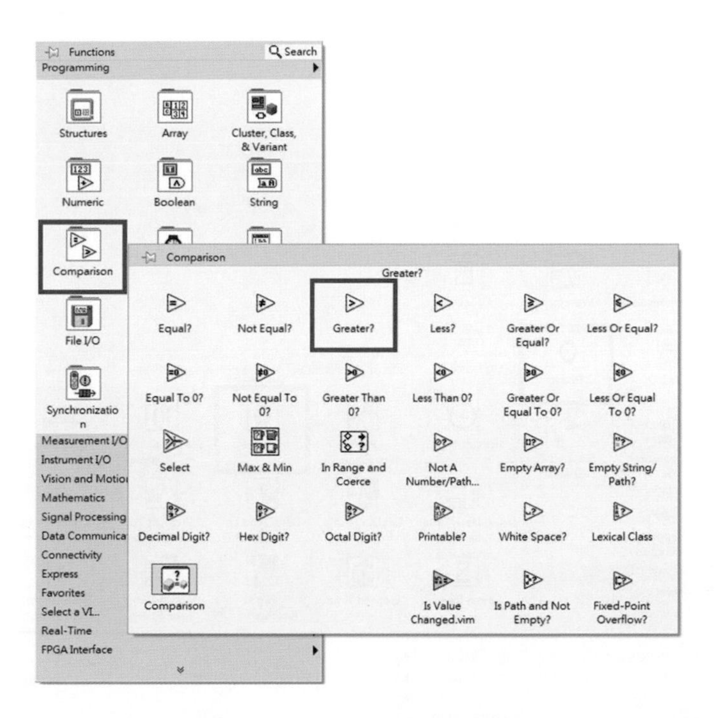

圖 6-14(a)　大於元件路徑圖

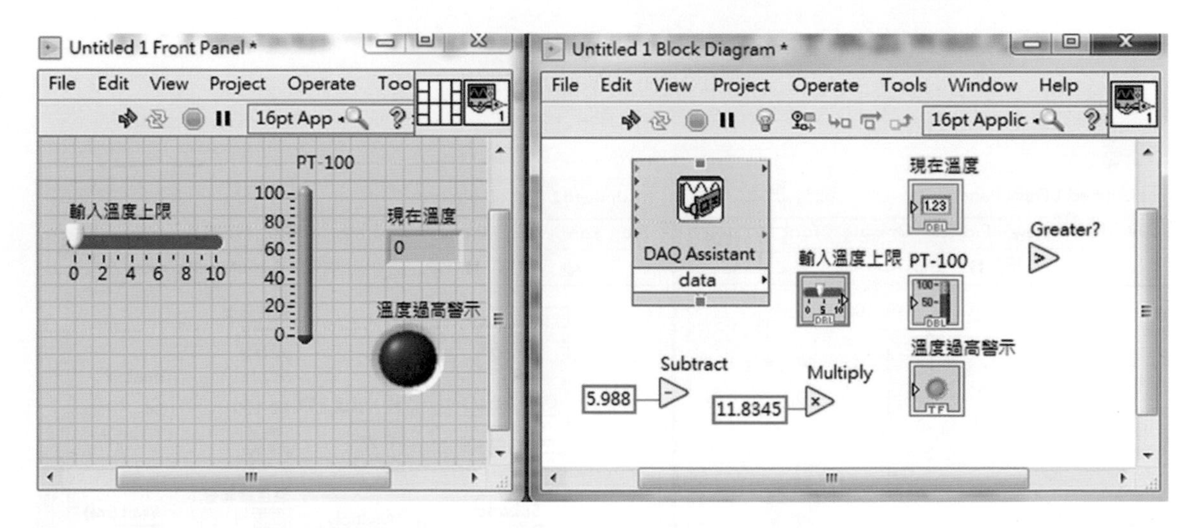

圖 6-14(b)　程式畫面

STEP 6 為了讓程式不吃電腦太多資源因此需要做一個 delay，在圖形程式區的「Functions → Programming → Timing」中取出 Wait 元件，如圖 6-15 所示。

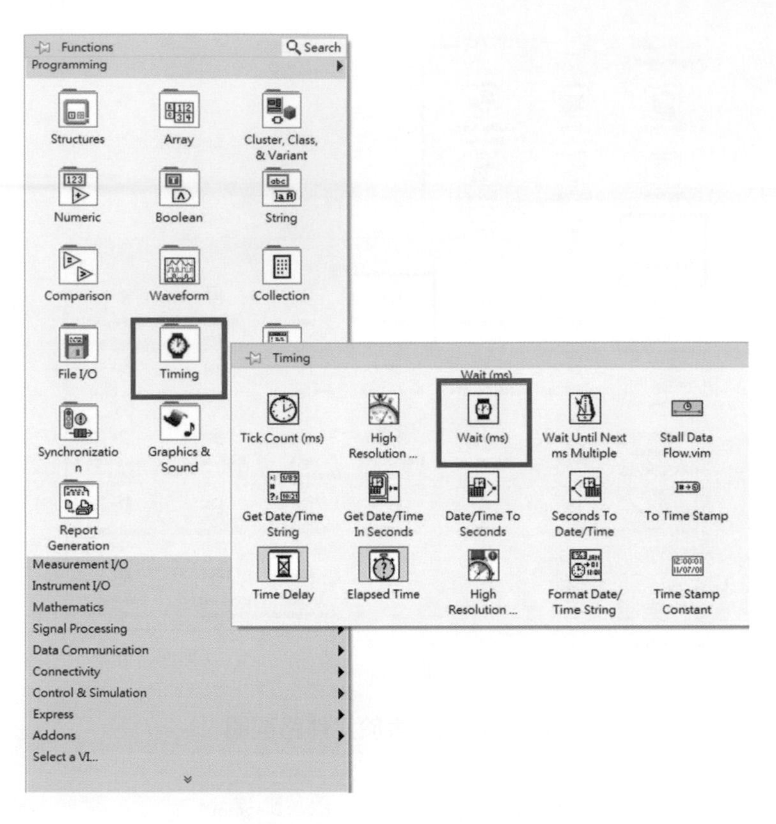

圖 6-15(a)　Wait 元件路徑

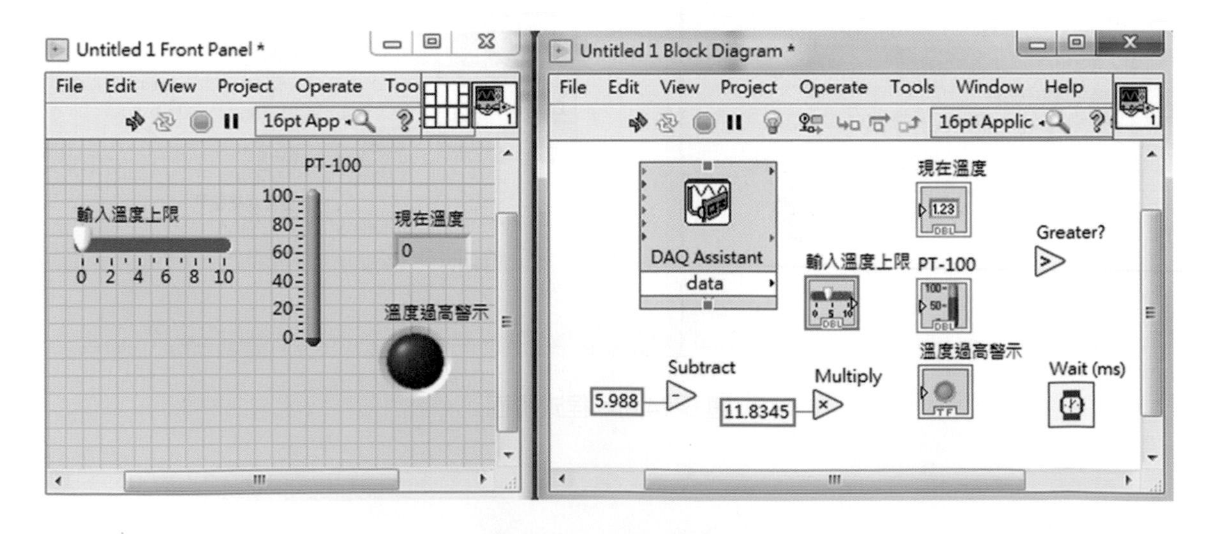

圖 6-15(b)　程式畫面

STEP 7 為了讓程式能夠一直執行，在圖形程式區的「Functions → Programming → Structures」中取出 While Loop，如圖 6-16 所示。接下來用 While Loop 將全部元件包裹在內並在迴圈右下角紅點左邊接點按一下右鍵創造一個 STOP 元件，如圖 6-17 所示。

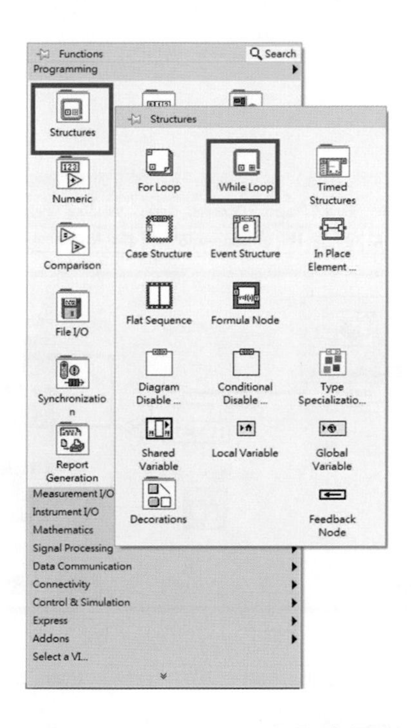

圖 6-16　While Loop 元件路徑圖

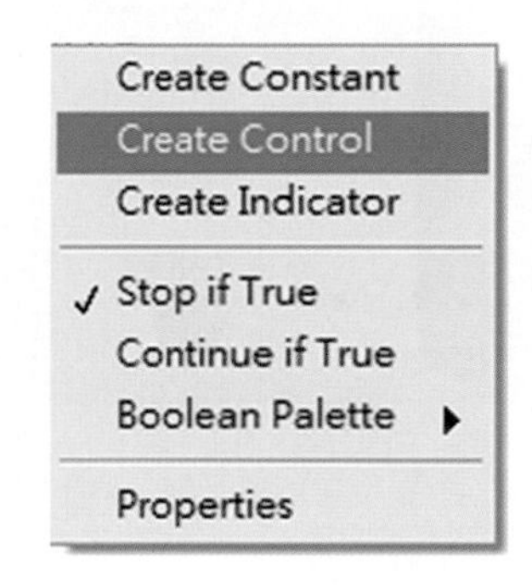

圖 6-17(a)　STOP 元件

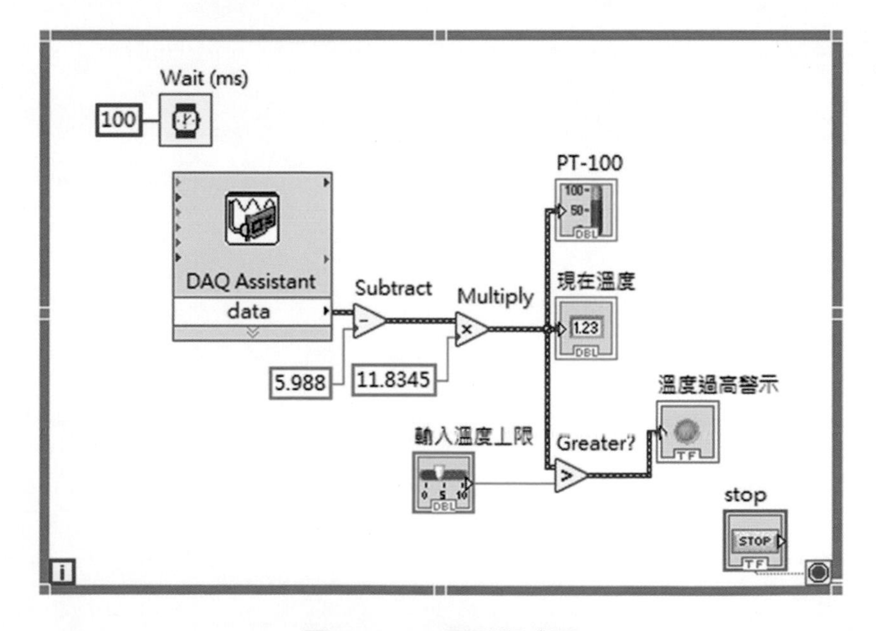

圖 6-17(b)　圖形程式區

STEP 8 將所有元件擺好連接後，如圖 6-18 所示。便可開始執行程式。

實驗步驟 使用一支水銀溫度計與 PT-100 放入熱水或冷水中，此時 PT-100 會慢慢的改變溫度，當溫度變化停止一陣子後便可與溫度計做比較，若溫度顯示與溫度計相同便代表程式及硬體皆為正常。

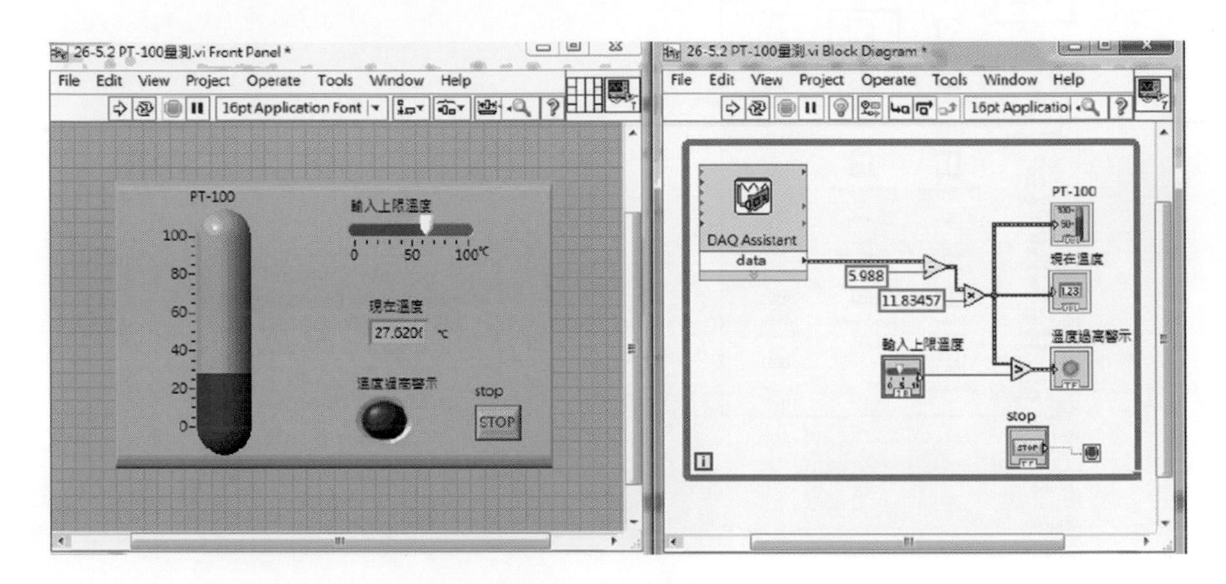

圖 6-18 完整程式圖

6-6　LabVIEW 搭配自激源量測 PT-100 轉換溫度

6-6.1　採用麵包板電路接線

使用 LM317 做為此次實作的自激源。LM317 應用相當廣泛可以使用在穩壓器、充電電路、電壓調節電路、波形產生電路等等。如圖 6-19 所示為其產品描述，其中 LM317 電壓輸出範圍：1.2V ～ 37V，電流輸出可以來到 100mA，產品依需求不同有 TO-92 塑膠封裝、SO-8 SMT、金屬封裝。

如圖 6-20 是 LM317 腳位，由左而右分別是“調整腳”(ADJUST)、輸出腳 (OUT)、輸入腳 (IN)，此次實做採用的是 TO-92 塑膠包裝。在這裡使用如圖 6-21 所示為 LM317 出產廠家提供之產品應用。如對 LM317 有興趣之讀者可以參閱附書光碟“附錄 3”深入探討。在後面小節將延伸做成自激源。

- OUTPUT VOLTAGE RANGE: 1.2 TO 37V
- OUTPUT CURRENT IN EXCESS OF 100 mA
- LINE REGULATION TYP. 0.01%
- LOAD REGULATION TYP. 0.1%
- THERMAL OVERLOAD PROTECTION
- SHORT CIRCUIT PROTECTION
- OUTPUT TRANSISTOR SAFE AREA COMPENSATION
- FLOATING OPERATION FOR HIGH VOLTAGE APPLICATIONS

DESCRIPTION

The LM217L/LM317L are monolithic integrated circuit in SO-8 and TO-92 packages intended for use as positive adjustable voltage regulators. They are designed to supply until 100 mA of load current with an output voltage adjustable over a 1.2 to 37V range.
The nominal output voltage is selected by means of only a resistive divider, making the device

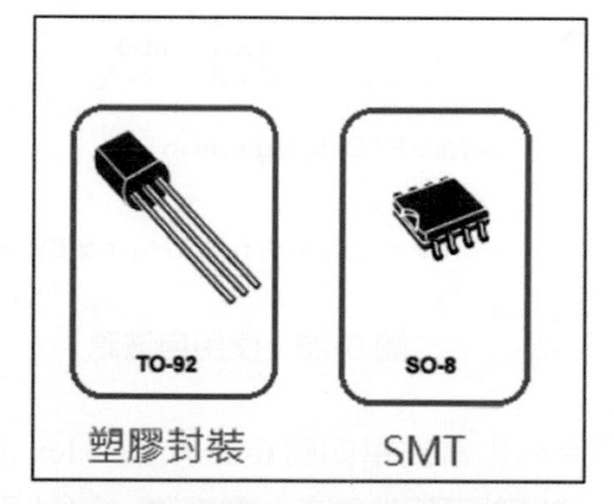

exceptionally easy to use and eliminating the stocking of many fixed regulators

圖 6-19　LM317 特性描述

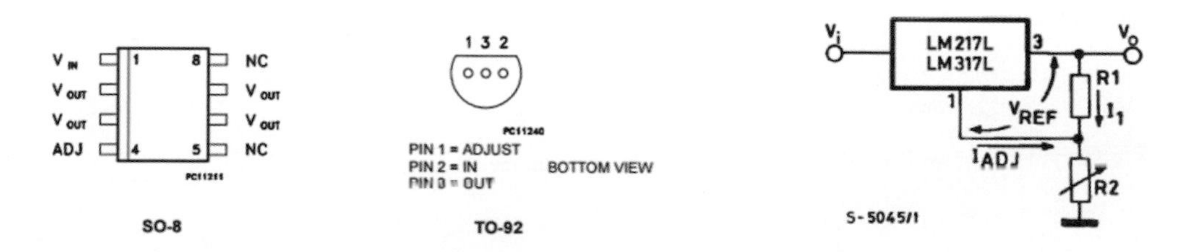

圖 6-20　LM317 的包裝及腳位

圖 6-21　LM317 典型應用電路

6-6.2 電路分析

此次實作參考 NI 官網的線上支援，文章名稱是 Making an RTD or Thermistor Measurement in LabVIEW (使用 LabVIEW 製作電阻溫度裝置或溫度計量測)，文章是以英文呈現，在此擷取精華部分為大家作講解。如圖 6-22 所示為較高階的 NI 量測設備所具備的自激源的功能 (電流源 Iex)，並利用此功能量測 2 線式 RTD。相信學習過三用電錶的人都知道，要量測電阻的話三用電錶本身內裝的電池一定要有電，如果沒電的話則無法進行量測，而這個電池就是三用電錶的自激源。

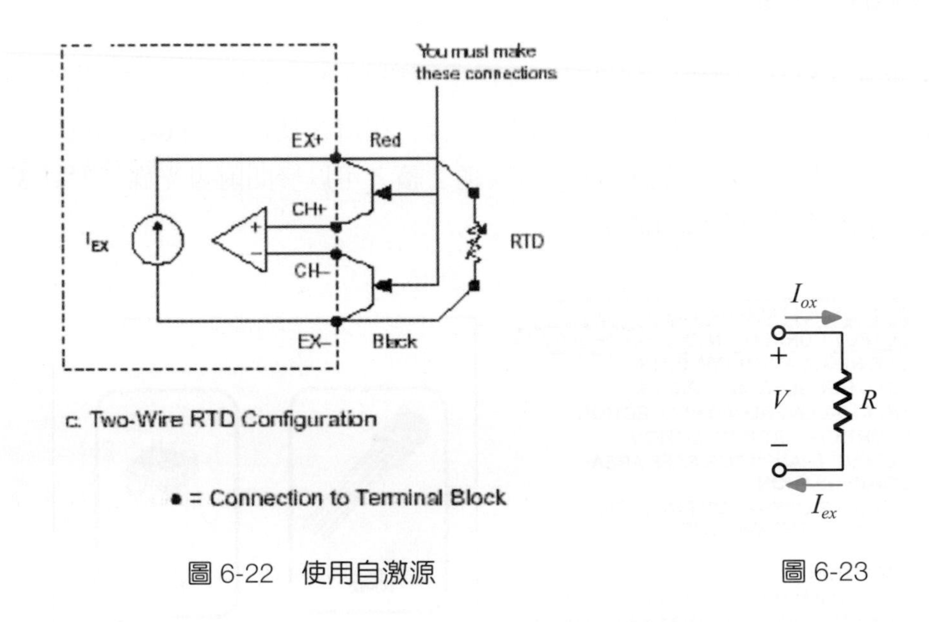

圖 6-22 使用自激源

圖 6-23

電路原理相當簡單如圖 6-23 所示，Iex 流出電流 I 而 RTD 則為電阻 R，將 RTD 跨在 Iex 兩端此時電阻兩端會產生電壓降，再利用 NI 量測設備量取電壓作運算得到電阻，將電阻帶入演算公式進而得到溫度。

因為 USB-6008 並沒有提供自激源，那就來自製自激源來量測 PT-100。表 6-3 為實作的設備和材料。

表 6-3　設備與材料

設備和材料名稱	設備和材料圖	腳位說明
USB-6008		左方由上至下為 AI 腳位右方由上至下為 DO 腳位其腳位圖在硬體篇有提到，如讀者有不熟悉，請再詳閱硬體篇。
PT100 感測器		圖下方三條導線由上而下分別是 紅：A(轉換電路 Tp2 端) 白：B(接地端) 白：B(接地端) 註 1. 對照 PT100 轉換電路接線圖的腳位。 2. 其中 B 的兩隻腳是相通的，如果使用電錶量測沒有相通，代表感測器有毀損的情形。
LM317		如圖由左至右分別是：ADJ(Adjust)、VOUT(Output)、VIN(Input)
5k 臥半式 可變電阻		中間腳位和旁邊任一隻腳位都可成一個可變電阻。
499Ω 精密電阻 1/4W		精密電阻功率較小，且歐姆數精準適合作為量測電路的電阻。

如圖 6-24 所示為 LM317 結合 PT-100 和 USB-6008 的接線圖，如圖 6-25 所示則為電路實體接線圖。接下來請你跟我這樣做，LM317：VIN 接 USB-6008 的 5V、LM317：VOUT 接 499 歐姆精密電阻串接 5k 可變電阻到 ADJ、PT-100：A 腳接 LM317 的 ADJ、PT-100：B 腳 接 USB-6008 的 GND、USB-6008：AI 0 (AI 0+) 接 LM317 的 ADJ、USB-6008：USB-6008：AI4 (AI 0–) 接 USB-6008 的 GND。

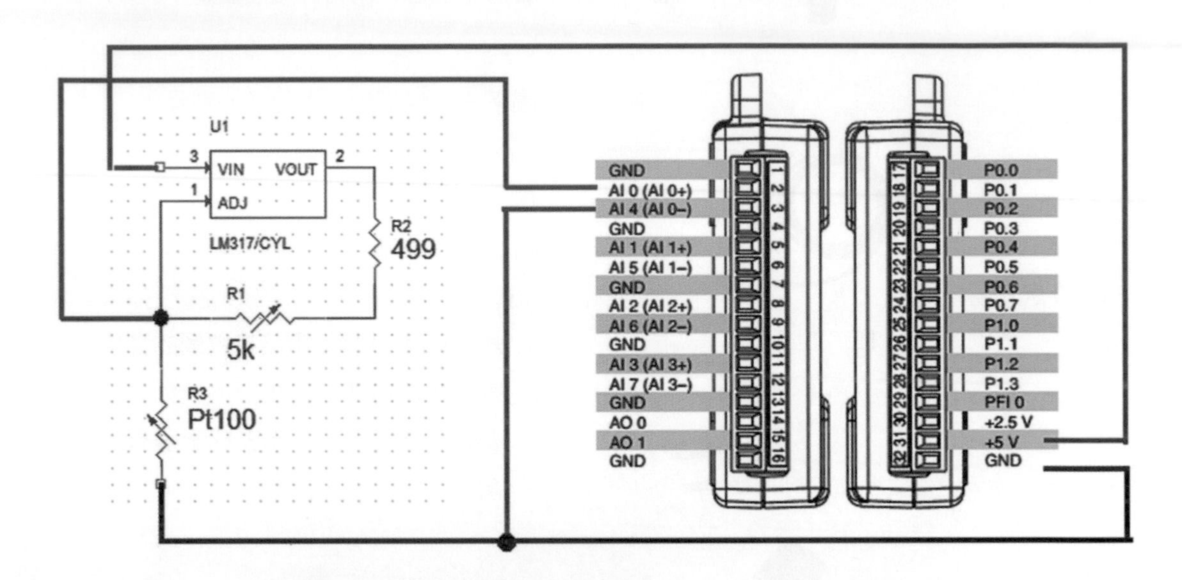

圖 6-24　LM317 搭配 PT-100 及 USB-6008 的接線圖

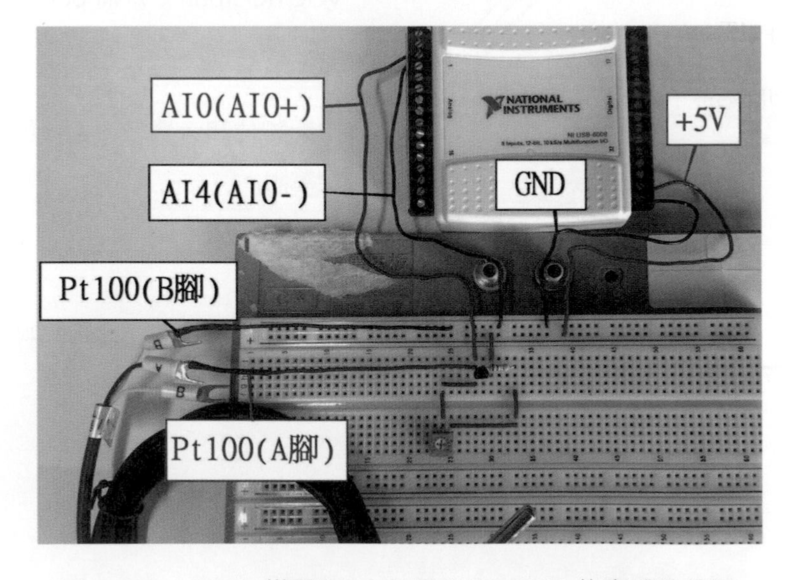

圖 6-25　LM317 搭配 PT-100 及 USB-6008 的實體接線圖

6-6.3　採用教具模組接線

為了教學操作方便，將原先使用的麵包板電路接線方式進階客製成一個專屬的教具模組。依照教具模組上所標示的腳位依序接上 USB-6008 所對應的腳位。其中，教具模組上 A 和 B 的腳位是用來連接 PT-100 的 A 腳及 B 腳。接線圖如圖 6-26 所示。

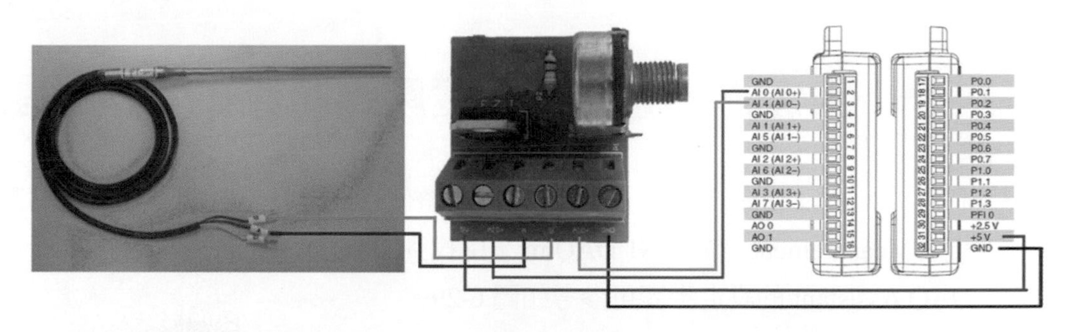

圖 6-26　PT-100、教具模組與 USB-6008 接線圖

6-6.4　利用特性曲線方程式求得即時溫度

前面有提到 PT-100 導體電阻與溫度兩者之間的關係是隨著溫度上升而電阻變大，因此 RTD 導體具有正溫度係數。導體電阻 R_T 與溫度 T 的關係可以表示為：

$R_T = R_0\,(1 + AT + BT^2 - 100CT^3 + CT^4 \cdots)$，且 $A >> B >> C$

由於 C 項非常的小因此把 C 項忽略，可以將式子改寫成

$R_T = R_0\,(1 + AT + BT^2)$

把此二元一次方程式帶入公式的解求出即時溫度 T。如圖 6-27 為公式解推導。

$$
\begin{aligned}
& ax^2 + bx + c = 0 \\
\Rightarrow\ & 4a^2x^2 + 4abx = -4ac \\
\Rightarrow\ & 4a^2x^2 + 4abx + b^2 = b^2 - 4ac \\
\Rightarrow\ & (2ax + b)^2 = b^2 - 4ac \\
\Rightarrow\ & 2ax + b = \pm\sqrt{b^2 - 4ac} \\
\Rightarrow\ & x = \frac{-b \pm \sqrt{b^2 - 4ac}}{2a}
\end{aligned}
$$

圖 6-27　公式解

代入後可得：B 代入 a，A 代入 b，1 代入 C：

$$T=\frac{(-1)\times R_0\times A+\sqrt{R_0\times R_0\times A\times A-4\times R_0\times B\times(R_0-R_T)}}{2\times R_0\times B}$$

此式子可以幫助運算得到當下溫度。

6-7 自激源 PT-100 溫度感測電路的程式設計

STEP 1 利用 DAQ Assistant，Step by Step 來完成整個程式設計。從圖形程式區點選右鍵「Measurement I/O → NI DAQmx」中找到 DAQ Assistant，如圖 6-28 所示。DAQ Assistant 的設定步驟可參考如圖 6-29。

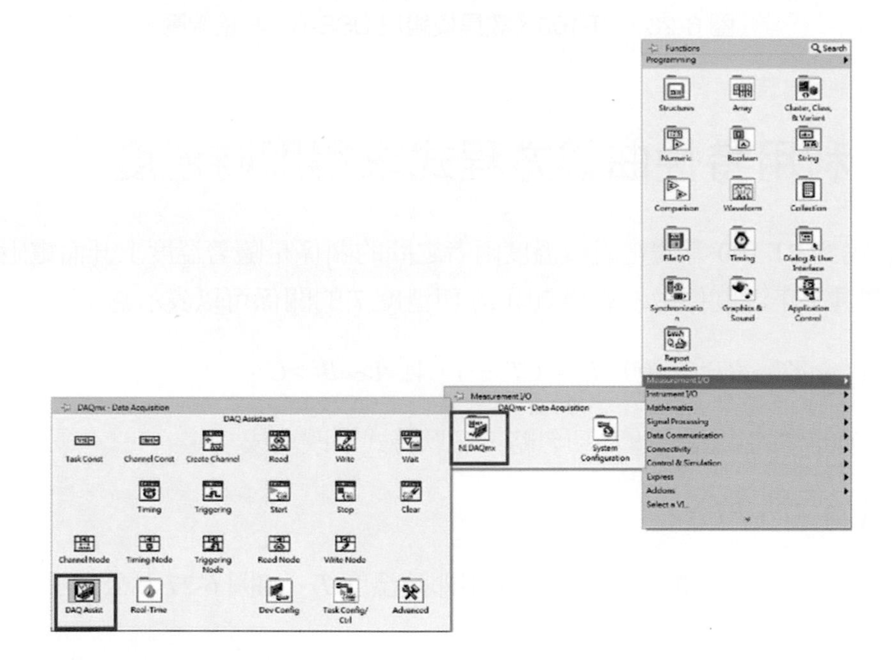

圖 6-28　DAQ Assistant 路徑

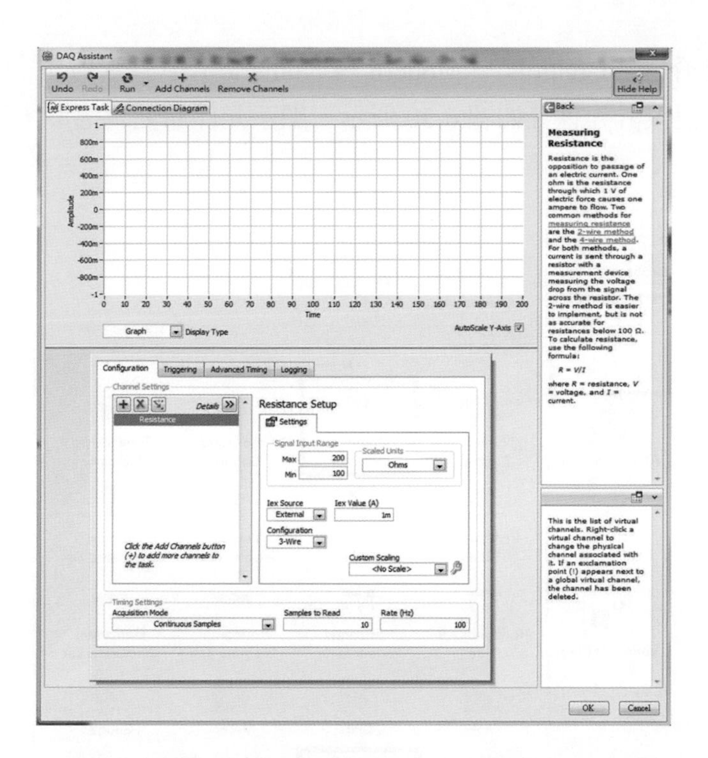

圖 6-29(a)　DAQ Assistant 設定

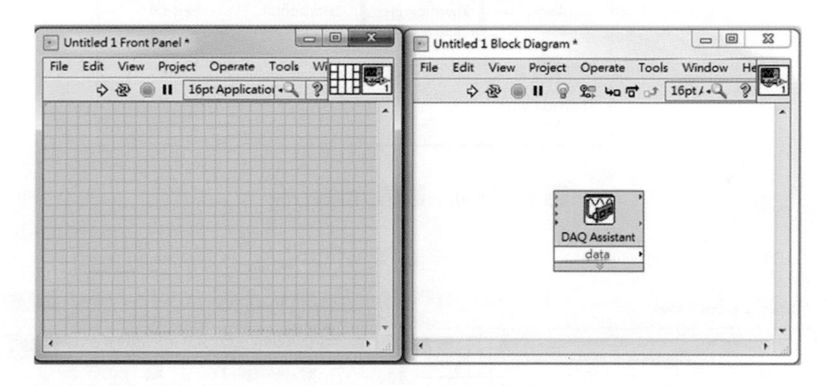

圖 6-29(b)　程式畫面

STEP 2 在人機介面「Controls → Modern → Numeric」中分別取出一個數值顯示元件及一個溫度計元件，如圖 6-30 所示。顯示元件命名為溫度，溫度計命名為 PT-100。

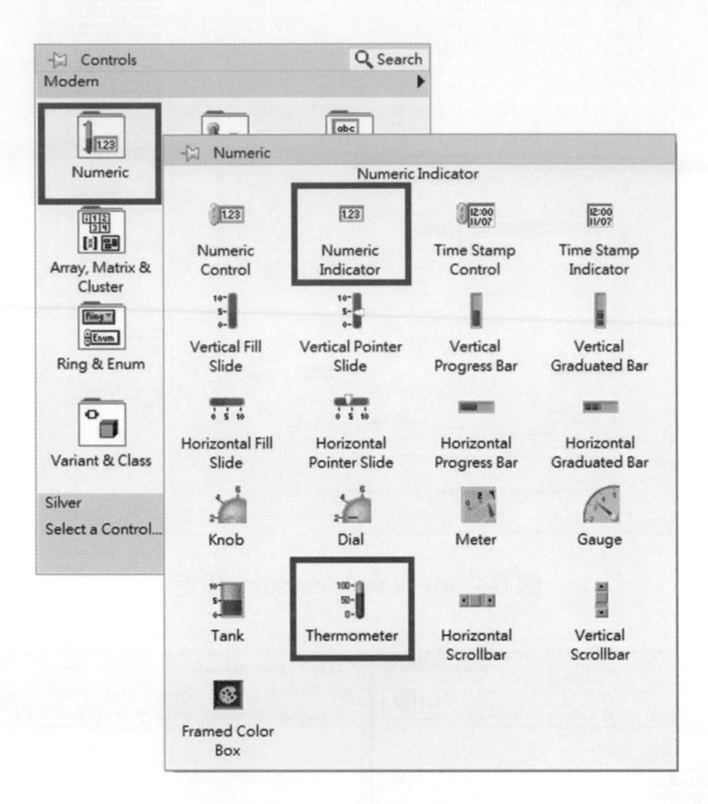

圖 6-30(a)　數值元件路徑

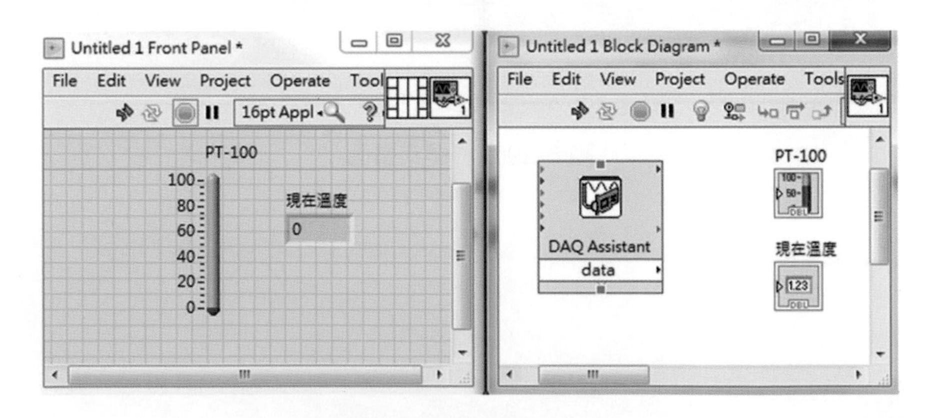

圖 6-30(b)　程式畫面

STEP 3 在人機介面「Controls → Modern → Graph」中取出一個示波器，並命名為溫度波形，如圖 6-31 所示。

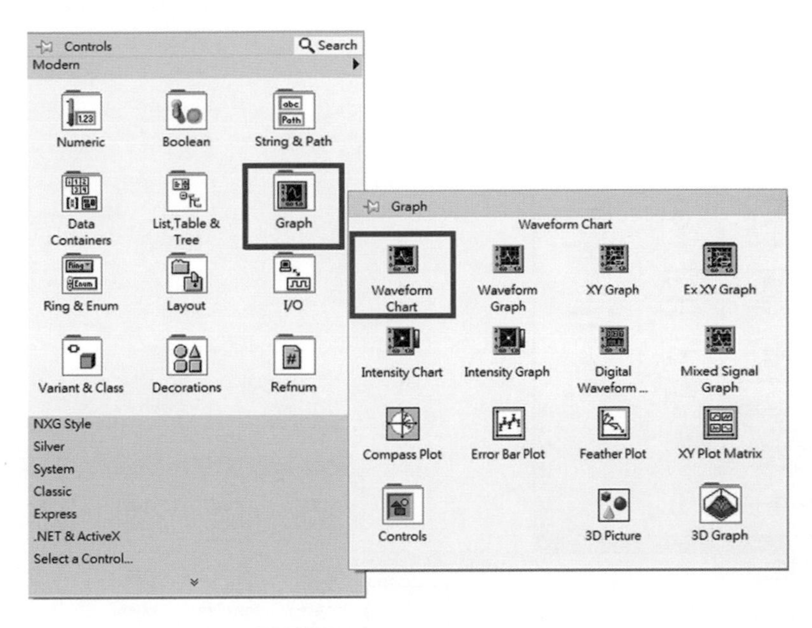

圖 6-31(a)　示波器元件路徑

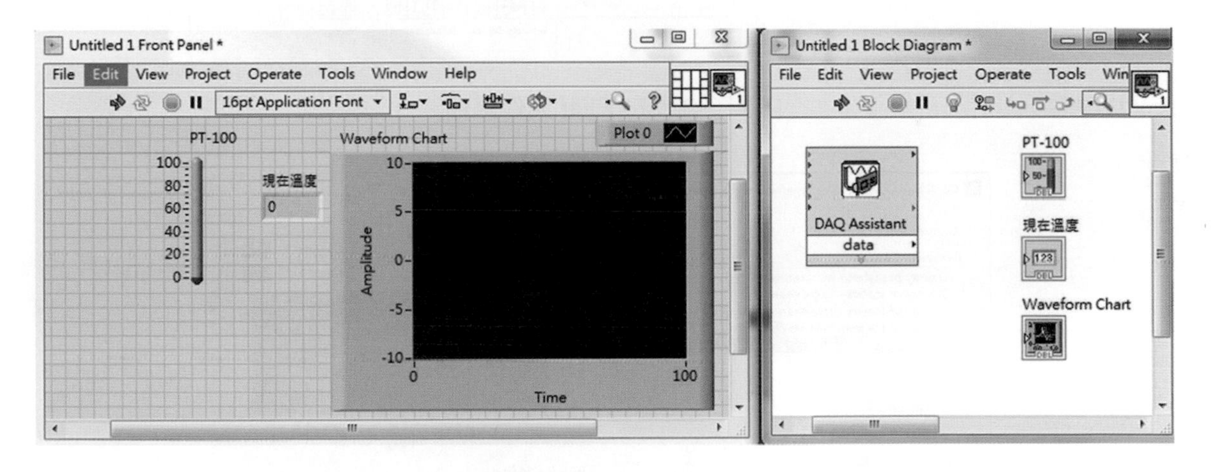

圖 6-31(b)　程式畫面

STEP 4 在圖形程式區的「Functions → Programming → Express → Signal Analysis」中取出 Filter 元件，如圖 6-32(a) 所示。濾波器設定如圖 6-32(b) 及圖 6-32(c) 所示。

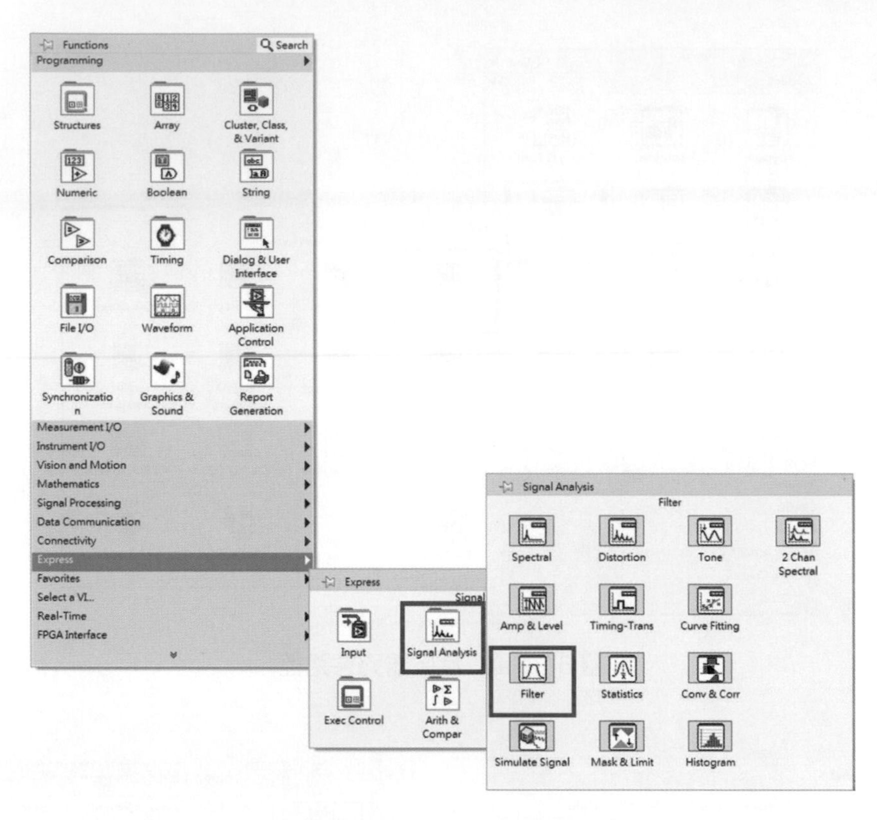

圖 6-32(a)　Filter 元件路徑

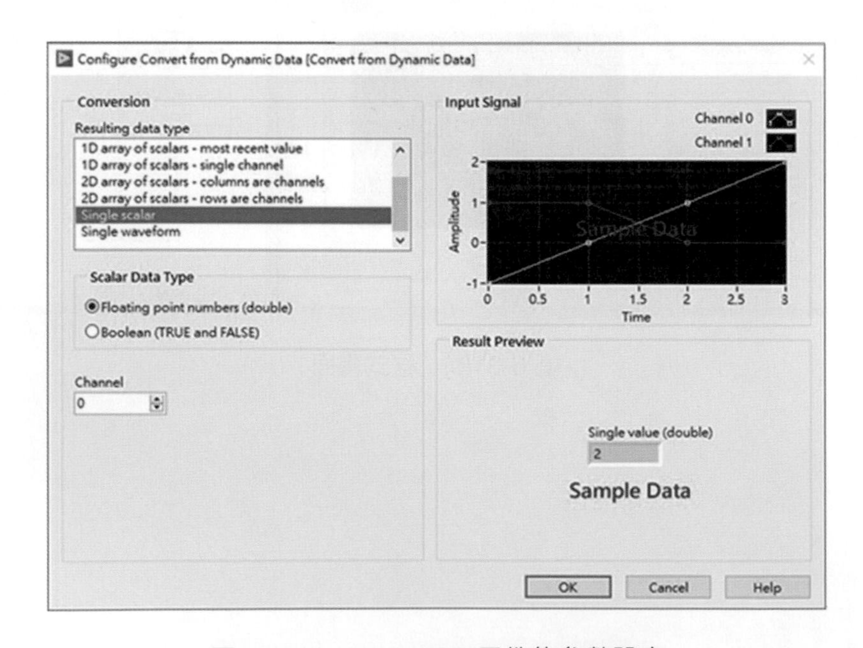

圖 6-32(b)　From DDT 元件的參數設定

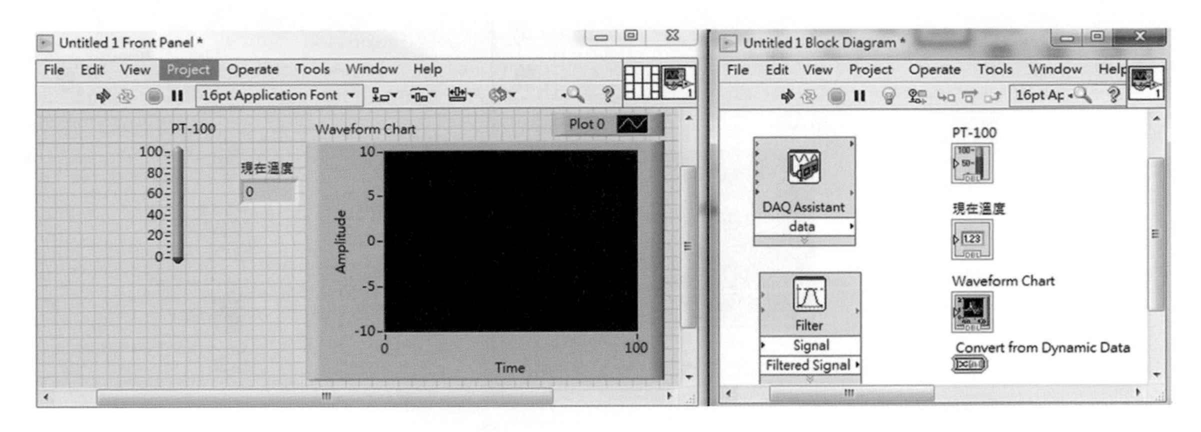

圖 6-32(c)　**程式畫面**

STEP 5 在圖形程式區的「Functions → Programming → Express → Signal Manipulation」中取出 From DDT 元件，如圖 6-33 所示。

註 此元件用來將一筆動態資料轉為數值、布林等資料型態，方便 VI 程式來做使用。

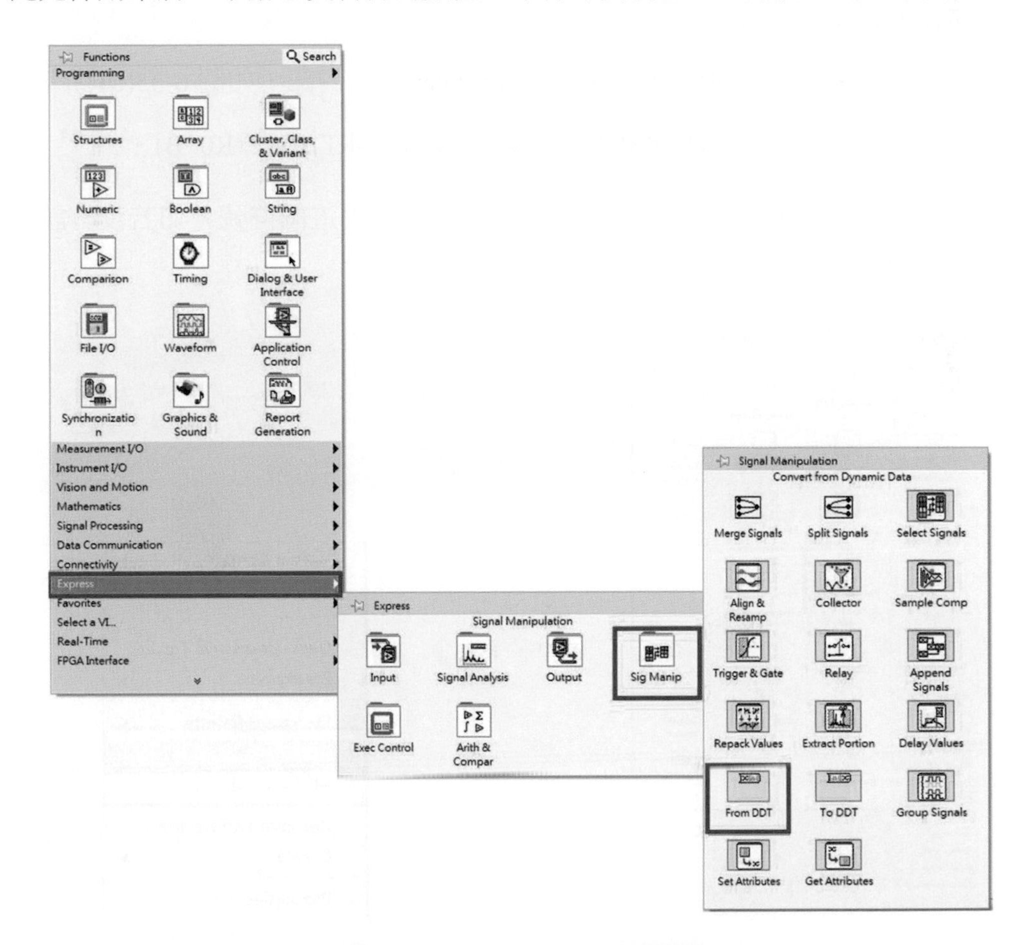

圖 6-33(a)　From DDT **元件路徑**

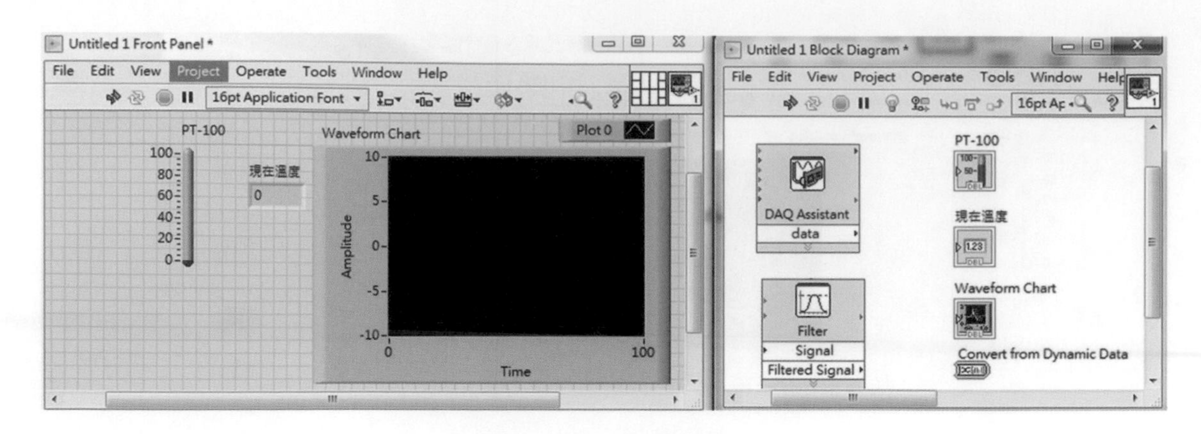

圖 6-33(b) **程式畫面**

STEP 6 為了讓程式能夠一直執行，在圖形程式區的「Functions → Programming → Structures」中取出 Formula Node，如圖 6-34 所示。在 Formula Node 框框處點選滑鼠右鍵並創造 Input 及 Output 數個，如圖 6-35(a) 所示。輸入及輸出命名以及擺放如圖 6-34(b) 所示。

將 PT-100 的溫度轉換公式輸入至 Formula Node 內部，如圖 6-35(b) 所示。

T=((−1)*R0*A+(sqrt(R0*R0*A*A−4*R0*B*(R0-RT))))/(2*R0*B)。

註 Formula Node 內部輸入的公式一定要在結尾端輸入；這個符號，如若沒有該符號，程式無法執行。

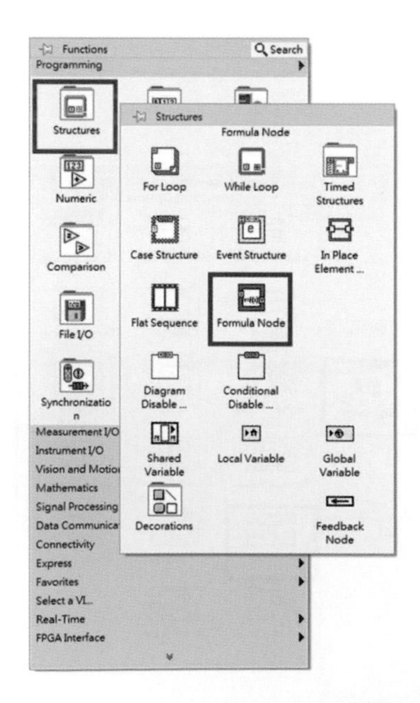

圖 6-34　Formula Node **元件路徑**

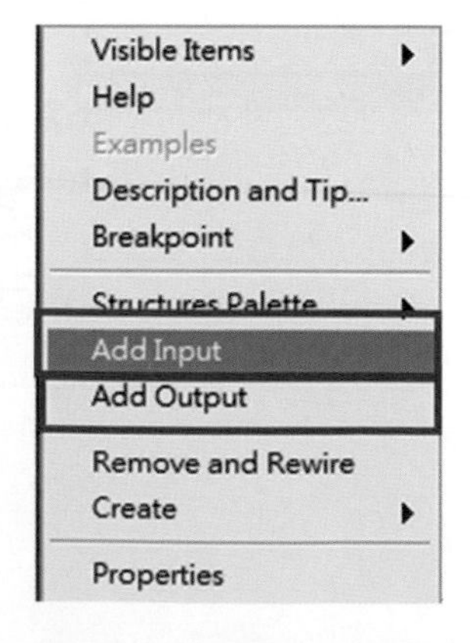

圖 6-35(a)　**創造輸入及輸出路徑**

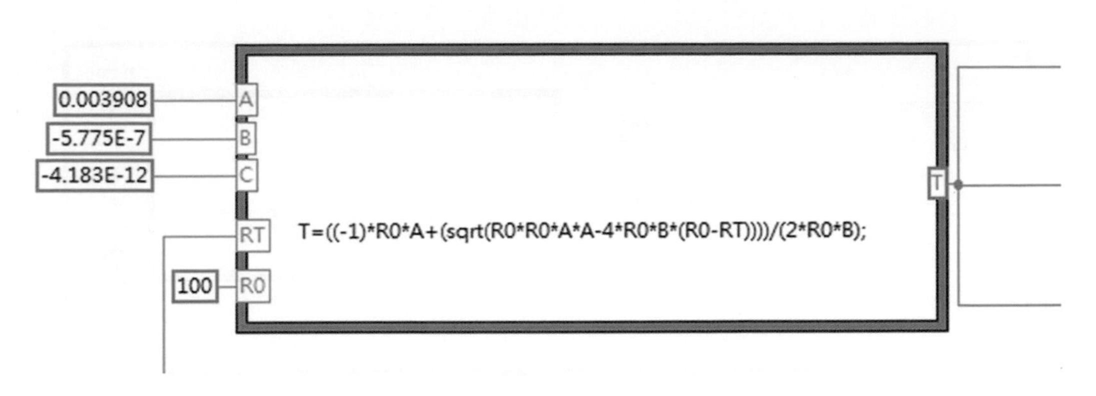

圖 6-35(b)　Formula Node 公式整體

STEP 7 為了讓程式能夠一直執行，在圖形程式區的「Functions → Programming → Structures」中取出 While Loop，如圖 6-36 所示。接下來用 While Loop 將全部元件包裹在內並在迴圈右下角的紅點左邊接點按一下右鍵創造一個 STOP 元件，如圖 6-37 所示。

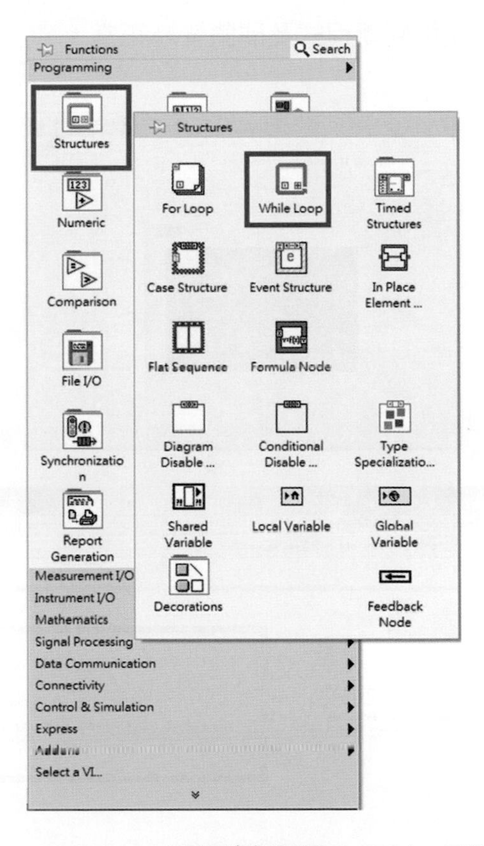

圖 6-36　While Loop 元件路徑圖圖 6-37(a)　STOP 元件

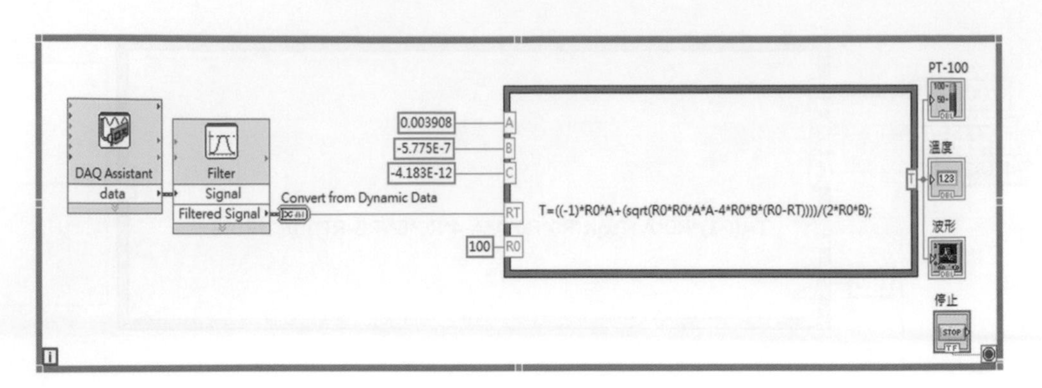

圖 6-37(b) 圖形程式區

STEP 8 將所有元件擺好連接後，如圖 6-38 所示。便可開始執行程式。

註 請先使用可變電阻將溫度調整至與室內溫度計相同。

實驗步驟 將 PT-100 置入熱水中，可看到溫度緩慢上升，置入冷水中便可看到溫度緩慢下降，此時便可判斷程式及硬體皆為正常。

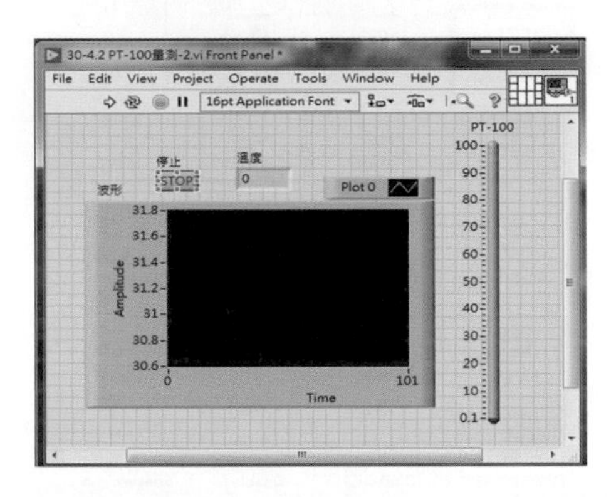

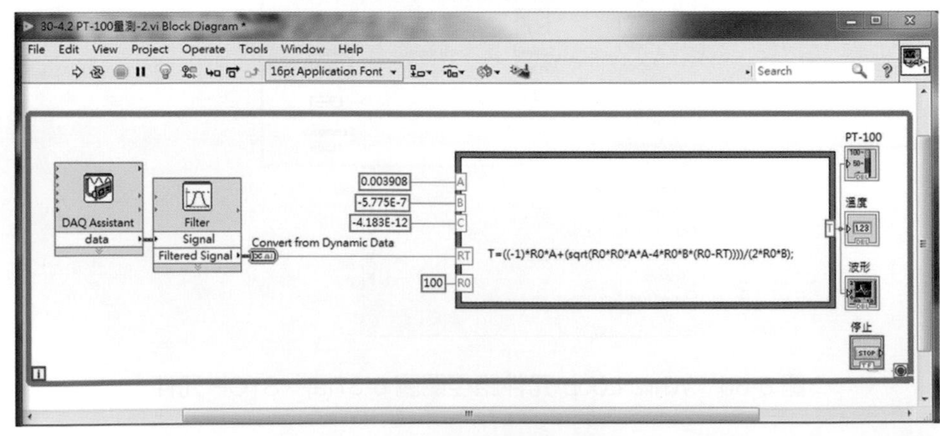

圖 6-38 完整程式圖

熱電偶溫度感測器 (K-type)

7-1 K-type 熱電偶 (Thermocouple) 溫度感測器的原理

熱電偶溫度感測器就基本原理，它是由兩種不同材質的金屬或合金利用居間物質定律產生低電壓 (mV，俗稱電動勢)，再依據電壓大小來判斷被測量物的溫度，而其準確度和範圍就與材質有非常大的關係。熱電偶的測溫點在於兩種不同金屬所連接的熱接點，因此在研究人員不斷研究下，發現還需要兩種金屬間的電性反應式熱電敏度要有相當的差距才行，因此 ANSI(美國國家標準協會) 制定了一些規定，並列出各種標準熱電偶的型式，目前業界常用 E-type 與 K-type，國人自製則以 K-type 為主，熱電偶的探頭又有各種不同型式。

熱電偶是將兩種不同性質的金屬導線連接在一起，所形成的溫度量測裝置。其感測原理乃利用一種稱為席貝克效應現象。所謂的席貝克效應是指當兩種不同性質的金屬導線連接在一起而形成封閉迴路時，若使其中一接點的溫度高於另一接點的溫度，則在此封閉迴路中，即有電流流過，如圖 7-1 所示。

熱電偶的基本連接法，兩根導線連接在一起的接點稱為量測接點，或稱為熱接點。熱接點通常是放置於待量測的溫度區域，而兩導線不連接的地方，即稱為冷接點或基準接點，如圖 7-2 所示。

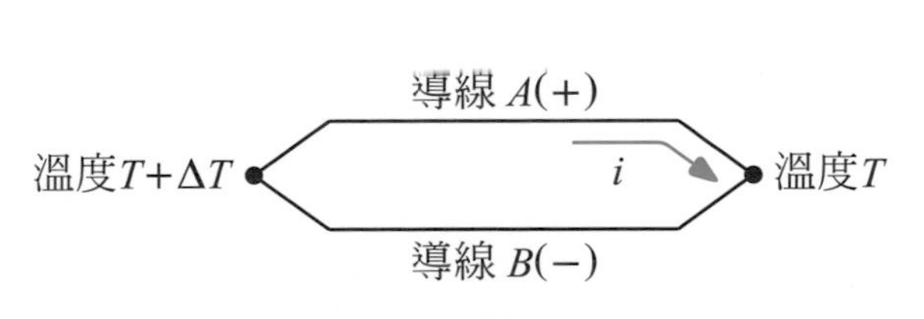

圖 7-1　席貝克效應

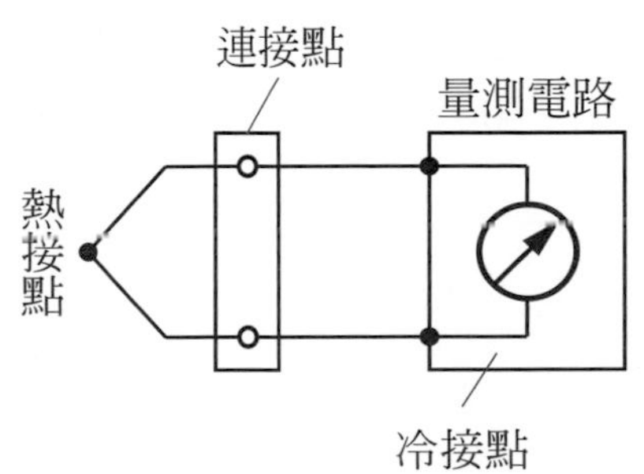

圖 7-2　熱電偶基本連接法

7-2 訊號類型

熱電偶溫度感測器不同的規格有不同的特性，材質是熱電偶不同特性的主因，表 7-1 和表 7-2 介紹各種熱電偶的材質及溫度範圍。

表 7-1

材料符號	主要材質	線徑 (mm)	電阻 (Ω/m)	常用溫度 (°C)	最高使用溫度 (°C)
		0.65	2.95	650	850
		1.00	1.25	750	950
		1.60	0.49	850	1050
		2.30	0.24	900	1100
		3.20	0.12	1000	1200

表 7-2

Type	範圍	主要材質型式
E	－ 200 ～ 980 °C	鉻 / 銅鎳合金
J	－ 200 ～ 870 °C	鐵 / 銅鎳合金
T	－ 200 ～ 400 °C	銅 / 銅鎳合金
R	－ 50 ～ 1600 °C	白金 /13% 銠
S	－ 50 ～ 1540 °C	白金 /10% 銠
B	－ 50 ～ 1800 °C	白金 /30% 銠
G	0 ～ 2760 °C	鎢 / 錮

圖 7-3 和圖 7-4 分別為溫度 T(°C) 在 0 ～ 1000 °C 及 1000 °C ～ 2500 °C 時輸出電壓 V_o(mV) 的特性，由圖中可以發現 E 型的輸出電壓 V_o(mV) 為最高，此為 E 型的優點。圖 7-4 為熱電偶在溫度 T(°C) 為負值時，其輸出電壓 V_o(mV) 也為負值。

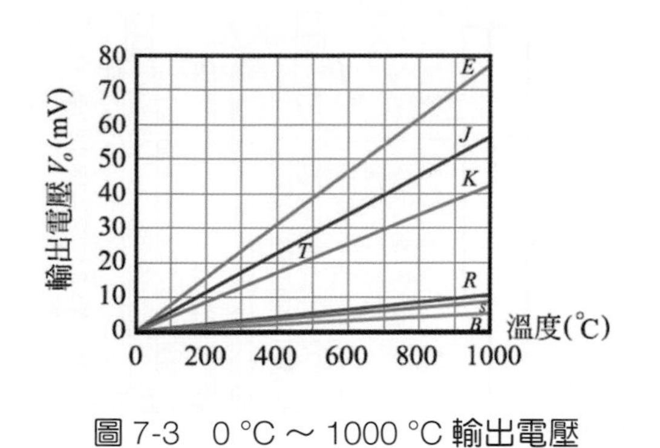

圖 7-3　0 °C ～ 1000 °C 輸出電壓

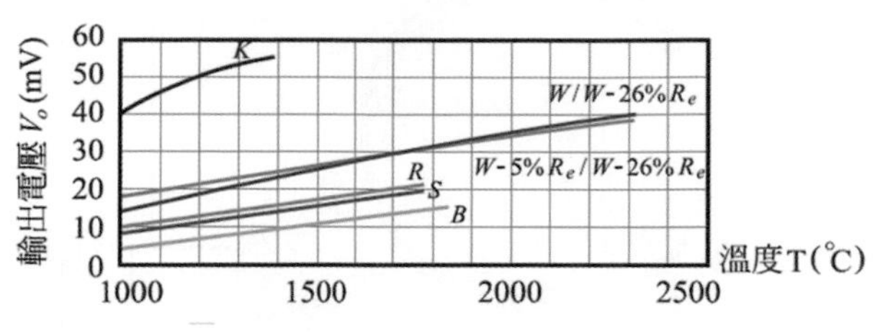

圖 7-4　1000 °C ～ 2500 °C 輸出電壓

7-3 K-type 溫度感測器與 USB-6008 結合

使用七泰電子股份有限公司的 K-type 溫度傳送器輸出作為範例。在輸出端黃線是正極，黑線是負極，輸出是以電壓形式。要注意 K-type 輸出為“類比輸出”，所以在 DAQ 上選擇 AI0+ 類比輸入、GND 則選擇類比輸入端的 GND 腳即可如圖 7-5 所示。表 7-3 為 CAHO SR-T701 型號的溫度控制器及 K-type 溫度感測器實體及腳位。

表 7-3

設備名稱	設備圖	腳位
K-type		+：正極 －：負極
K-type 傳送器 (RTC-2Y13)		T/C Input（－ 2、+ 4） Output（+ 1、－ 5） 1　2　3　4 5　6　7　8 115V、230V Power

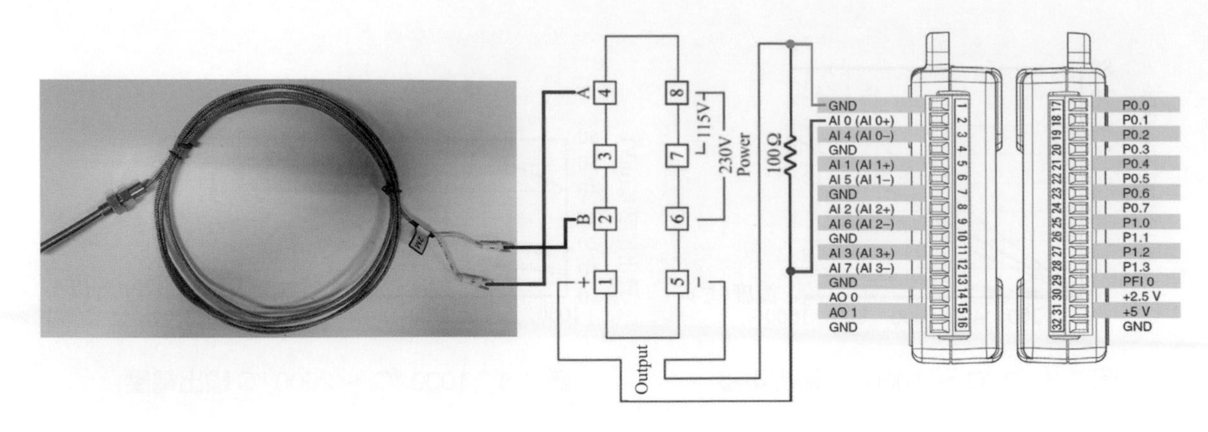

圖 7-5　K-type 溫度感測器與 USB-6008 接線圖

7-4　數值 V.S. 儀表的計算準則

例如：假設某一引擎排氣出口的溫度範圍為 0 ～ 600 °C，因此需選用一個合適的傳送器。在這裡選用一個溫度的輸出範圍在 0 ～ 800 °C 之間，且輸出電流為 4 ～ 20mA。假設，希望每 1 °C 有 2mV 的變化量，那麼 800 °C 就會有 1.6V 的變化量。接下來，要計算所需的電阻值。因為 4 ～ 20mA 共有 16mA 的範圍 (20mA – 4mA= 16mA)，而溫度的輸出範圍為 0 ～ 800 °C。因此，要計算每 1 °C 為多少電流，16mA/800 °C = 20μA/ °C 代表每 1 °C 有 20μA。最後，利用歐姆定律來計算需在負載端並聯多少歐姆的電阻。

$$R = \frac{V}{I} = \frac{2\text{mV}}{20\text{mA}} = 100\Omega$$

首先，使用 100Ω 的精密電阻，將其跨接到傳送器的輸出端上。由於，假設 4mA 為 0 °C，而 20mA 為 800 °C。在這裡，會發現當 0 °C 時，會有 4mA × 100Ω = 0.4V。所以，在程式設計上必需將輸出的電壓值必須先減去 0.4V。此時，當輸出為 0.4V 時，在程式畫面上才會顯示 0 °C。

範例：某一發電機冷卻出口的溫度範圍為 0 ～ 300 °C，選用的溫度範圍為 0 ～ 500 °C 的輸出電流為 4 ～ 20mA。假設希望每 1 °C 為 5mV，300 °C 為 1.5V。試算出在傳送器上的負載端需要並聯多少歐姆的電阻？

$$\frac{(20-4)\text{mA}}{(500-0)°\text{C}} = 32\mu\text{A}/°\text{C}$$

$$R = \frac{V}{I} = \frac{5\text{mV}}{32\mu\text{A}} = 156.25\Omega$$

7-5 程式撰寫

STEP 1 利用 DAQ Assistant，Step by Step 來完成整個程式設計。從圖形程式區點選右鍵「Measurement I/O → NI DAQmx」中找到 DAQ Assistant 如圖 7-6 所示。DAQ Assistant 的設定步驟可參考圖 7-7。

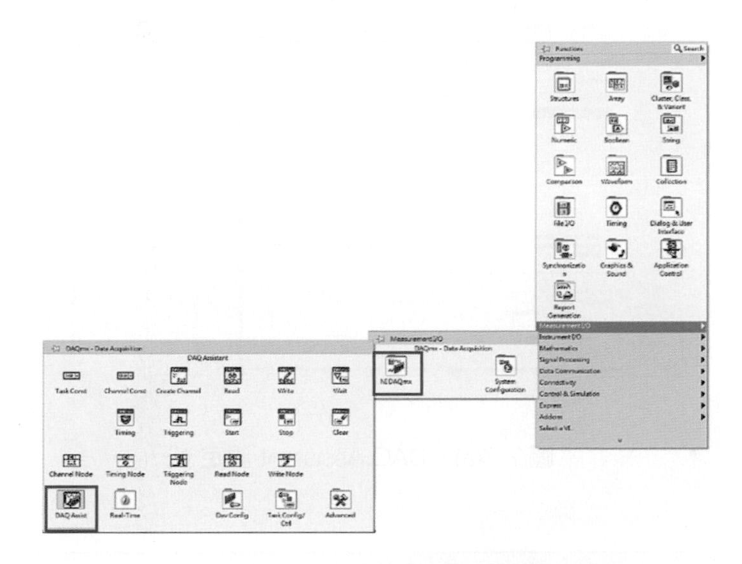

圖 7-6　DAQ Assistant 路徑

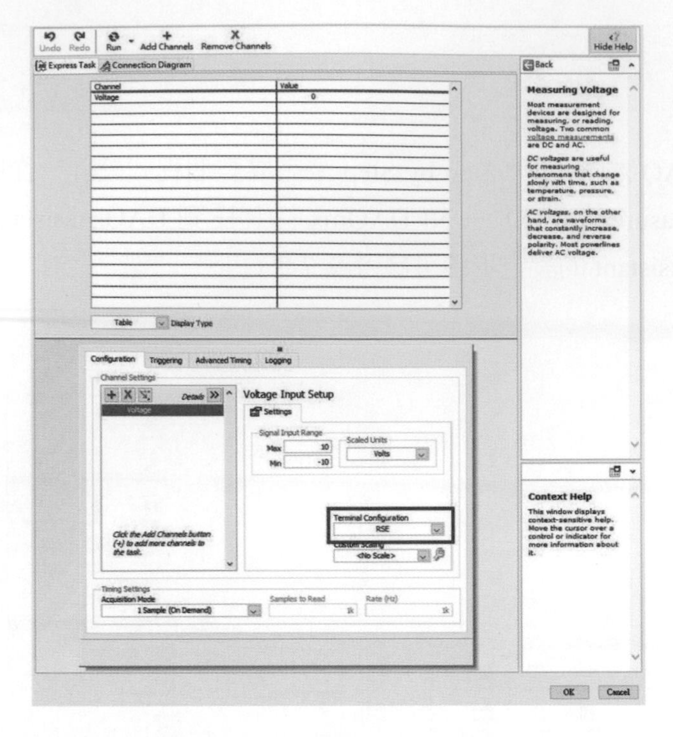

圖 7-7(a)　DAQ Assistant 設定

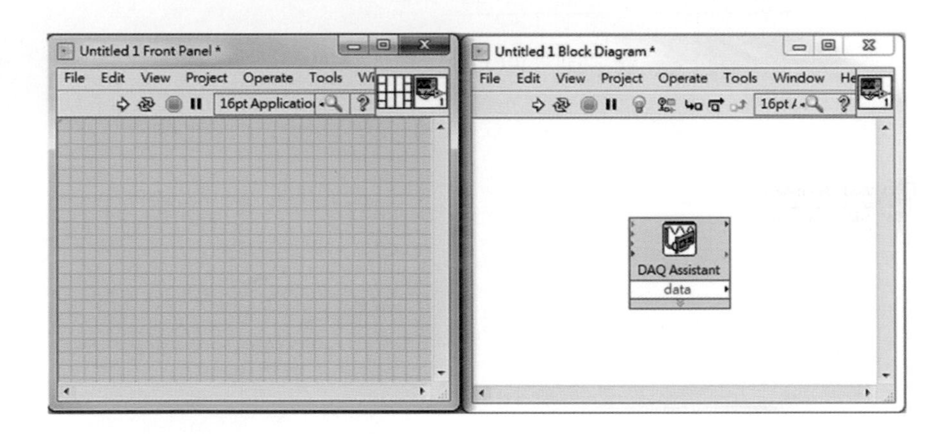

圖 7-7(b)　程式畫面

STEP 2 在人機介面「Controls → Modern → Numeric」中分別取出二個數值顯示元件及一個溫度計，如圖 7-8 所示。顯示元件分別命名為現在溫度及電壓值，溫度計命名為 K-type。

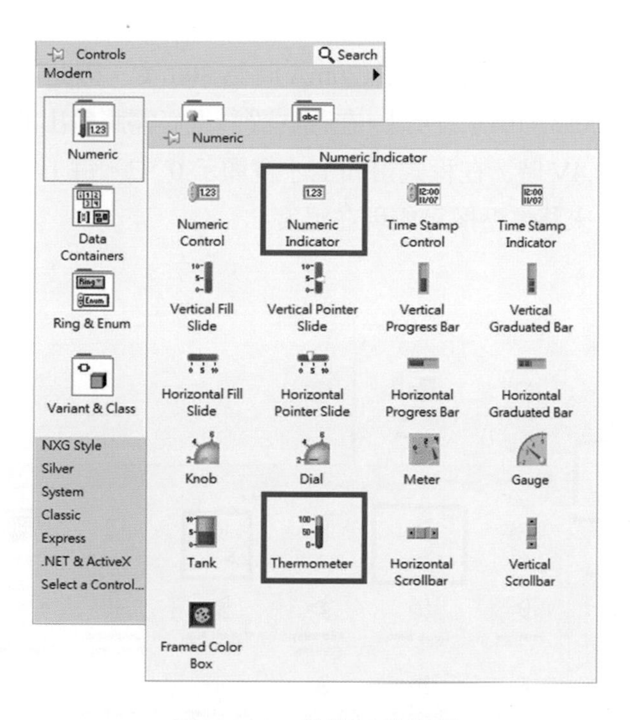

圖 7-8(a)　數值元件路徑

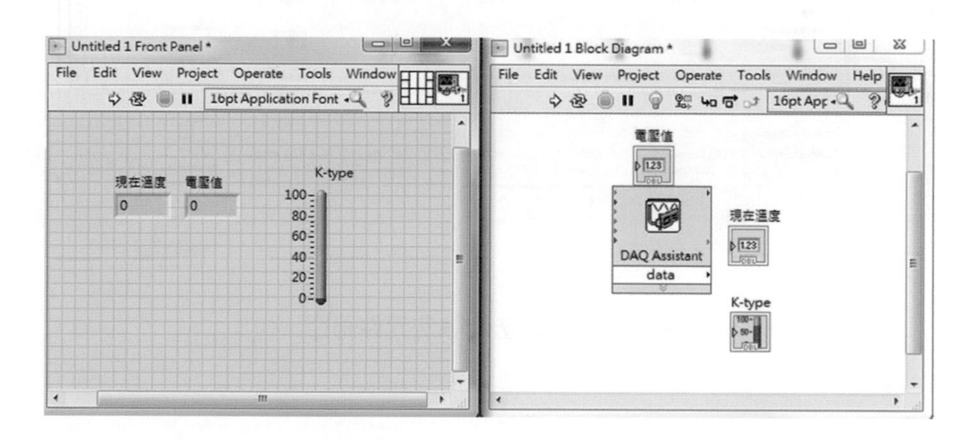

圖 7-8(b)　程式畫面

STEP 3 在圖形程式區的「Functions → Programming → Numeric」中取出減法元件及除法元件，並創造兩個常數元件並分別設定為 0.4 及 0.002 和擷取到的靜態值相減及相除，如圖 7-9 所示。

註 因使用 100Ω 的精密電阻，將其跨接到傳送器的輸出端上。這裡假設當傳送器輸出電流為 4mA 時為 0 °C，而當電流為 20mA 時為 800 °C。因此，在這裡會發現當 0 °C 時，會有 4mA × 100Ω = 0.4V。所以，在程式設計上必需將輸出的電壓值先減去0.4V。此時，當輸出為 0.4V 時，在程式畫面上才會顯示 0 °C。每 1 °C 有 2mV 的變化量，因此需除上 0.002 來將電壓換算成現在溫度。

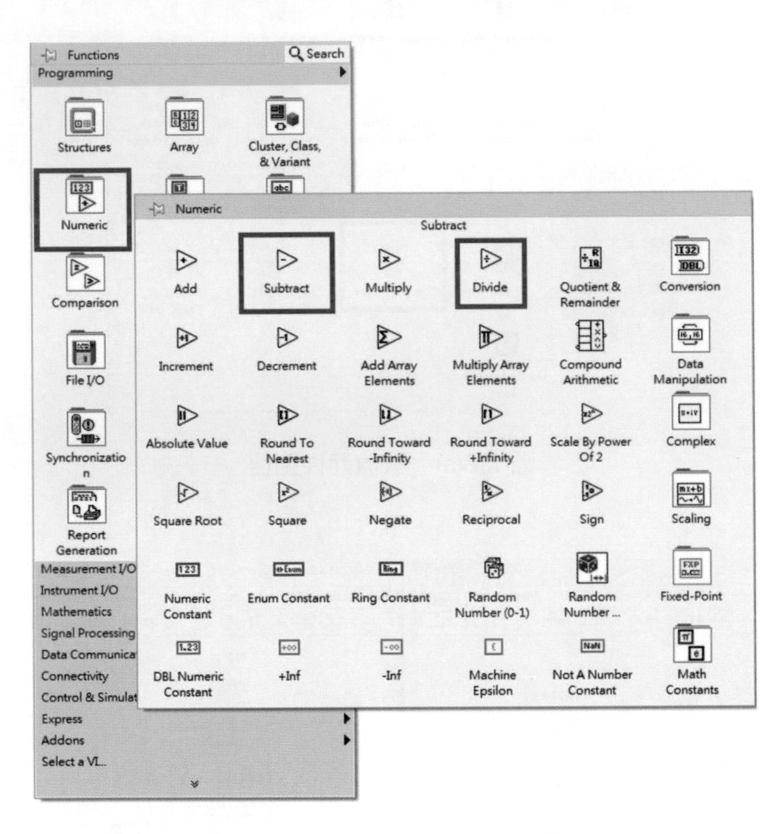

圖 7-9(a) 減法及除法元件路徑

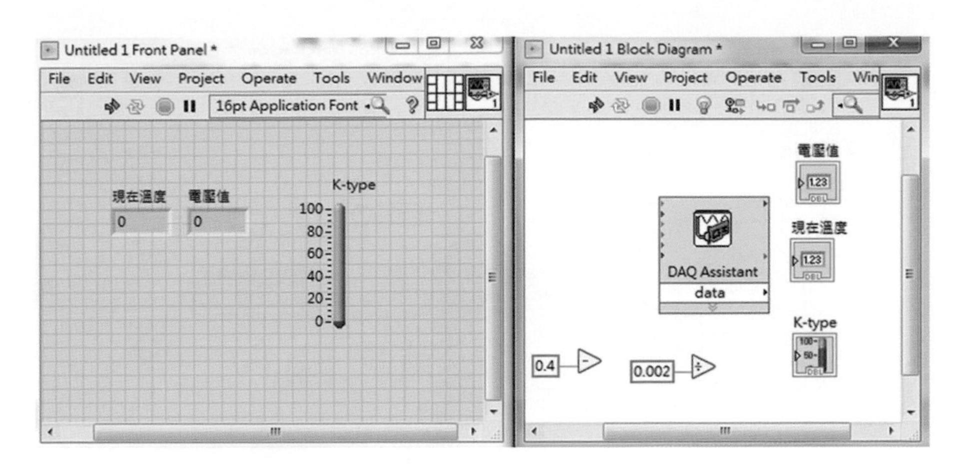

圖 7-9(b)　程式畫面

STEP 4 為了讓程式不吃電腦太多資源，因此需要做一個 delay。在圖形程式區的「Functions → Programming → Timing」中取出 Wait 元件，如圖 7-10 所示。

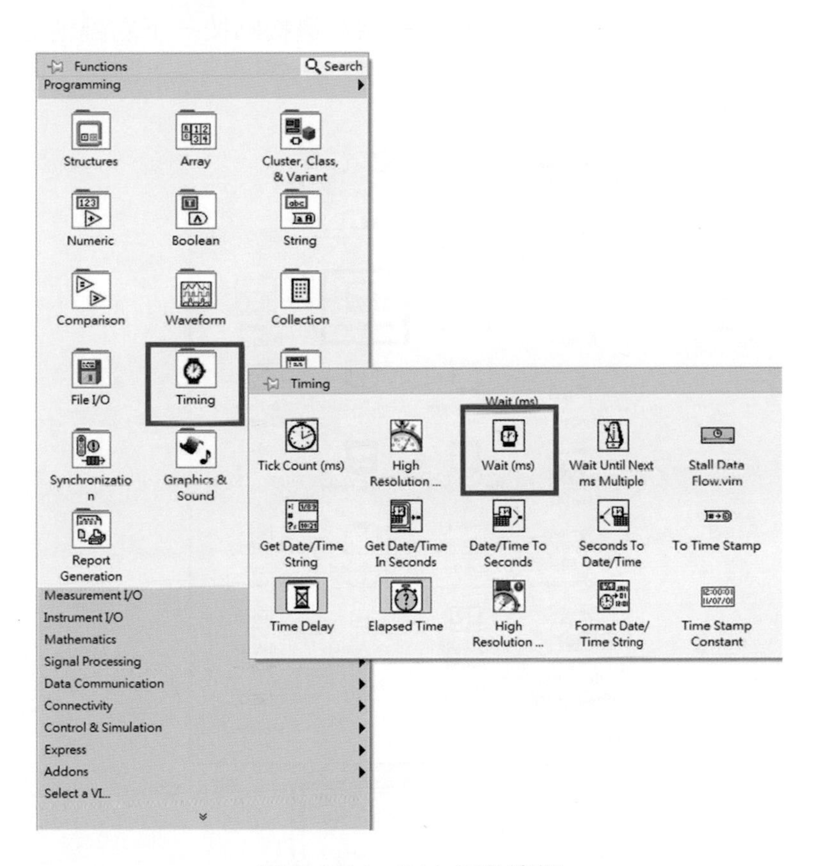

圖 7-10(a)　Wait 元件路徑

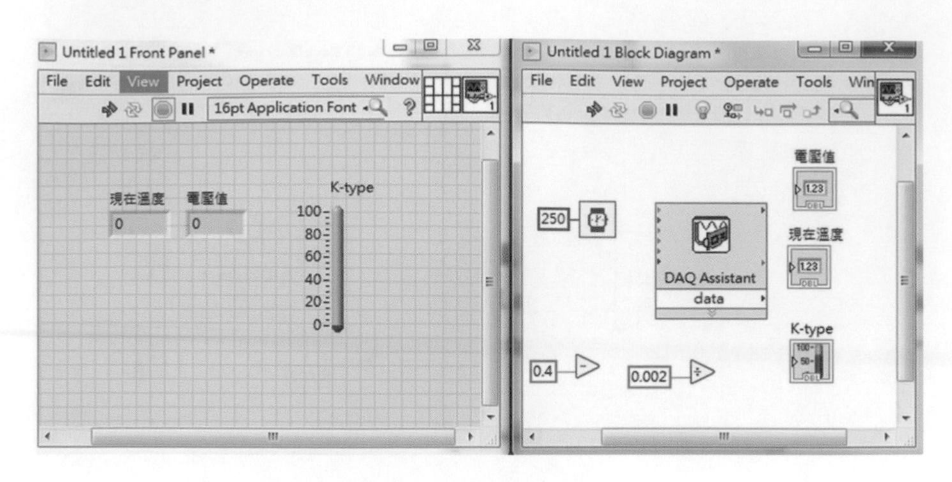

圖 7-10(b)　程式畫面

STEP 5 為了讓程式能夠一直執行，在圖形程式區的「Functions → Programming → Structures」中取出 While Loop，如圖 7-11 所示。接下來用 While Loop 將全部元件包裹在內並在迴圈右下角的紅點左邊接點按一下右鍵創造一個 STOP 元件，如圖 7-12 所示。

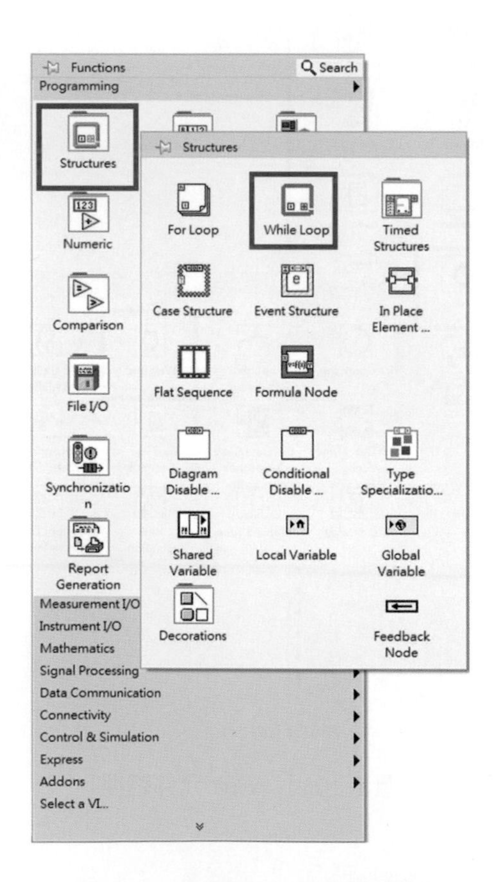

圖 7-11　While Loop 元件路徑

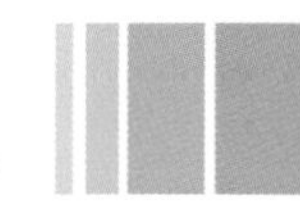

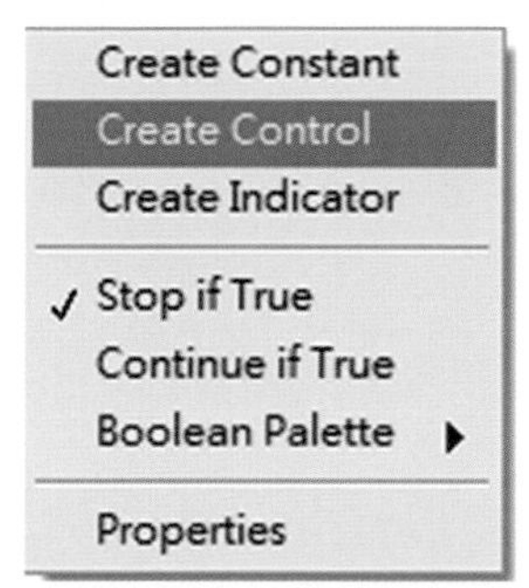

圖 7-12(a)　STOP 元件

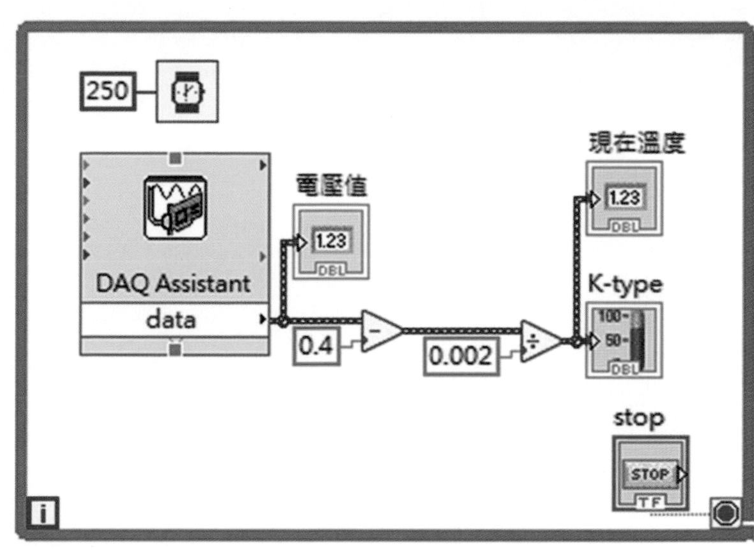

圖 7-12(b)　圖形程式區

STEP 6 將所有元件擺好連結後，如圖 7-13 所示。接著便可開始執行程式。

實驗步驟 將 K-type 與水銀溫度計 (參考值) 一起放入冷水中，應可看到 K-type 溫度緩慢下降且電壓值也下降 (可搭配三用電表量測)。當溫度不再下降時與水銀溫度計進行比較確認。接著將 K-type 與水銀溫度計一起放入熱水之中，此時應可看到溫度緩慢上升且電壓值也會上升。當溫度上升停止時再與水銀溫度計進行比較，確認無太大誤差便可判斷硬體及程式皆為正確。

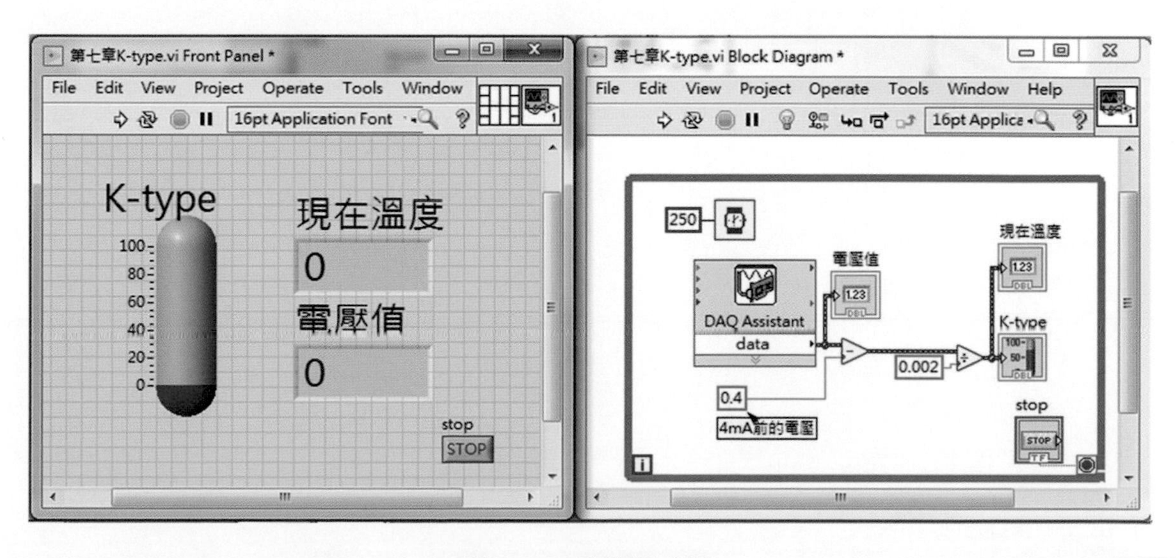

圖 7-13　完整程式圖

水位檢測

8-1 常用液位檢測原理分析

在量測液位之前，必須知道需要量測的對象是什麼？量測範圍為何？再決定使用哪一種感測器？目前國內外的液位監測方面採用的技術和產品很多，按其採用的測量技術及使用方法分類已多達十餘種，新的測量技術也不斷湧現，歸納起來主要有以下幾種：

1. 差壓式液位測量

差壓傳感器如圖 8-1 所示，是利用液體的壓差原理，在液體底部檢測液底壓力和標準大氣壓的壓差，單晶矽固態壓阻傳感器是其核心元件。液體底部壓力使半導體擴散矽薄膜產生形變，引起電橋的不平衡，輸出與液位高度相對應的電壓，從而獲取液位信號。這類測量儀表適用於液體密度均勻、底部固定條件下的液位檢測。

製造商:Dwyer
壓力式液位傳送器
產品特色
●壓力式，耐候防爆
●範圍：0.61m或3.05m
●精度：0.25%
●電源：18-30V
●輸出：4-20mA

圖 8-1　差壓式液位傳感器

2. 浮體式液位測量

浮體式測量儀表主要分為浮筒式 (如圖 8-2 所示) 與浮子式。一般情況下，浮體和某個測量機構相連，如重錘或內置若干個磁簧繼電器的不鏽鋼管，浮體的運動被重錘或對應位置上的磁簧繼電器轉換為相對應的液位 (如圖 8-3 所示)。這類型的測量裝置僅適用于清潔液體液面的連續測量與位式測量，不宜在髒污的、黏性的以及在環境溫度下凍結的液體中使用。因為有可動元件，機械可動部分的摩擦阻力也會影響測量的準確性。在圖 8-3 中可以很明顯的看出浮筒相當於一個液位感測器，利用槓桿原理來控制出水口的開啟。

製造商：Emerson Process Mangement

浮筒式液位計/Mobrey Vertical magnetic level switches

- 可控制上下限接點
- 適用於高溫、高壓
- SNAP開關工業陶瓷結構
- 高壓蒸氣專用
- 鍋爐專用設計
- Temperature −50 to +400°C
- Float and trim material 316S.S.
- Pressure range 102 bar Max
- Housing Aluminum alloy
- Minimum S.G.0.40

圖 8-2　浮筒式液位計

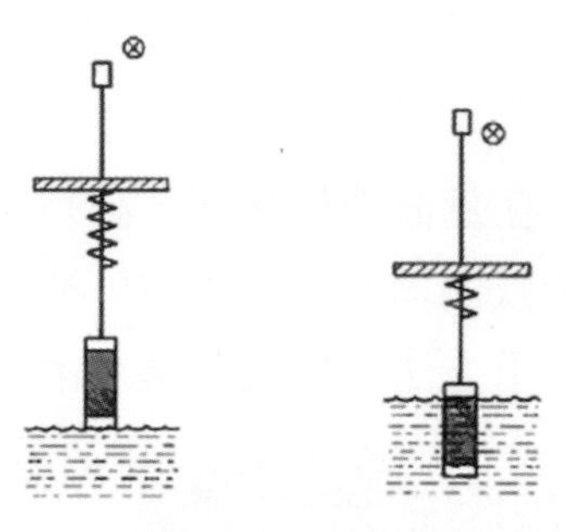

圖 8-3　浮筒式液位計使用示意圖

利用一個浮筒來當作液位的感測器，當滿水位時自然的將開關關閉，而當水位降低時，又將它打開如圖 8-4 所示。

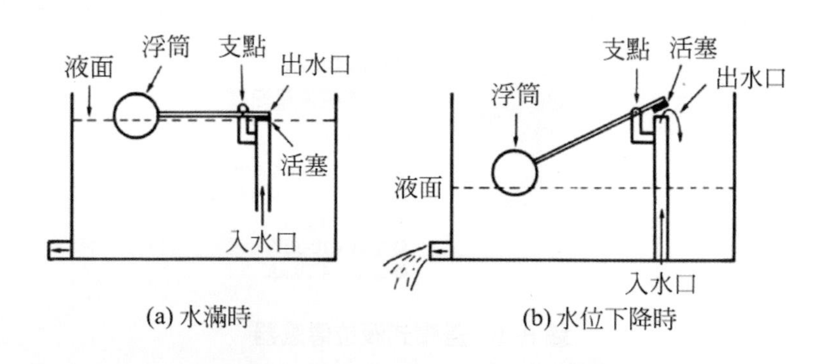

圖 8-4　浮體式液位測量示意圖

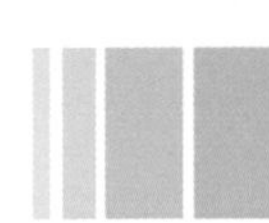

3. 非接觸型液位測量

非接觸型液位測量包括超音波液位測量 (如圖 8-5 所示) 和紅外線測量等。超音波液位測量儀表先發射聲波，再測量聲波到達所待測的液面後反射回來所需時間，利用該時間與液位高度成比例的原理來進行測量，可用於多液面的測量，但超音波式儀表必須用於能充分反射聲波，且傳播聲波的均勻介質對象 (如圖 8-6 所示)。利用紅外線元件來判別液面的高低有一好處，即不限制液體的種類 (酸或鹼) 皆可檢測，但有一項缺點，就是設備昂貴。紅外線元件是利用反射式的偵測裝置，計算發射與收回的時間來判斷液面的高低。亦有利用光遮斷器所製成的液面感測器，不過，其液面必須有輕微的不可透光性才易於檢測，如圖 8-7 所示。

製造商：Emerson Process Mangement

■ MCU900超音波液位計/MCU900 ultrasonic level transmitter

- 分離形
- 本質安全防爆
- 量測液體
- 上、下液位差
- 明渠流量
- 感測器到控制室可接3000m
- 內含溫度補償

- Isolated 4-20mA output
- 5 Control relays
- Multi-function back lit display
- 2 wire loop powered
- 12m Operating range、Sealed IP68
- ATEX IS certified

圖 8-5　超音波液位計

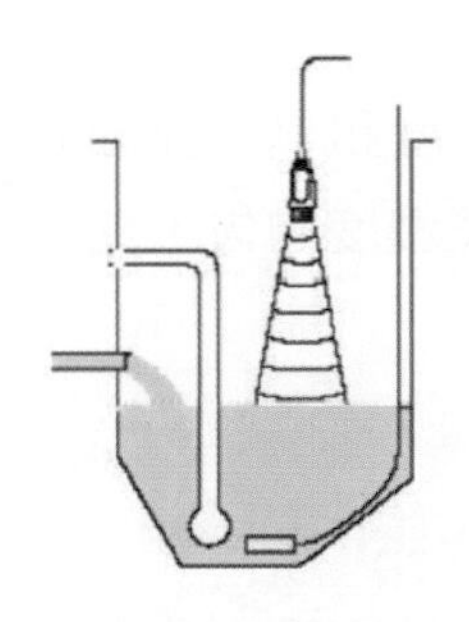

圖 8-6　超音波液位計使用示意圖

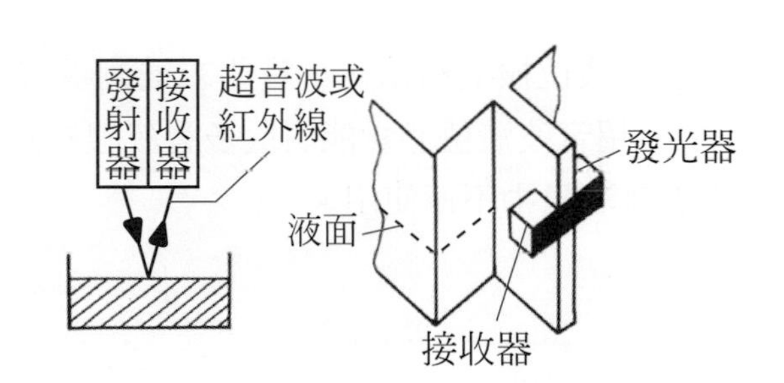

圖 8-7　紅外線液位感測示意圖

4. 電容式的液位測量

電容式的液位傳感器是利用被測對象物質的導電率，將液位變化轉換成電容變化來進行測量的一種液位計。與其他的液位傳感器相比，電容式的液位傳感器具有靈敏性好、輸出電壓高、誤差小、動態附應好、無自熱現象、對惡劣環境的適用性強等優點。常見的電容式傳感器測量電路有變壓器電橋式、運算放大器式及脈波寬度式等。這類儀表適用於腐蝕性液體、沉澱性液體以及其它化工工藝液體液面的連續測量與位式測量，或單一液面的液位測量。

5. 直流電極式的液位測量

這是一種電極接觸式液位測量方法，其檢測原理是利用液體的導電特性，將導電液體的液面升高與電極接通，視為電路的開關閉合，該信號直接或經由一個電阻及一個三極管組成的簡單電路傳給後續處理電路。電極用金屬材料製成，縱向依次排列在空芯棒外或安裝在棒內，且在棒上至少開一個入口、使電極能夠與被測液體接觸。並且要注意的是只能使用在導電液體之中，並且使用交流電源以免產生電解作用。這種方法中測點數目與測量精度因電極的排列模式而受到限制，其構成形式決定了管內和管表面空隙處易滯留污物造成極間連接，使傳感器失效。這種檢測方法僅適用於導電液體的液位測量。實體圖如圖 8-8 所示。

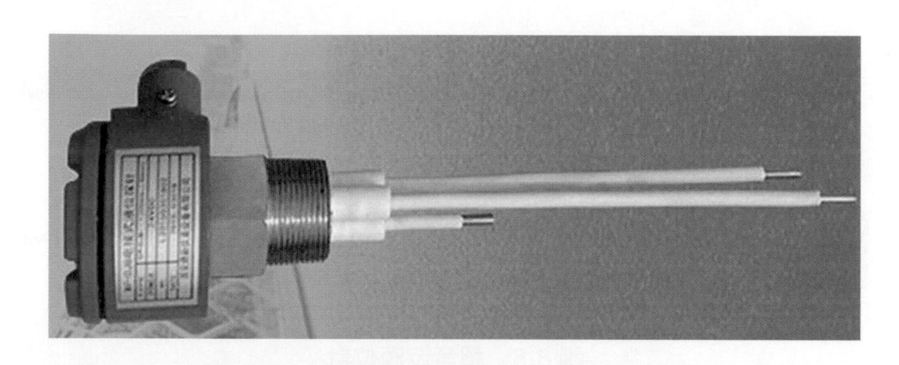

圖 8-8　直流電極式的液位感測器實體圖

以上液位檢測方法，一般要求被測量液體有均勻的濃度和單一界面 (空氣與液體分界面)。超音波液位測量能測量多層液體界面，但要求液體濃度均勻，純淨度要好，並且在小距離測量中不便使用。

8-2 自行研發之水塔水位控制器

利用導電體液面上升到碰到電極棒時導通，而檢知其水位。因此利用此一原理將電極棒作成長短不同，以控制液面之最高水位與最低水位。應用範例：家中水塔水位監控配合抽水馬達進水。

水塔是每棟建築都有的重要物件，只要有用到水的地方一定就會有水塔的存在。水塔的水位控制也是非常重要的部分，當水塔沒水時，將會影響水流量以及水壓大小等，甚至有時候會導致無水可用的情況。因此本書獨創出新的水塔水位控制器，有別於傳統浮球式水塔水位控制器。本章節自行研發的水位控制器更加的穩定且不易出錯，一旦將水位控制用的長、中、短棒設置完成後，便可放心地交給該電路來自行運轉。不只出錯機率大幅降低，本電路也相當簡潔且成本低廉，因此本電路遠優於傳統浮球水位控制。在開始前，請先準備如表 8-1 所示的材料，其中繼電器規格請參考表 8-1 下方的圖片。沉水馬達實體圖，如圖 8-9 所示。

表 8-1

材料	數量
CD4049 IC	1 個
CD4013 IC	1 個
1MΩ 精密電阻	2 個
2.2MΩ 精密電阻	2 個
4.7kΩ 精密電阻	1 個
0.1μ 無極電容	2 個
1N4001	2 個
8050 電晶體	2 個 (可用 1815 代替)
繼電器 5V (AC110 1A)	1 個
沉水馬達 110V(配軟管)	1 個
110V 延長線插座 (將一端剪斷並套上杜邦頭 - 公)	1 條
液體容器 (模擬養殖池與蓄水池)	2 個

詳細資訊	
Part No：	3602
Product No：	LU-5
製造廠商：	RAYEX
說　　明：	PCB 繼電器
所在分類：	29.RAYEX PCB 繼電器

參數	說明
Description	PCB 繼電器
接點形式	1PDT
額定負載	120Vac/1A, 24Vdc/2A
驅動線圈電壓	5Vdc
Recognized Safety	UL, CUI
Qutline L*W*H	15.5*10.5*11.2
重量	3.8g

圖 8-9　沉水馬達

圖 8-10 為獨自創新的水位監控電路，與傳統市售電路設計不一樣。圖中的設計使用了 CMOS 邏輯閘電路，使用三根長、中與短棒來設定水位之高低。利用 RS 正反器來控制繼電器的 ON/OFF，利用 RS 正反器來控制 Relay 的 ON-OFF，進而決定水塔進水動作。圖 8-11 為 CD4013 腳位圖及真值表。而圖中的長棒置於水塔底部，當水位低於下限時 (即中棒未接觸到池水時)，會使 RS 正反器 Q 的輸出為 1，－ Q 的輸出為 0。此時，馬達會開始抽取自來水加入到水塔內。當池水的高度持續增加至接觸到中棒時馬達仍持續動作進行抽水，不會改變 RS 正反器的輸出。此時馬達仍然持續抽水至水塔中直到池水滿至碰到短棒 (水位上限位置) 時，才會使 RS 正反器的輸出狀態 Q 的輸出為 0，－ Q 的輸出為 1，並停止抽水加入到水塔中。當水塔容量降低到中棒與長棒間時，會使 RS 正反器 Q 的輸出轉為 1，－ Q 的輸出為 0，再次開始進水。

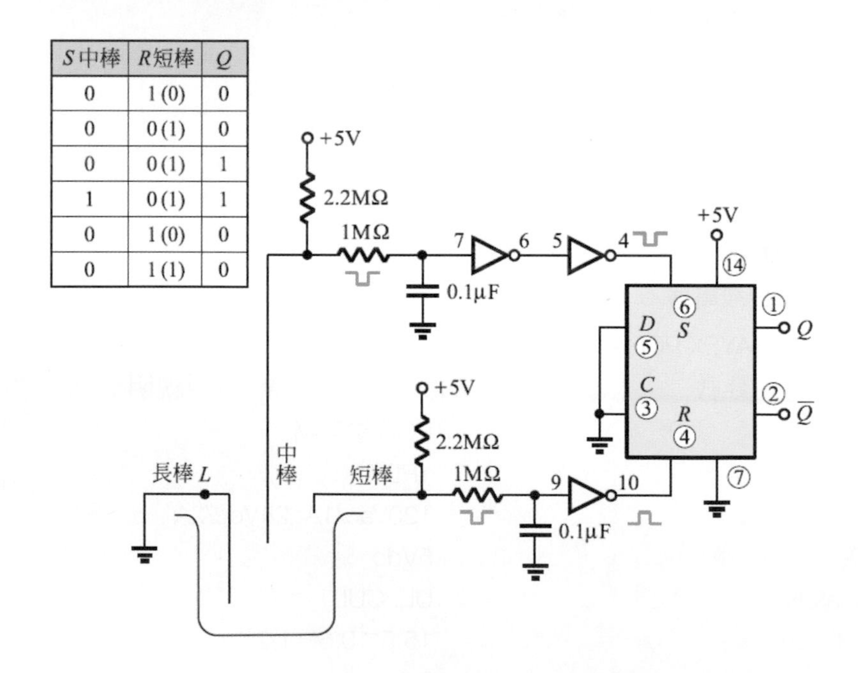

S中棒	R短棒	Q
0	1 (0)	0
0	0 (1)	0
0	0 (1)	1
1	0 (1)	1
0	1 (0)	0
0	1 (1)	0

圖 8-10(a)　水塔水位控制電路圖

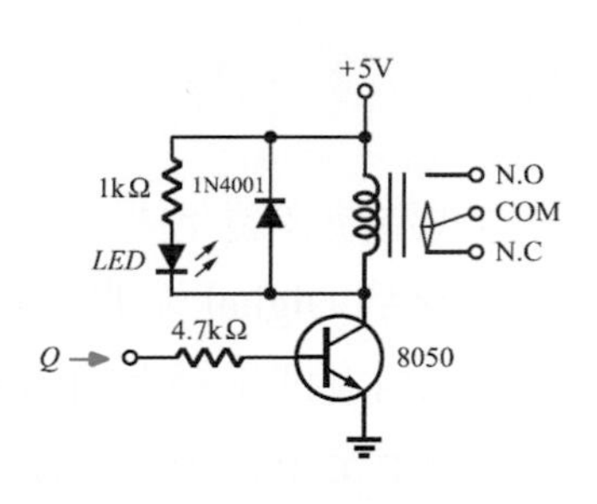

圖 8-10(b)　繼電器電路圖

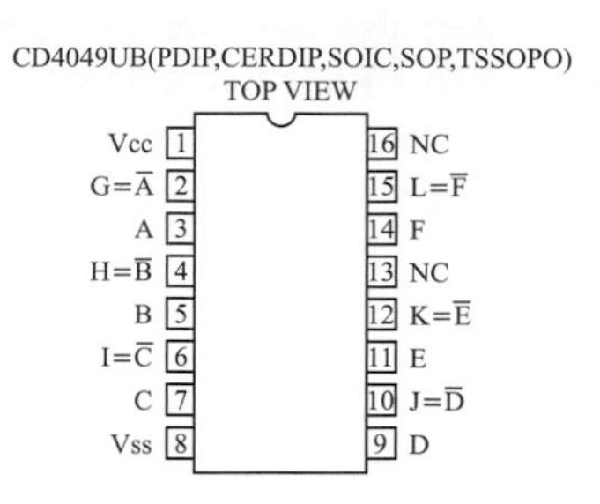

圖 8-10(c)　CD4049 腳位圖

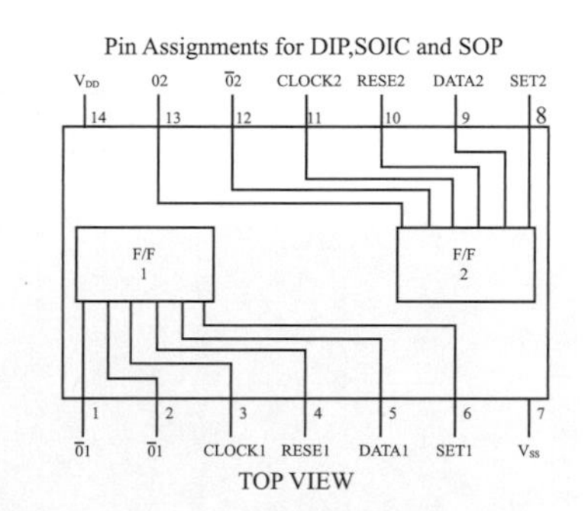

CL (Note 1)	D	R	S	Q	Q̄
↑	0	0	0	0	1
↑	1	0	0	1	0
↓	×	0	0	Q	Q̄
×	×	1	0	0	1
×	×	0	1	1	0
×	×	1	1	1	1

No Change
×=Don't Care Case
Note 1: Level Change

圖 8-11　CD4013 腳位圖及真值表

8-3　硬體接線

8-3.1　採用麵包板電路接線

圖 8-12 為獨自創新的水塔水位控制電路，搭配 USB-6008 以及 LabVIEW 人機介面，可更加直觀的得知水塔水位狀況。

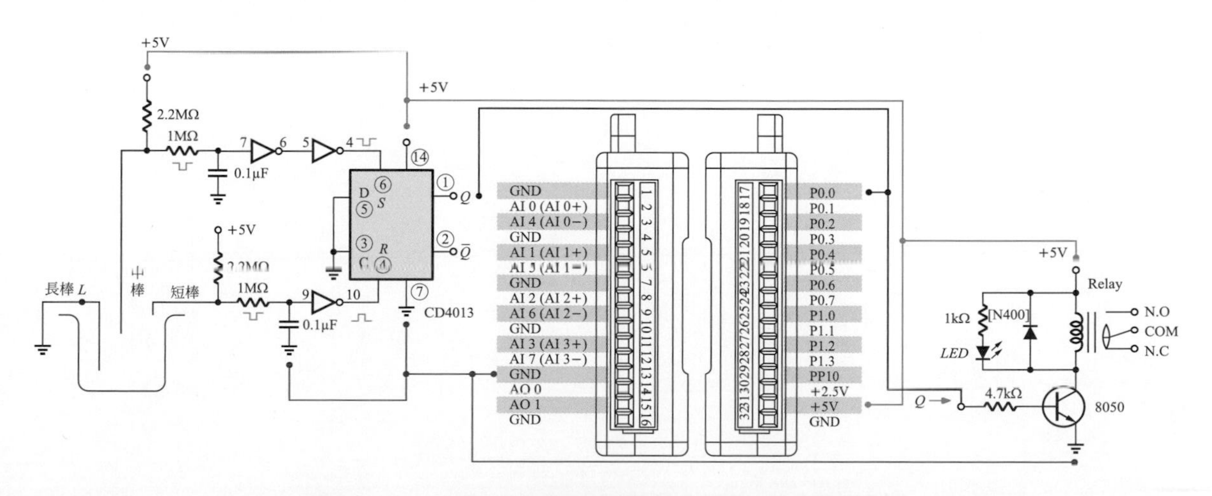

圖 8-12　水塔水位控制電路及 USB-6008 接線圖

8-3.2 採用教具模組接線

為了教學操作方便，將原先使用的麵包板電路接線方式進階客製化成一個專屬的教具模組。模組中 +5V 端點接至 USB-6008 的 +5V，GND 則接到 Digital 端的 GND，其中教具模組的 Q 端點則接至 USB-6008 的 P0.0 端點。模組右上角處則是接上抽水馬達，透過繼電器即可控制。教具模組的 Q 點上方有著三個端點，由上至下分別接上杜邦線雙公最短棒、中棒和長棒即可，如圖 8-13 所示。為簡化說明，三支水位棒沒有特別標示。

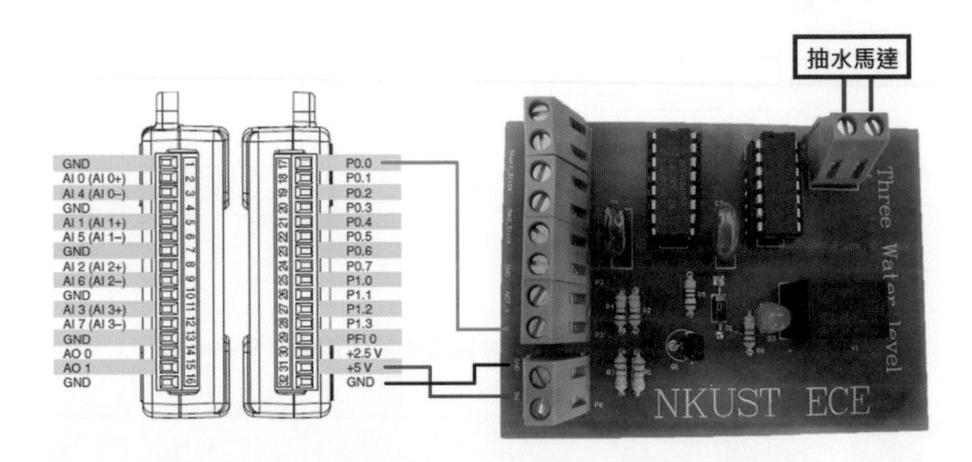

圖 8-13 水塔水位控制模組與 USB-6008 接線圖

8-4 程式設計

STEP 1 利用 DAQ Assistant，Step by Step 來完成整個程式設計。從圖形程式區點選右鍵「Measurement I/O → NI DAQmx」中找到 DAQ Assistant 如圖 8-14 所示。DAQ Assistant 的設定步驟可參考圖 8-15。

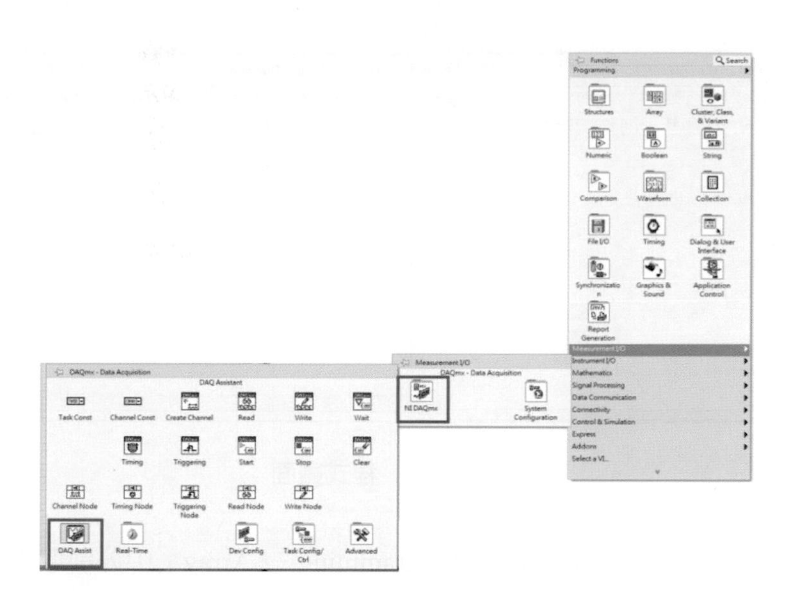

圖 8-14 DAQ Assistant 路徑

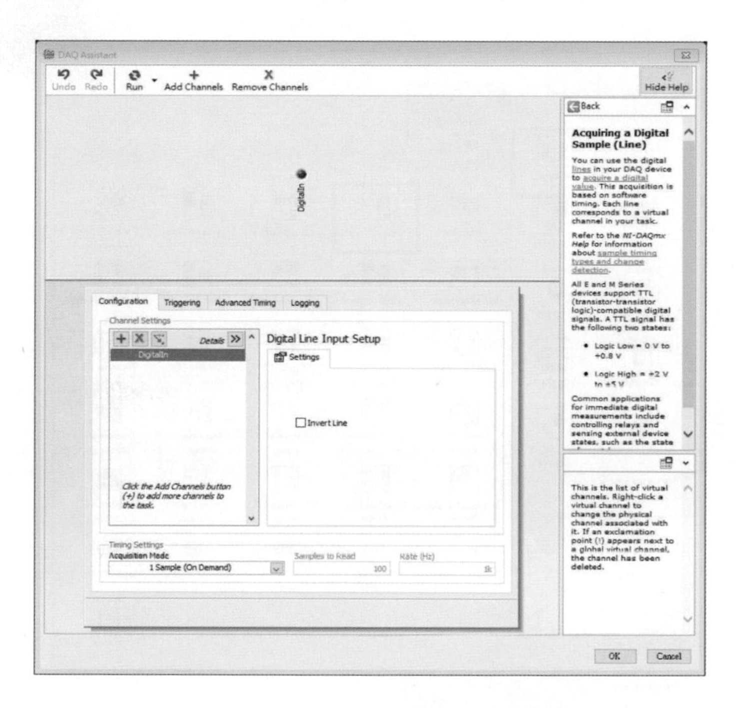

圖 8-15(a) DAQ Assistant 設定

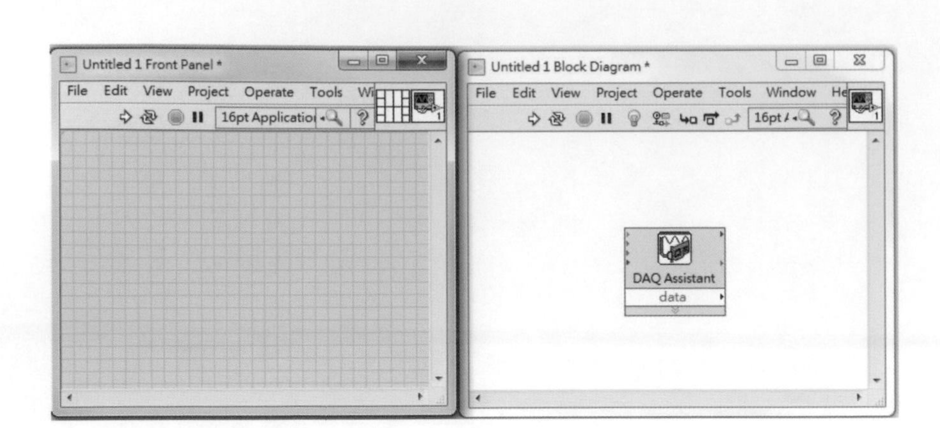

圖 8-15(b)　**程式畫面**

STEP 2 在圖形程式區「Functions → Programming → Array」中分別取出 Index Array，如圖 8-16 所示。

註 因為輸入為陣列資料，因此使用該元件來抓取資料。

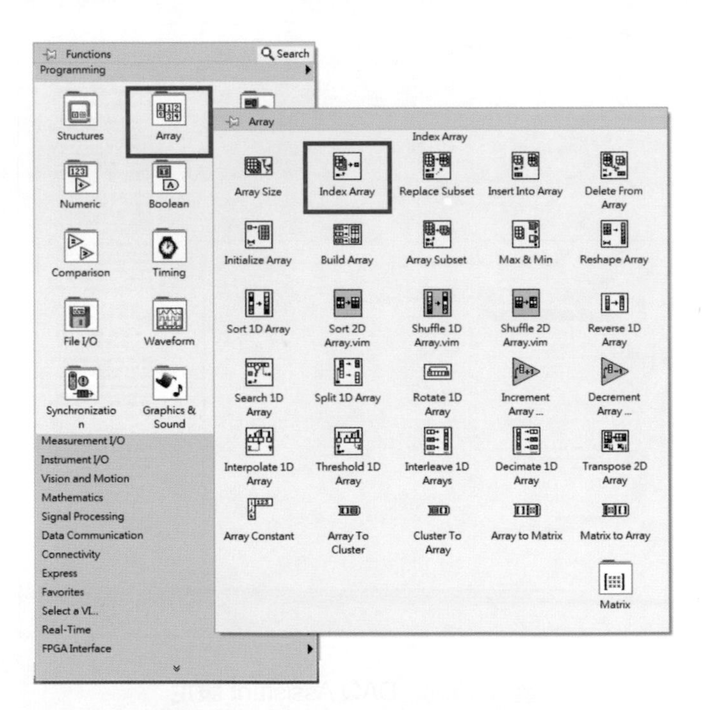

圖 8-16(a)　Index Array **元件路徑**

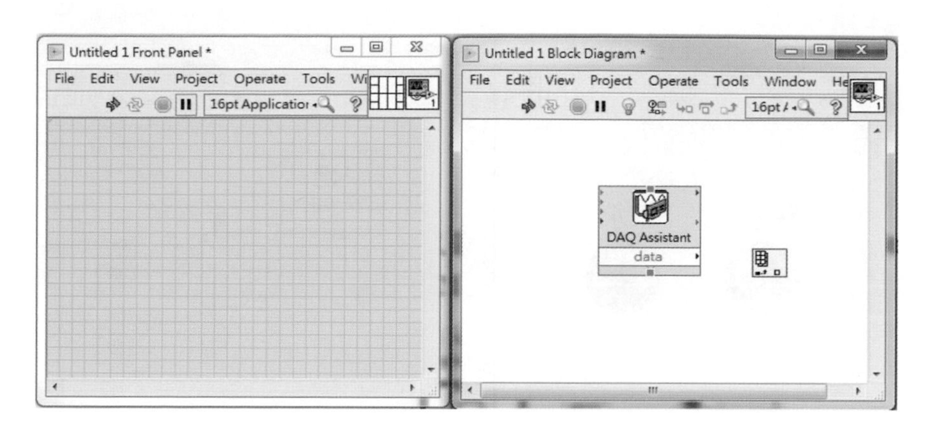

圖 8-16(b)　程式畫面

STEP 3 在人機介面「Controls → Modem → Boolean」中取出兩 Round LED，並分別命名為缺水及滿水，如圖 8-17 所示。

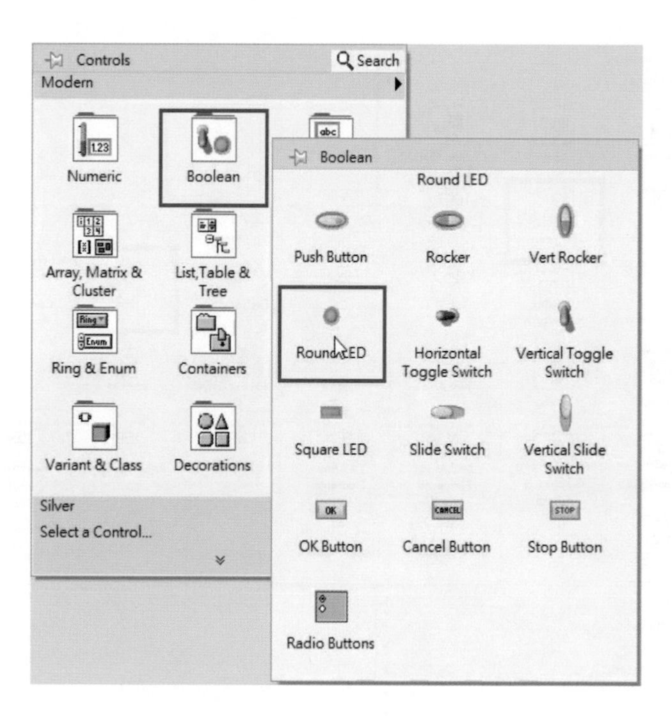

圖 8-17(a)　Round LED 元件路徑

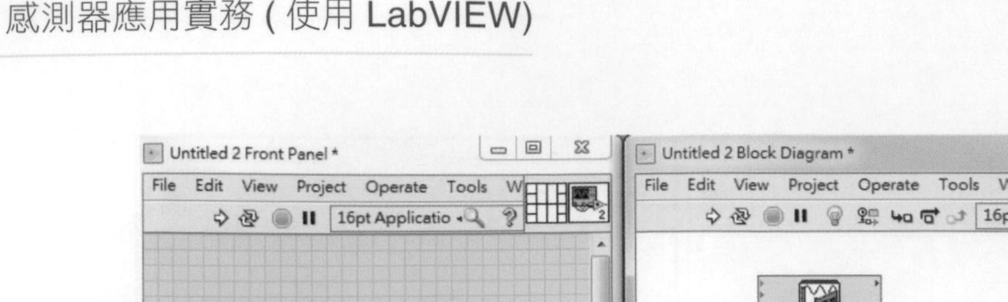

圖 8-17(b) 程式畫面

STEP 4 在圖形程式區「Functions → Programming → Boolean」中取出 NOT 元件，如圖 8-18 所示。

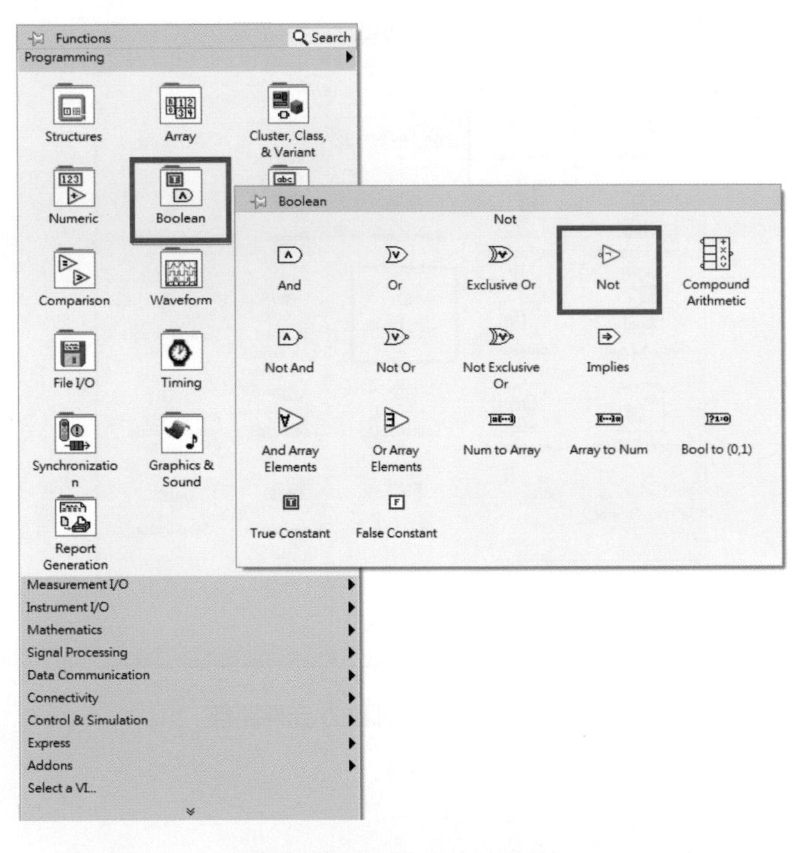

圖 8-18(a) NOT 元件路徑

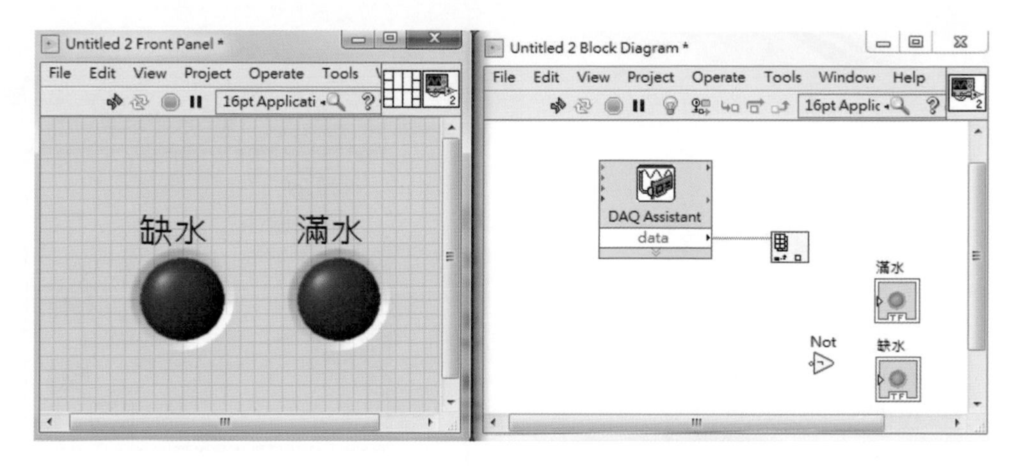

圖 8-18(b)　**程式畫面**

STEP 5 為了讓程式能夠一直執行，在圖形程式區的「Functions → Programming → Structures」中取出 While Loop，如圖 8-19 所示。接下來用 While Loop 將全部元件包裹在內並在迴圈右下角的紅點左邊接點按一下右鍵創造一個 STOP 元件，如圖 8-20 所示。

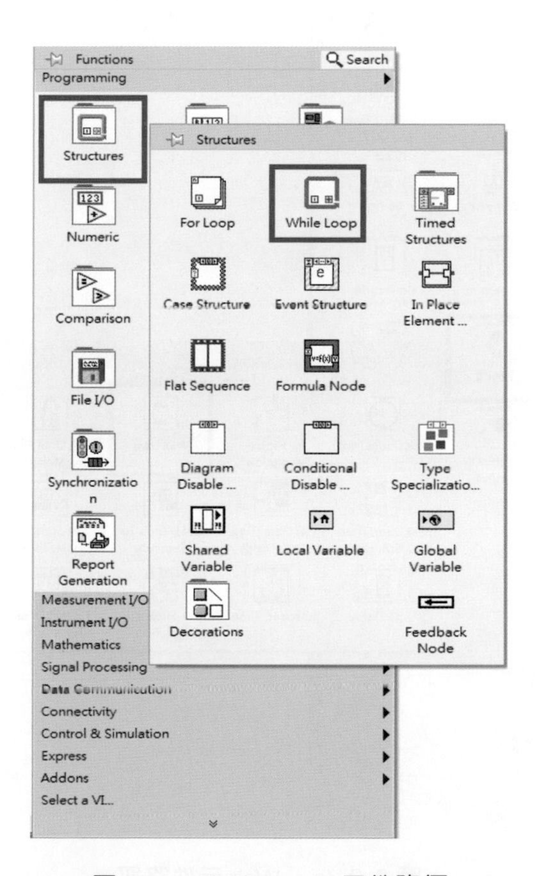

圖 8-19　While Loop **元件路徑**

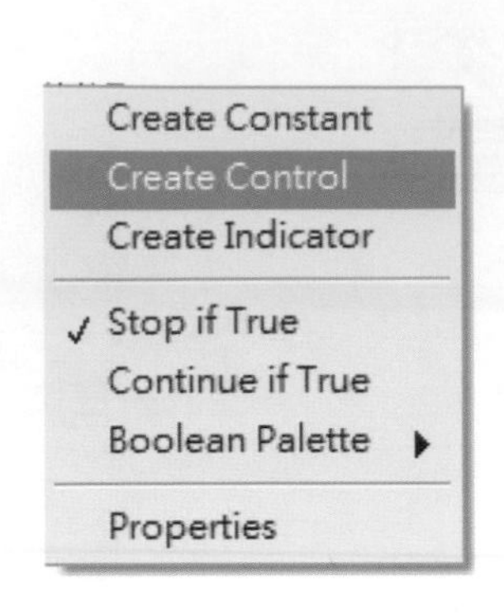

圖 8-20(a)　STOP 元件

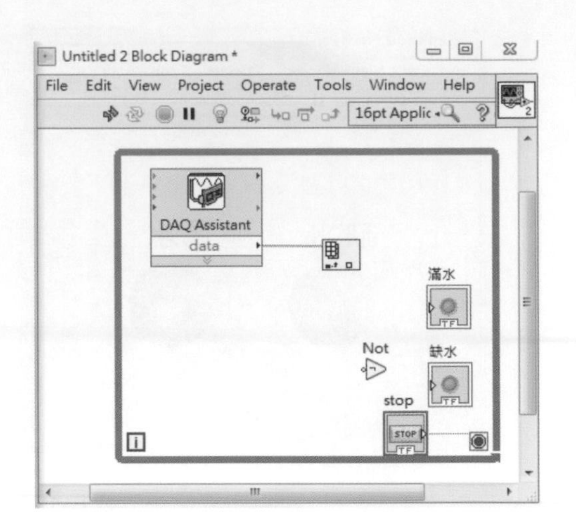

圖 8-20(b)　圖形程式區

STEP 6 為了讓程式不吃電腦太多資源因此需要做一個 delay，在圖形程式區的「Functions → Programming → Timing」中取出 Wait 元件，如圖 8-21 所示。

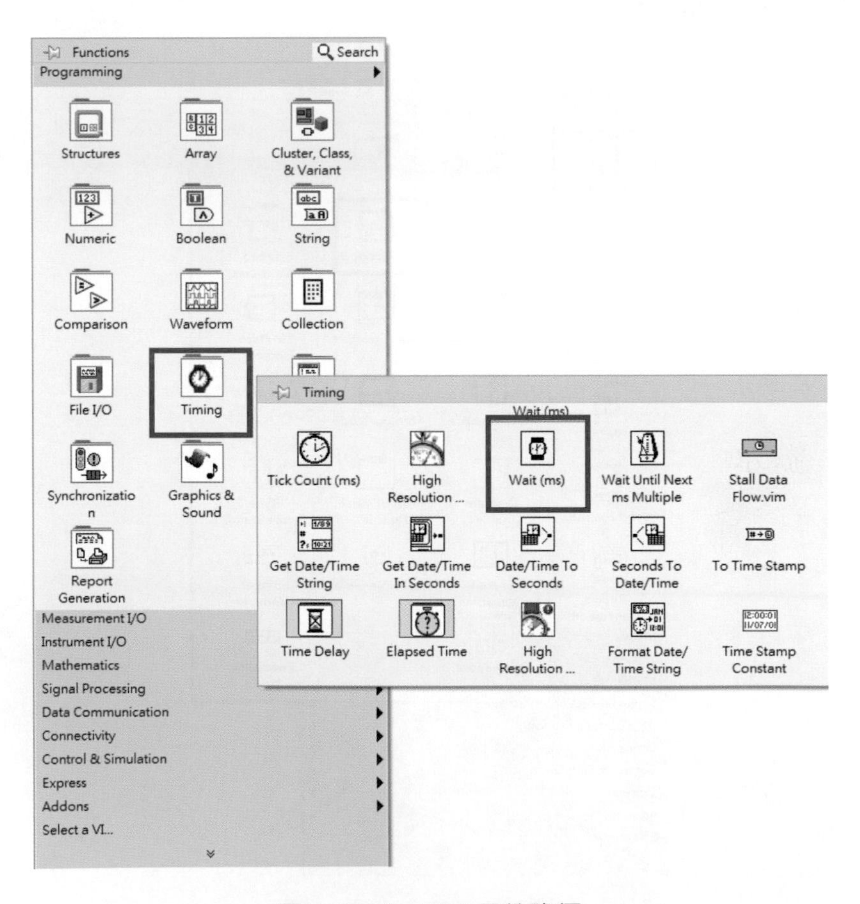

圖 8-21(a)　Wait 元件路徑

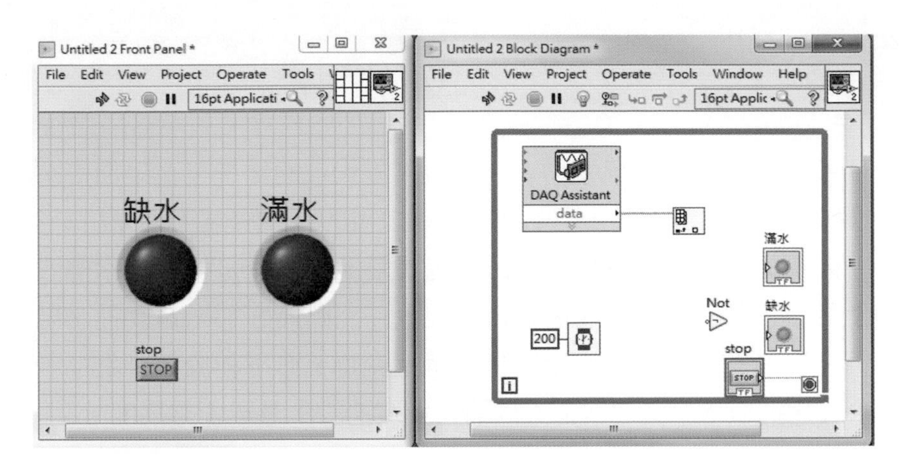

圖 8-21(b)　**程式畫面**

STEP 7 將所有元件擺好連結後，如圖 8-22 所示。便可開始執行程式。

實驗步驟 硬體接線及程式設計完成後先開啟程式並按執行鍵。將水位控制器的長棒放置水瓶底部，中棒放在水瓶中間，短棒則設置在水瓶口，並緩慢加水至水瓶內，觀察人機介面的 LED 燈是否有正確亮起，且聽到繼電器有開關聲音並觀察到抽水馬達關閉，便可判斷程式設計及硬體接線是否正確。

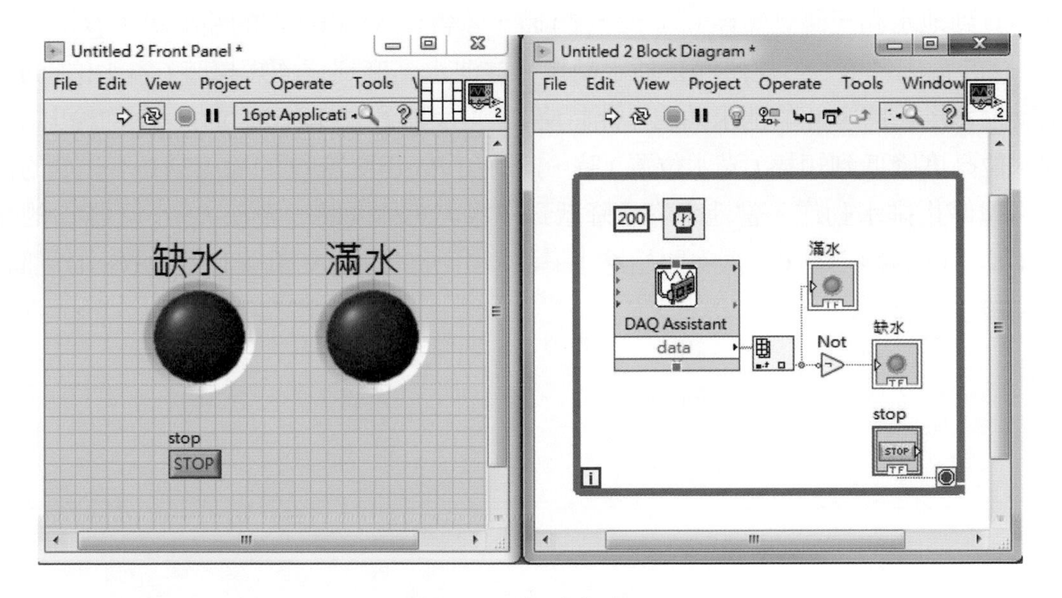

圖 8-22　**程式完成圖**

8-5 自行研發之溢位控制器

台灣於夏季 7 ～ 9 月的颱風季中，往往造成淹大水的情況，在早期更有鄉鎮於淹水時，在自家中撈魚的現象，因此，本子系統設計之目的乃在於調節水位在安全高度範圍。當豪雨來時，大量的雨水若入養殖池中，傳統養殖池的設計是採用溢水排洩方式。但當雨量超過排泄量時，仍有淹過圍堵層的情形發生。因此最好加一自動抽水馬達，避免漁獲損失。當炎炎夏季，養殖池的水量因蒸發而減少時，亦不利於魚群生存，因此，也需一套自動抽水馬達抽取地下備用水池，以補充養殖池的水量至正常高度。

8-5.1 採用麵包板電路接線

圖 8-23 為由水塔水位控制器所延伸的水位溢位控制器。它比一般傳統的水位控制器多了一項溢位排水的控制，並且搭配了 USB-6008 以及 LabVIEW 人機介面，可以很直觀的得知養殖池水位狀況。此設計使用了邏輯閘電路，由四根長、中、短、極短棒來設定水位之高低，利用 *RS* 正反器來控制 Relay 的 ON-OFF，進而決定養殖池進水及排水動作。圖中的長棒置於養殖池底部，當水位未達滿水位時 (即短棒未接觸到池水時)，會使 *RS*，正反器 *Q* 的輸出為 1，－ *Q* 的輸出為 0。此時，馬達會抽取儲備水池的水加入到養殖池中直到池水滿至碰到短棒 (滿水位置) 時，才會使 *RS* 正反器的輸出狀態 *Q* 的輸出為 0，－ *Q* 的輸出為 0，馬達便停止抽水動作。當池水高度到達極短棒時 (溢水位置)，將會啟動抽水馬達將多餘的池水抽出，此時使 *RS* 正反器 *Q* 的輸出為 0，－ *Q* 的輸出為 1，等到水位高度降低到短棒 (滿水位置) 時，此時使 *RS* 正反器 *Q* 的輸出為 0，－ *Q* 的輸出為 0 馬達停止排水動作。當池水容量降低到中棒與短棒間時，會使 *RS* 正反器 *Q* 的輸出轉為 1，－ *Q* 的輸出為 0，再次開始進水。注意：所有的 +5V 電源和接地 (GND) 都必須要各別接在一起。

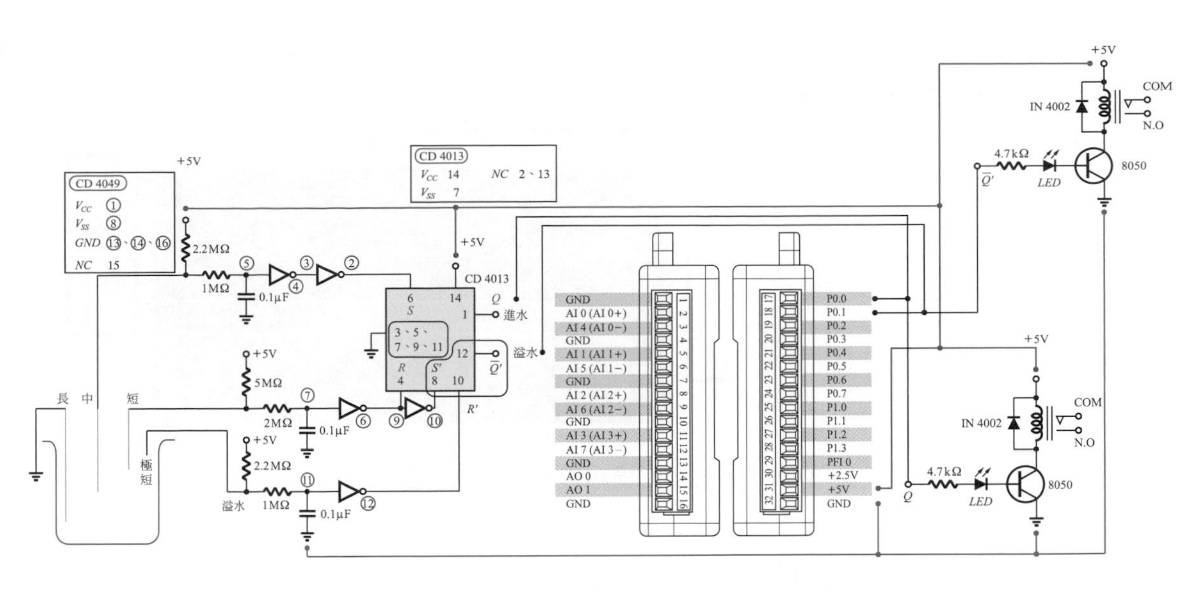

圖 8-23　溢位控制電路及 USB-6008 接線圖

8-5.2　採用教具模組接線

為了教學操作方便，將原先使用的麵包板電路接線方式進階客製化成一個專屬的教具模組，如圖 8-24 所示。模組中 +5V 端點接至 USB-6008 的 5V，GND 則接到 Digital 端的 GND，其中教學模組的 *Q* 端點則接至 USB-6008 的 P0.0 端點。教學模組右邊則是接上抽水馬達及排水馬達，透過繼電器即可控制。教學模組 +5V 電源下方有著四個端點，由上至下分別是接上杜邦線雙公極短棒、短棒、中棒和長棒即可。圖 8-24 中有兩個繼電器控制兩個馬達，分別用來控制抽水與排水。假設，當養殖池因陽光曝曬或其他因素造成水位降低時，就會自動啟動抽水馬達來進行補水的動作。當豪大雨突然來臨造成養殖池的水位爆漲時，這時排水馬達就會立即啟動來將進行排水的動作。如此，可替養殖戶爭取時間來避免魚群流失。為簡化說明，四支水位棒沒有特別標示。

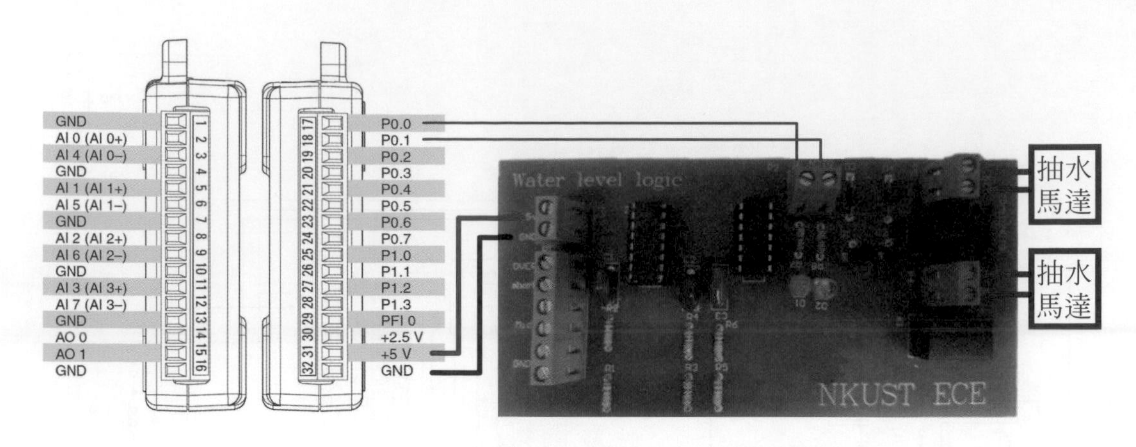

圖 8-24　溢位控制模組與 USB-6008 接線圖

8-6 程式撰寫

STEP 1 利用 DAQ Assistant，Step by Step 來完成整個程式設計。從圖形程式區點選右鍵「Measurement I/O → NI DAQmx」中找到 DAQ Assistant 如圖 8-25 所示。DAQ Assistant 的設定步驟可參考圖 8-26 所示。

註 因四支棒電路需要兩個訊號源輸入，因此在此使用 port0/line0 以及 port0/line1 來做數位輸入訊號腳。

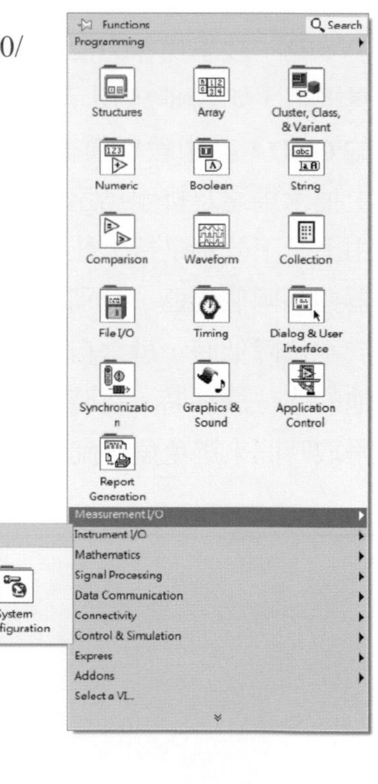

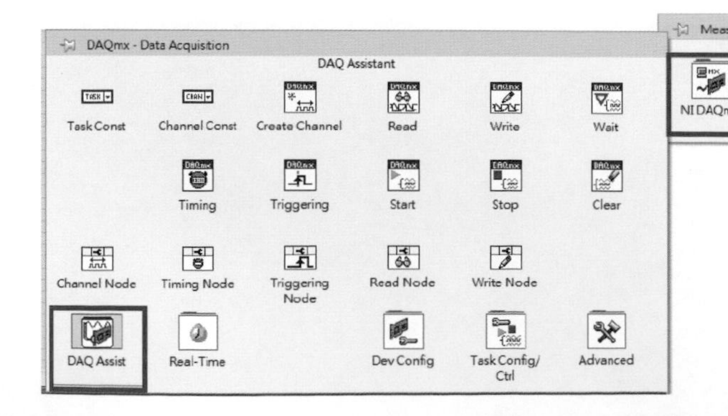

圖 8-25　DAQ Assistant 路徑

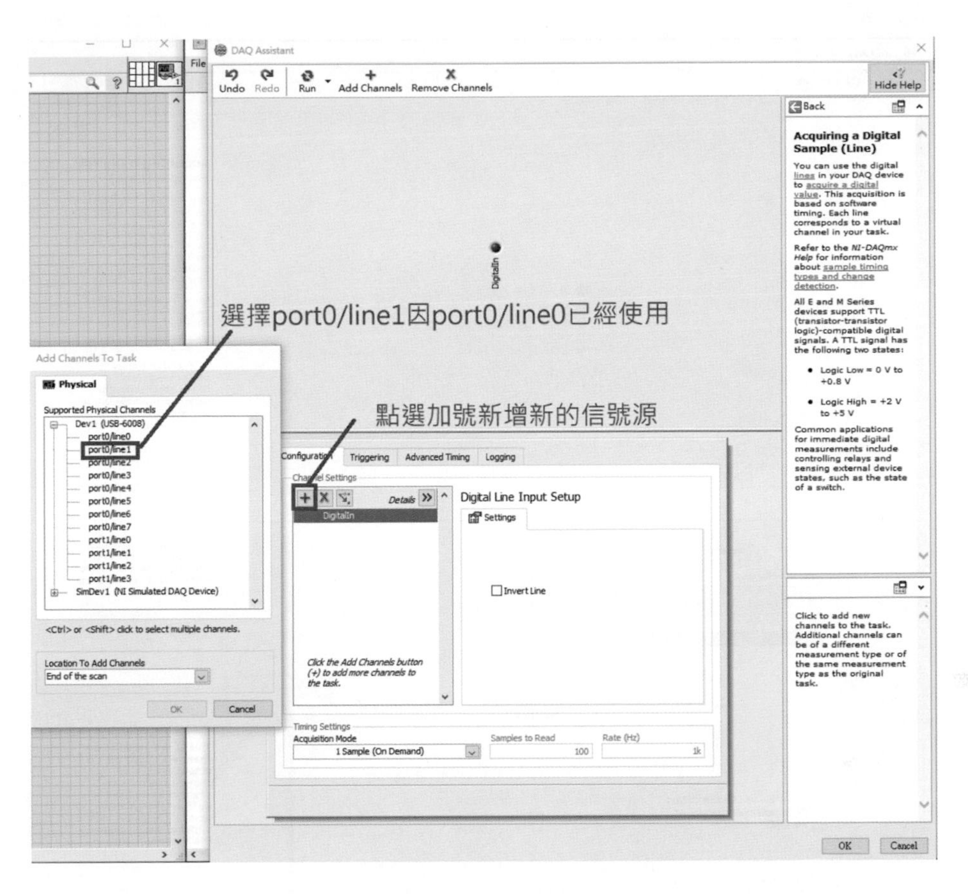

圖 8-26(a)　DAQ Assistant 新增訊號設定

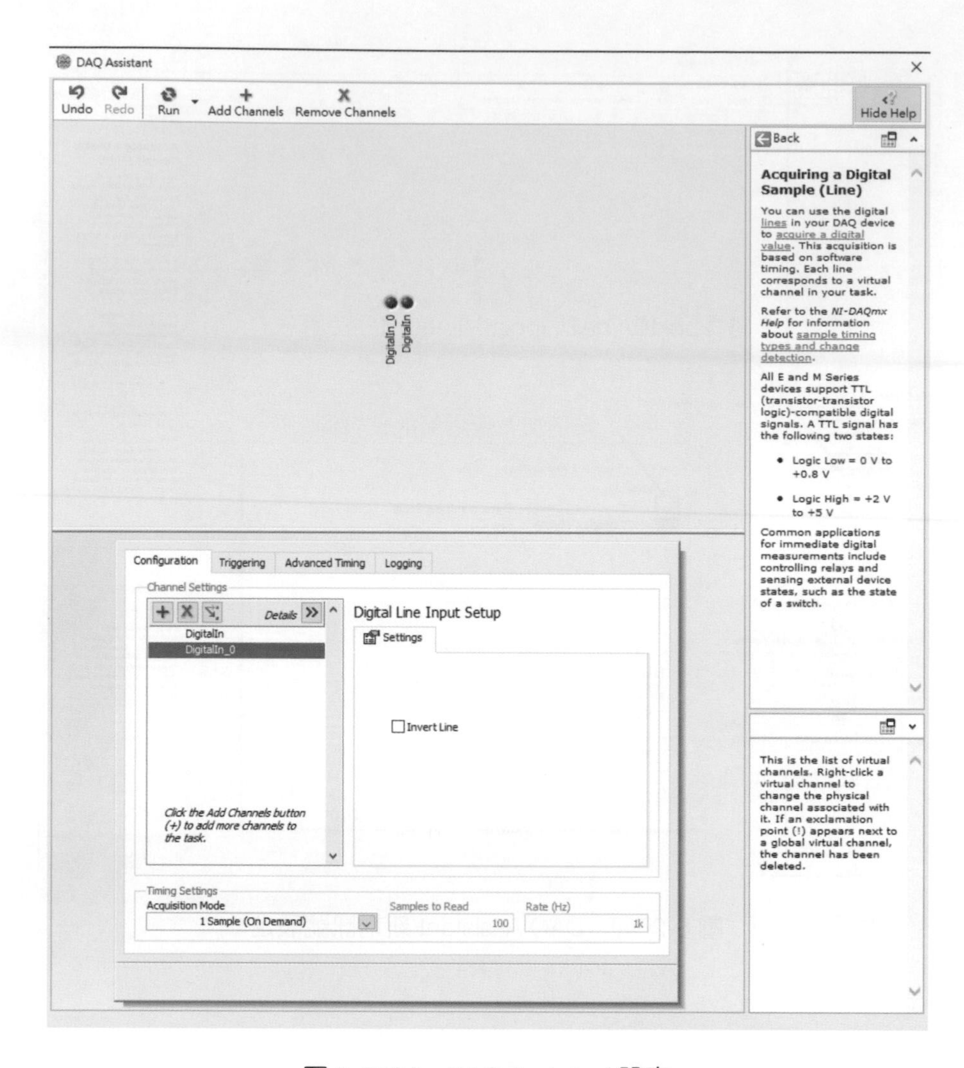

圖 8-26(b)　DAQ Assistant 設定

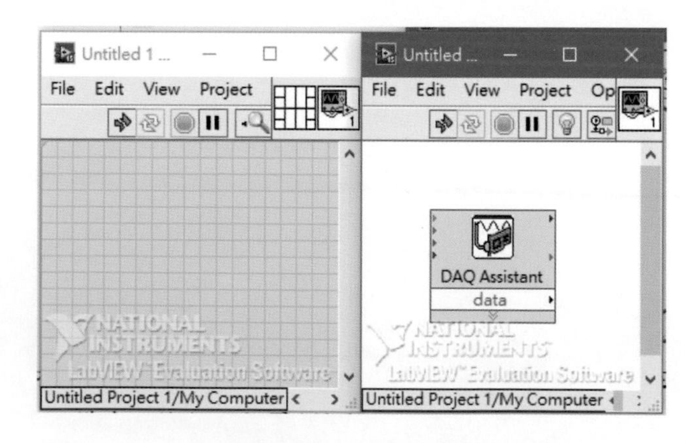

圖 8-26(c)　程式畫面

STEP 2 在圖形程式區「Functions → Programming → Array」中取出 Index Array，如圖 8-27 所示。

註 因為輸入為陣列資料，因此使用該元件來抓取資料。

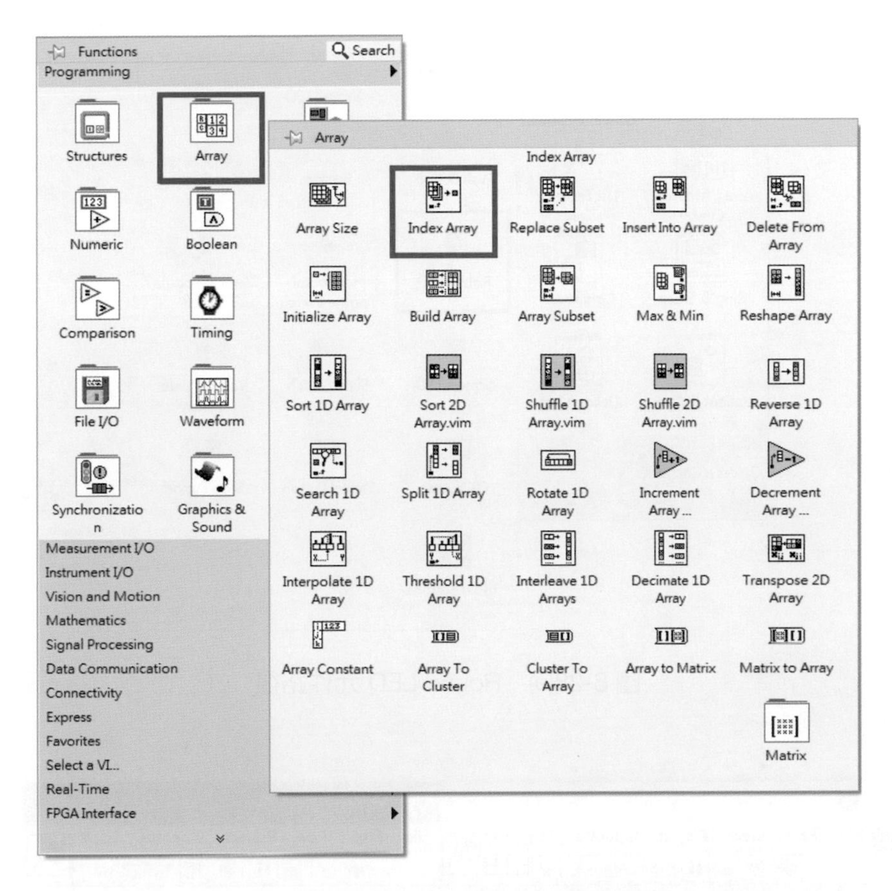

圖 8-27(a)　Index Array 元件路徑

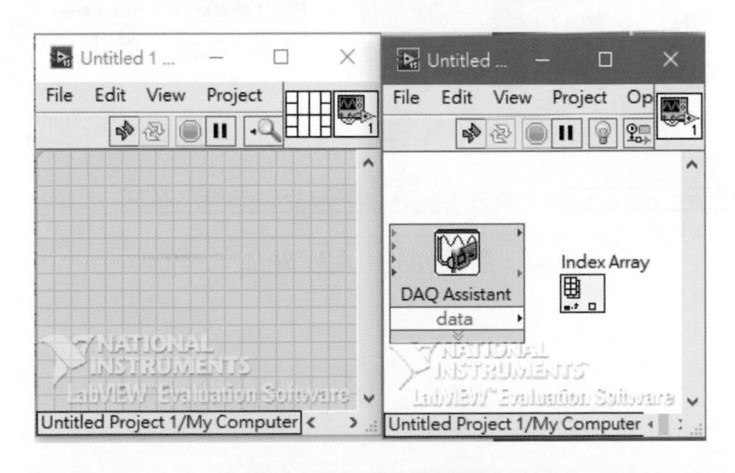

圖 8-27(b)　程式畫面

STEP 3 在人機介面「Controls → Modem → Boolean」中取出三個 Round LED，分別命名為缺水、滿水、溢位，如圖 8-28 所示。

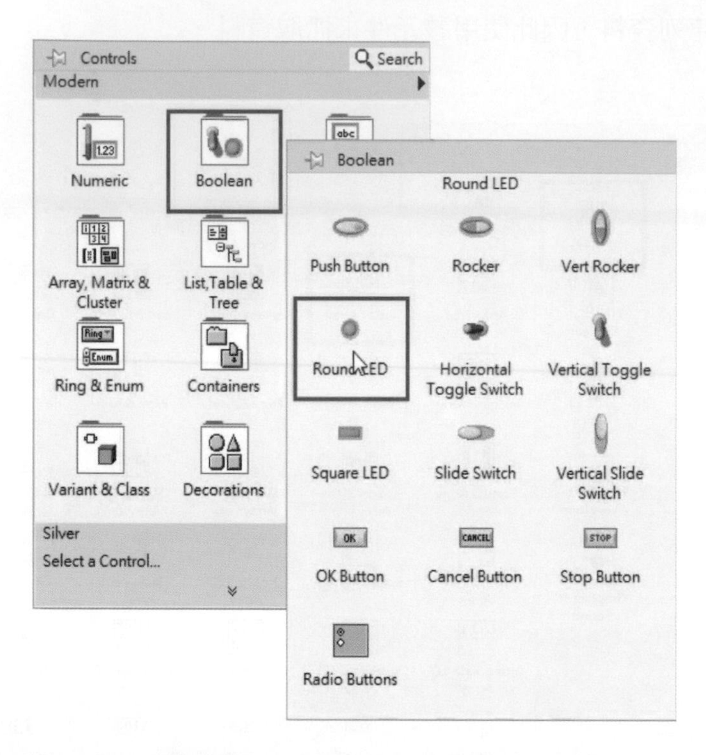

圖 8-28(a)　Round LED 元件路徑

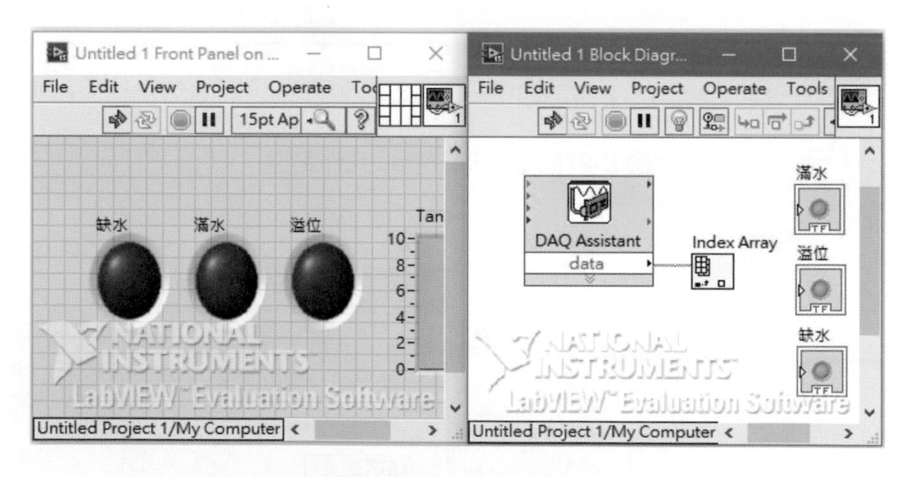

圖 8-28(b)　程式畫面

STEP 4 在人機介面「Controls → Modem → Numeric」中取出 Tank 元件，如圖 8-29 所示。

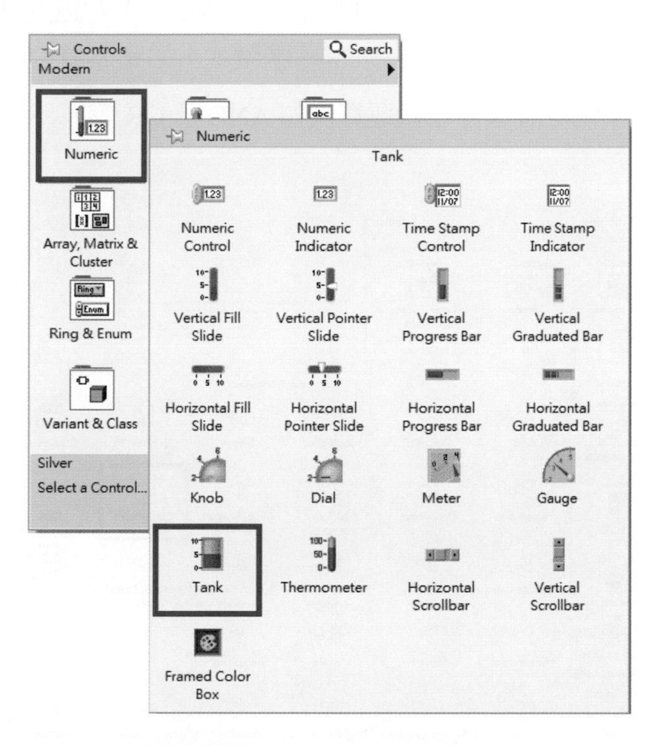

圖 8-29(a)　Tank 元件路徑

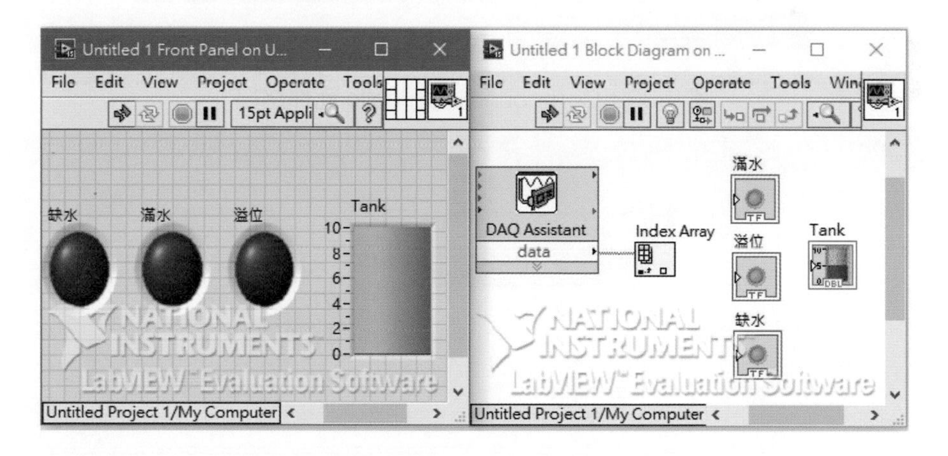

圖 8-29(b)　程式畫面

STEP 5 在圖形程式區「Functions → Programming → Numeric」中取出兩個 Compound Arithmetic，如圖 8-30 所示。其中一個元件對 + 號部分點選左鍵並選取 Change Mode 並將其改為 AND 模式，並對前面端點點一下右鍵選擇 Invert 使其端點值改為相反，另一個則是保持為原本 + 號模式，如圖 8-31 所示。

註 該元件功用為將多個數值進行邏輯運算例如 AND 及 OR 等。

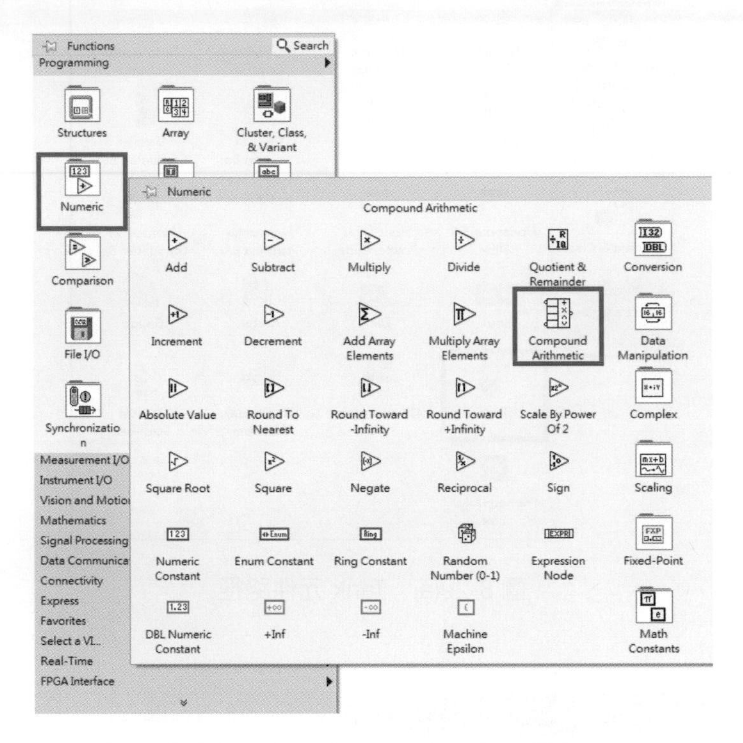

圖 8-30　Compound Arithmetic 元件路徑

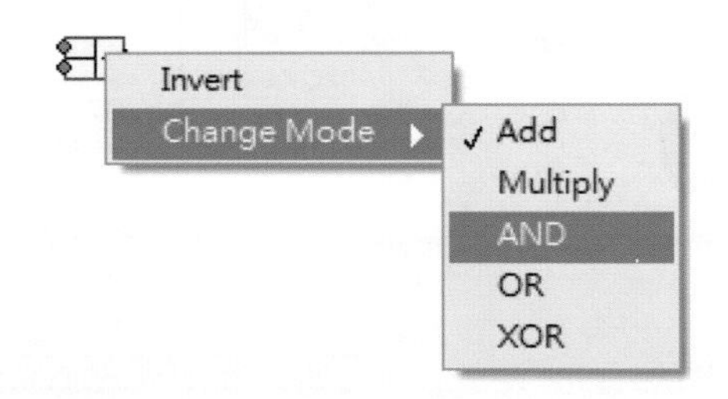

圖 8-31(a)　Compound Arithmetic 元件模式選擇

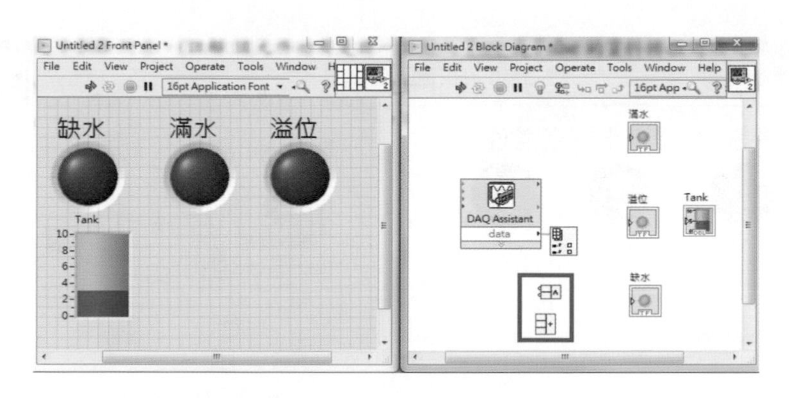

圖 8-31(b)　程式畫面

STEP 6 在圖形程式區「Functions → Programming → Comparison」中取出 Select 元件，如圖 8-32 所示。

註 該元件功用是將一個輸入 True 或 False 的資料轉換為該元件的 T 端點資料及 S 端點的資料，假設一個輸入為 True 值時 T 端點的數值為 3 則將此輸入值轉換為 3，輸入為 False 時 S 端點的數值輸入為 1，此時會將該輸入資料轉換為 1。

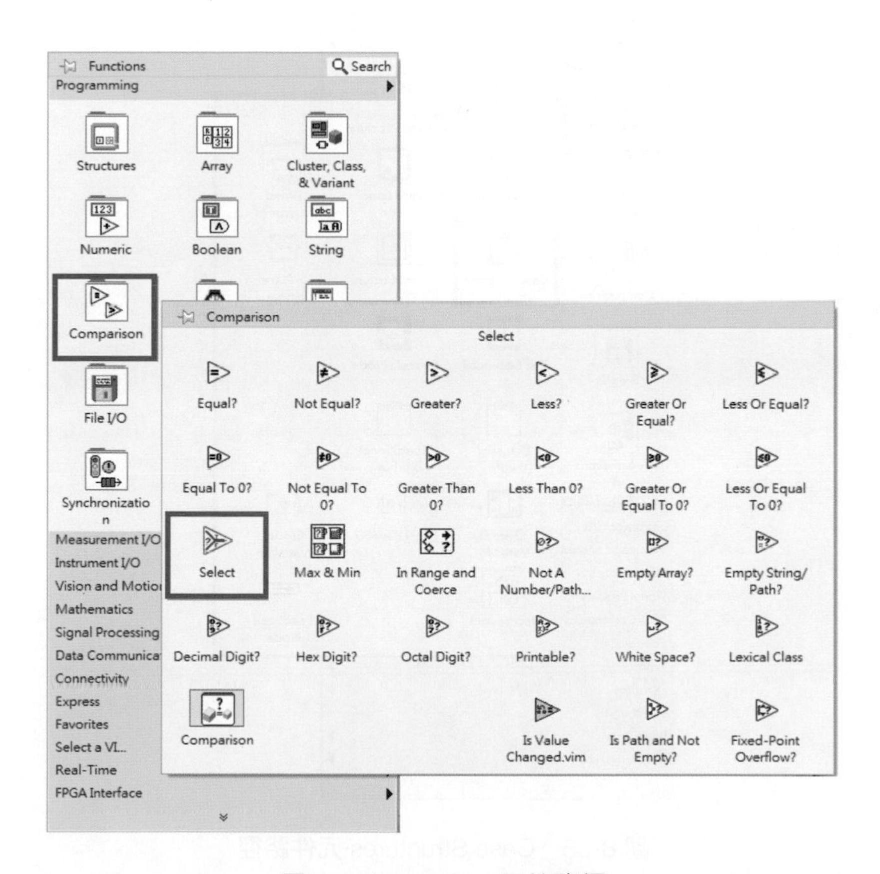

圖 8-32(a)　Select 元件路徑

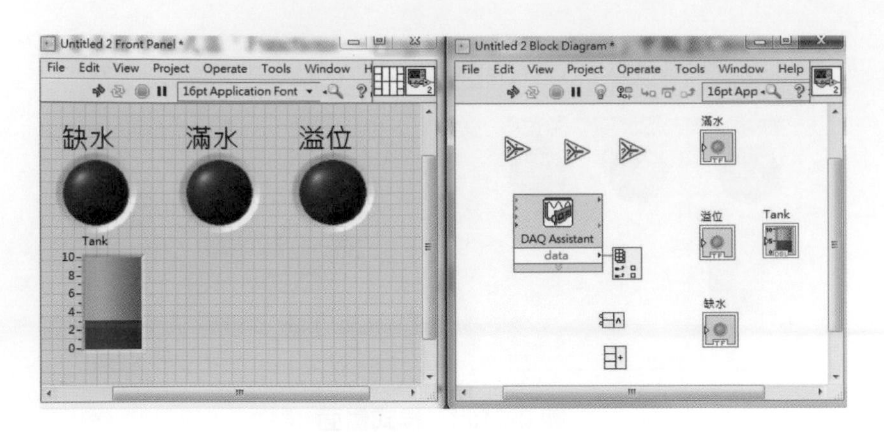

圖 8-32(b)　程式畫面

STEP 7 在圖形程式區「Functions → Programming → Structures」中取出 Case Structures，如圖 8-33 所示。將迴圈條件改為 1、2、3，依序在條件 1、2、3 內部分別建立一個常數值 1、2、3，如圖 8-34 所示 (注意：此處迴圈條件數值最小的要保留 Default 條件，不能將此條件刪去否則程式無法執行)。

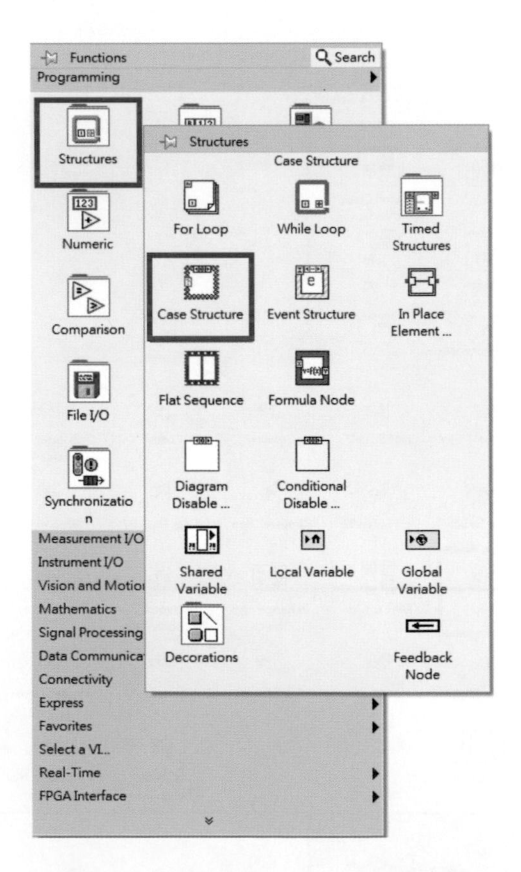

圖 8-33　Case Structures 元件路徑

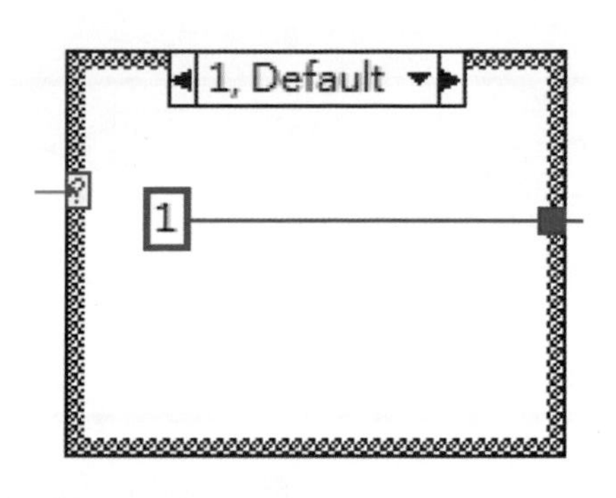

圖 8-34　Case Structures 元件設定

STEP 8 為了讓程式能夠一直執行，在圖形程式區的「Functions → Programming → Structures」中取出 While Loop，如圖 8-35 所示。接下來用 While Loop 將全部元件包裹在內並在迴圈右下角的紅點左邊接點按一下右鍵創造一個 STOP 元件，如圖 8-36 所示。

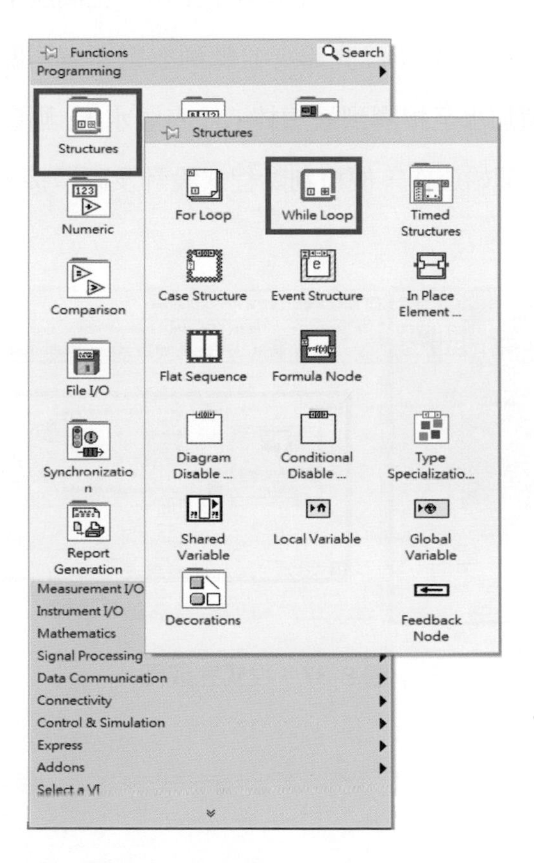

圖 8-35　While Loop 元件路徑

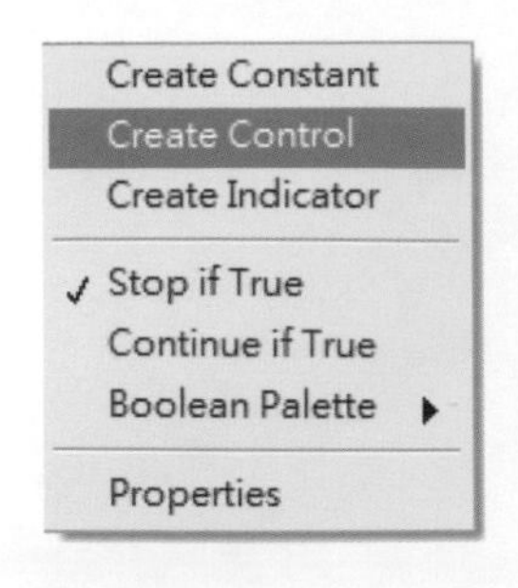

圖 8-36(a) STOP 元件

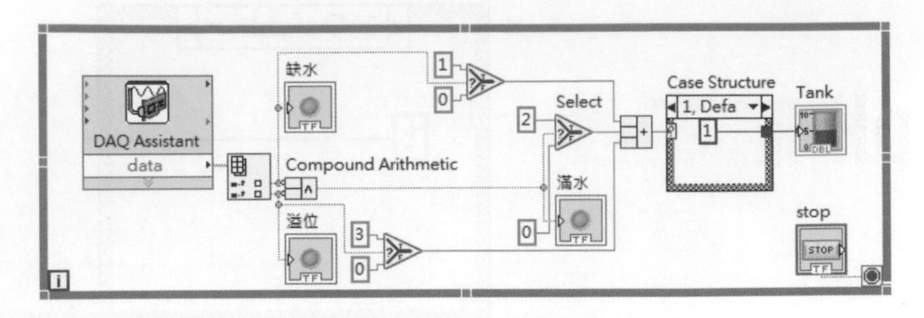

圖 8-36(b) 圖形程式區

STEP 9 將所有元件擺好連接後，如圖 8-37 所示。

實驗步驟 硬體接線及程式設計完成後，先開啟程式並按執行鍵。將溢位控制器長棒放置水瓶底部，中棒放在水瓶中間，短棒設置於瓶口下方，最短棒則設置在水瓶口。緩慢加水至水瓶內直至短棒 (正常水位高度)，觀察 LabVIEW 人機介面的 LED 燈是否有正確亮起，並聽到繼電器有開關聲音且抽水馬達關閉。接著，持續加水至接觸到最短棒 (代表溢水)，應會聽到繼電器開啟的聲音且排水馬達開始運作，便可判斷程式設計及硬體接線是否正確。

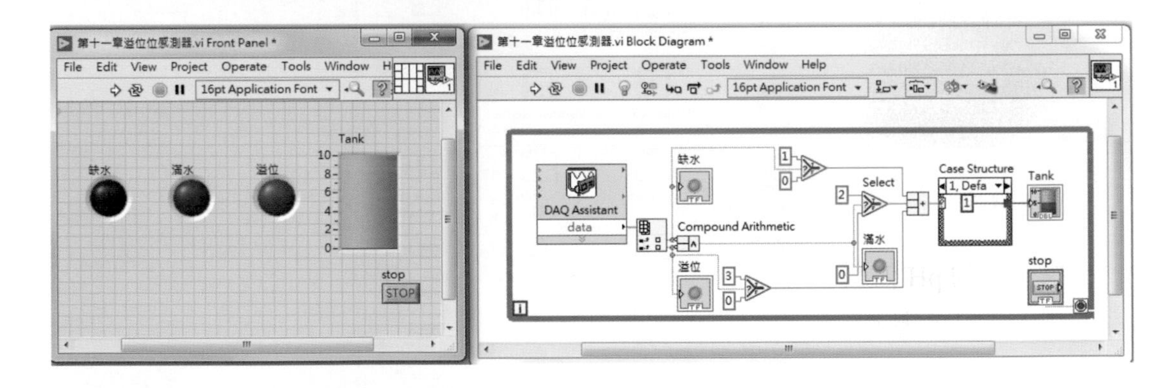

圖 8-37 程式完成圖

pH 感測器

9-1 pH 感測器原理

pH 感測器是用來測量各種物體的酸鹼值，例如液體、土壤和食物等。它可以被應用在農業、醫學、養殖漁業、環境監測和汙染偵測等。圖 9-1(a) 所示為土壤酸鹼度檢測、圖 9-1(b) 所示為食物酸鹼度檢測計、圖 9-1(c) 所示為水質酸鹼度檢測。在本章節中將會詳細介紹如何測量 pH 值與擷取訊號。

圖 9-1(a)

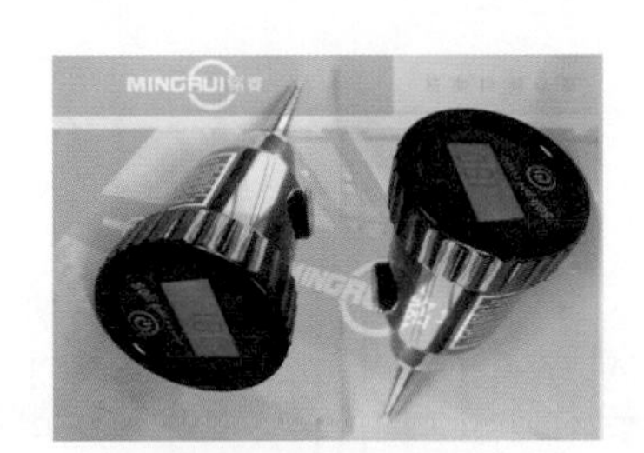

圖 9-1(b)

圖 9-1(c)

一般水質的 pH 值範圍為 6.5 ～ 8.5 之間，在這數值範圍外的生物將會因為水質過於偏酸或偏鹼造成危害，其範圍及來源如圖 9-2 所示。

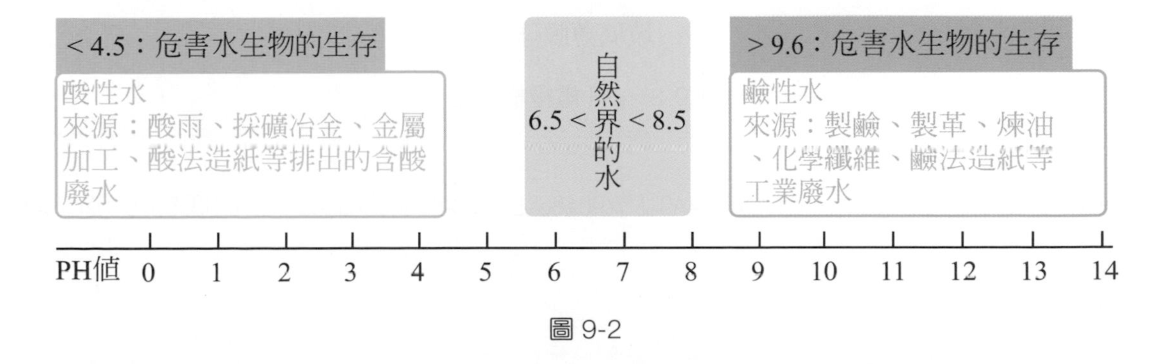

圖 9-2

pH 值，亦稱氫離子濃度指數、酸鹼值，是溶液中氫離子活度的一種標度，也就是溶液酸鹼程度的衡量標準。通常情況下為 25 °C、298 °K 左右，當 pH 小於 7，溶液呈酸性，當 pH 大於 7，溶液呈鹼性，當 pH 等於 7，溶液為中性。

「pH」中的「p」代表力度、強度，「H」代表氫離子 (H+)。pH 值的活性氫離子在摩爾濃度定義下為負的對數，pH ＝－ logH，如式子所示。故 pH 值是依氫離子的活性強度去測定的。

$$pH = -\log_{10}\left[aH^{+}\right]$$

pH 感測器是由一參考電極及內電極所組成，用以偵測溶液中氫離子 (H+) 濃度。而 pH 電極之電極薄膜就相當重要，就是一個只讓氫離子通過的濾網，薄膜對氫離子要有很好的靈敏度和選擇性，才能提高量測準確度，如圖 9-3 為 pH 電極構造圖。pH 電極主要含 Ag/AgCl 內電極、0.1MHCl 電極內溶液 /AgCl(AgCl 飽和) 及玻璃薄膜。其內部反應式可以表示成能斯特方程式 (Nernstian equation)，如式子所示。

$$E_{\mathrm{pH}} = E^{o}_{\mathrm{pH}} + 0.059\log_{10}\left[aH^{+}\right]$$

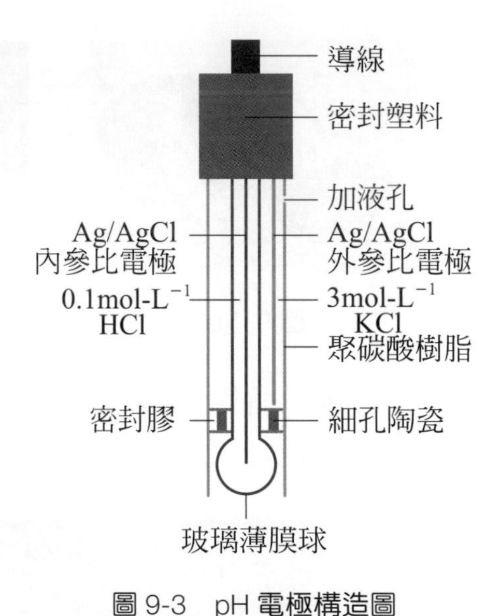

圖 9-3　pH 電極構造圖

圖片來源：
https://www.itsfun.com.tw/pH%E5%BE%A9%E5%90%88%E9%9B%BB%E6%A5%B5/wiki-9355375-5267945

9-2 元件特性

在這裡使用全華精密儀器公司所代理 Eutech Instruments 的 pH 電極 (Electrode)，型號為 ECFC7252101B，如圖 9-4 所示。測量範圍：1 to 13 pH、0 to 80 °C，訊號的連接方式採取 BNC。pH 感測器本身屬於密封式 (無法填充)，所以 pH 感測器算是消耗品。固體接面採取多孔高密度接腳。表 9-1 為技術參數，由式子可以得知 pH 感測器的輸出電壓變化 59.16mV/pH Unit，但實際上的電壓變化在 50mV ～ 58mV 之間，如圖 9-5 所示為輸出溫度特性曲線圖。如果需要查閱更多詳細資訊，請參閱附書光碟“附錄 4”。

圖 9-4　pH 電極

表 9-1

Parameter	pH
Range	1 to 13 pH
Temp. Range	0 to 80 °C
Liquid Junction Type	Porous HDPE pin
Internal Reference Type	Ag/AgCl
Sealed/Refillable	Sealed
Reference Junction	Single
Refilling Reference Electrolyte	–
Dimensions (Shaft)	90 x 12 mm
Cable Length	1 m
Connector	BNC
Description	General purpose plastic-body pH electrode
Used With	All pH meters with BNC input connector

Influence of Tempetature on pH Measurement

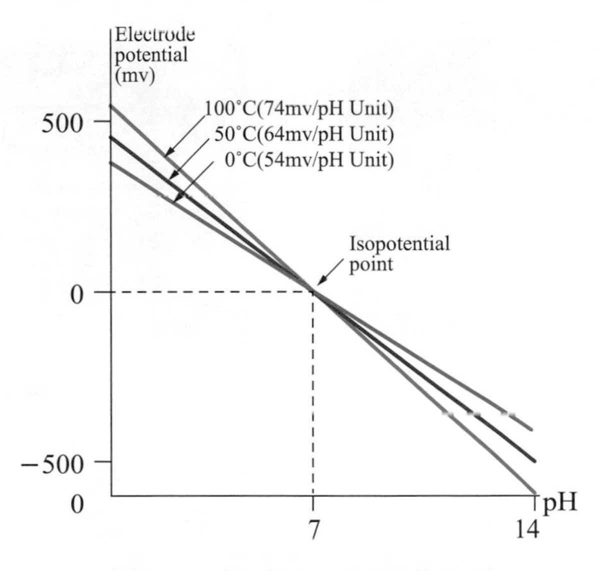

圖 9-5　溫度對 pH 值測量的影響

9-2.1 pH 感測器的選用

Eutech 所販售的感測器有兩種材質的包裝，分別為玻璃與塑膠，如圖 9-6 和圖 9-7 所示。玻璃材質的感測器可承受 100 °C 以上的高溫、耐腐蝕性的材料與溶劑且容易清理，適合實驗使用，但是很脆弱，所以請小心使用。塑膠材質的 pH 感測器在使用時建議量測物的溫度範圍不要超過 80 °C，腐蝕性的材料與溶劑的耐性適中。塑膠材質能承受一定的碰撞，因此適合多種地方使用。

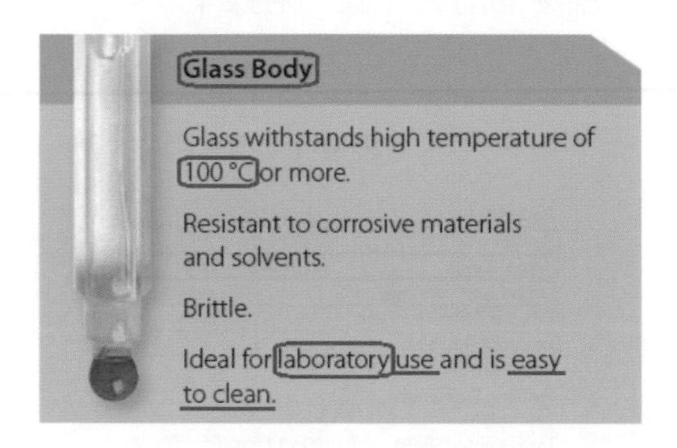

圖 9-6

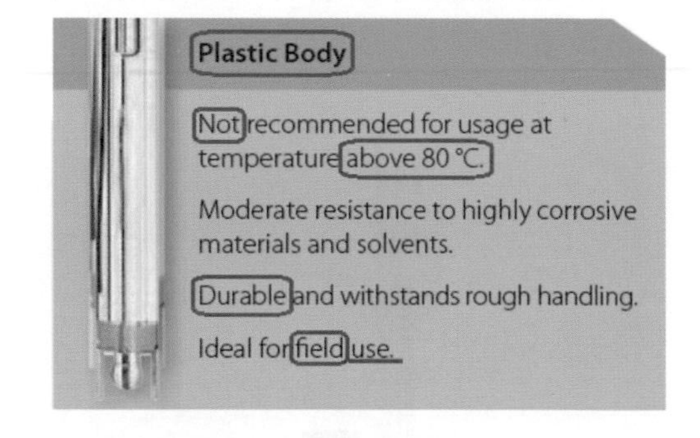

圖 9-7

pH 感測器內部的液體的封裝方式有兩種，分別為填充型與密封型。填充型有注入口，並可以反覆使用多次，缺點是當內部液體快沒了就需要填充。密封型使用後不用太常保養，缺點是如果出現量測不準確情形就需要淘汰，如圖 9-8 和圖 9-9 所示。

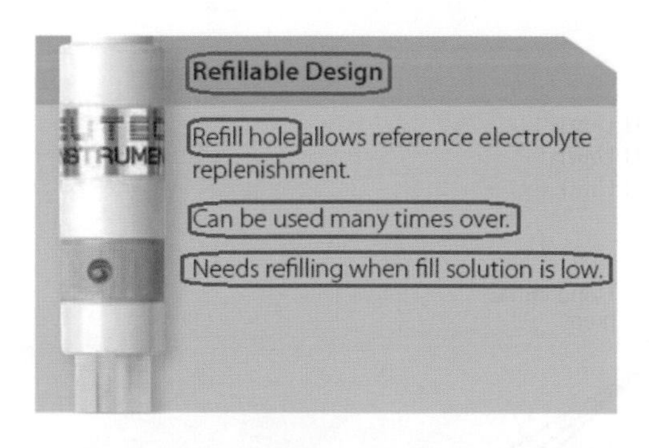

圖 9-8

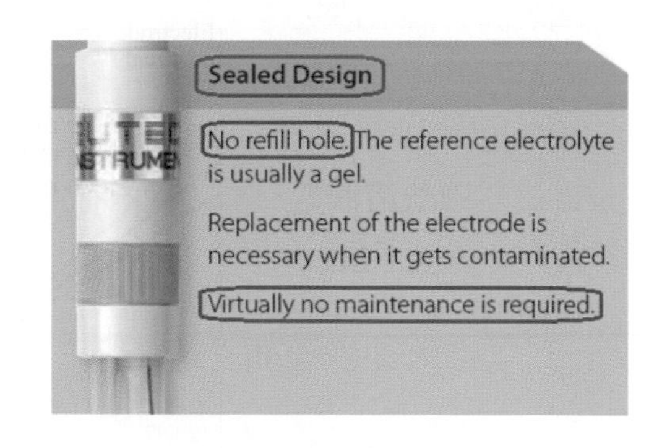

圖 9-9

9-3 pH 感測器的保養

pH 感測器想要長期使用的話，必須做好一定的保養。在這裡以填充內部溶液來作為開頭，補充型補充的方式如圖 9-10(從左至右)，轉動黑色的瓶蓋將瓶口開啟，將補充液接上瓶口後倒入感測器中，完成後轉動瓶蓋將瓶口封閉，這樣就能完成感測器液體的補充。

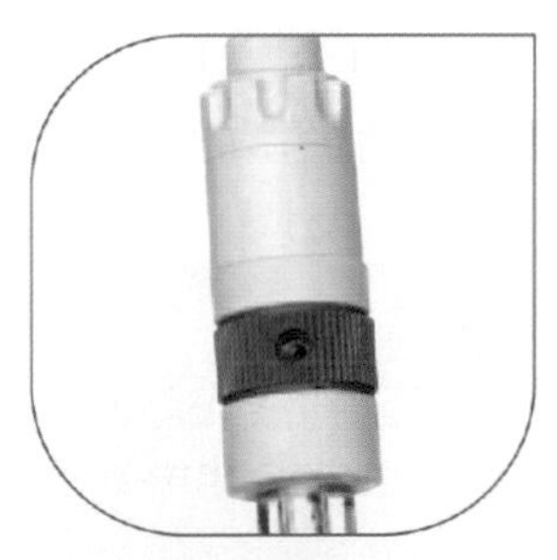
Twist-open the cap to expose the refilling hole

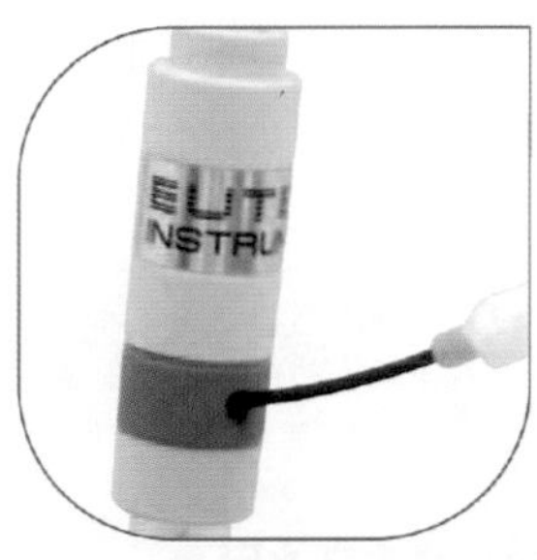

Pour in reference electrolyte with the refilling bottle

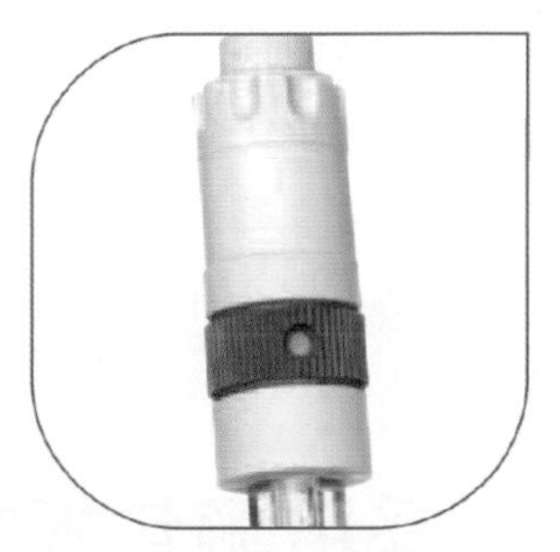
Twist-close the cap

圖 9-10

9-3.1 玻璃電極

1. 玻璃表面必需永遠保持乾淨。
2. 做水溶液測量時，先用蒸餾水充分沖洗。
3. 電極暫時不用時 (兩次實驗之間) 玻璃電極應存放在蒸餾水或弱酸緩衝液中。
4. 長期使用強鹼溶液或弱氟氫酸溶液會嚴重減低電極的壽命，而且玻璃表面也會逐漸被融解 (高溫下損毀速率更快)。
5. 如果電極有二星期 (或以上) 沒有使用，應將電極擦乾存放於 KCl、AgCl 溶液中。再次使用之前必需充分浸泡在緩衝溶液中。
6. 電極內部的參考電極四周若有氣泡，會使測量讀值不穩定。因此有氣泡出現時，請輕輕敲 (甩) 電極；如果氣泡卡在 KCl 結晶內，則將電極隔水加熱 (最高不超過 60 °C) 以移除氣泡。
7. 新的或乾燥存放後的電極使用之前，需先浸泡在蒸餾水或酸性緩衝溶液中至少 24 小時以上 (小型的電極則需更久的浸泡時間)，才能確保測量數據的穩定；如果急需使用電極而無法做到上述浸泡工作，則測量時需反覆做校正 (未充分浸泡即使用電極，會造成測得數據的漂移)。

8. 注意電極內的 KCl 或 AgCl 溶液高度要保持不超過填加孔位，並要保持電極內可以看到 5mm 高 KCl 固體結晶量最好，避免影響到 pH 電極的靈敏度。
9. 校正液平時保存在室溫即可，長期不用可放在 4 °C 冰箱保存，但使用時需等回到常溫才可使用。
10. 校正液使用約二星期後建議更換，避免影響校正值的準確度。
11. 電極線，接頭連接器必需保持乾燥及輕潔。
12. 每支電極的壽命受到很多因素影響，所以每支電極的壽命也不盡相同。高溫、強鹼溶液，反覆腐蝕或不當保養都會縮短電極壽命，甚至乾燥存放下的電極都會逐漸耗損。一般正常使用下的電極壽命約一到二年 (視使用狀況有所不同)。
13. 實驗後清洗完畢，須以拭鏡紙擦拭，如以其他物品做擦拭會刮傷電極。

9-4 使用 pH 感測器進行量測

9-4.1 採用麵包板電路接線

首先在實作前必須要有設備和材料，如表 9-2 所示。確保設備和材料無誤後開始設計電路圖，如圖 9-11 所示。工業上生產的 pH 感測器，其輸出特性曲線接近線性，輸出電壓在－ 0.1V ～ 1.0V 之間。在圖 9-11 的電路中，±5V 由電源供應器提供，U1A(TL082) 的主要功能是利用非反向放大器將由 pH 感測器輸出的電壓訊號作微小放大，其放大比例由 R_2 進行參數調整。U1B(TL082) 的部份則是作為電壓隨耦器，電壓隨耦器的特性為電流提高、電壓不變、輸出阻抗降低，而輸出阻抗降低對下級輸入端的能量消耗將會減少許多，其中 R_{10} 是作為調整 pH 值 7 的參考校準用。

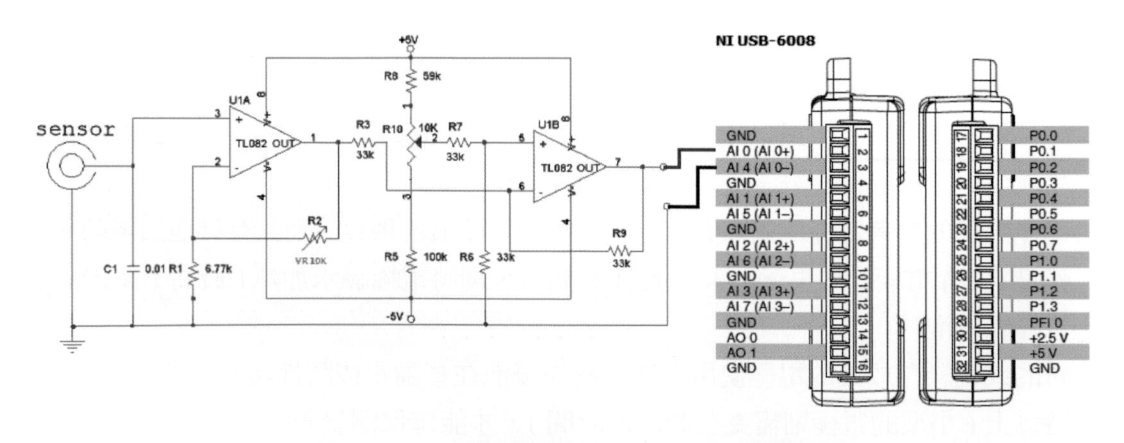

圖 9-11　pH 感測電路與 USB-6008 接線圖

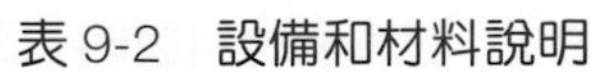

表 9-2　**設備和材料說明**

設備和材料名稱	設備圖	腳位
ECFC7252101B pH 電極		輸出：BNC 接頭
BNC 轉接頭 公轉兩芯雙絞線	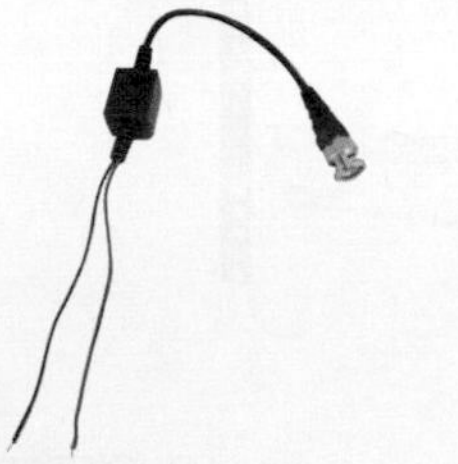	接在 BNC 轉接頭母對母的一端
BNC 轉接頭母對母		一端接在 pH 電極的輸出 BNC 接頭，另一端接在 BNC 公轉兩芯雙絞線
pH 10 校正液	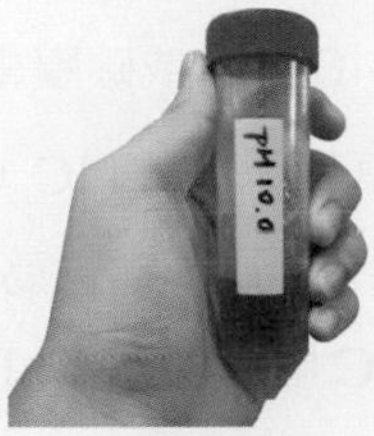	在普通的化工材料行就有販售，約 80 元
pH 4 校正液	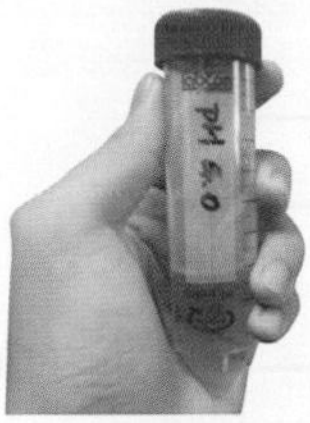	在普通的化工材料行就有販售，約 80 元

表 9-2　設備和材料說明 (續)

設備和材料名稱	設備圖	腳位
TL082 (運算放大器)		腳位說明如圖 9-12 所示
USB-6008		左方由上至下為 AI 腳位 右方由上至下為 DO 腳位 其腳位圖在硬體篇有提到，如讀者有不熟悉，請詳閱硬體篇。
6.77K or 6.8K × 1	1/4Ω 精密或碳膜電阻	
33K × 4	1/4Ω 機密或碳膜電組	
0.01μF	無極性電容	
VR 10K × 2	25 轉 可變電阻	
100K × 1	1/4Ω 機密或碳膜電阻	
59K or 56K × 1	1/4Ω 機密或碳膜電阻	

TL082(運算放大器) 中內含兩個 OPA 運算放大器的 IC，1、2 和 3 腳分別為第一組放大器的輸出、反向輸入及正向輸入，4 腳為負電源、8 腳為正電源，5、6、7 腳分別為第二組放大器的正向輸入、反向輸入及輸出，IC 腳位如圖 9-12 所示。完成之實體電路與 USB-6008 連結，如圖 9-13 所示。

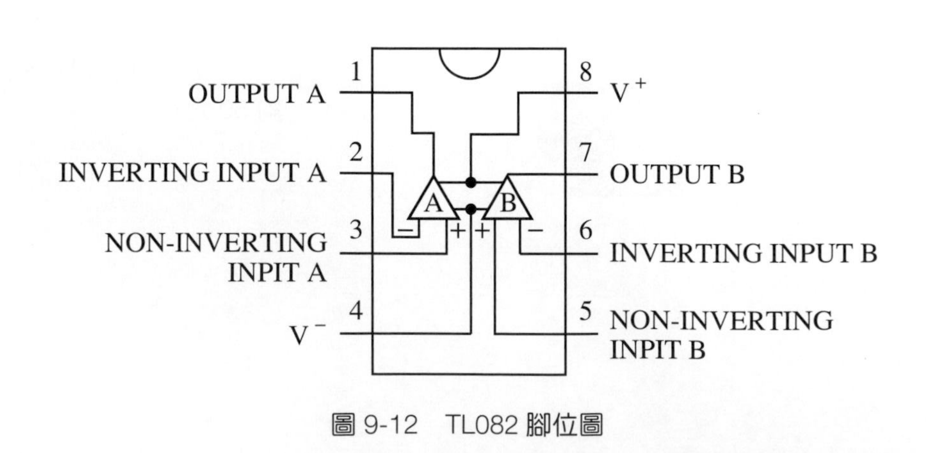

圖 9-12　TL082 腳位圖

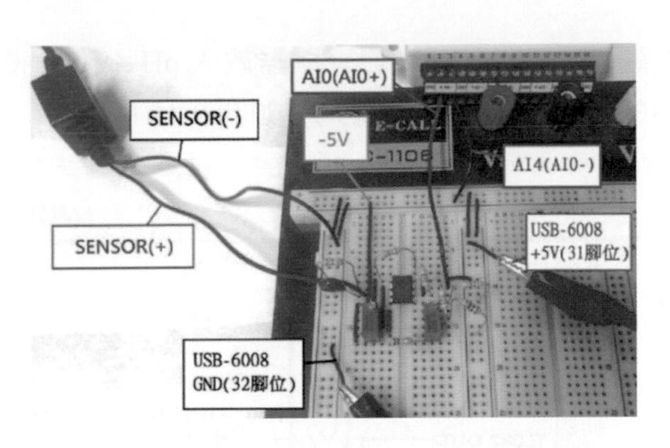

圖 9-13　**麵包板與 USB-6008 接線實體圖**

9-4.2　感測器電路增益校正

STEP 1 首先不要急著把完成的類比電路接到 USB-6008。在此，先來做 pH 感測電路增益校正，第一步先接上 pH 電極、開啟電源，把感測器放入 pH 10 校正液並調整 b(截距) 電路中的 R_{10} 使輸出 1V(7 腳)，如圖 9-14 所示

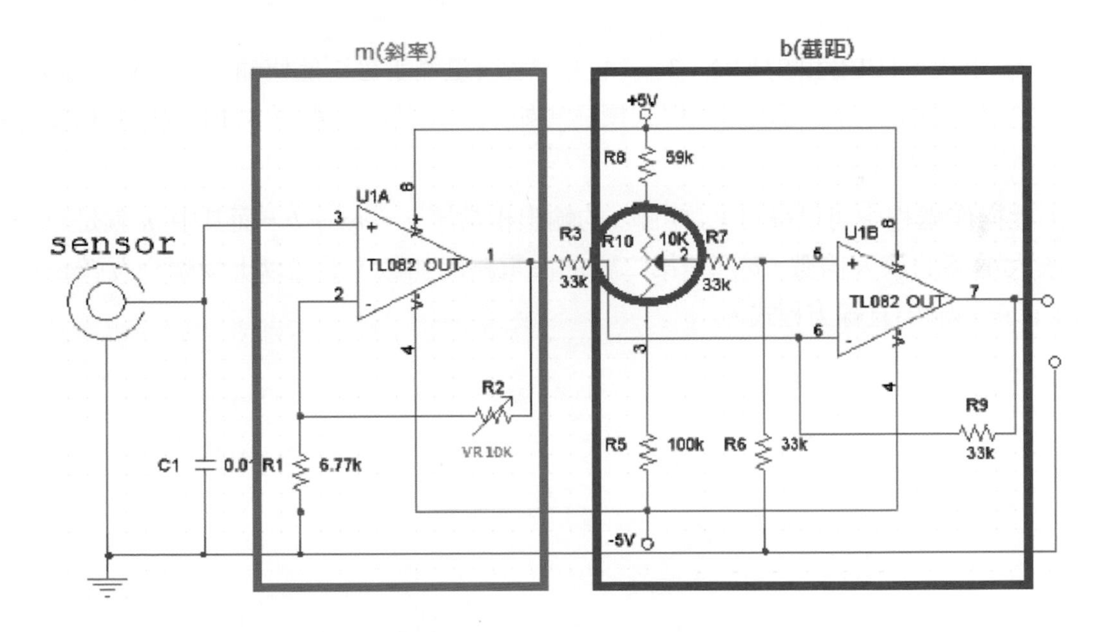

圖 9-14　訊號「細」調處理圖

STEP 2 先接上 pH 電極、打開電源，把感測器放入 pH 4 校正液並調整 *m*(斜率)，即調整電路中的 R_2 使輸出 0.4V(7 腳)，如圖 9-15 所示。

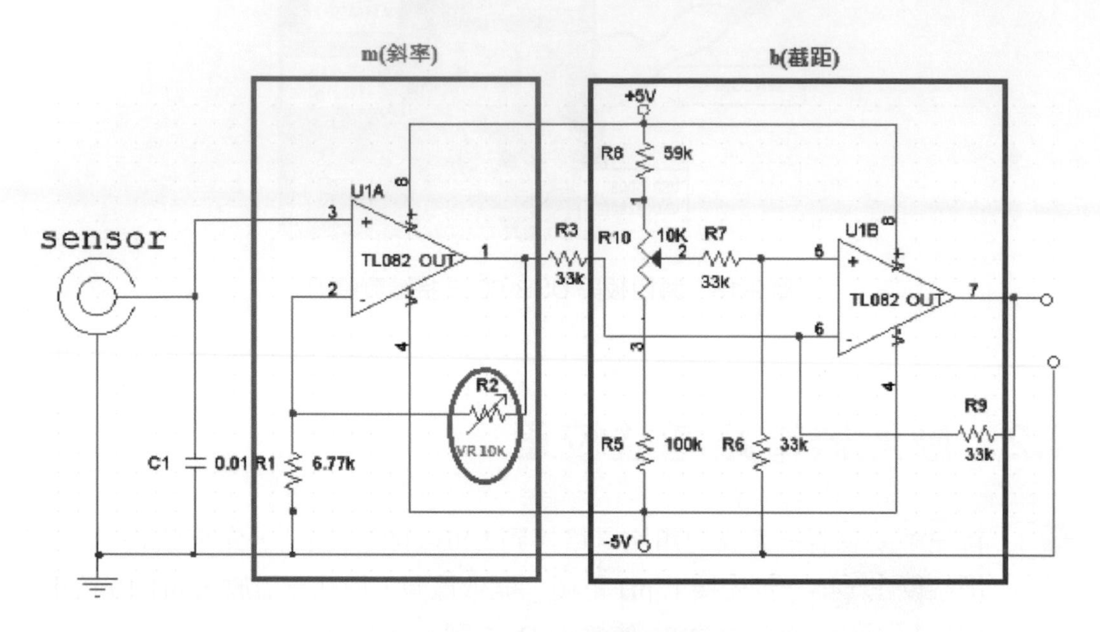

圖 9-15　訊號 [粗] 調處理圖

STEP 3 重複 STEP1 和 STEP2、3 ～ 4 次，之後量測水是否能使輸出 0.68V(7 腳)，如果是則成功，可以進入程式撰寫。如果不是請繼續重覆 STEP1 和 STEP2 步驟直到成功。

由此操作過程中可以得知 V_O (7 腳) 的輸出相當於 $y = mx + b$，而其中 *m* 就是第一級正向放大電路的放大倍數，*b* 則是第二級加法電路的加數，透過以上步驟交互校正來達到 pH 真正的輸出直線方程式。

9-4.3　採用教具模組接線

為了教學操作方便，將原先使用麵包板接線方式進階客製成一個專屬的 pH 感測器教具模組。因 pH 感測器模組需 ±5V 雙電源的驅動，這裡使用一個自行開發的簡易電源模組來將自電源供應器提供的＋ 10V 轉換成 ±5V 的雙電源。首先，看到 ±5V 電源轉換模組的最左邊端點為＋ 10V 輸入端點，最右邊則是接到電源供應器的負端。再將雙電源模組的 ±5V 分別連接至 pH 感測器模組上的 ±5V 點，GND 接點則連接到標示 GND 端點即可。模組上 A 端點則連接至 pH 感測器上的 BNC 轉接頭 (公轉兩芯雙絞線) 的正端點，B 則連接至 pH 感測器上 BNC 轉接頭 (公轉兩芯雙絞線) 的負端點即可。其中 pH 感測器模組下方兩個端點，左邊為 AI 0+，右邊為 AI0- 將這兩個端點分別連接至 USB-6008 的 AI 0+ 及 AI 0-，即完成接線，如圖 9-16 所示。

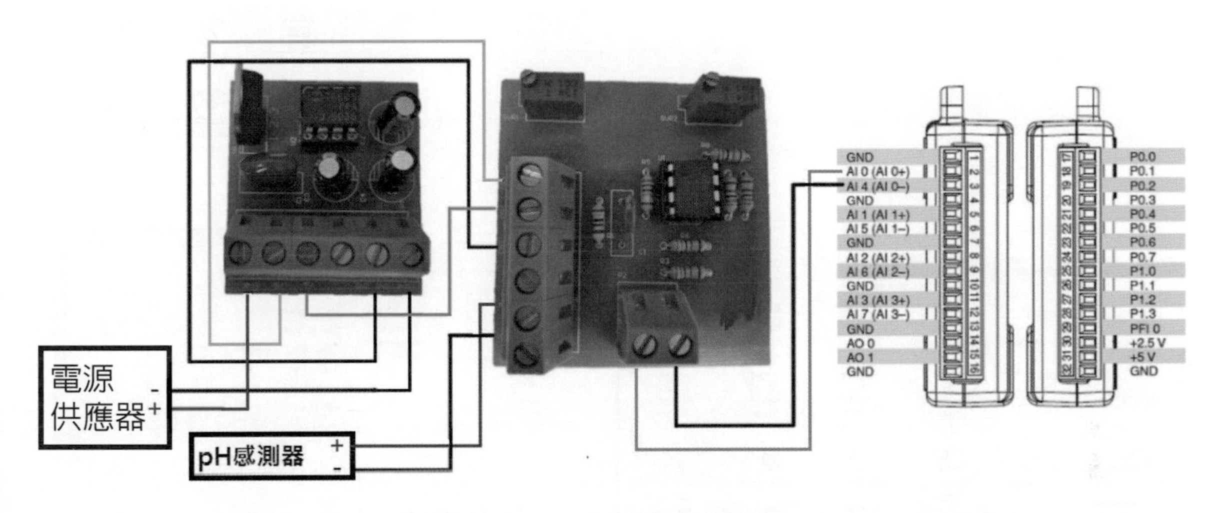

圖 9-16　±5V 雙電源模組、pH 感測器模組與 USB-6008 接線圖

9-5 程式設計

STEP 1 利用 DAQ Assistant，Step by Step 來完成整個程式設計。從圖形程式區點選右鍵「Measurement I/O → NI DAQmx」中找到 DAQ Assistant 如圖 9-17 所示。DAQ Assistant 的設定步驟可參考圖 9-18 所示。

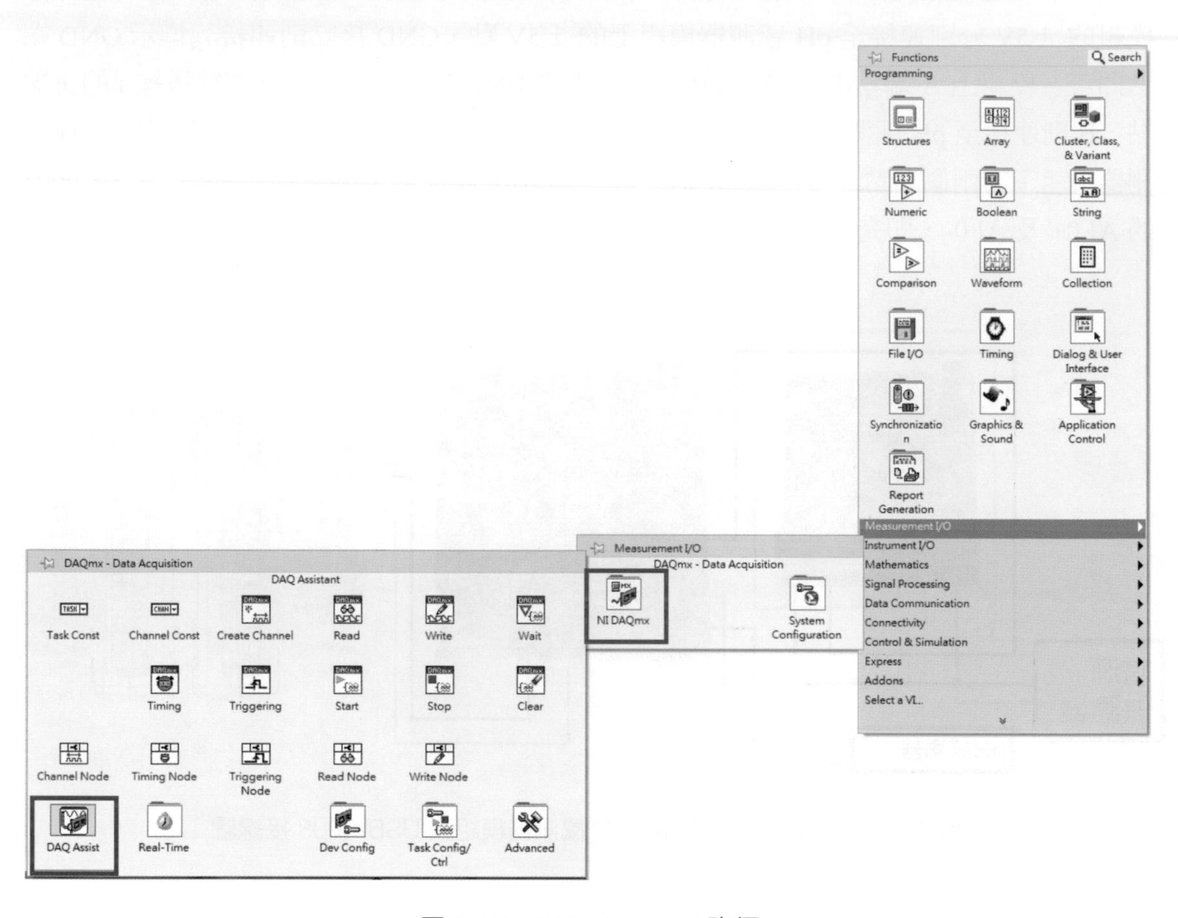

圖 9-17　DAQ Assistant 路徑

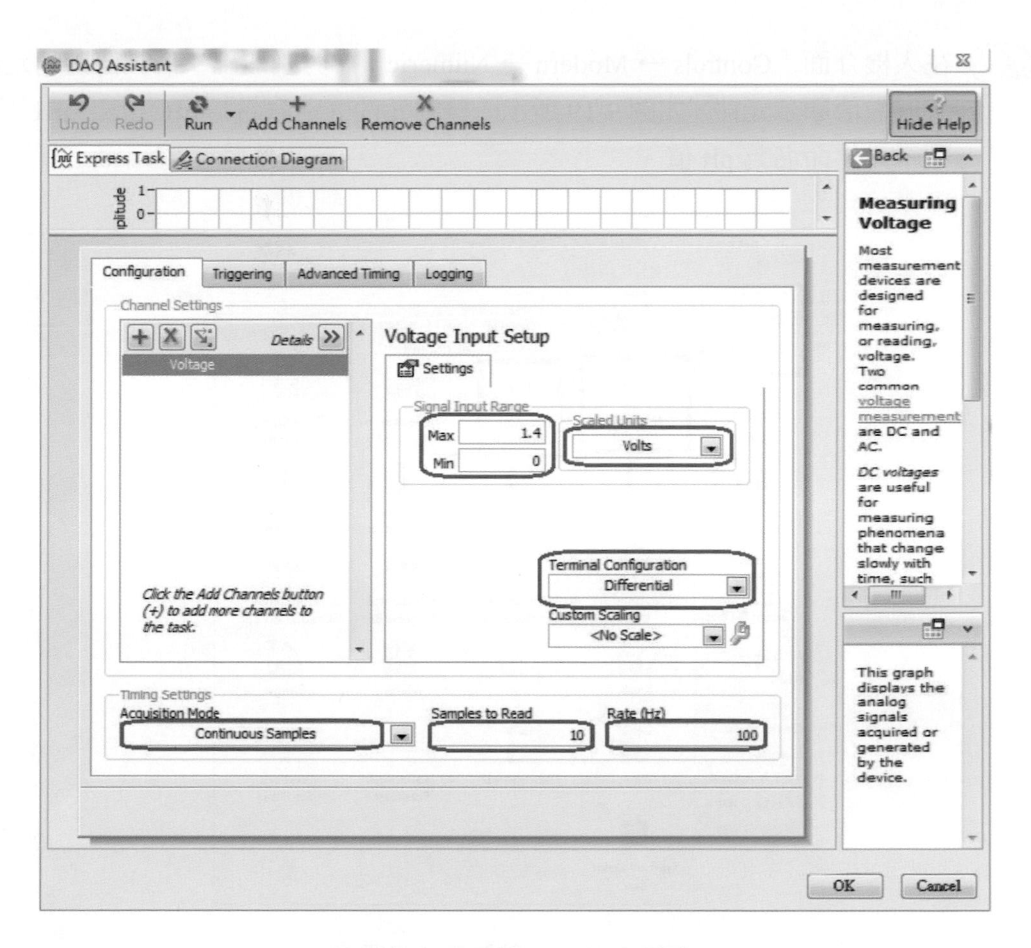

圖 9-18(a)　DAQ Assistant 設定

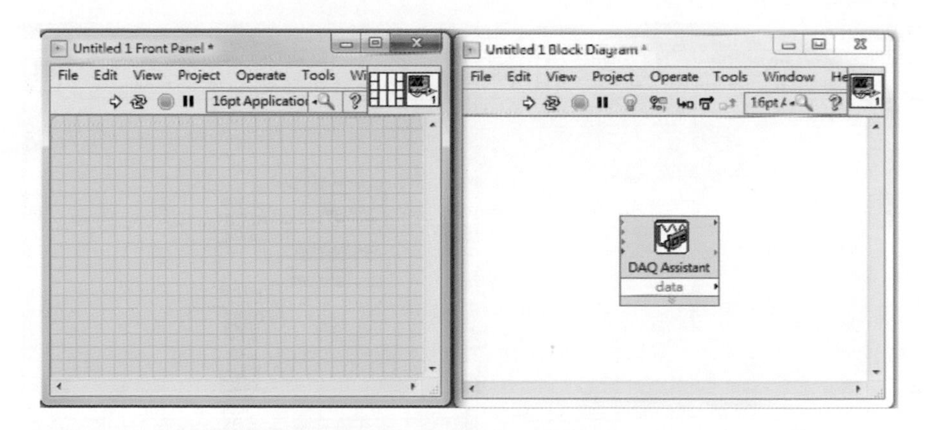

圖 9-18(b)　程式畫面

STEP 2 在人機介面「Controls → Modern → Numeric」中分別取出二個數值控制元件及一個數值顯示元件，如圖 9-19 所示。控制元件分別命名為 pH 上限、pH 下限，顯示元件命名為 pH 值。

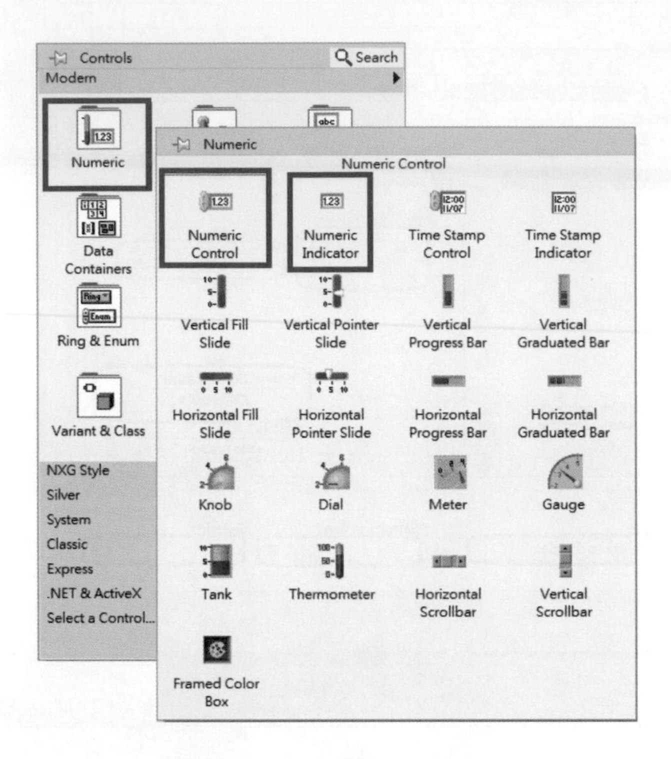

圖 9-19(a) 數值元件路徑

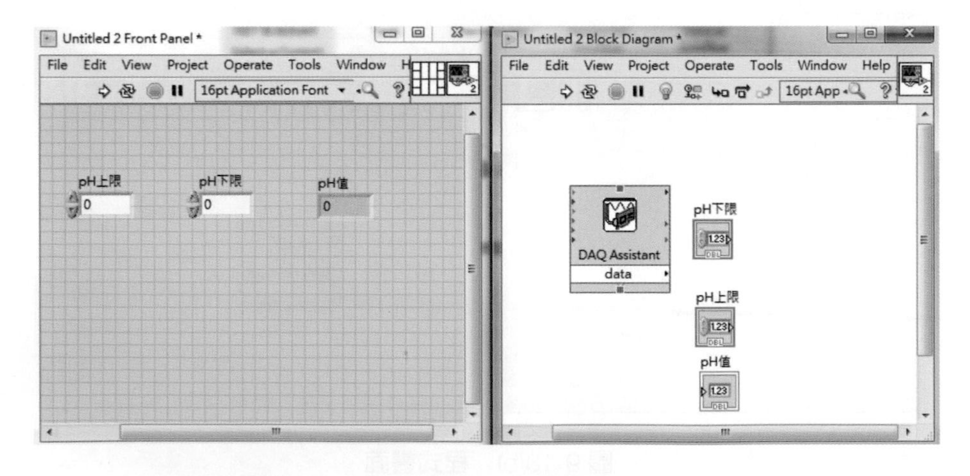

圖 9-19(b) 程式畫面

STEP 3 在人機介面「Controls → Modern → Boolean」中分別取出二個 LED，如圖 9-20 所示。分別命名為過酸及過鹼。

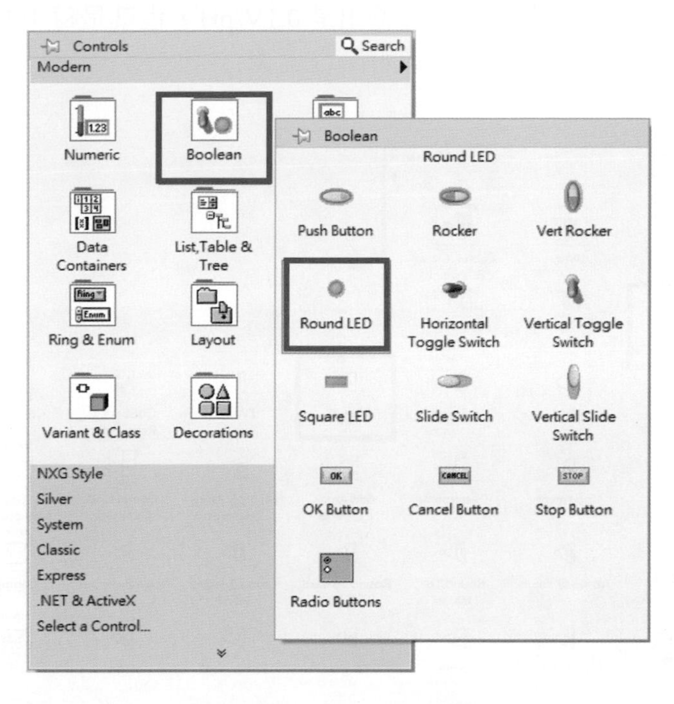

圖 9-20(a)　LED 元件路徑

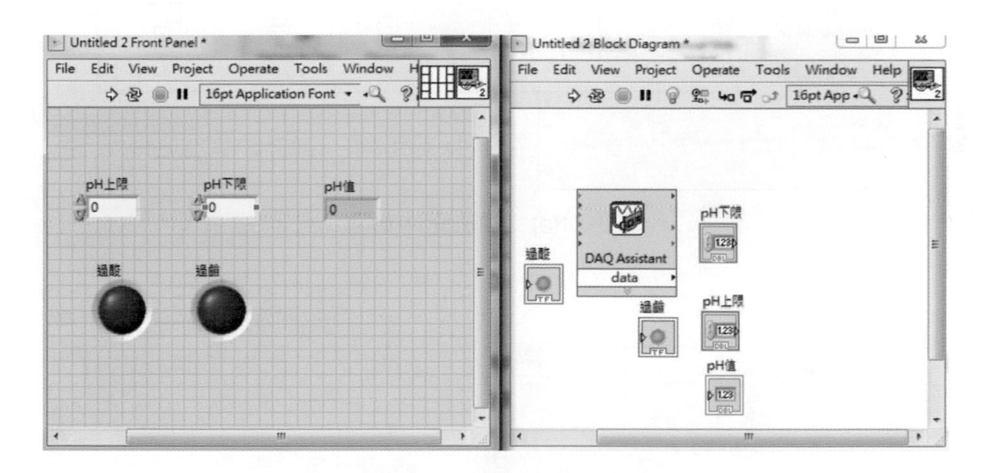

圖 9-20(b)　程式畫面

STEP 4 在圖形程式區的「Functions → Programming → Numeric」中取出乘法元件，並創造一個常數元件並設定為 10 和擷取到的靜態值相乘，如圖 9-21 所示。

註 從實作電路可以得知，其 V_O (7 腳) 輸出是 0.1V/pH，也就是每 1pH 就輸出 0.1V，這裡只需要將擷取到的信號乘以 10 就好。

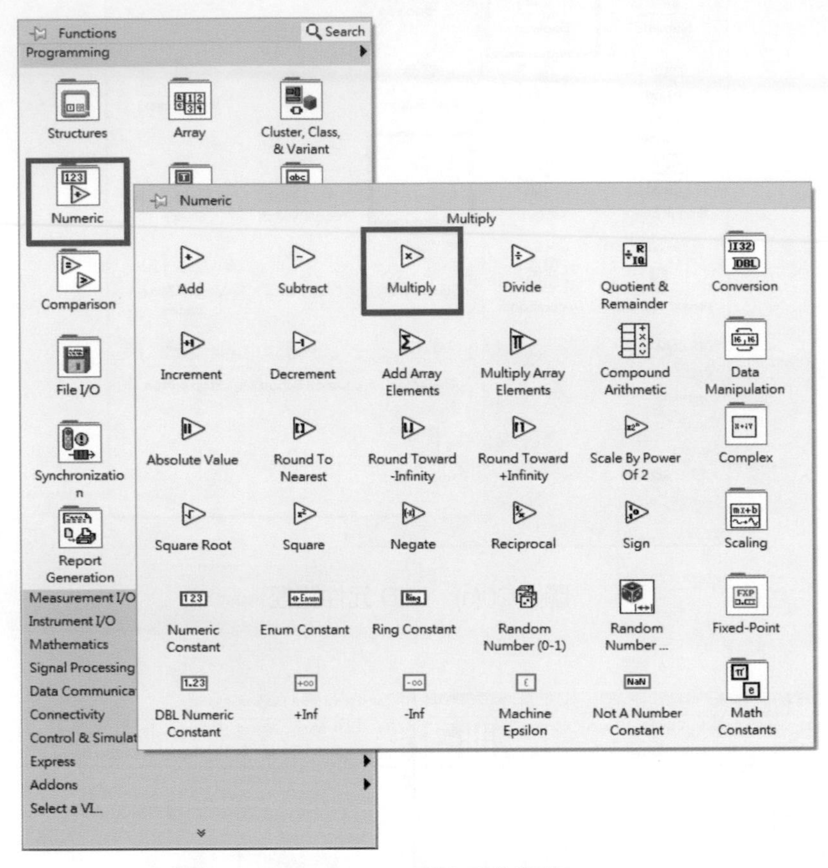

圖 9-21(a)　乘法元件路徑

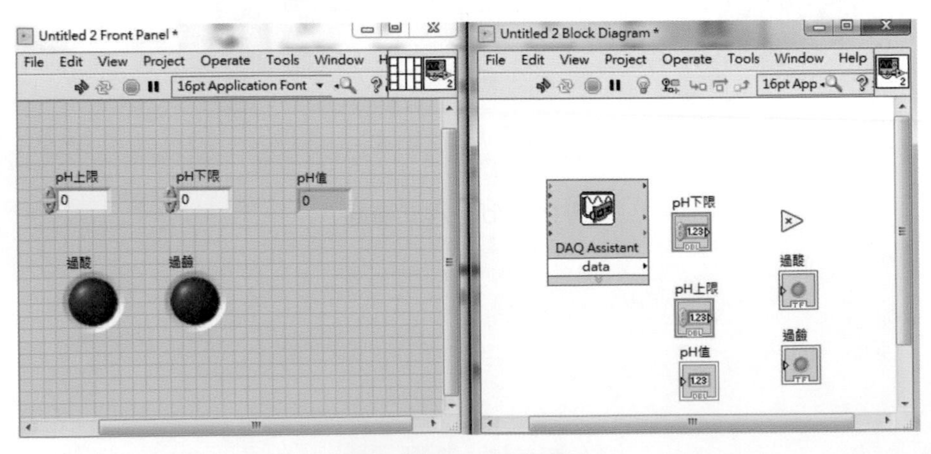

圖 9-21(b)　程式畫面

STEP 5 在圖形程式區的「Functions → Programming → Comparison」中取出大於、小於函數各一個，如圖 9-22 所示。

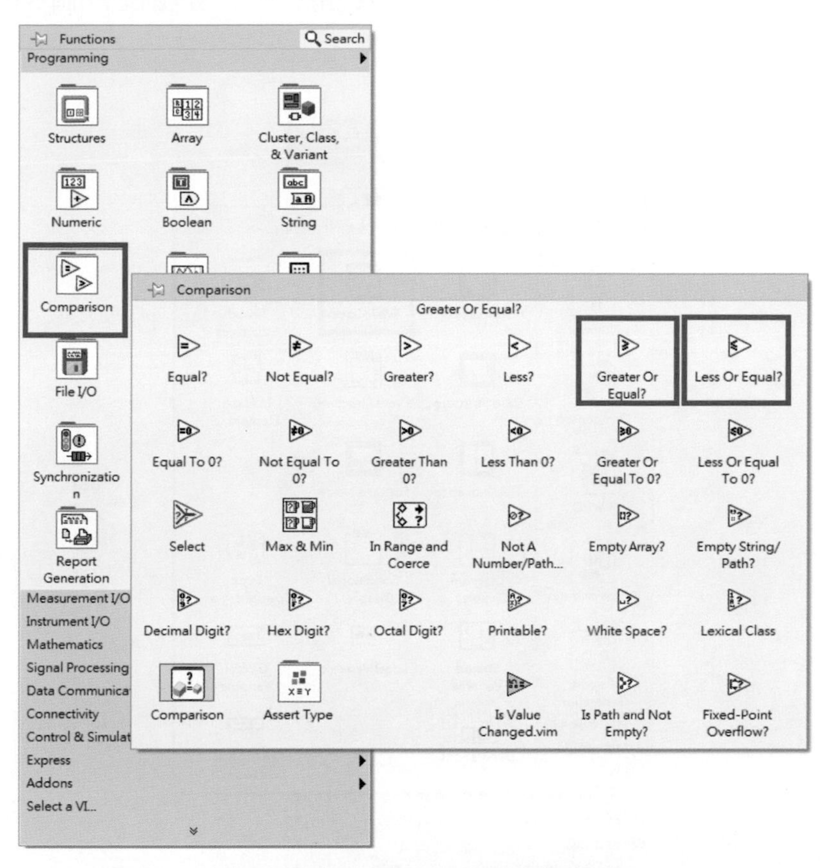

圖 9-22(a)　大於及小於元件路徑

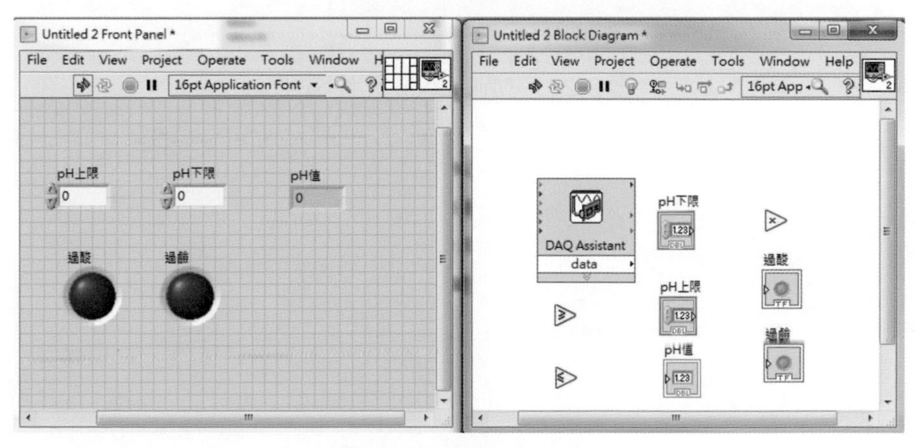

圖 9-22(b)　程式畫面

STEP 6 為了讓程式能夠一直執行，在圖形程式區的「Functions → Programming → Structures」中取出 While Loop，如圖 9-23 所示。使用 While Loop 將全部元件包裹在內並在迴圈右下角的紅點左邊接點按一下右鍵創造一個 STOP 元件，如圖 9-24 所示。

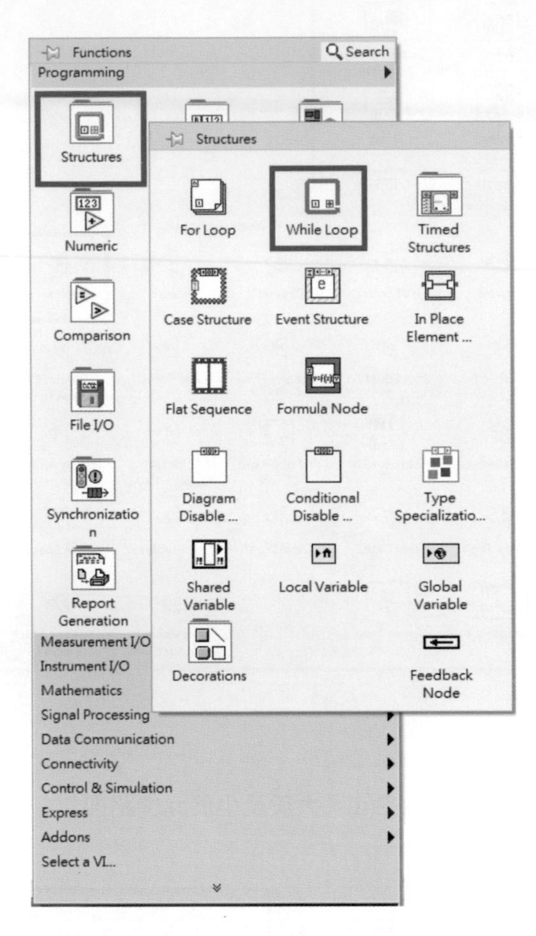

圖 9-23　While Loop 元件路徑

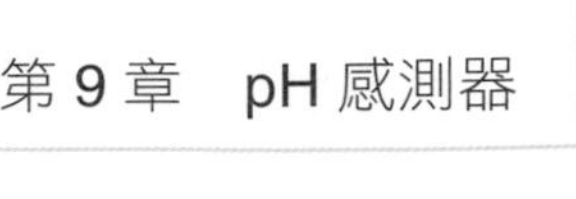

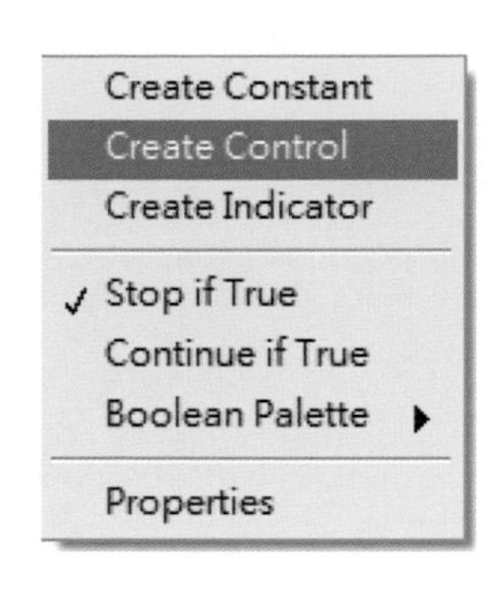

圖 9-24(a)　STOP 元件

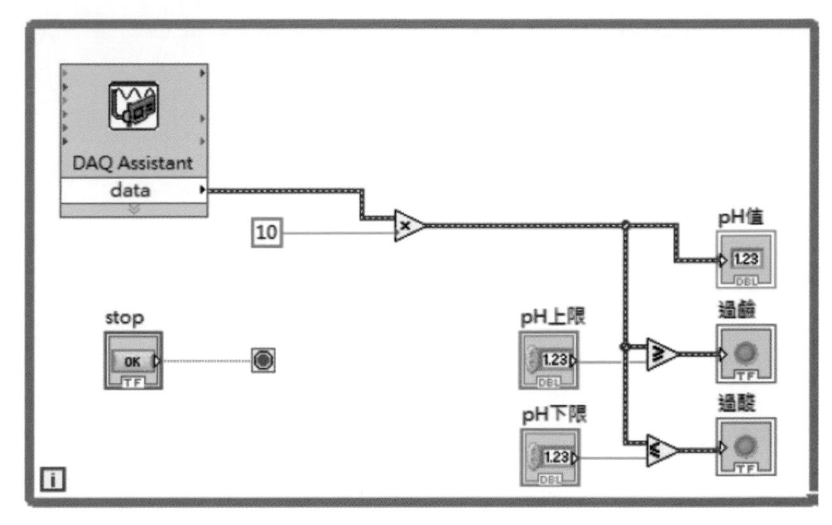

圖 9-24(b)　圖形程式區

STEP 7 將所有元件擺好連結後，如圖 9-25 所示。接著便可開始執行程式。

註 使用程式實際測量水質前必須先對 pH 感測器進行校準的動作。

實驗步驟 硬體接線及程式設計完成後，先開啟程式並按執行鍵，接著開啟電源供應器提供 10V 給電源模組。pH 感測器進行校準後，將 pH 感測器放入酸性水中，觀察人機介面的過酸 LED 燈是否有亮起。將 pH 感測器放入鹼性水中，觀察人機介面的過鹼 LED 燈是否有亮起，便可判斷程式設計及硬體接線是否正確。

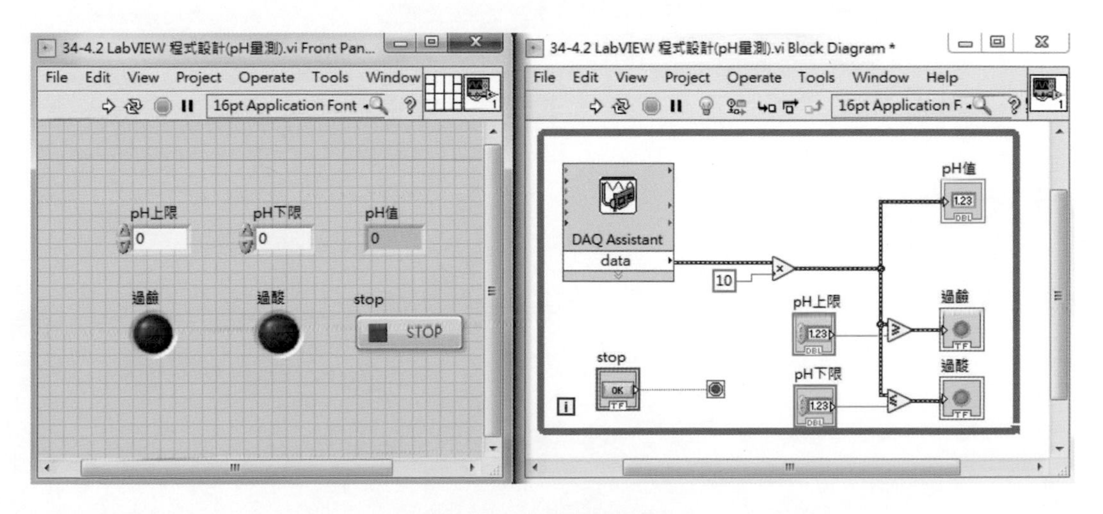

圖 9-25　完整程式圖

荷重元感測器－簡易磅秤設計

10-1 壓力感測器原理介紹

壓力感測器可以測量各種形體的應力，舉凡重量、流速、液壓、氣壓和蒸汽都可以是量測對象，它可以應用在漁業、農業、礦業、鋼鐵業、電子業等設備。圖 10-1 所示是利用電阻式的壓電材料達到觸控的目的、圖 10-2 則為 Wii Fit 則是利用壓力感測器偵測人的動作、再如圖 10-3 所示為壓力感測器用來偵測氣體、液體、蒸氣等壓力。

圖 10-1

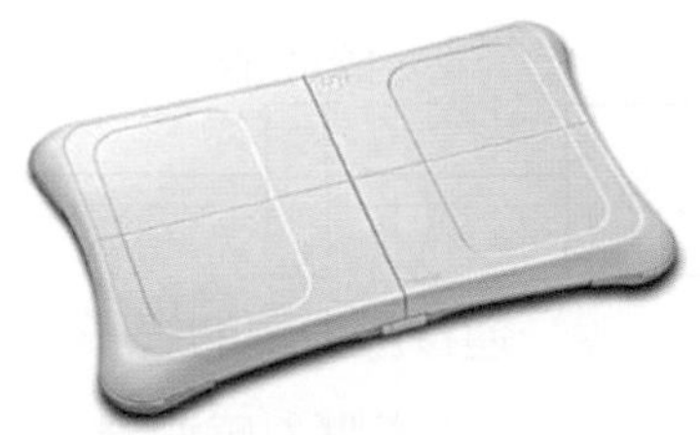

圖 10-2

圖 10-3

圖片來源：任天堂、廣州歐控機電設備有限公司、科學少年電子報

所謂壓力感測器，其實就是根據對應變規或壓電材料施加的壓力，而改變其電阻值，再利用外加電壓或電流來量測其訊號變化達到測量效果。壓力的量測可以分成三類：絕對壓力測量、表壓力測量與差壓力測量。

1. 絕對壓力所指的就是對應於絕對真空所測量到的壓力。
2. 表壓力所指的就是對應於地區性大氣壓力所測量的壓力。
3. 差壓力就是指兩個壓力源間的壓力差值。

壓力感測器也如同壓力量測可以分成三類，如圖 10-4 所示：

a. 絕對壓力感測器：此裝置包含有參考真空，以做為環境的絕對壓力的測量或是管接壓力源的測量，而圖 10-3 的感測器屬於絕對壓力感測器的一種。
b. 差壓力感測器：為兩個管接壓力源間之壓力差值的測量。
c. 表壓力感測器：也是一種差壓力轉換器，但是，其壓力源一個為地區性大氣壓，另一個則為管接的壓力源。

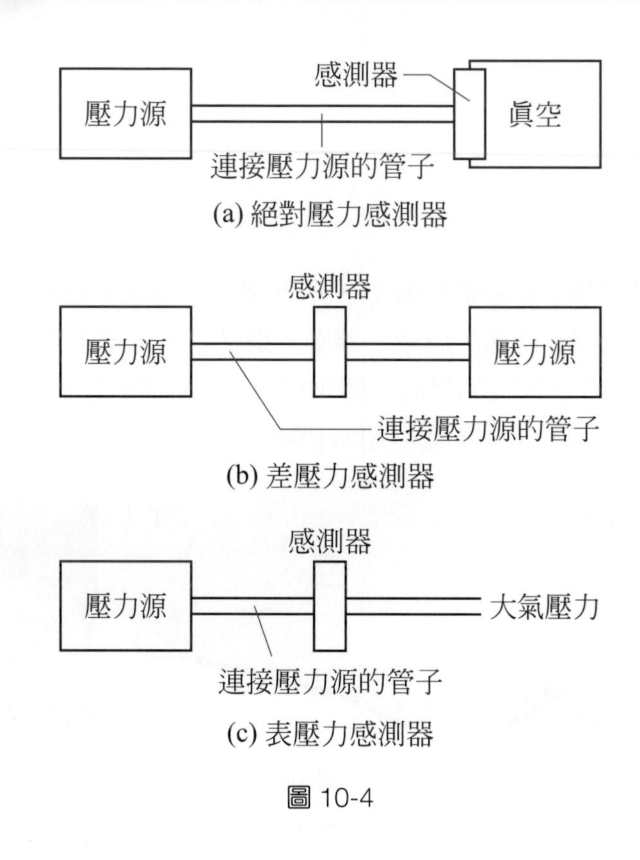

(a) 絕對壓力感測器

(b) 差壓力感測器

(c) 表壓力感測器

圖 10-4

10-2　荷重元 / 壓力傳感器的原理

荷重元 (load cell) 是壓力感測器的一種，主要的應用是在量測重量及力的場合。而其量測的型式可分為拉緊與壓縮、壓力與集束型等作用力量測方式。可量測重量的範圍由幾公克重到幾頓重，其輸出為電壓型式且需經由儀表放大器將訊號放大。此章節採用價格親民的荷重元來設計一個簡易的電子秤。

10-2.1　應變規原理

為配合不同的場合及搭配使用，因此荷重元的外形變化很大，如圖 10-5 所示。而荷重元是利用應變規 (strain gage) 貼片來測量重量，是利用導電材料因外力變形而改變電阻的特性來量測重量，必須安裝在材料易變形的位置。為使量測的結果更加準確，一般會搭配電橋來設計量測電路。如圖 10-6 所示為其構造圖。以荷重元為例，其中載體為應變規主體而測試樣品為荷重元金屬塊，格狀金屬則是電阻變化的所在，格狀金屬的電阻值與其電阻係 (ρ) 和長 (L) 成正比，與其截面積 (A) 成反比。因此，將格狀金屬之長度拉長或縮短則電阻值必定會發生改變；用這種原理可製成一種傳感器。

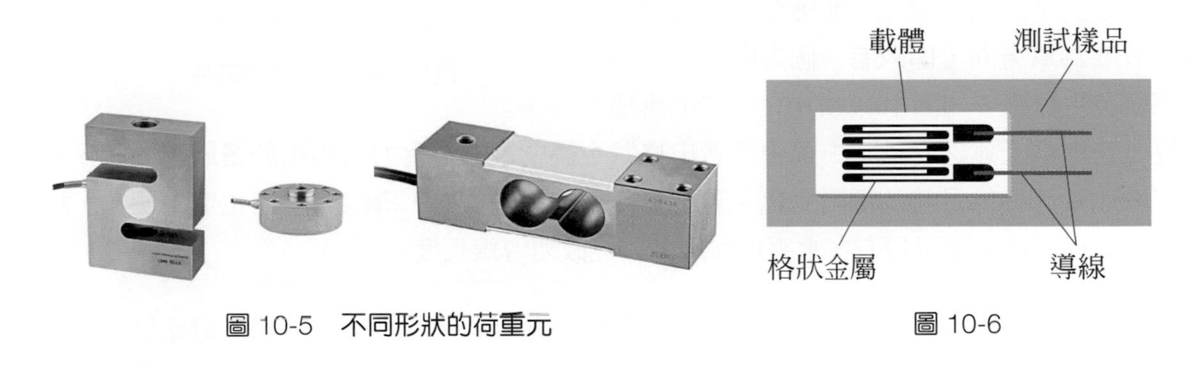

圖 10-5　不同形狀的荷重元

圖 10-6

其關係式可以表示為

$$\mathrm{GF} = \frac{\Delta R / R}{\Delta L / L} = \frac{\Delta R / R}{\varepsilon}$$

GF 為「電阻的局部變化」與「長度 (應變) 的局部變化」之比，GF：應變係數 (應變的敏感度)。

如圖 10-7 所示為其示意圖，如圖 10-8 所示為電阻 - 長度之關係圖。

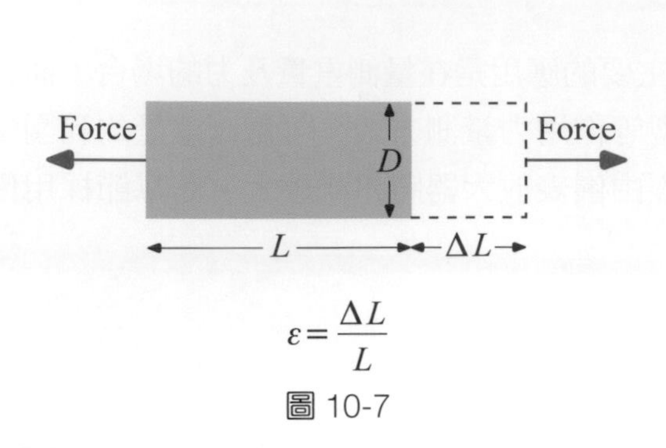

圖 10-7

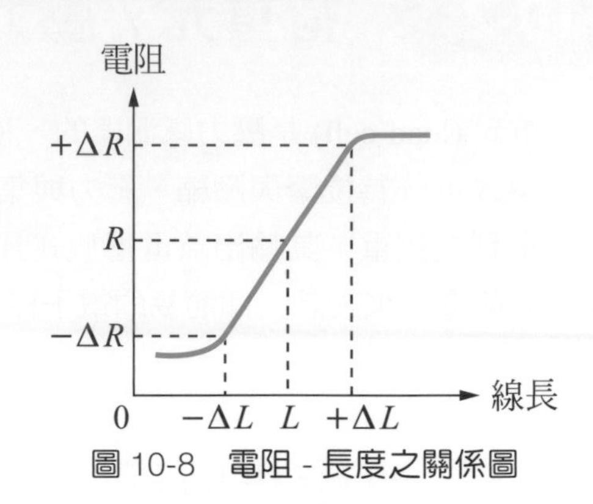

圖 10-8　電阻 - 長度之關係圖

應變規的使用

標準典型的應變規是一個只有幾微米厚度金屬阻抗薄片，固定在一片電子絕緣材料上。為了符合所需的外形將不需要的部份去除掉，如此一來輸出阻抗改變值的導線就可以固定了。應變規阻抗一般設計為 120 Ω 與 350 Ω。應變規的型式有兩種：線狀與箔狀，兩者的基本特性相同，均對應變 (作用力) 有產生對應之電阻變化。而應變計對應變之靈敏度為單方向，即只有一個方向施力才對應變發生反應，如圖 10-9 所示。一般的應變規，它提供上述之特性，由圖中可看出格狀金屬的設計，當力量作用於靈敏方向時，長度增加量可提供足夠的電阻變化。若應變作用在垂直方向，導線長度變化並不明顯，故電阻變化極小，所以只有在水平加作用力才能改變導線長度。

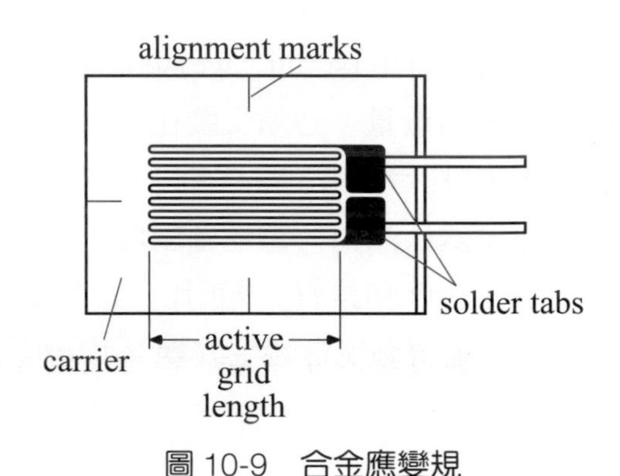

圖 10-9　合金應變規

資料來源：NI 技術文件

由於應變時而發生變化，因此亦改良至極小電阻；因此必須使用額外電路以放大電阻的變化。一般常見電路設定，即稱為惠斯登電橋。如圖 10-10 所示的一般惠斯登電橋，包含 4 組電阻臂與 1 組激發電壓 V_{EX}；激發電壓則套用至整組橋接。橋接的輸出電壓為 V_O，將等於：

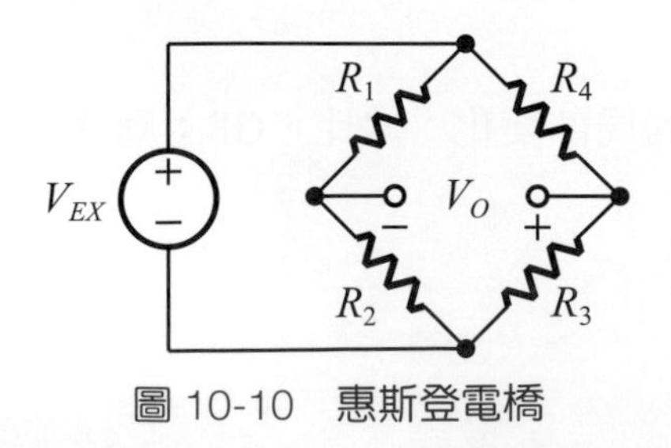

$$V_O = [\frac{R_3}{R_3 + R_4} - \frac{R_2}{R_1 + R_2}] \cdot V_{EX}$$

圖 10-10　惠斯登電橋

荷重元一般均於惠斯登電橋設計中使用 4 組應變規，電路中的每個阻抗均為啟動狀態。此種設計即稱為全橋接。全橋接設定可大幅提升變更應變時的電路敏感度，以進行更精確的量測。雖然惠斯登電橋有更為艱澀的理論，但是荷重元一般均為「黑盒子」並包含用於激發 (0V 與 V_{EX}) 與輸出訊號 (AI+ 與 AI−) 的各 2 組連接線。荷重元製造商均提供每組荷重元的校準曲線，可整合輸出電壓為特定總數的力。

10-3 家用電子秤與 USB-6008 結合

電子磅秤是一種常見的稱量重量的裝置，它以裝在機構上的電子重量感測器將重力轉換為電壓或電流的模擬訊號，電子秤經過放大及濾波處理後由 A/D 處理器轉換為數字訊號，數字訊號經由中央處理器 (CPU) 運算處理轉換為物品重量數值，而周邊所需的功能及各種接口電路也與 CPU 相連，最後由顯示螢幕以數字的方式顯示所量測的物品重量。

本章節以從小北大賣場買來的多用途家用電子秤 TM-3000 (立菱尹) 為範例。測量範圍：0 ～ 3 kg、0 ～ 38 °C、80 % RH 以下。使用電源：3 號電池兩顆，內部採用荷重元作為感測元件，具有測量精度高、長期穩定性良好的特點，但容易受溫度影響盡量不要讓電子秤靠近熱源產生量測誤差。荷重元也可以搭配傳送器做量測，由於已有實體的數位錶頭協助校正，故不需要另外設計信號轉換電路。圖 10-11 和 10-12 所示為產品資訊和實體圖。

最大秤重：3公斤/80台兩
最小秤重：3公克/0.1台兩
精準誤差值：±1公克/0.1台兩
單位選擇：公克g/台兩tl
秤台尺寸：直徑14.5(公分)
體積：長24公分 寬17公分 高3.7公分
重量：250公克
使用電源：3號電池2顆 (無附贈)
使用環境：0°C~38°C 溼度≦80%RH
產地：中國(台灣監製)

注意事項

1.當物品重量超重或太輕，電子秤則會無法顯示。
2.重擊或重壓會造成機器損壞。
3.避免再電波磁場干擾下使用電子秤。
4.避免太陽下曝曬、高濕氣環境。
5.若將長時間不使用，請取下電池，防止電池漏液造成損壞。
6.請勿長時間放置物品於秤盤上，因而影響測量精準度。
7.本產品非供營業交易、證明或公務檢測之用途。

圖 10-11

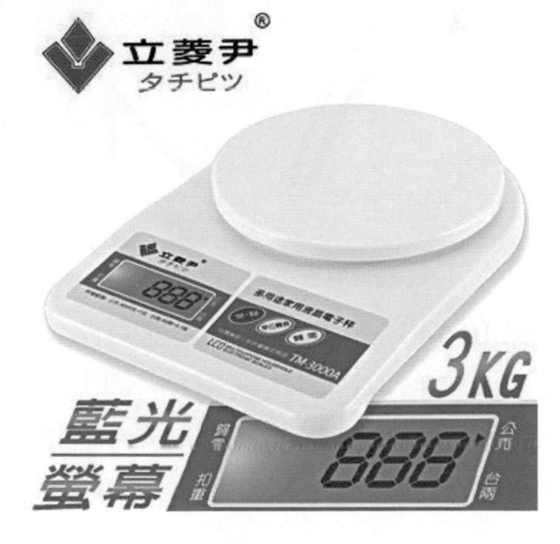

圖 10-12

10-3.1 訊號處理

表 10-1 為 TM-300 電子秤的拆解圖示及進行量測前的準備工作。為方便量測工作的進行，請先在電子秤的電路板上白線與藍線的地方個銲接出一紅一黑的單芯線，可參照圖 10-13 所示。以多用途家用電子秤 TM-3000 的內部感測器結合 USB-6008 來量測重量。

表 10-1

設備名稱	設備圖	腳位
多用途家用電子秤 立菱尹 TM-3000	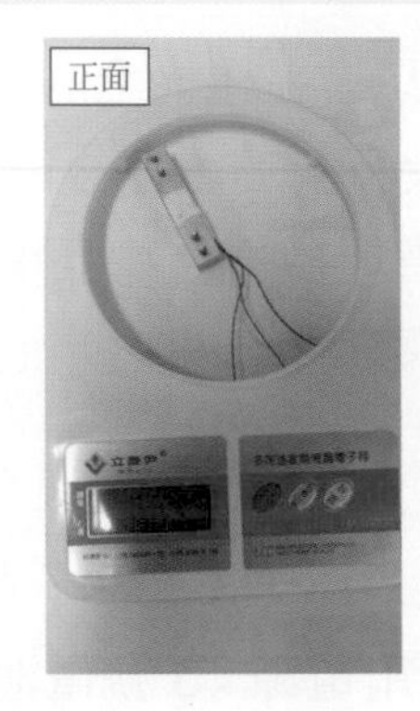 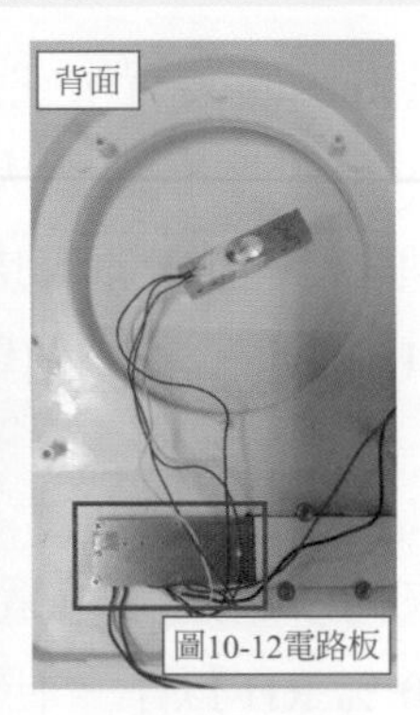 	從電子秤的電路板中白線和藍線的地方銲出兩條線一黑 (sensor–) 一紅 (sensor+)，如圖 10-13 所示。藍或白正負無差別。

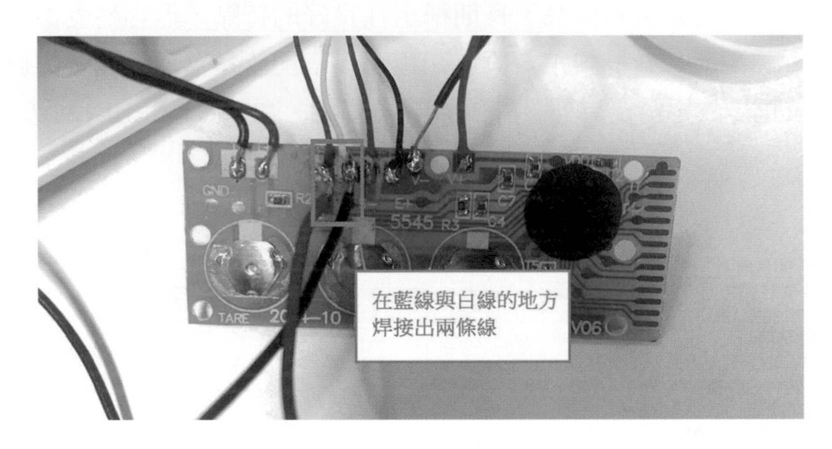

圖 10-13　電子磅秤電路板

圖 10-14 所示為儀表放大器電路。因為荷重元接上激發源後輸出變化極小需要透過儀表放大電路進行阻抗匹配和小訊號放大。否則在 USB-6008 擷取信號後秤重會毫無變化，故必須要有足夠的電壓增益才能量測得到重量的變化。透過後一級放大電路的 R10 調整直流位準讓工作點正常。表 10-2 為所需的電子材料表。

表 10-2　電子材料表

材料名稱		備註
10k 臥式上調可變電阻 × 1	560k 1/4W 精密電阻 × 4	在儀表放大電路中電阻相當重要，一點點的誤差都可以使輸出電壓有極大的誤差，故在此電路中的電阻須採用精密電阻。
0.1μF 無極性電容 × 2	20k 1/4W 精密電阻 × 1	
TL082 × 1	10k 1/4W 精密電阻 × 2	
TL081 × 1	10k 可變電阻 25 轉 × 1	

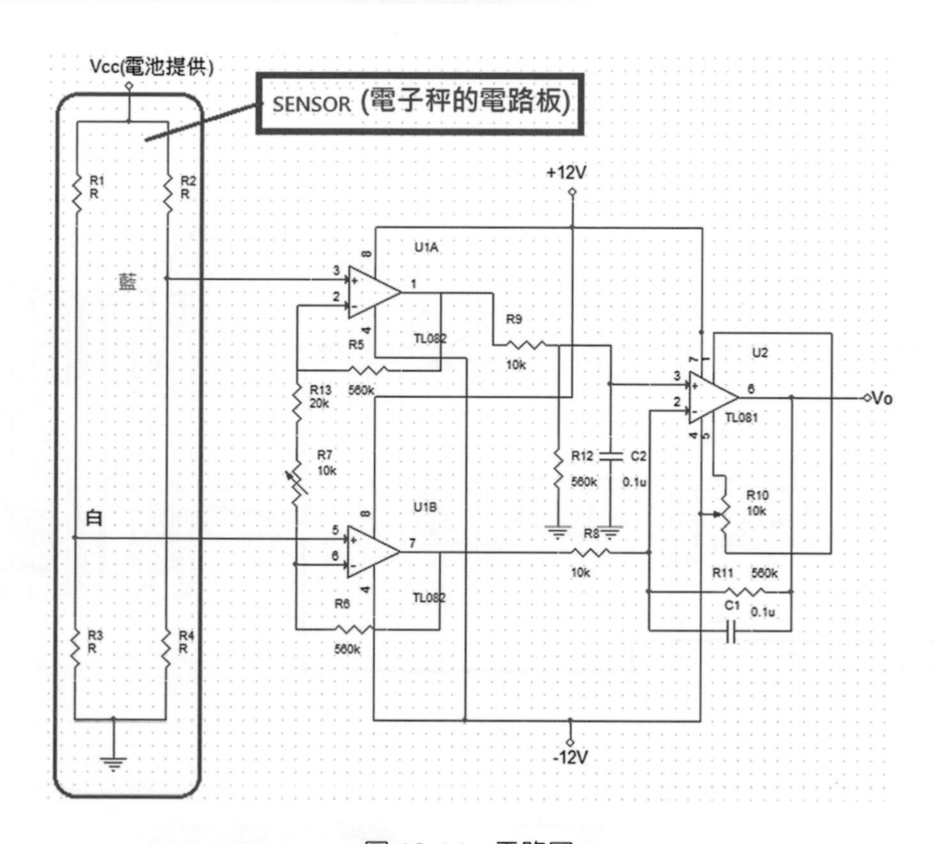

圖 10-14　電路圖

STEP 1 電路接線完成後，請先接上電源暫且不要接上感測器，把 TL082 的 3 腳和 5 腳接地並調整 R_{10} 使 V_o(TL081 的第 6 腳) 輸出趨近於 0V。

STEP 2 把 TL082 的第 3 腳和 5 腳開路並各別接回感測器的藍與白線端點。接上電子秤電源 (2 顆 3 號電池)。

STEP 3 開啟電子秤，隨意秤重假設 100 克，試著調整 R_7 使 V_o 等於 0.1V。假設再秤重 200 克能使輸出等於 0.2V，如果成功了，代表電路功能正常。

10-3.2 資料擷取

圖 10-15 和 10-16 所示為整體連接圖 (包括感測器量測電路和 USB-6008) 和實體圖，首先將所有電源接上並確定 USB-6008 可以正常工作。接著連接 USB-6008 的 AI 0 (V+) 到儀表放大電路的 V_o (6 腳)，連接 USB-6008 的 AI 4 (V−) 到儀表放大電路的接地腳，完成後即可開始程式撰寫。

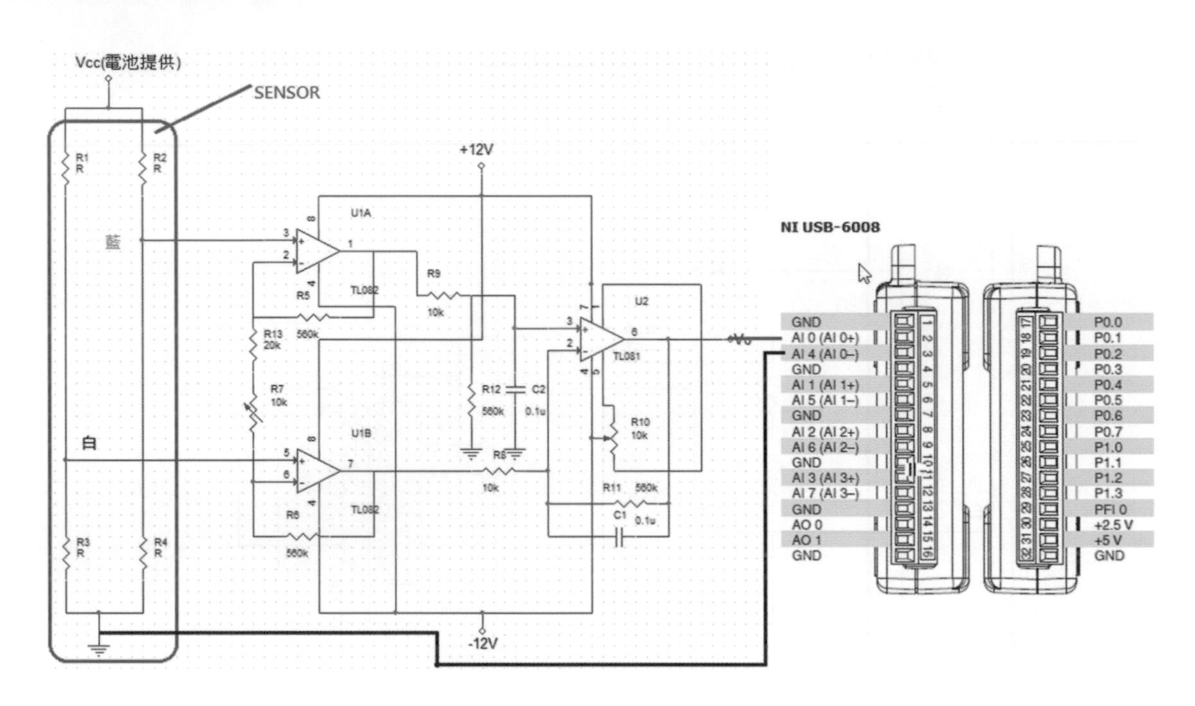

圖 10-15

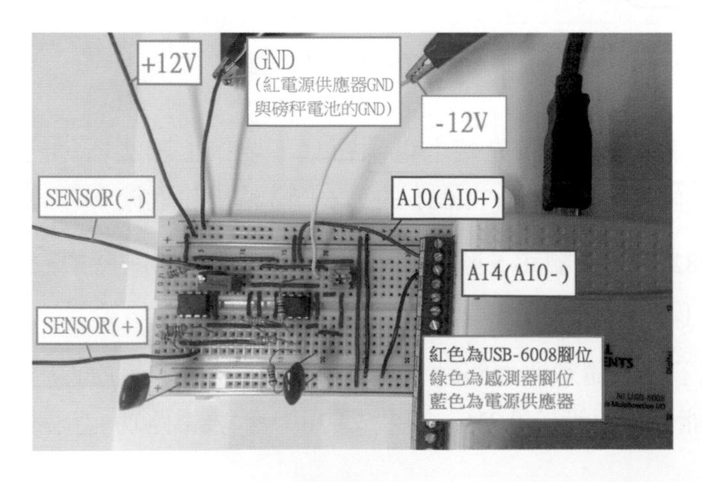

圖 10-16

10-3.3　程式設計

STEP 1　利用 DAQ Assistant，Step by Step 來完成本章節要的程式。其中 DAQ Assistant 的設定步驟請參考之前的 DAQ Assistant 的設定步驟，如圖 10-17。

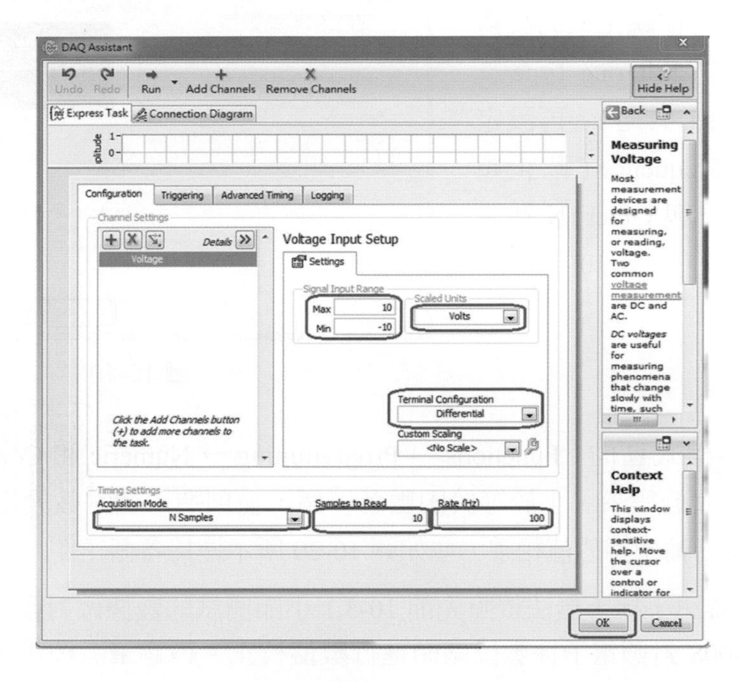

圖 10-17

STEP 2　在人機介面「Controls → Modern → Numeric 和 Boolean」取出兩個數值控制元件、一個數值顯示元件、兩個布林顯示元件，並分別命名為“重量上限”、“重量下限”、“重量”、“過重”、“過輕”，如圖 10-18 所示。

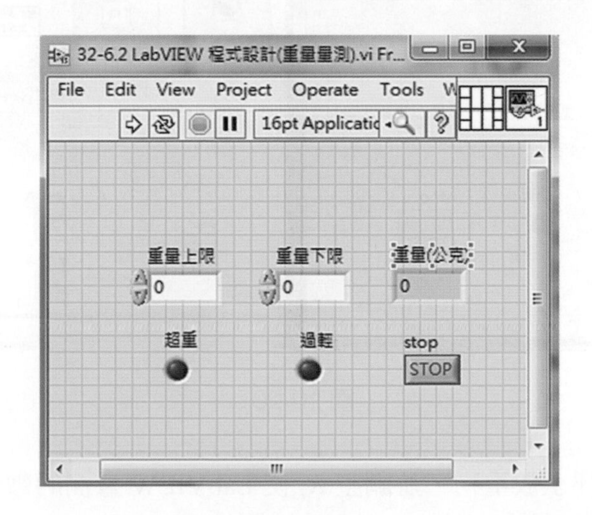

圖 10-18

STEP 3 在圖形程式區點選滑鼠右鍵從函數面板取出「Express → Signal Analysis → Filter」濾波器函數，在跳出來的視窗中設定，Filtering Type 為 Lowpass (低通)，再設定 Cutoff Frequency (截止頻率) 為 2 與 Order (N 階濾波) 為 3，如圖 10-19。

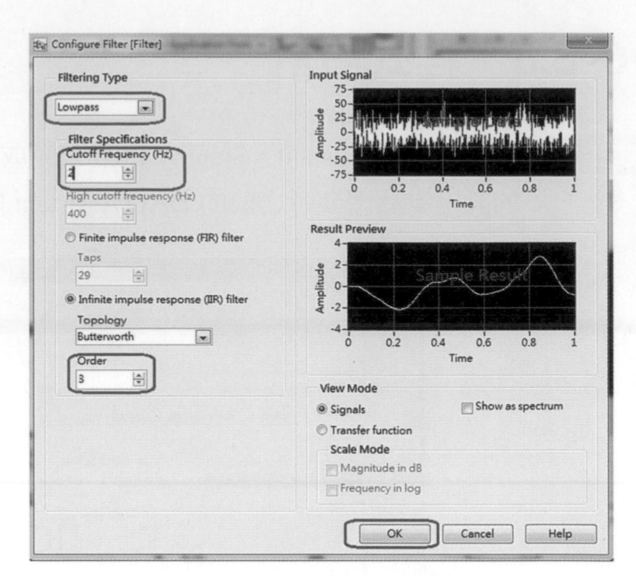

圖 10-19

STEP 4 在圖形程式區的「Functions → Programming → Numeric 和 Comparison」中取出乘、大於等於、小於等於函數各一個，並創造一個常數設定為 2901.234 和濾波器的輸出靜態值相乘，並如圖 10-20 所示連接各個元件。

註 此電路由於雜訊干擾，無法依照先前 10-3.1 小節測試的數據做對照，只能透過實際接上 USB-6008 對照電子秤數位錶頭進行數值校正。經過筆者校正後得知擷取到的訊號需要乘上 2901.234 才能量測到精確的重量。

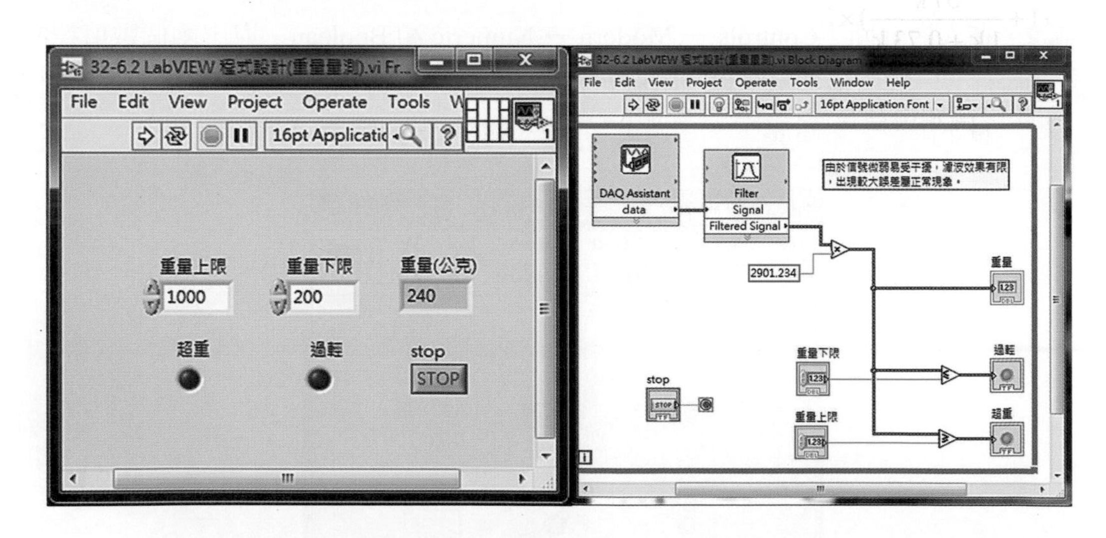

圖 10-20

註 完成後，在電子秤上放重物，並調整 R_7 使 LabVIEW 量測的數值和電子秤的數值一樣，即可大功告成。

10-4 單一荷重元與 USB-6008 結合

10-4.1 信號處理電路設計

圖 10-21 所示為儀表放大器電路。本重量感測器轉換電路為儀表放大器電路採用 ±5V 雙電源，它使用了 HA17324 IC 及一顆 TL341 IC，其中 HA17324 IC 內部 3 顆 OPA 放大器用來做差動放大器，其中右下角電路中的 OPA 做為隨耦器，SVR_3 功用為調整零準位，而 9013 電晶體則用來做溫度補償。

本電路內使用到的 TL431 為精密穩壓 IC，不會受到溫度影響使可穩壓提供 2.7V 給荷重元，當電流超過一定電流時，則會影響到它的溫度飄移導致電壓無法準確提供重量感測器 2.7V，此狀況會影響本電路的準確性。

本電路的增益大小取決於電路中的 SVR_2，其中公式為

$$\left[(1+\frac{51\,\text{k}}{1+SVR_2})\times 2\right]\times\frac{27}{2}$$

假設 $SVR_2=0.73\text{k}$，公式

$$\left[(1+\frac{51\,\text{k}}{1\,\text{k}+0.73\,\text{k}})\times 2\right]\times\frac{27}{2}=30.5\times 2\times 13.5=823.5$$

因此可得知增益為 823.5 倍。表 10-3 為本電路所需材料表。

表 10-3　電子材料表

電子磅秤材料名稱	
端子台 2 pin × 6	8pin 腳座 × 2
精密電阻 560 kΩ × 4	TL081 × 1
TL082 × 1	25 轉可變電阻 20 kΩ × 1
精密電阻 20 kΩ × 2	精密電阻 30 kΩ × 1

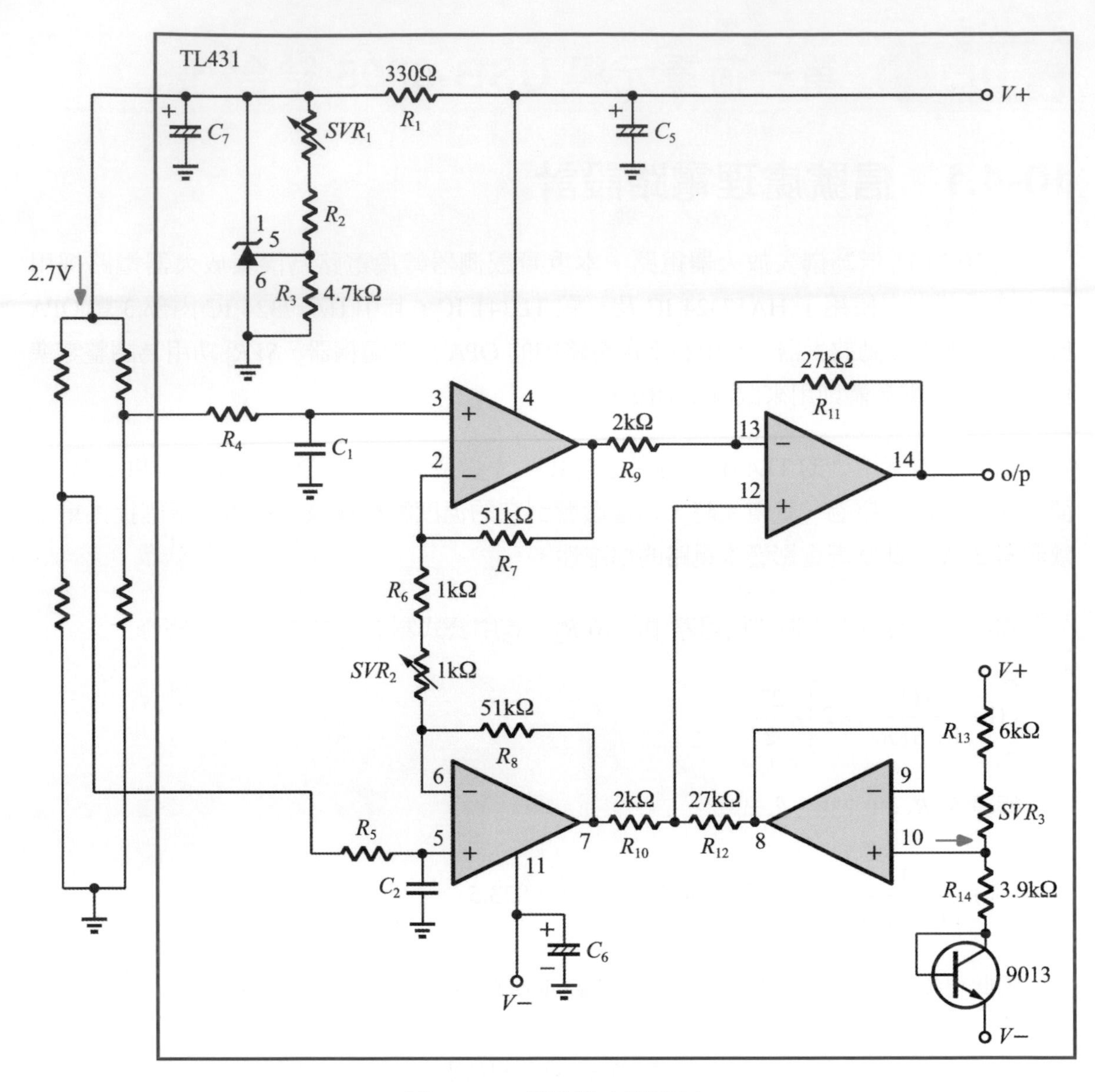

圖 10-21　儀表放大電路圖

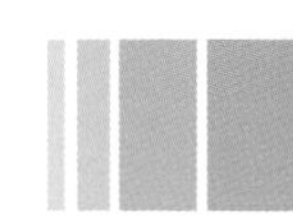

10-4.2　採用麵包板接線

圖 10-22 所示為整體連接圖 (包括感測器量測電路和 USB-6008)。首先將所有電源接上並確定 USB-6008 可以正常工作。連接 USB-6008 的 AI 0+ 到儀表放大電路的 o/p 端點，連接 USB-6008 的 AI 0− 到儀表放大電路的接地腳，完成後即可開始程式撰寫。

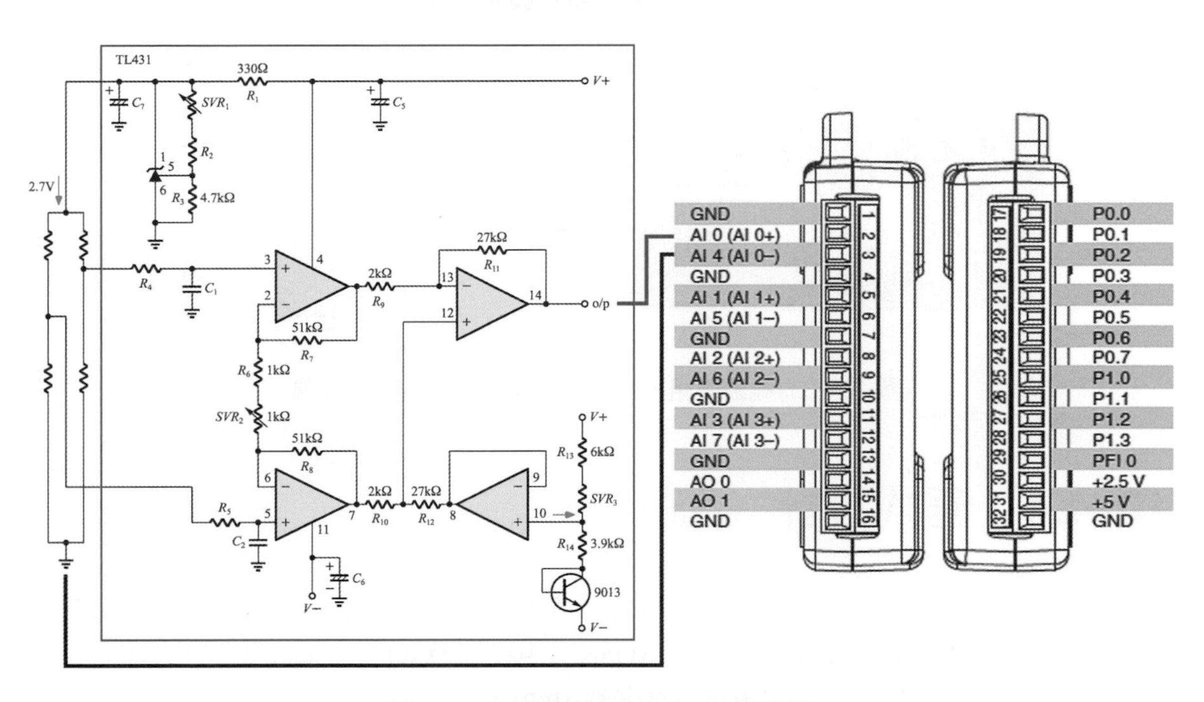

圖 10-22　電路與 USB-6008 接線圖

10-4.3　採用教具模組接線

為了教學操作方便，將原先使用麵包板接線方式進階客製成一個專屬的荷重元感測器教具模組。因荷重元感測器模組需雙電源 ±5V 的驅動，為了方便使用教學模組，這裡使用一個自行開發的簡易電源模組來將 +10V 電源轉換成 ±5V 的電源。首先，看到 ±5V 電源轉換模組的最右邊端點為 +10V 輸入端點，左邊則是接到電源供應器的 GND。如此一來，就有雙電源 ±5V 可提供荷重元感測器模組使用。將 ±5V 分別連接至荷重元感測器模組上的 ±5 端點，GND 則連接到標示 GND 端點即可。模組上 red 端點連接至荷重元感測器上的紅色線，black 端點則連接至荷重元感測器上黑色線，white 端點連接到荷重元感測器模組的白色線 (此處使用藍色線接至 white 端點是為了讓連接線更好辨識)，green 端點則是連接到荷重元感測器模組的綠色線即可。模組右邊 AI 0+ 直接連接至 USB-6008

的 AI 0+ 端點，GND 則是連接至 USB-6008 的 AI 0− 端即可完成接線，如圖 10-23 所示。

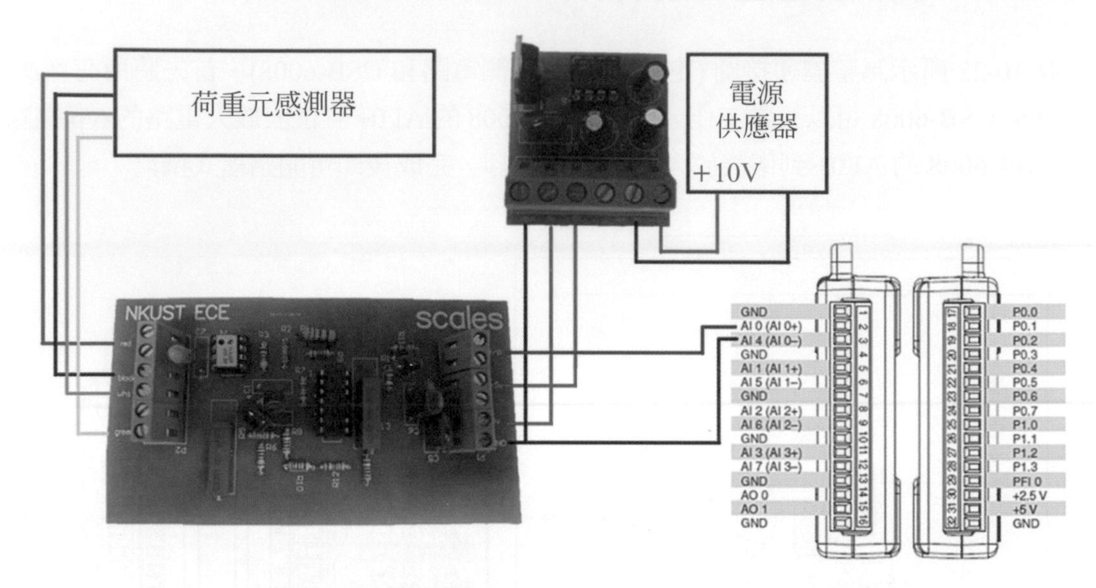

圖 10-23　電源模組、教具模組與 USB-6008 接線圖

10-4.4　程式設計

STEP 1 利用 DAQ Assistant，Step by Step 來完成整個程式設計。從圖形程式區點選右鍵「Measurement I/O → NI DAQmx」中找到 DAQ Assistant 如圖 10-24 所示。DAQ Assistant 的設定步驟可參考圖 10-25 所示。

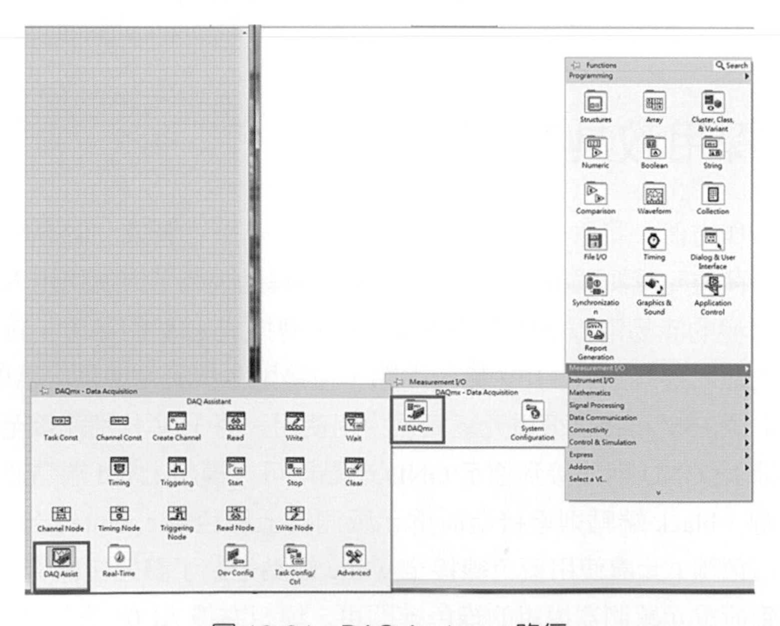

圖 10-24　DAQ Assistant 路徑

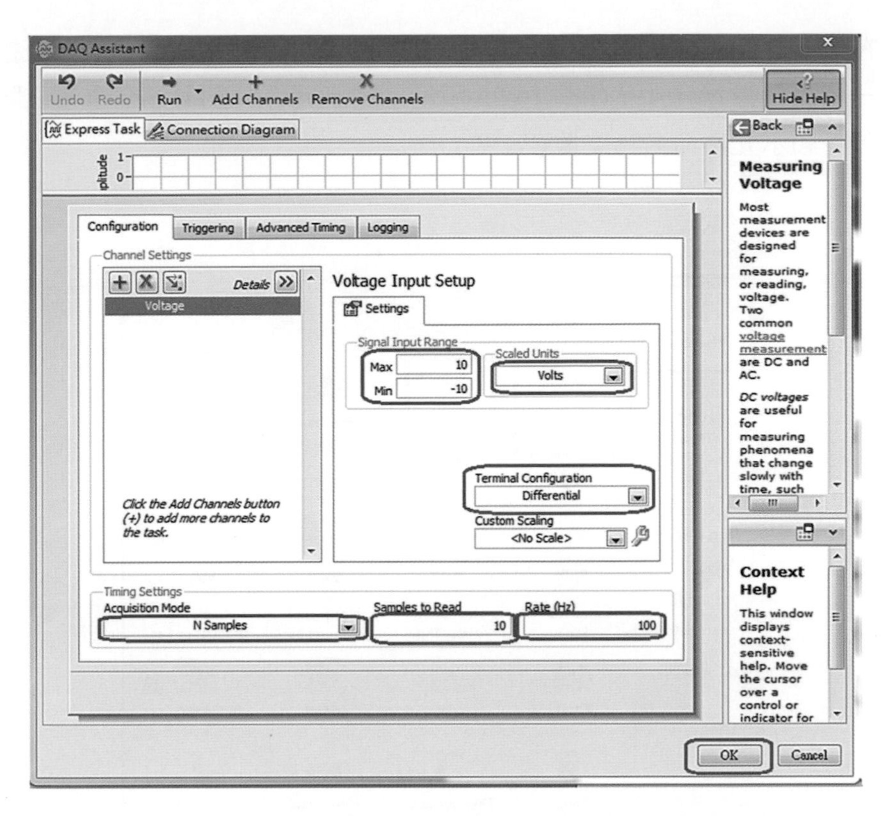

圖 10-25(a)　DAQ Assistant 設定

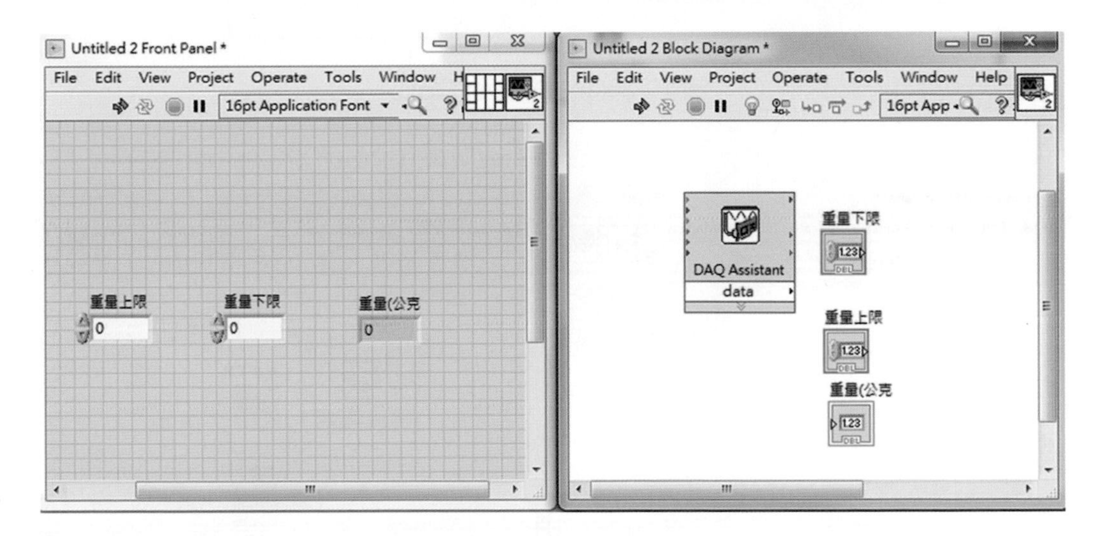

圖 10-25(b)　程式畫面

STEP 2 在人機介面「Controls → Modern → Numeric」中分別取出二個數值控制元件及一個數值顯示元件，如圖 10-26 所示。控制元件分別命名為重量上限、重量下限，顯示元件命名為重量 (公克)。

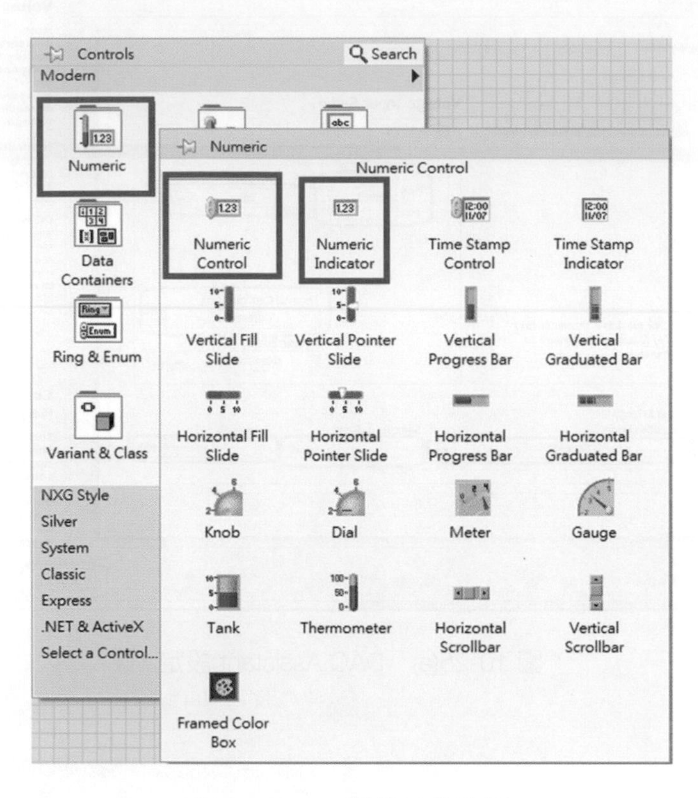

圖 10-26(a)　數值元件路徑

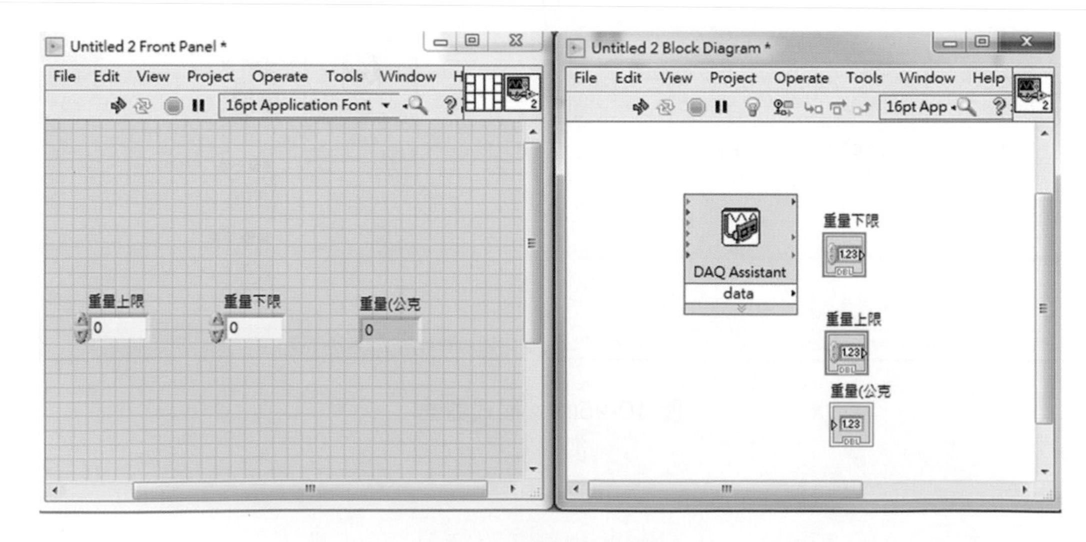

圖 10-26(b)　程式畫面

STEP 3　在人機介面「Controls → Modern → Boolean」中分別取出二個 LED，如圖 10-27 所示。分別命名為過重及過輕。

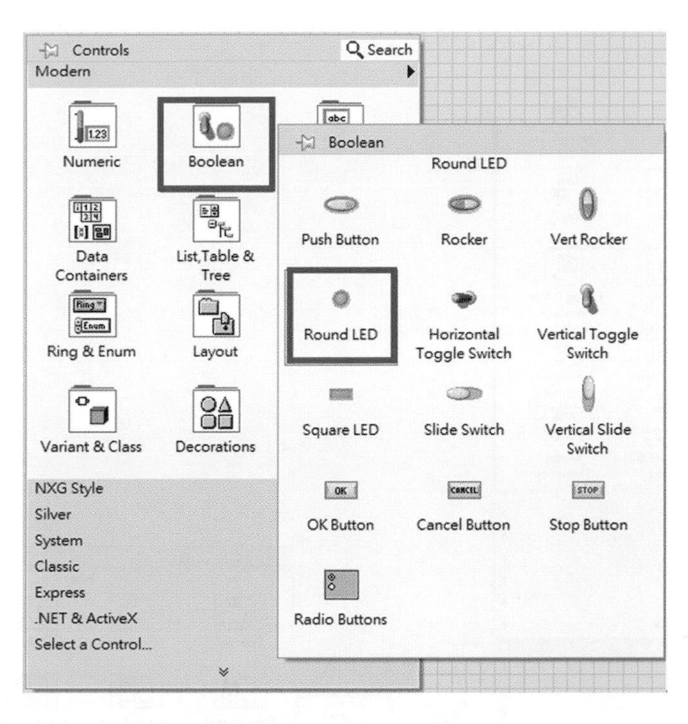

圖 10-27(a)　LED 元件路徑

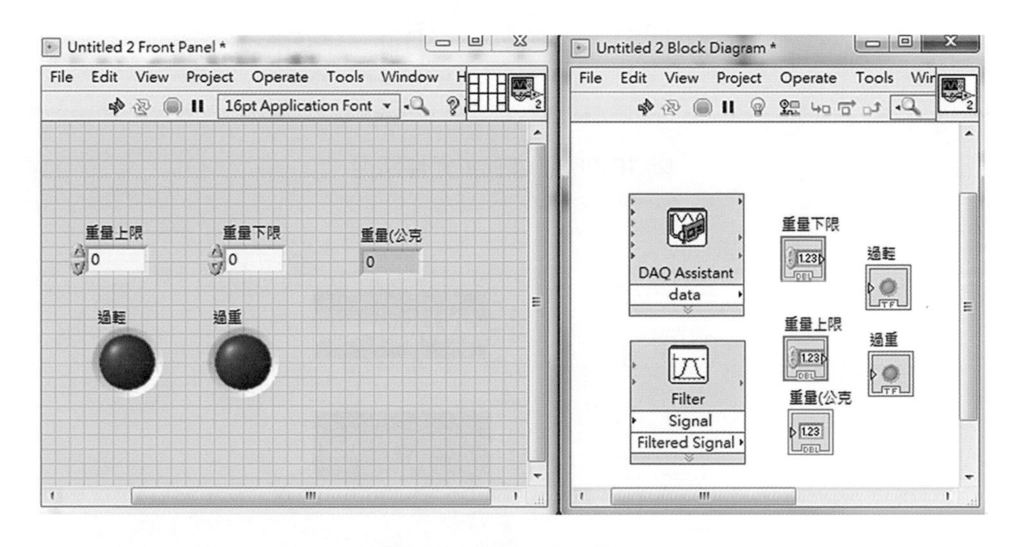

圖 10-27(b)　程式畫面

STEP 4 在圖形程式區的「Functions → Programming → Express → Signal Analysis」中取出 Filter 元件，路徑及設定，如圖 10-28 所示。

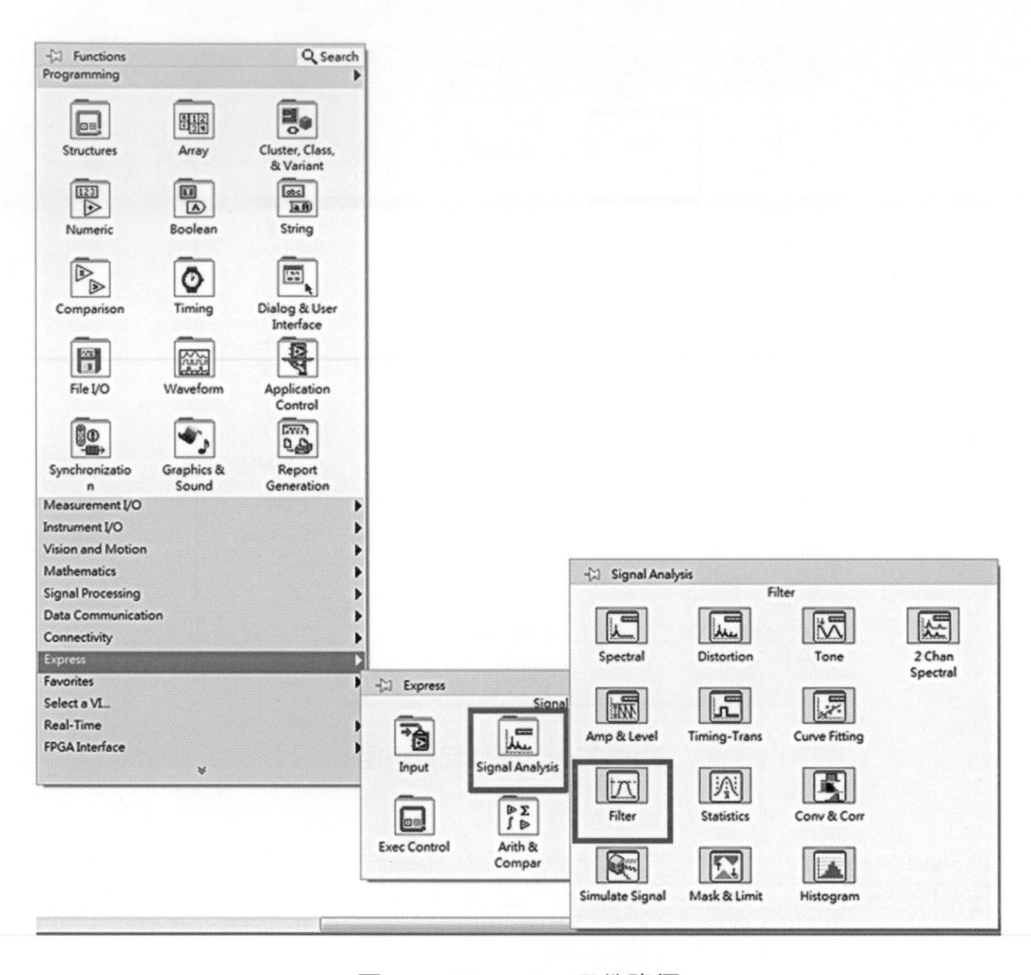

圖 10-28(a)　Filter 元件路徑

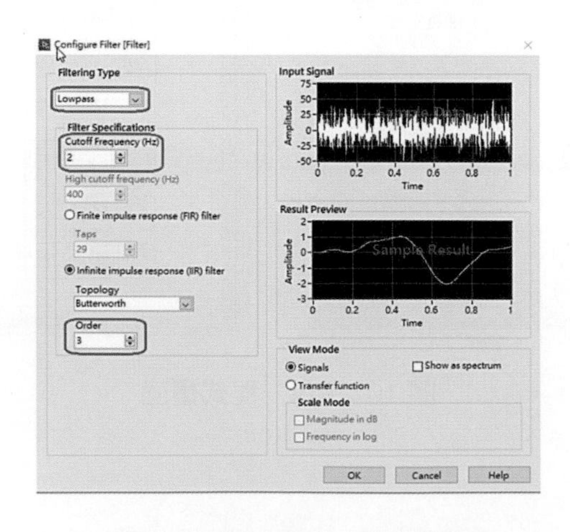

圖 10-28(b)　Filter 元件設定

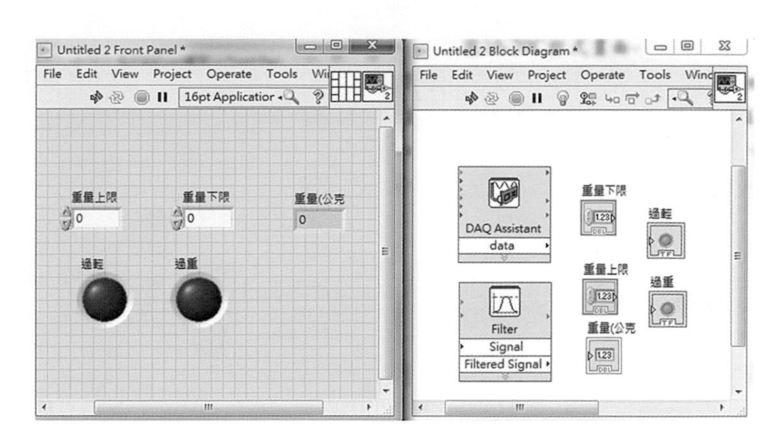

圖 10-28(c)　程式畫面

STEP 5 在圖形程式區的「Functions → Programming → Numeric」中取出乘法元件，並創造一個常數元件並設定為 3760.85 和擷取到的靜態值相乘，如圖 10-29 所示。

註 從電路可以得知增益為 823.5 倍，放上物品後與一般市售的磅秤進行對比，得出還需進行增益，因此程式部分須乘上 3760.85。

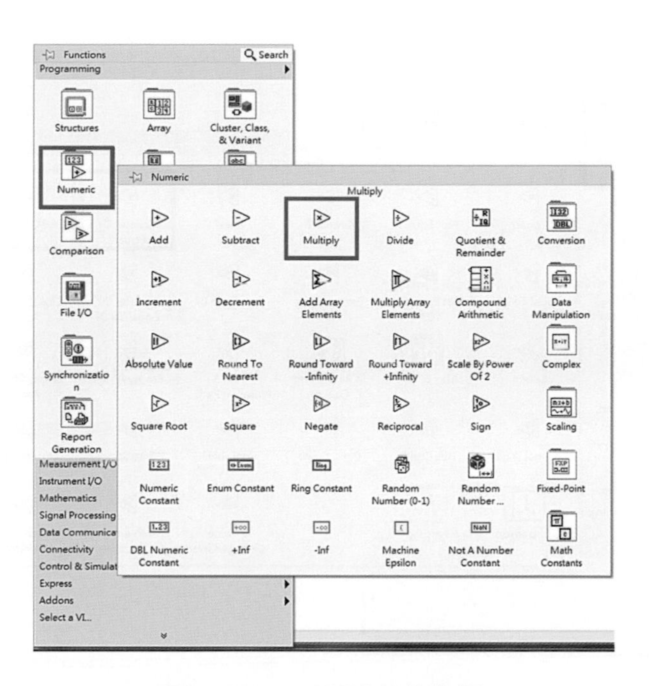

圖 10-29(a)　乘法元件路徑

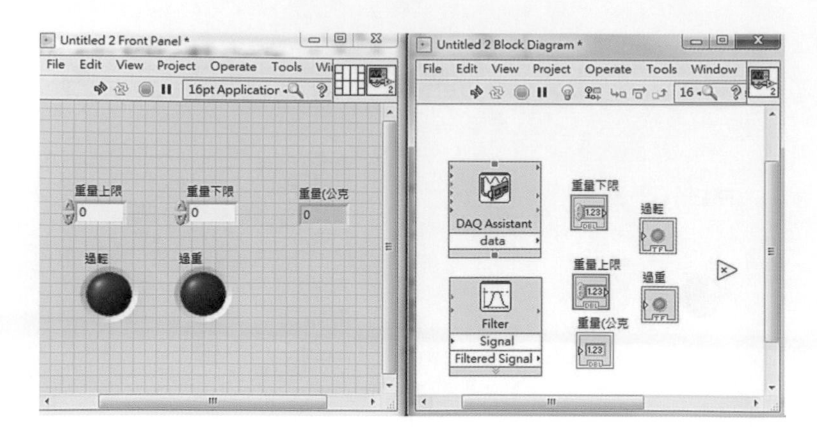

圖 10-29(b) 程式畫面

STEP 6 在圖形程式區的「Functions → Programming → Comparison」中取出大於、小於函數各一個，如圖 10-30 所示。

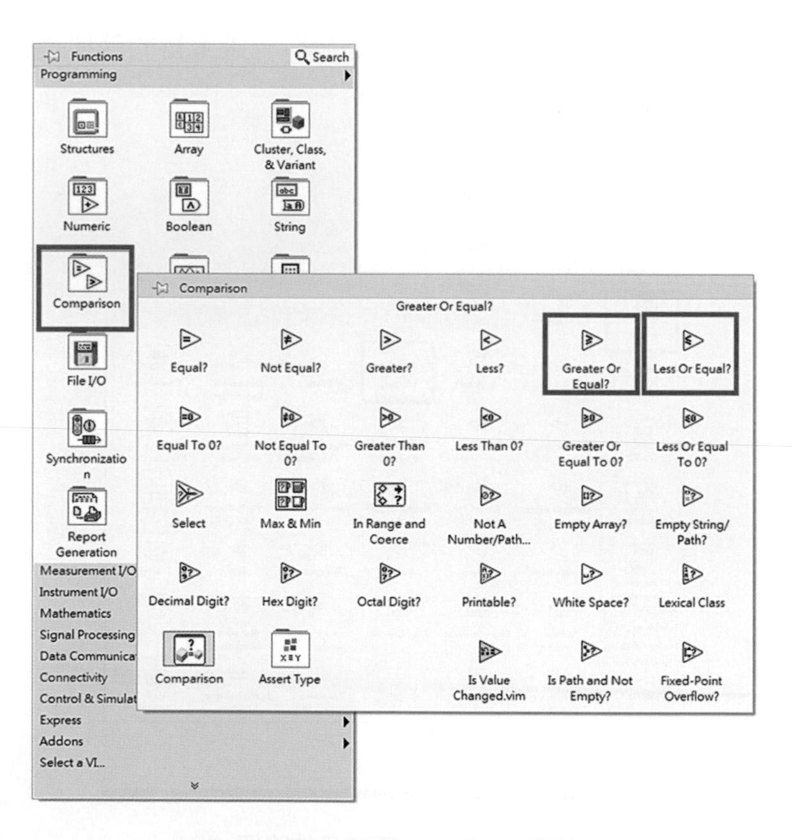

圖 10-30(a) 大於及小於元件路徑

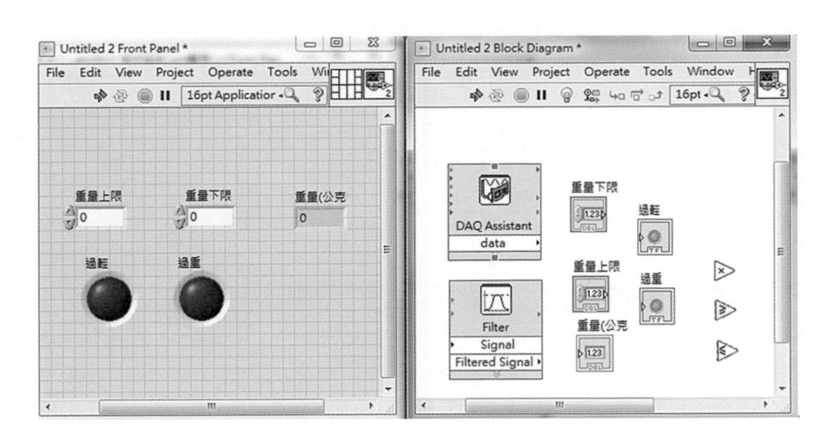

圖 10-30(b) 程式畫面

STEP 7 為了讓程式不吃電腦太多資源因此需要做一個 delay，在圖形程式區的「Functions → Programming → Timing」中取出 Wait 元件並創造一個常數元件輸入 1000，如圖 10-31 所示。

註 此處延遲 1000 毫秒主要是為了讓數值顯示的數值不會一直處於跳動的狀態，有助於量測重量時的精確度。

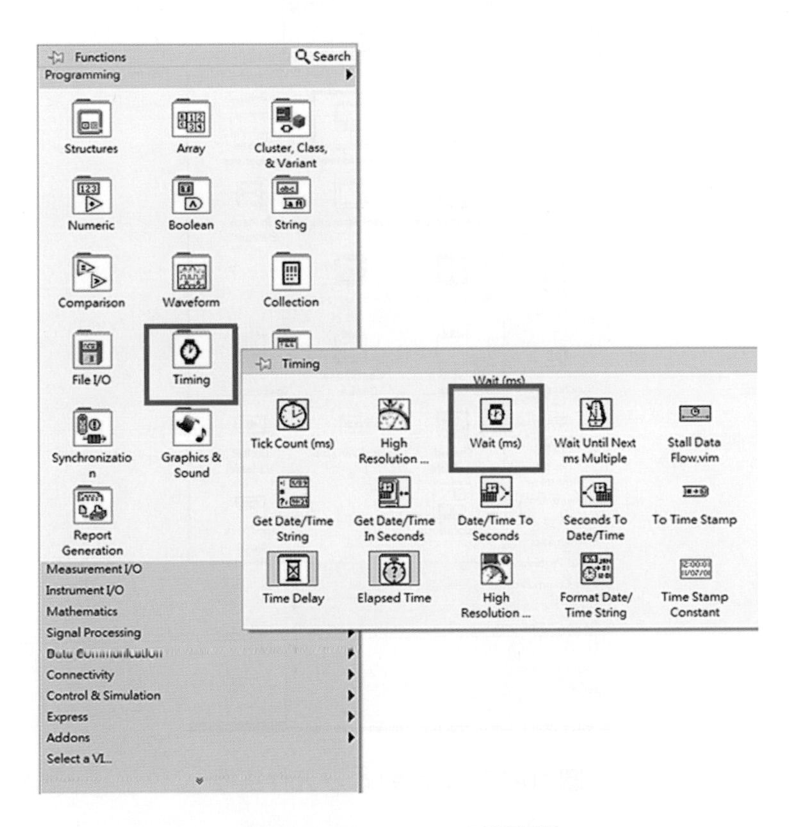

圖 10-31(a) Wait 元件路徑

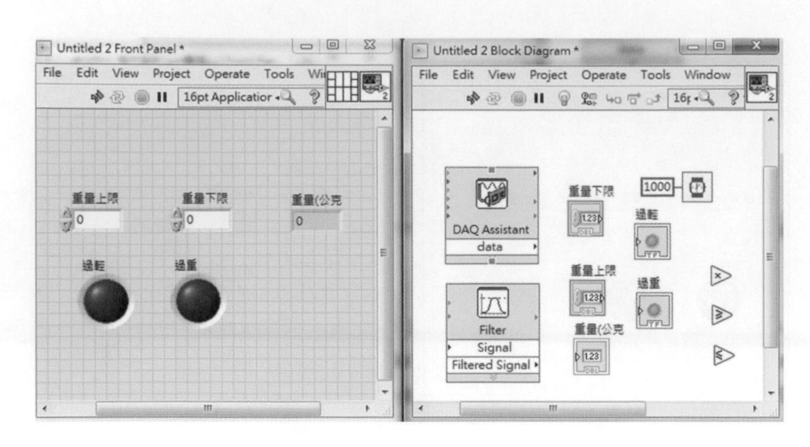

圖 10-31(b) 程式畫面

STEP 8 為了讓程式能夠一直執行，在圖形程式區的「Functions → Programming → Structures」中取出 While Loop，如圖 10-32 所示。使用 While Loop 將全部元件包裹在內並在迴圈右下角的紅點左邊接點按一下右鍵創造一個 STOP 元件，如圖 10-33 所示。

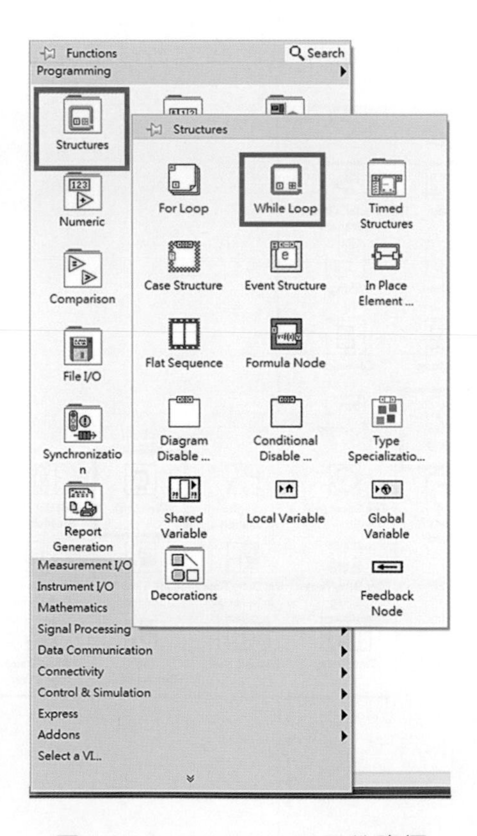

圖 10-32 While Loop 元件路徑

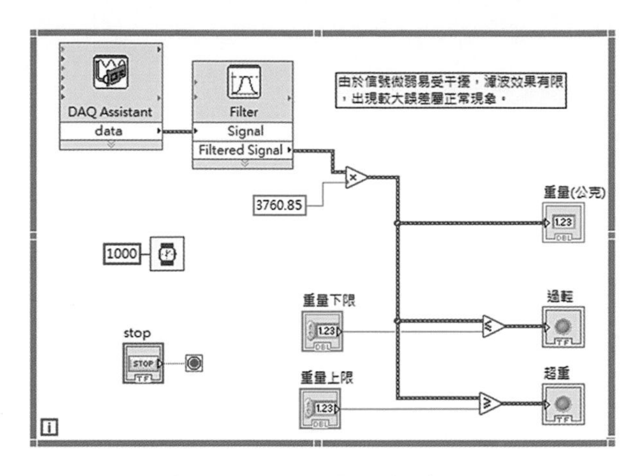

圖 10-33(a)　STOP 元件

圖 10-33(b)　圖形程式區

STEP 9 將所有元件擺好連結後，如圖 10-34 所示。接著便可開始執行程式。

註 使用程式實際測量前必須先對教具模組進行校準動作。

實驗步驟 硬體接線以及程式設計完成後先開啟程式並按執行鍵，接著開電源供應器提供 +10V 給電源模組。將重量感測器教具模組進行校準後，將重量感測器上方放置砝碼，觀察人機介面的數值顯示值是否與砝碼相符，便可判斷程式設計及硬體接線是否正確。

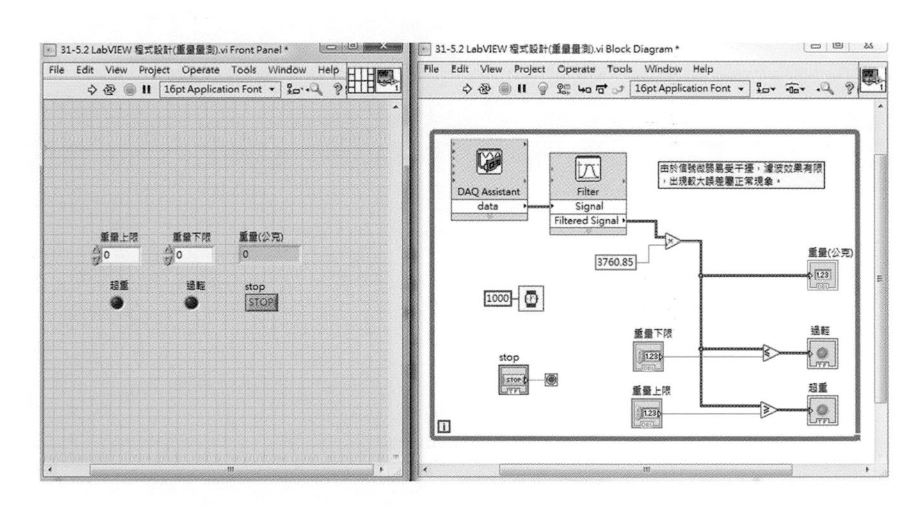

圖 10-34　完整程式圖

溫濕度感測器

11-1 溫濕度感測器的原理

溼度感測器在工業用途如食品加工業、實驗室之溼度控制，或在家電用品如冷氣機、除濕機等中常被使用。本文介紹目前常用的溼度感測器，包含石英晶體振盪器溼度感測器、高分子溼度感測器與陶瓷溼度感測器等。

在計量法中濕度定義為“物象狀態的量”，日常生活中所指的濕度為相對濕度，用 %RH 表示。總言之，即氣體中（通常為空氣中）所含水蒸氣量與空氣相同情況下飽和水蒸氣量的百分比。濕度很久以前就與生活存在著密切的關係，但用數量來進行表示較為困難。對濕度的表示方法有絕對濕度、相對濕度、露點、濕氣與幹氣的比值（重量或體積）等等。

1. 石英晶體振盪器溼度感測器

石英晶體本身是壓電材料，依切面的不同而有不同的振盪頻率係數，亦即所謂的頻率常數（frequency constant，單位 Hz-m），同一切面，不同厚度的石英片，將有不同的振盪頻率。當石英片存在於含有水份的空氣中時，它會吸附空氣中的水份，增加了它的負載效應而使振盪頻率改變，可藉以測定溼度。圖 11-1 為石英晶體振盪器溼度感測器的基本結構，除了多加一層用來吸收水份的樹脂吸濕膜外，其餘均與一般的石英晶體振盪器相似。圖 11-2 為振盪頻率與相對溼度（Relative Humidity, RH）的關係，假設有一厚度為 t，切面的頻率常數為 N，及密度為 ρ 的石英片，當吸收水份而使密度變化一 $\Delta\rho$ 的量時，則它所產生的頻率變化量可表示為：

$$\Delta f = \frac{N}{\rho^2 t}\Delta\rho = -\frac{f}{\rho}\Delta\rho$$

其中負值的意義表示振盪頻率會隨著溼度的增加而減少。此類型溼度感測器適用於溫度為 0 ~ 50 °C，溼度為 0 ~ 100%RH 的範圍，測定精密度為 ±5% 以內，通常使用 10MHz 左右的振盪頻率。此類型溼度感測器應用範圍甚廣，在醫療方面常用於嬰兒保育器內做溼度監控之用。

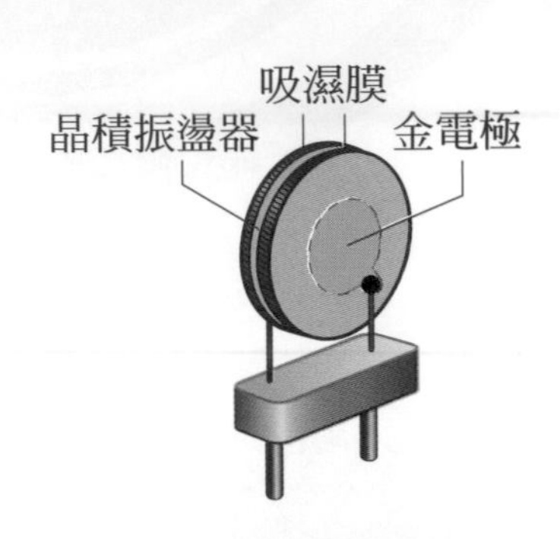

圖 11-1　石英晶體振盪器溼度感測器

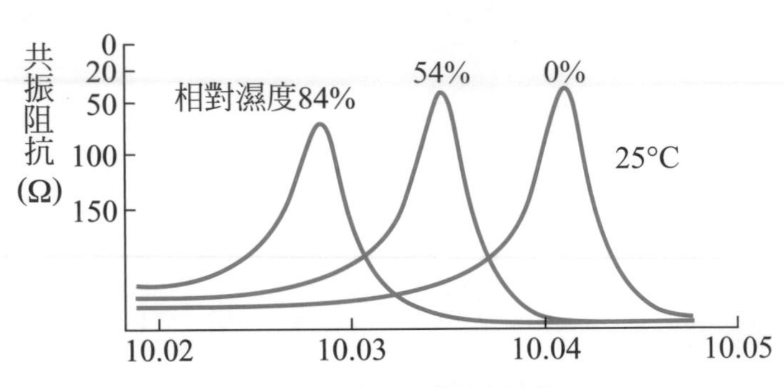

圖 11-2　石英晶體振盪器溼度感測器特性

2. 高分子溼度感測器

高分子溼度感測器具有兩種不同的型式，一為如圖 11-3 所示的電容變化式，在高分子膜上下各蒸鍍一電極膜片，上方之電極為多孔性用以吸收水份，使水分子能被高分子膜所吸收而改變其電容量。另一種型式則為電阻變化型，其結構如圖 11-4 所示，亦即在感濕高分子膜的上方鍍上一對齒狀的電極，當溼度改變時，高分子膜吸收水份，而使電極間之電阻會隨之而變，圖 11-5 所示為電阻型的典型特性曲線。

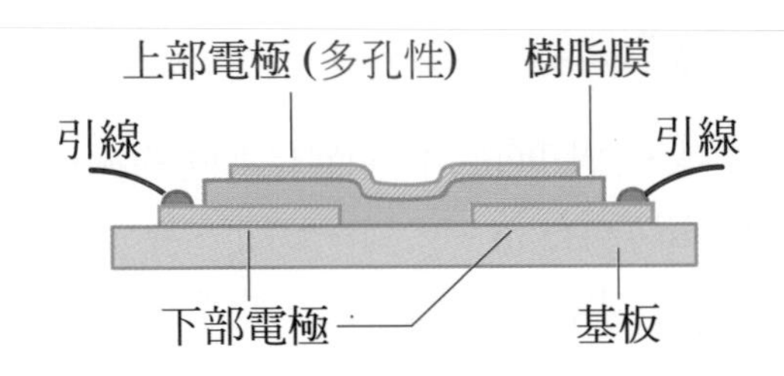

圖 11-3　電容變化型高分子溼度感測器

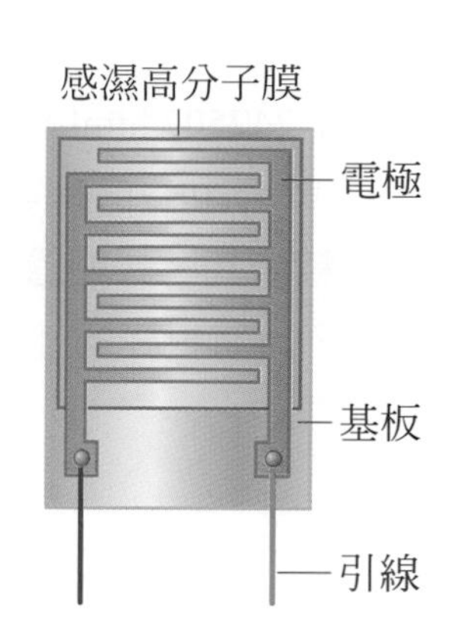

圖 11-4　電阻變化型高分子溼度感測器

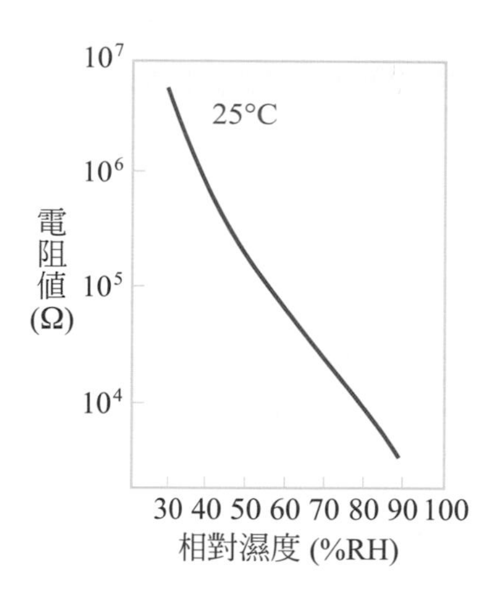

圖 11-5　特性曲線

此兩種不同的型式各有其優劣點，電容型其容量變化小，靈敏度低，但重現率高，隨時間之變化小，不過與其配合的振盪電路相當複雜，測定比較困難。電阻型的精密度較差，約在 2% 以內，但其體積較小，測定比較容易。

3. 陶瓷溼度感測器

圖 11-6 所示為陶瓷溼度感測器的基本結構，圖 11-7 則為其代表性的特性曲線，它是以多孔性陶瓷如 $MgCr_2O_4 \sim TiO_2$、$Sr(Sn,Ti)O_3$、$ZnCr_2O_4$ 等材料來做為感測元件。當水分子經由多孔性電極，進入陶瓷體之後，將會附著於陶瓷體的結晶顆粒表面上，使陶瓷體的電阻改變。此類結構的特點為當吸附水分子後，水分子不容易揮發，而使測定工作困難，因此必須加入發熱部份，使水分子揮發。

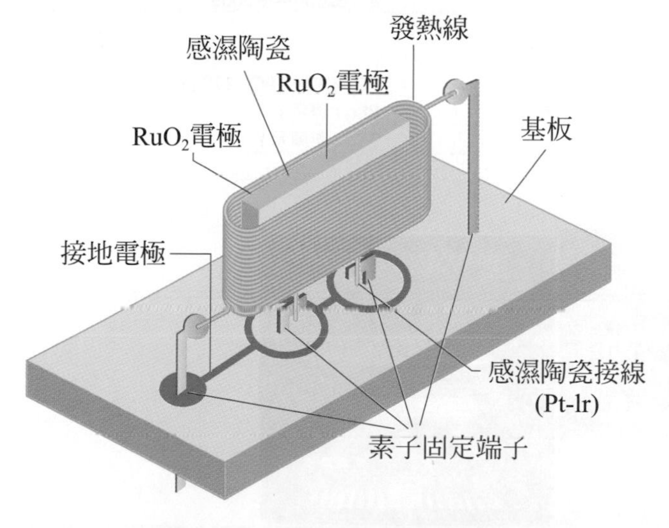

圖 11-6　陶瓷溼度感測器結構

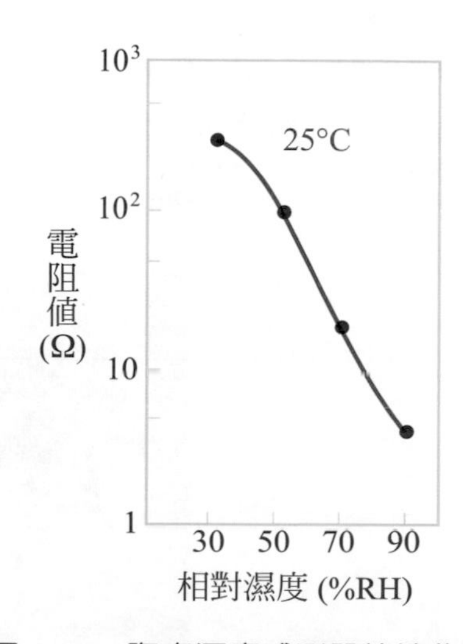

圖 11-7　陶瓷溼度感測器特性曲線

11-2 元件特性

本書以宇田實業有限公司（https://www.yuden.com.tw/show-247507.html）的溫濕度計為範例。測量範圍：0 ~ 100%RH(非結露)、0 ~ 50 °C。分溼度、溫度和溫濕度三類，輸出信號分別為 0 ~ 10V 和 4 ~ 20mA 兩種。該感測器具有測量精度高、長期穩定性良好的特點。該傳送器可採用簡單經濟的單點校準，結構小巧緊湊，具有很好的性能價格比。規格表可參考表 11-1。感測器實體圖，圖 11-8 所示。

表 11-1　規格表

顯示功能	
顯示器種類	LCD 無背光
顯示方式	雙排顯示 (上 : 溫度 ;下 : 濕度)
顯示位元	3 位數加小數點 1 位
顯示字體高度	17.91 mm
輸入感應器種類	
溫度	MEMS
濕度	MEMS
量測範圍	
溫度	0 ... 50 ℃
濕度	0 ... 100 %RH (非結露)
輸出	
輸出訊號	4 ... 20 mA
訊號連接	2-wire
暖機時間	
溫度 & 濕度	< 2 min. stable time 20 mins.
反應時間	
溫度 & 濕度	t63 (15...45℃ / 33...75 %RH) ≤ 10secs
取樣時間	
溫度 & 濕度	約 3 秒
精度 (at + 25°C ; V = 24VDC)	
溫度	± 0.5 ℃
濕度	± 5 %RH (at 30 ... 80 %RH)
環境	
量測媒介	空氣
工作環境	0 ... 50 ℃ / 0 ... 100 %RH （非結露）
儲存環境	-20 ... + 60 ℃
電氣規格	
工作電源	DC : 15 ... 35V
消耗電流	40 mA
開機瞬間電流	45 mA (最大)
電氣連接	4P 端子台
安裝與固定	
產品安裝方式	掛壁式
保護	
保護等級	IP20
電氣防護	◦逆向保護 ◦過電壓 ◦短路
認證	
CE 認證	EN 61326-1:2013
	EN 55011:2009/A1:2010
	IEC 61000-4-2:2008
	IEC 61000-4-3:2006/A1:2007/A2:2010
	IEC 61000-4-8:2009
材質	
外殼材質	PC 防火級 (PC - 110) (UL94V-2)
重量	88g (顯示)
	73g (無顯示)

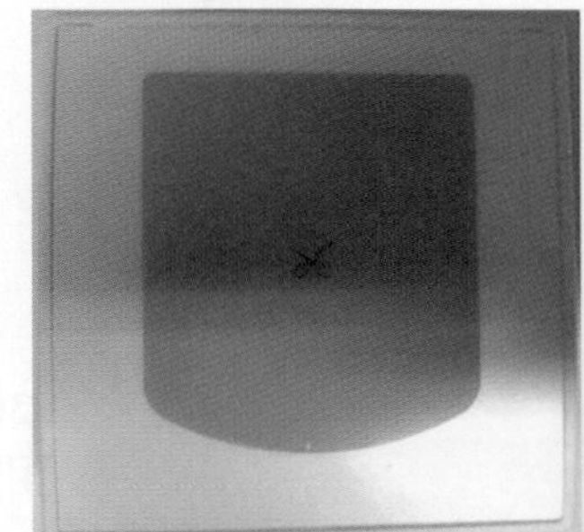

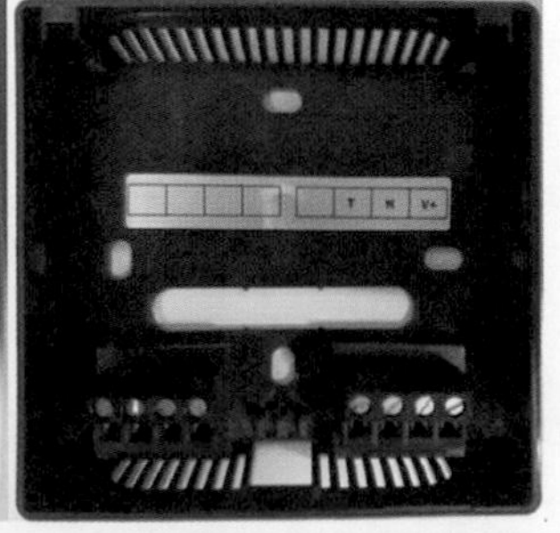

圖 11-8　感測器實體圖

11-3 資料擷取

11-3.1 USB-6008 及感測器接線

首先將 +V 端點接上 DC24V 電源供應器。將兩個 250 歐姆電阻分別接在 H(濕度) 及 T(溫度) 端點上並且將其並聯後接至共同地端。H 端點及 T 端點拉出輸出信號線分別接至 USB-6008 的 AI 0+ 及 AI 1+ 腳位，250 歐姆電阻的另一端則接至共同地端 GND。如圖 11-9 所示。

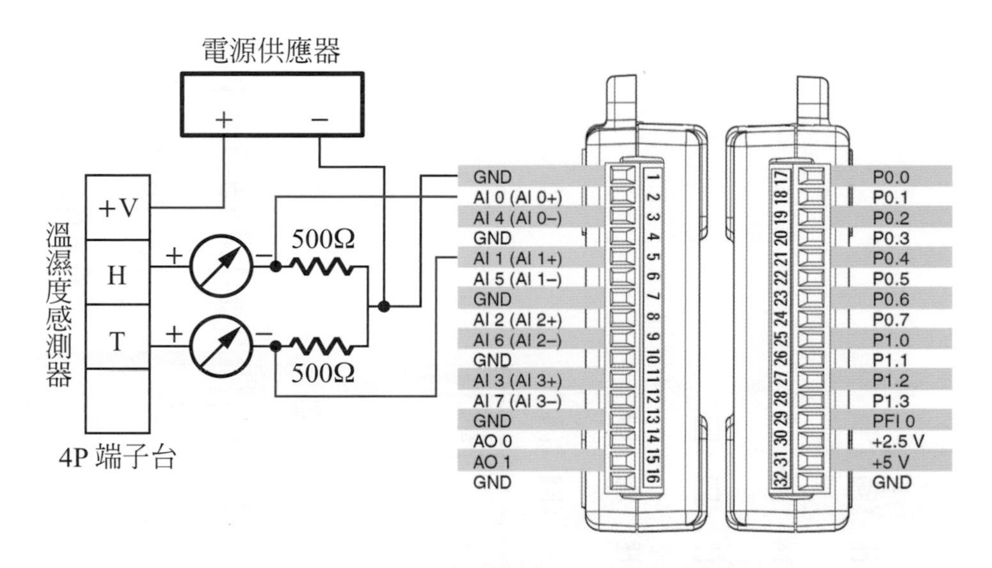

圖 11-9　溫濕度感測器及 USB-6008 接線圖

11-3.2 數值 V.S. 儀表的計算準則

由於使用 250Ω 電阻，依據歐姆定律 $V = I \times R$ (4mA ~ 20mA × 250Ω = 1~5V)。計算出濕度的輸出電壓範圍 4 ~ 20mA 相當於 1 ~ 5V（0 ~ 100%RH）。所以先將輸出值減掉的起始電流所產生的電壓 4V ÷ 100%RH = 0.04，代表每 0.04V 的變化量上升 1%RH 的濕度。

使用同樣的計算方式，依據歐姆定律 $V = I \times R$ (4mA ~ 20mA × 250Ω = 1~5V)。計算溫度的輸出電壓範圍 4 ~ 20mA 相當於 1 ~ 5V（0~50 °C）。所以先將輸出值減掉的起始電流所產生的電壓 4V ÷ 50 °C=0.08 代表每 0.08V 的變化量上升 1 °C 的溫度。

11-4 程式設計

STEP 1 利用 DAQ Assistant，Step by Step 來完成整個程式設計。從圖形程式區點選右鍵「Measurement I/O → NI DAQmx」中找到 DAQ Assistant 如圖 11-10 所示。DAQ Assistant 的設定步驟可參考圖 11-11。本實驗因同時需量取環境的溫度和濕度，因此需要兩個類比輸入端口，ai0 和 ai1。

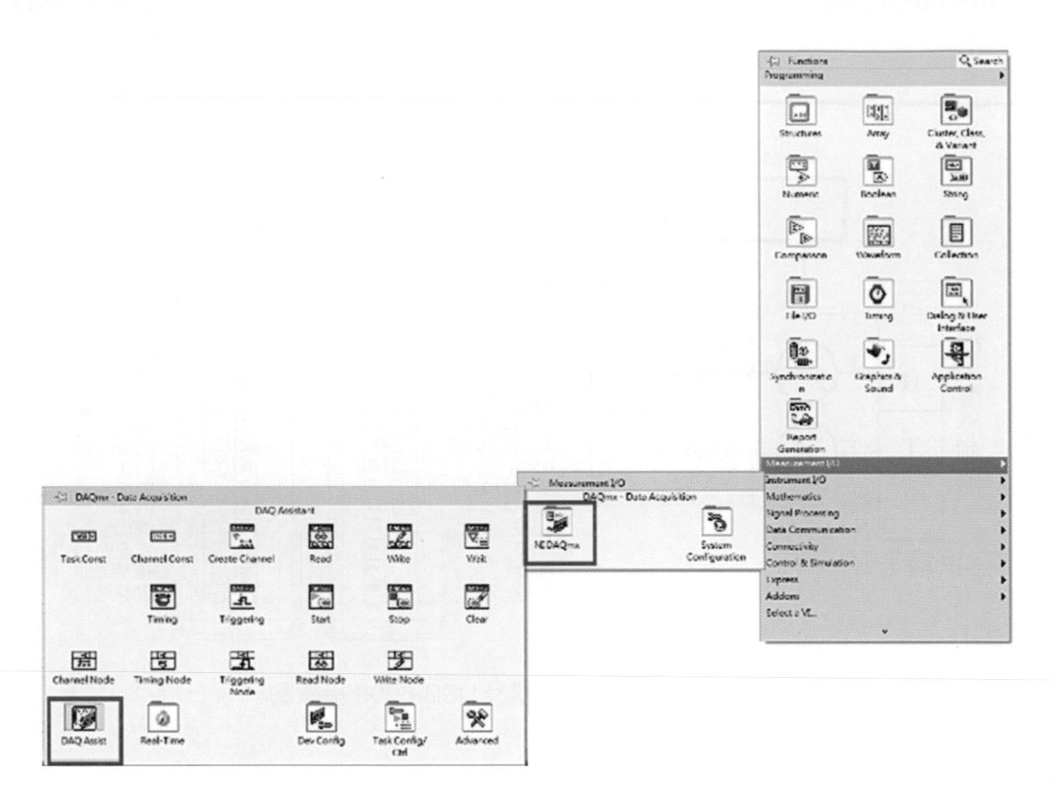

圖 11-10　DAQ Assistant 路徑

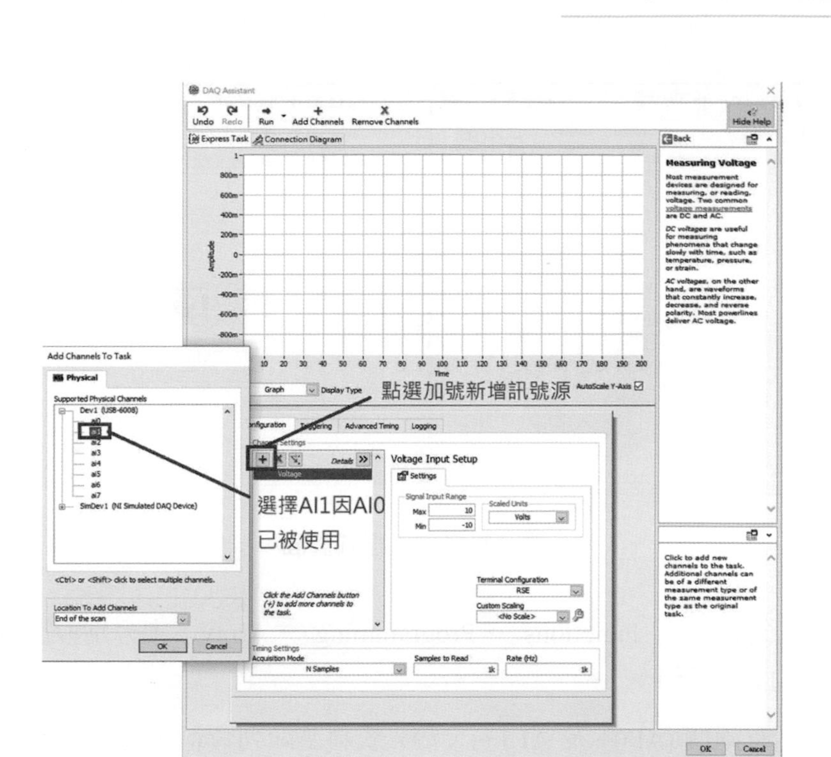

圖 11-11(a)　DAQ Assistant 新增類比輸入端口設定

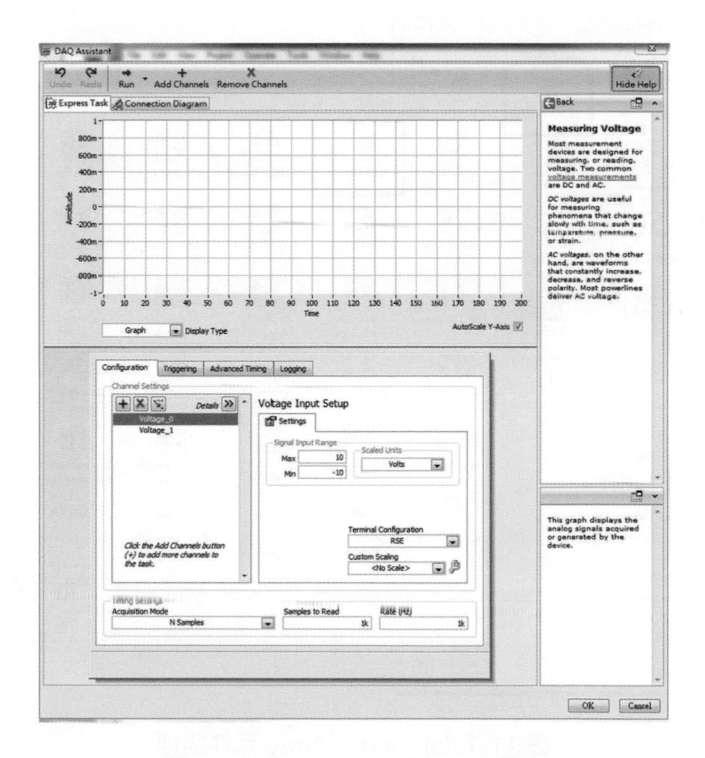

圖 11-11(b)　DAQ Assistant 設定

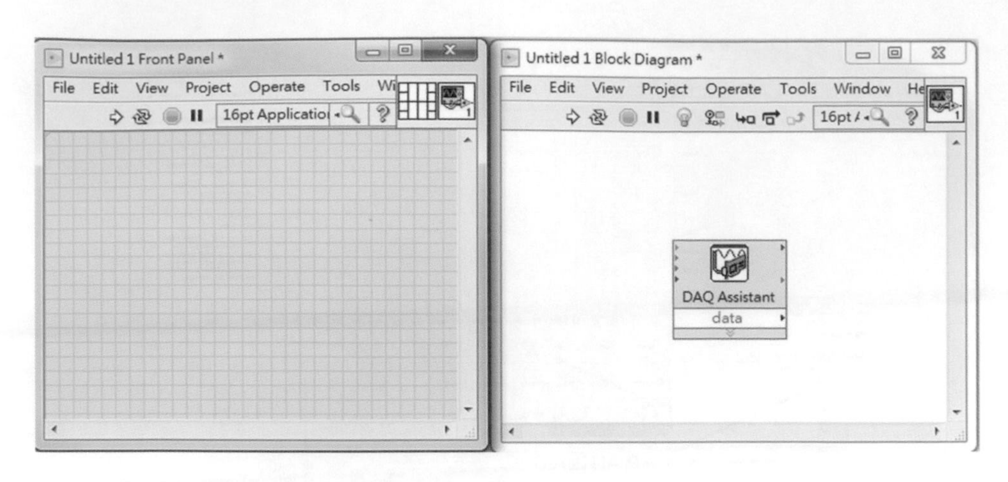

圖 11-11(c) 程式畫面

STEP 2 在圖形程式區「Functions → Programming → Array」中分別取出 Index Array，如圖 11-12 所示。

註 因為輸入點有兩個 (AI 0+ 及 AI 1+)，輸入資料為陣列資料。因此使用 Index Array 元件來分別抓取 AI 0+ 及 AI 1+ 的資料。

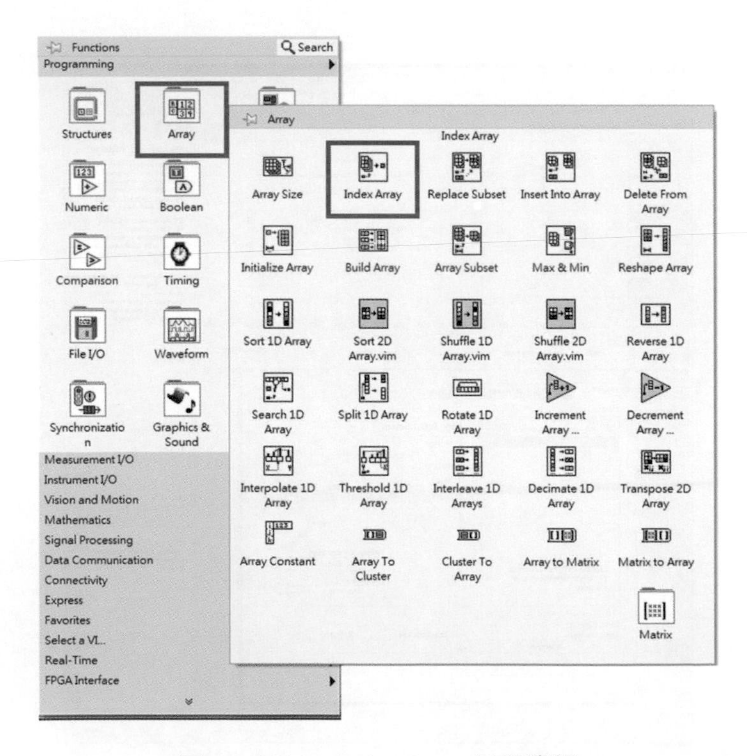

圖 11-12(a) Index Array 元件路徑

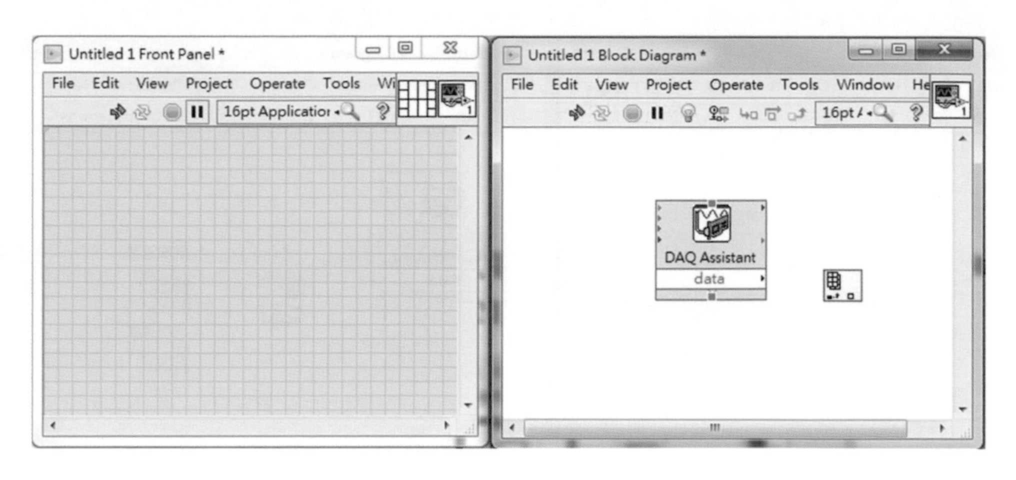

圖 11-12(b)　程式畫面

STEP 3 在人機介面「Controls → Modern → Numeric」中分別取出二個數值控制元件及兩個數值顯示元件，如圖 11-13 所示。控制元件分別命名為溫度上限、濕度上限，顯示元件分別命名為現在溫度及現在濕度。

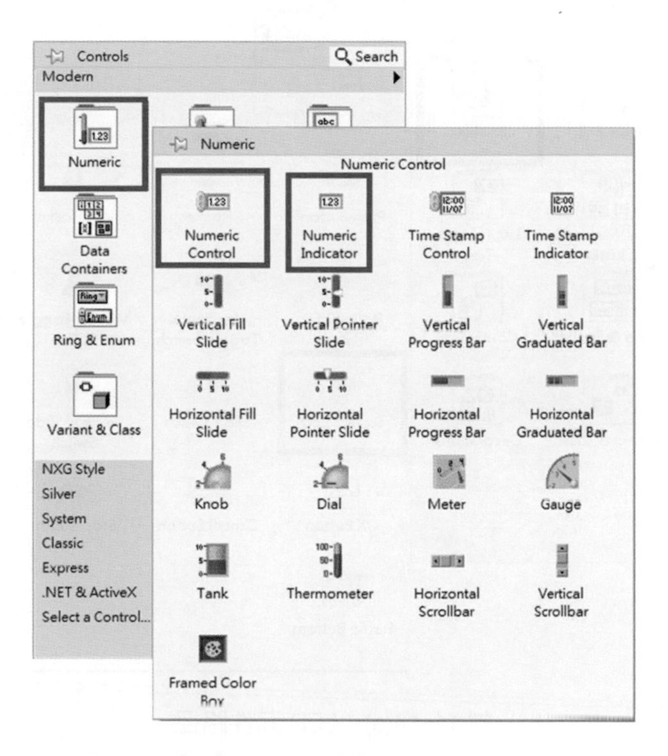

圖 11-13(a)　數值元件路徑

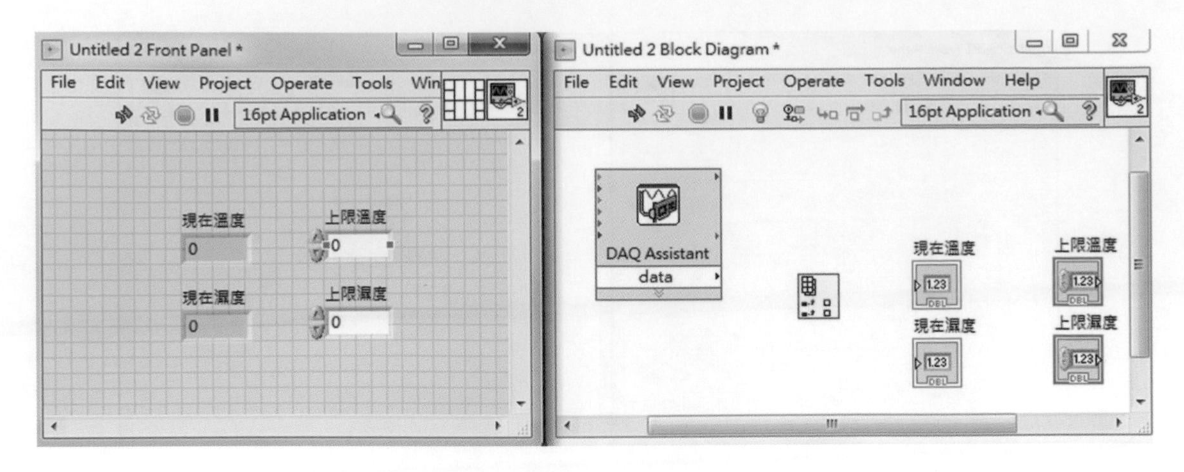

圖 11-13(b)　程式畫面

STEP 4 在人機介面「Controls → Modern → Boolean」中分別取出兩個 LED，如圖 11-14 所示，並分別命名為溫度過高及濕度過高。

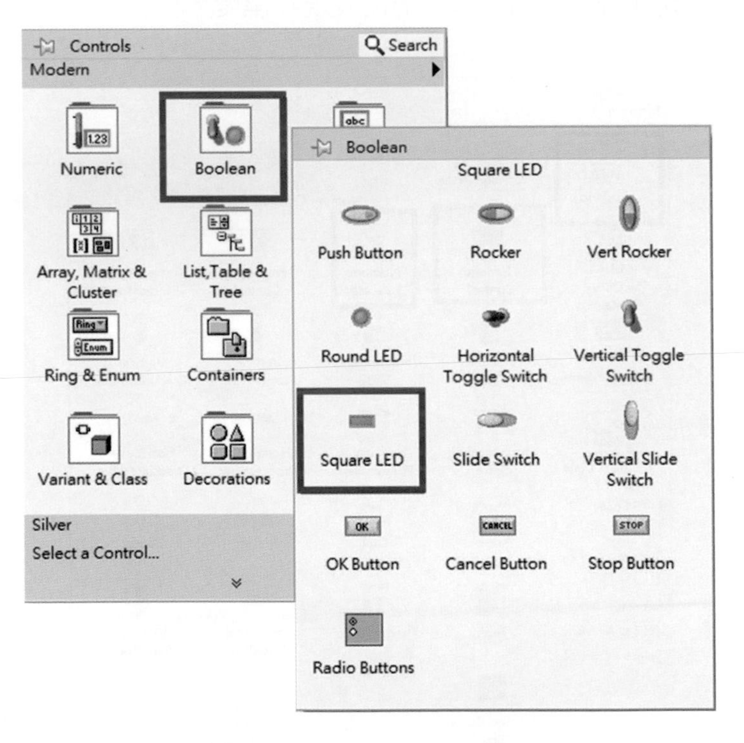

圖 11-14(a)　LED 元件路徑

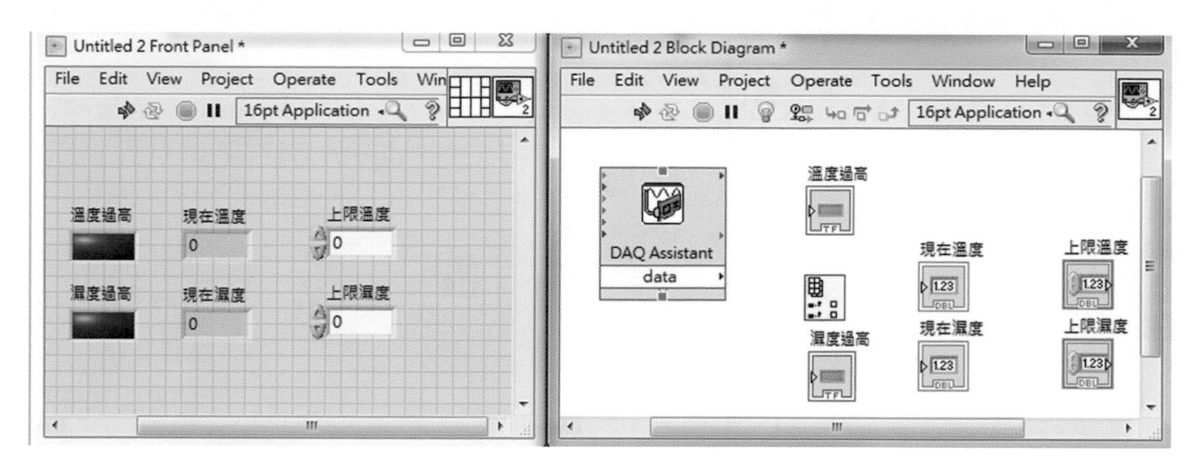

圖 11-14(b)　程式畫面

STEP 5 在圖形程式區的「Functions → Programming → Numeric」中分別取出兩個減法元件及兩個除法元件，減法元件分別在 Y 端創造一個常數元件並設定為 1，除法元件分別在 Y 端創造一個常數元件並設定為 0.04 及 0.08，如圖 11-15 所示。

註 溫濕度輸出為 4 ~ 20mA 的電流，因此 0℃及 0%RH 時輸出為 4mA，50℃及 100%RH 時輸出則為 20mA。此處常數 1 的源由為溫濕度傳感器 4mA × 250Ω = 1V，會扣掉 1V 是為了扣掉起始基準值。而此處濕度除以 0.04 則是每 0.04V 的變化量上升 1%RH 的濕度。溫度除以 0.08 則是每 0.08V 的變化量上升 1℃的溫度。

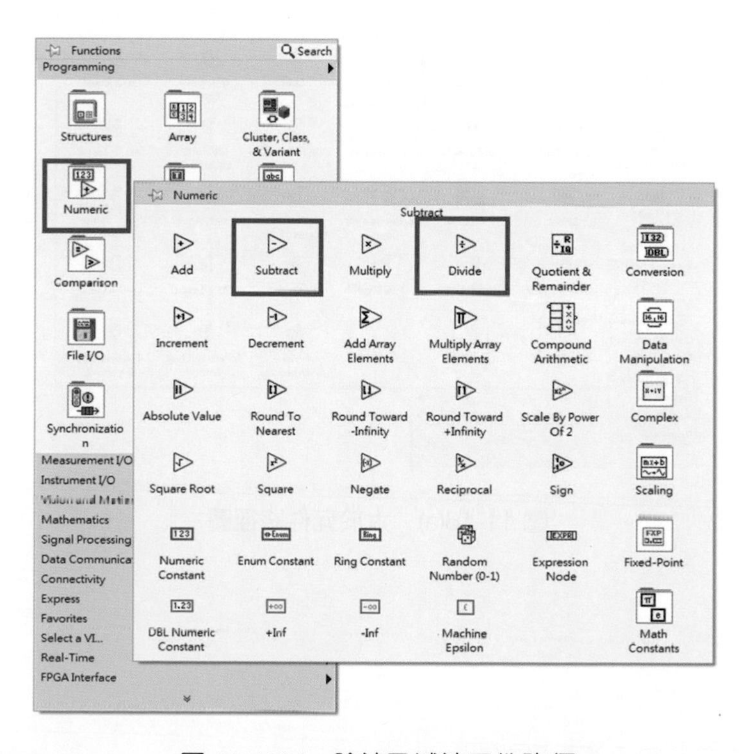

圖 11-15(a)　除法及減法元件路徑

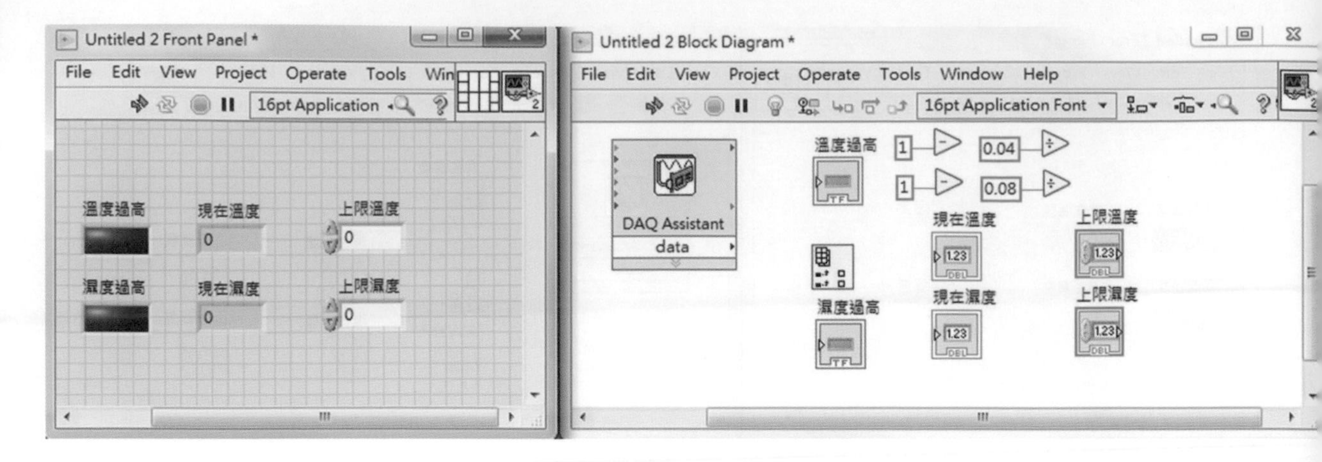

圖 11-15(b)　程式畫面

STEP 6 在圖形程式區的「Functions → Programming → Comparison」中取出兩個大於函數一個，如圖 11-16 所示。

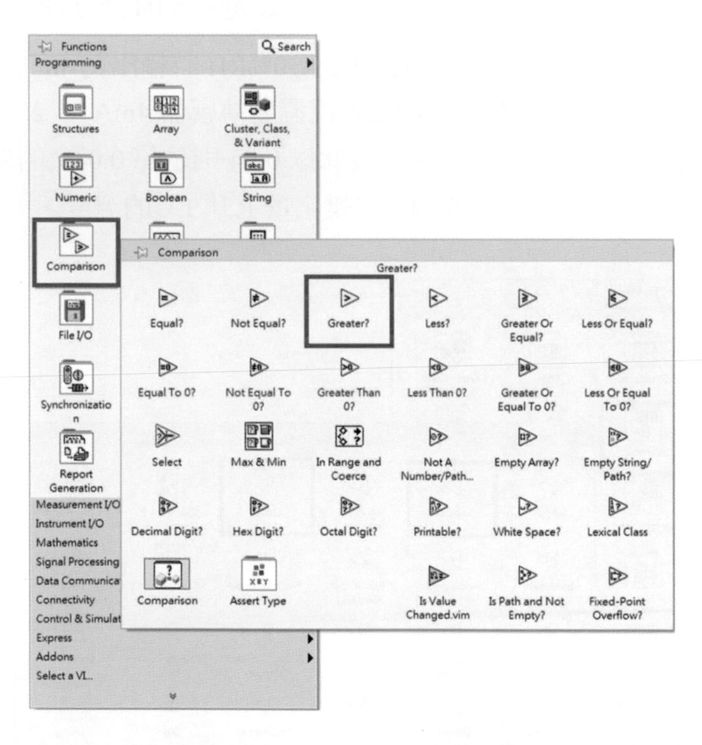

圖 11-16(a)　大於元件路徑圖

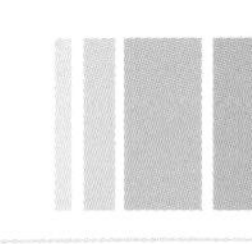

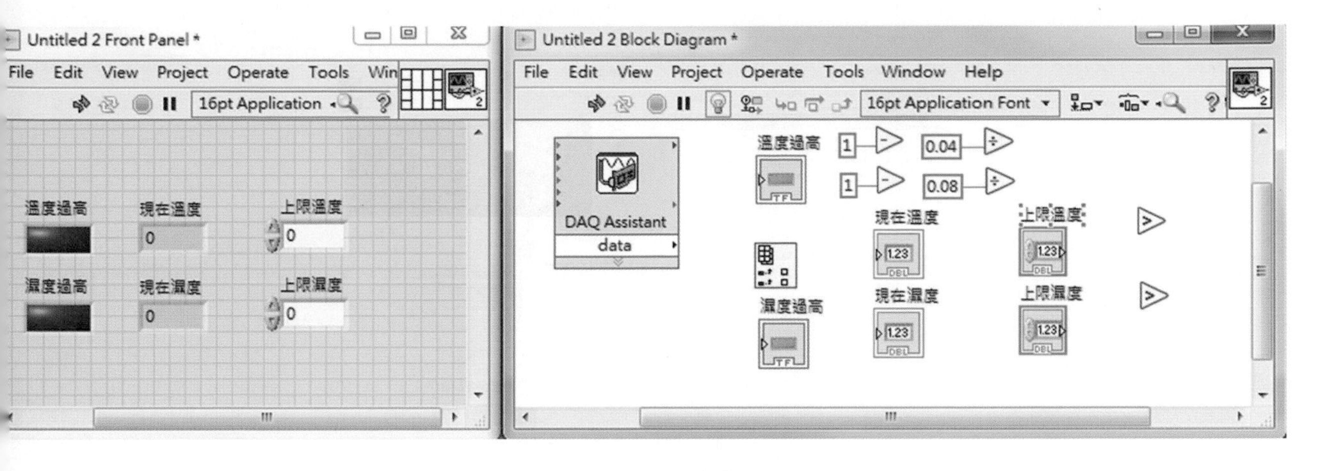

圖 11-16(b)　**程式畫面**

STEP 7 在圖形程式區的「Functions → Programming → Express → Signal Manipulation」中取出 From DDT 元件，如圖 11-17 所示。

註 此元件用來將一筆動態資料轉為數值、布林等資料型態，方便 VI 程式使用。

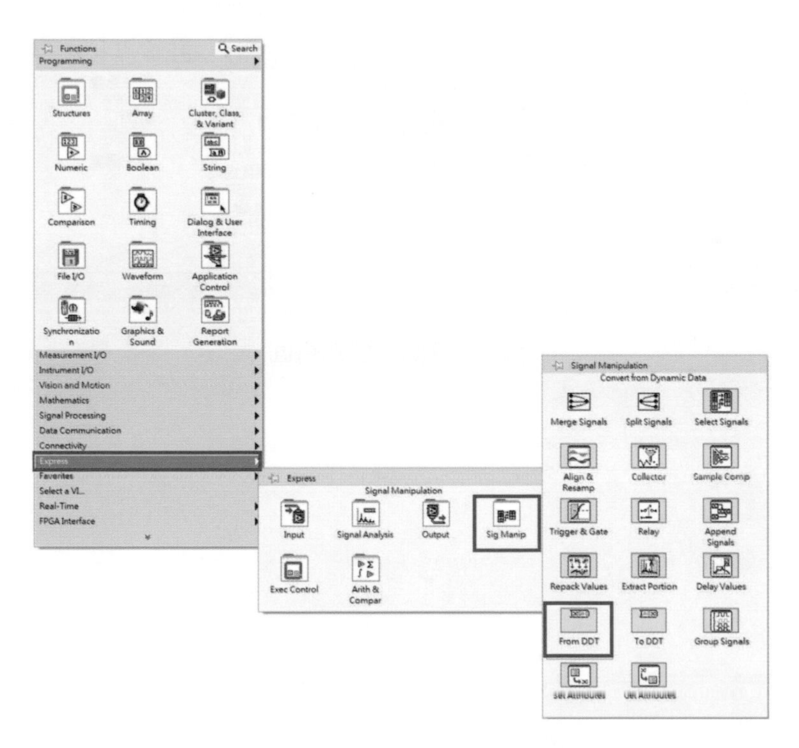

圖 11-17(a)　From DDT **元件路徑**

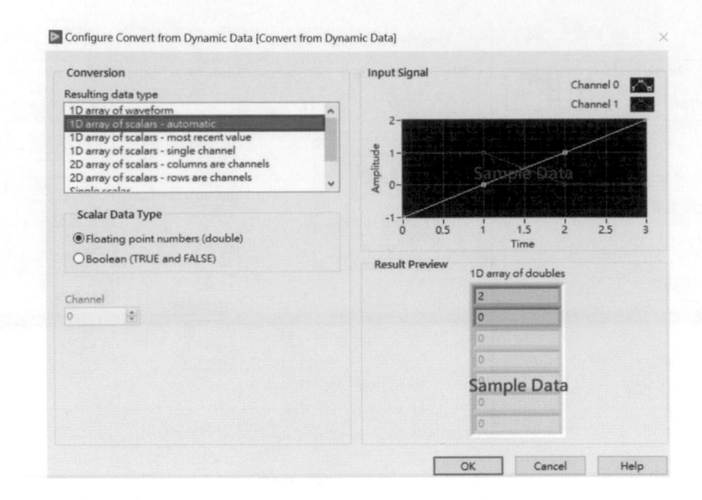

圖 11-17(b)　From DDT 元件的參數設定

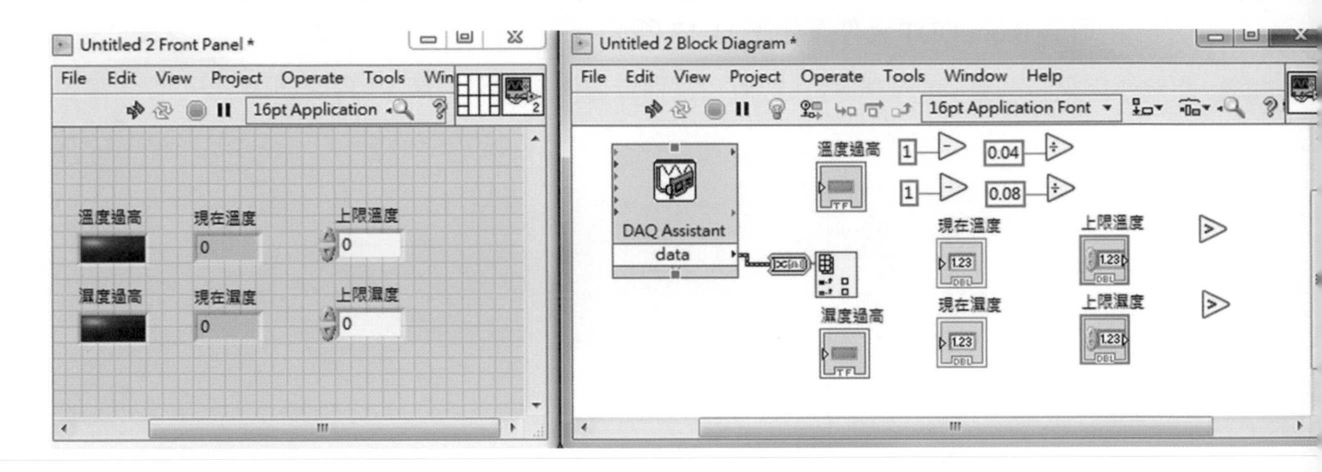

圖 11-17(c)　程式畫面

STEP 8 為了讓程式能夠一直執行，在圖形程式區的「Functions → Programming → Structures」中取出 While Loop，如圖 11-18 所示。接下來用 While Loop 將全部元件包裹在內並在迴圈右下角紅點左邊接點按一下右鍵創造一個 STOP 元件，如圖 11-19 所示。

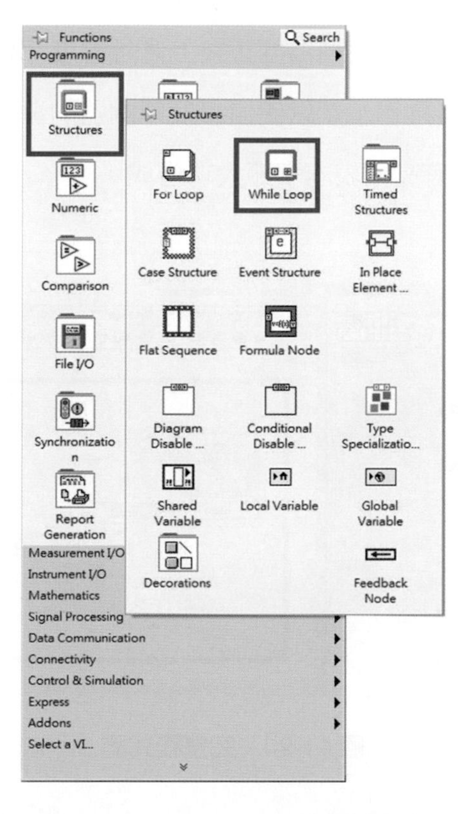

圖 11-18　While Loop 元件路徑圖

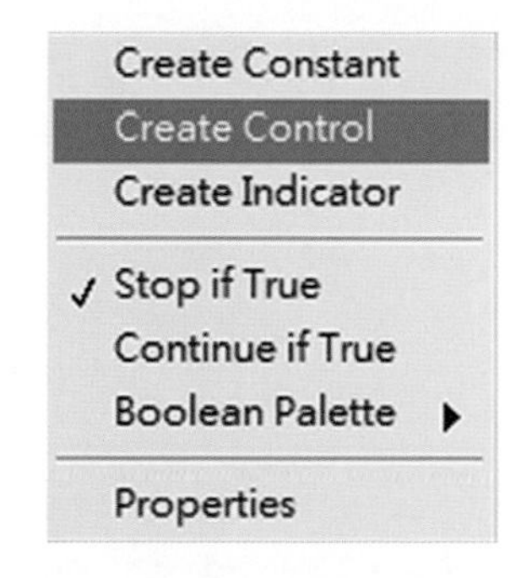

圖 11-19(a)　STOP 元件

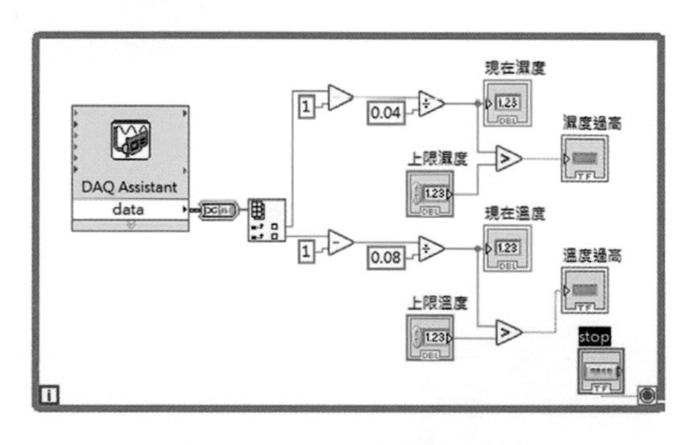

圖 11-19(b)　圖形程式區

STEP 9 將所有元件擺好連結後，如圖 11-20 所示。接著便可開始執行程式。

實驗步驟 硬體接線及程式設計完成後，先開啟程式並按執行鍵，接著開電源供應器提供 DC.+ 24V 給溫濕度感測器。使用吹風機對感測器進行加溫及除濕，此時可以在人機介面上觀察到溫度正在上升且濕度下降。接著擺放一杯熱水在溫濕度感測器旁可透過水蒸氣使溫濕度感測器的濕度上升。測試完成後數值顯示正常且 LED 有亮代表本章節大功告成。

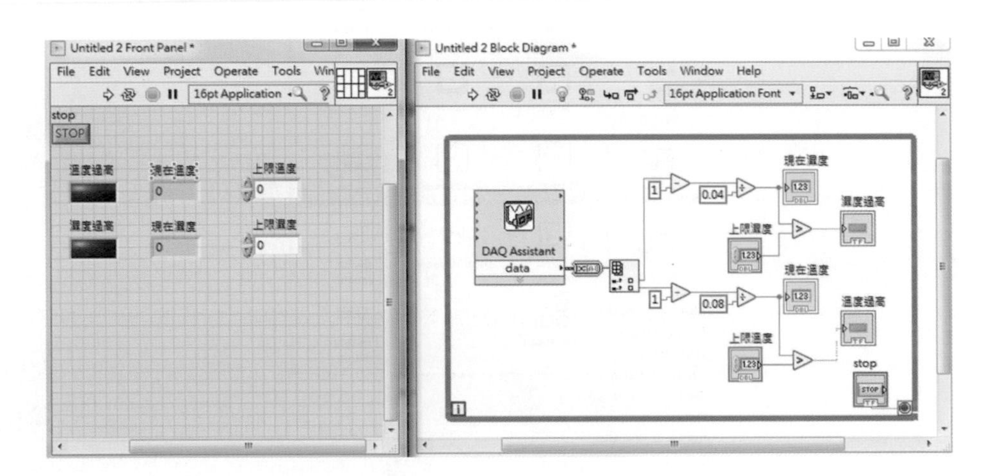

圖 11-20　完整程式圖

轉速感測器

12-1 轉速感測器原理

現今的生活上有許多地方需要量測轉速，因為轉速的高低影響到設備的效率。常見的如車輛的轉速表、硬碟的轉速。在工業控制上，馬達的監控非常普遍，以維持設備的功能。常見轉速感測元件其外型如圖 12-1。

圖 12-1　轉速檢測器實體圖

1. 轉速感測主要的動作為利用光電開關與磁力開關兩種，此處以光電開關為例：

主要用在光遮斷器，如圖 12-2，為一種光電子學裝置，其組合了發光元件 (如 LED) 和受光元件 (如光電晶體)，可將光訊號轉換成電訊號，再利用光遮斷訊號有無來做頻率訊號 (有遮光與不遮光週期)，再加到計數器以 Hz 為單位，然後把 Hz 單位換算成機械轉動的轉速單位 rpm，如圖 12-3 為轉速量測方塊圖。

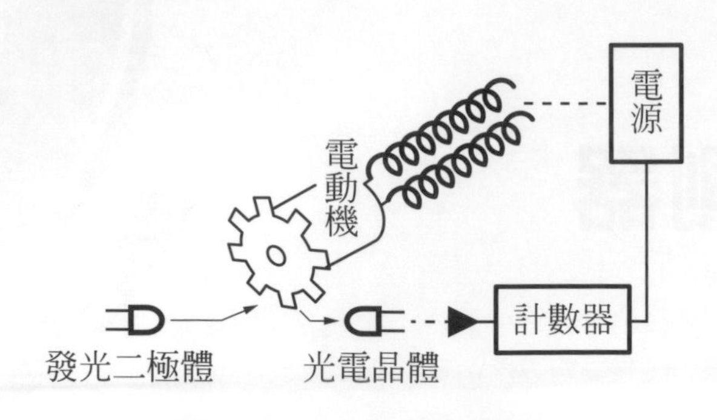

圖 12-2　光遮斷器原理圖

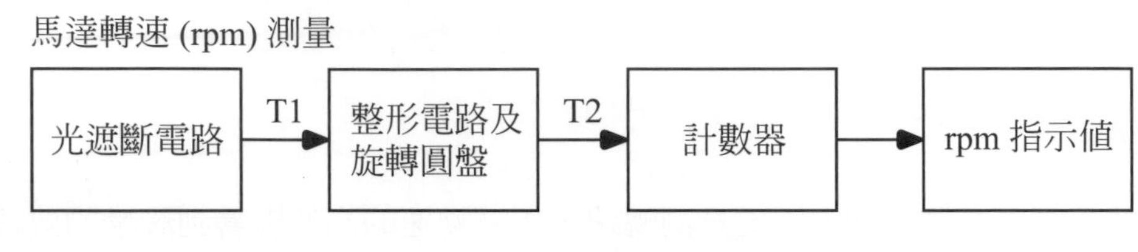

圖 12-3　轉速量測方塊圖

2. 發電機可分直流 (DC) 與交流 (AC)

(a) 直流轉速發電機，依類比式的輸出，發電機的輸出電壓和馬達的轉速成正比，並且由發電機輸出電壓之極性可作馬達轉向的判別，這是直流轉速發電機的最大特點。

(b) 交流轉速發電機，利用交流發電機的輸出頻率和轉速的比例關係來做量測，又稱轉速發電機或頻率發電機，如圖 12-4，簡稱 FG，只要在輸出加上 F/V 轉換電路 (頻率轉電壓) 就可測知轉速。在範例介紹之感測器即為磁力式轉速感測器。一般的信號處理上，DC 型轉速發電機使用較為便利，利用輸出之直流位準可直接作為控制轉速低的場合，交流轉速發電機輸出過小，通常利用霍爾或磁阻元件來代替檢出線圈，檢測轉速。

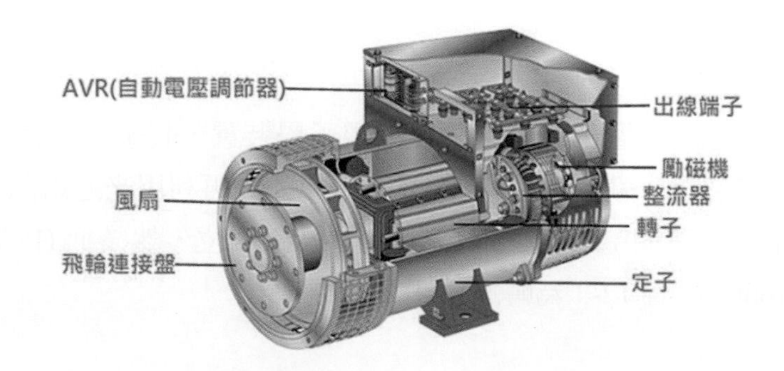

圖 12-4　轉速發電機的構造 (https://kknews.cc/zh-tw/news/jbp8jzp.html)

3. 常用轉速感測單位

一般計數器單位為頻率 (Hz)，即每秒變化次數，而機械 (如馬達) 的單位為 rpm(Rotate Per Minutes) 即每分鐘的轉速，兩者之間差了 60 倍。

12-2 元件特性

本章節使用的轉速檢測器為 NEMICON OEW2 系列，為一種磁力式轉速感測器能在 30 P/R~3600 P/R 範圍間解析出信號，最高轉速達 6000 rpm，為高性能之感測器。表 12-1 為感測器之機械特性與表 12-2 環境使用特性。

表 12-1　感測器之機械特性

起始作用力	9.8×10^{-4} N · m 以下
旋轉角加速度	1×10^{5} rad / s^2
慣性作用力	8×10^{-7} kg · m^2
最大旋轉數	6000 rpm / min
重量	100g 以下

表 12-2　環境使用特性

動作溫度	−10 °C ~ + 70 °C
保存溫度	−30 °C ~ + 80 °C
耐濕度	RH85% 以下
保護等級	IP50

實驗用的轉速感測器型號為 OEW2-01-2M -050-00，保護等級為 IP50，即表示可防止灰塵但不防水，解析度 (Resolution) 為 100 P/R(pulse/revolution)，即每轉一次有 100 個 pulses，如圖 12-5 所示。主要利用輸出的頻率和轉速的比例關係，因此加上一個 F/V 轉換電路模組 (頻率轉電壓)，如圖 12-6 所示便可得到電壓值再透過換算可測得轉速。轉速感測器可應用在工業上控制馬達及儀器轉速之監控，如圖 12-7 所示。選擇感測器時，主要以解析度 (P/R) 和最大轉速 (rpm) 為主要考量，所以要大概知道所需要的量測之範圍，才不至使感測器發生損壞。

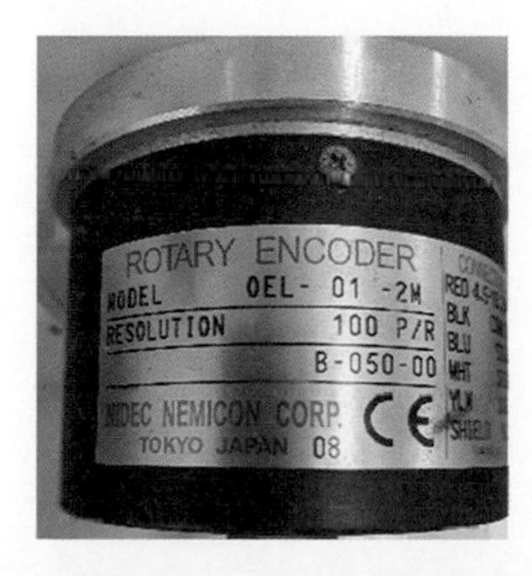

圖 12-5　轉速感測器銘牌

圖 12-6　F / V 轉換模組

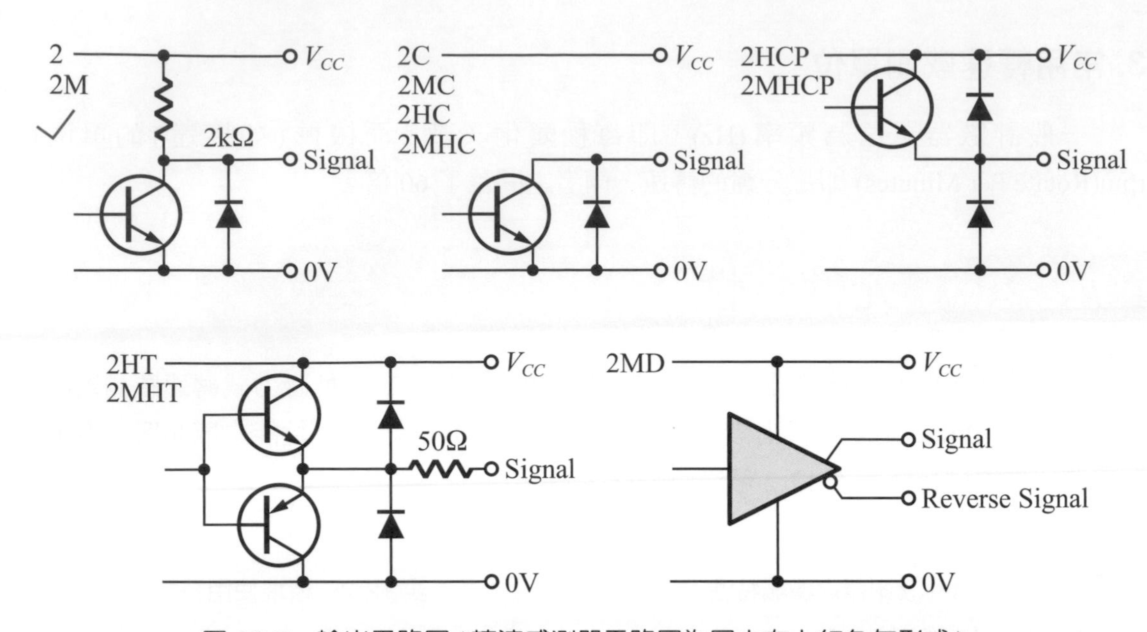

圖 12-7 輸出電路圖 (轉速感測器電路圖為圖中左上紅色勾形式)

12-3 USB-6008 與教具模組的接線

圖 12-8 為 OWE2 轉速感測器實體圖，表 12-3 為轉速感測器腳位。圖 12-9 為自行製作的馬達轉速檢測模組實體圖。為了教學操作方便，採用壓克力將轉速感測器及馬達固定並製作了齒輪及鏈條將轉速感測器及馬達做連接。其中馬達輸入電壓需 DC +12V，轉速感測器輸入電壓需 DC +4.5V ~ 13.2V。由於轉速感測器的輸出信號為頻率，而 USB-6008 DAQ 的擷取信號為電壓，因此需要一個 F/V 轉換電路模組來將頻率轉換成電壓信號。在實驗過程中，透過三用電表量測到 F/V 轉換電路模組的輸出為 7.835V(由 USB-6008 擷取的電壓值也是 7.835V)。此時可使用示波器量測到轉速感測器的輸出頻率為 7.9996KHz，如圖 12-10 所示。透過換算後可得知 1V 約為 1KHz，且透過馬達轉速器銘牌可得知解析度為 100 P/R 代表每轉一圈有 100 個 pulses 產生。因 1V = 1000Hz，1000Hz ÷ 100P/R = 10 轉 / 秒，10 轉 / 秒乘上 60 便可得到 1V = 600rpm。因此可以得知當 7.835V 時馬達的 rpm 約為 4701。

圖 12-8　OEW2 系列轉速感測器實體

表 12-3　轉速感測器腳位

OEW2 系列轉速感測器腳位	
紅	輸入 DC4.5 ~ 13.2V
綠	GND
藍	Signal

圖 12-9　馬達轉速檢測模組

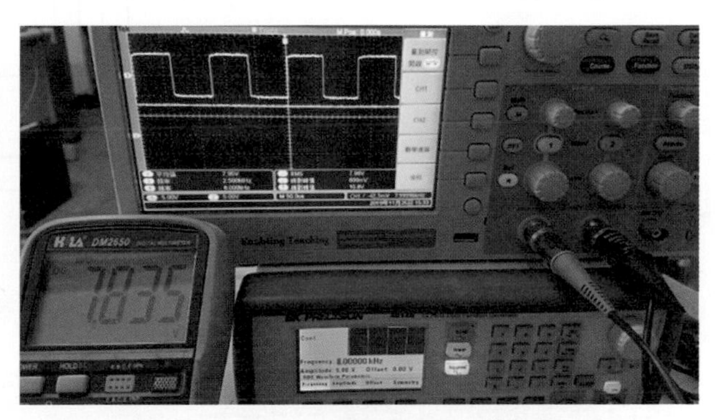

圖 12-10　三用電表及示波器換算圖

圖 12-11 為 F/V 轉換模組、OEW2 轉速感測器與 USB-6008 的接線圖。USB-6008 選擇的腳位 AI 0+ 腳做類比訊號輸入，GND 為接地。在左上角綠色印刷電路板的 F/V 轉換模組上可看到腳位標示由上至下分別為電壓訊號輸出、訊號輸出 GND、訊號輸入 (頻率)、訊號輸入 GND、電源 GND 端及電源正端。將上述腳位接線完成後即完成硬體接線。

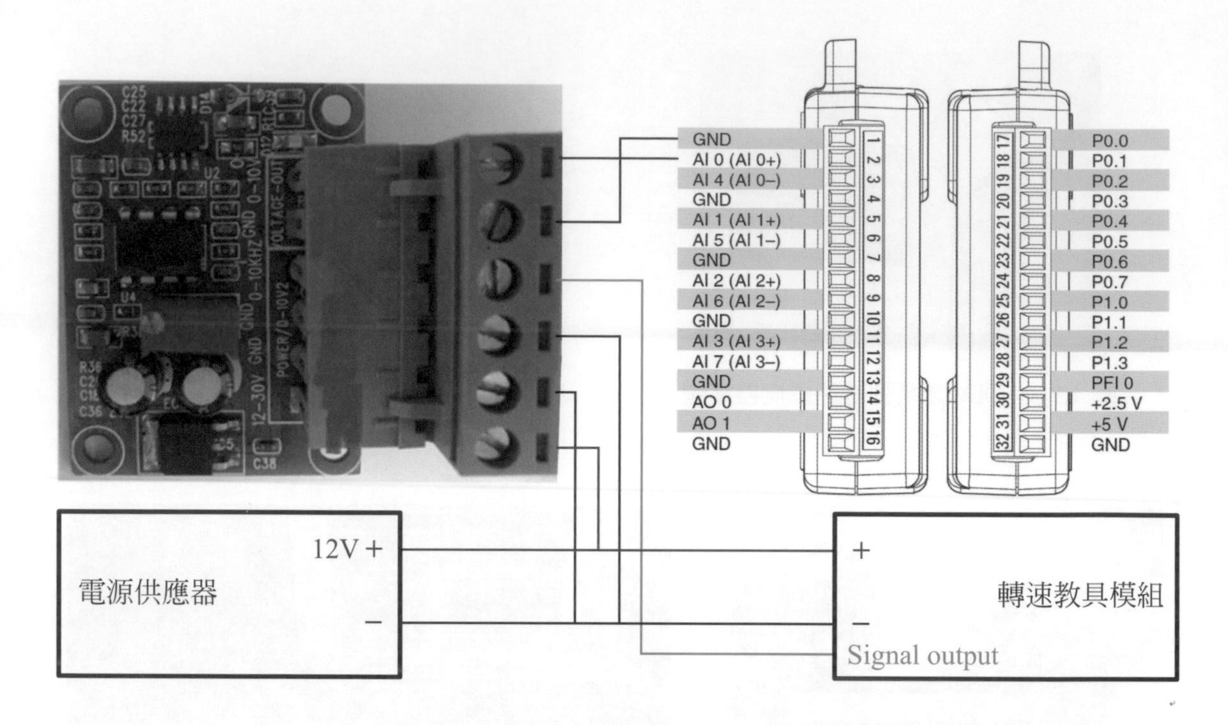

圖 12-11　F / V 轉換模組、轉速教具模組與 USB-6008 的接線圖

12-4 程式設計

STEP 1 利用 DAQ Assistant，Step by Step 來完成整個程式設計。從圖形程式區點選右鍵「Measurement I/O → NI DAQmx」中找到 DAQ Assistant 如圖 12-12 所示。DAQ Assistant 的設定步驟可參考圖 12-13 所示。

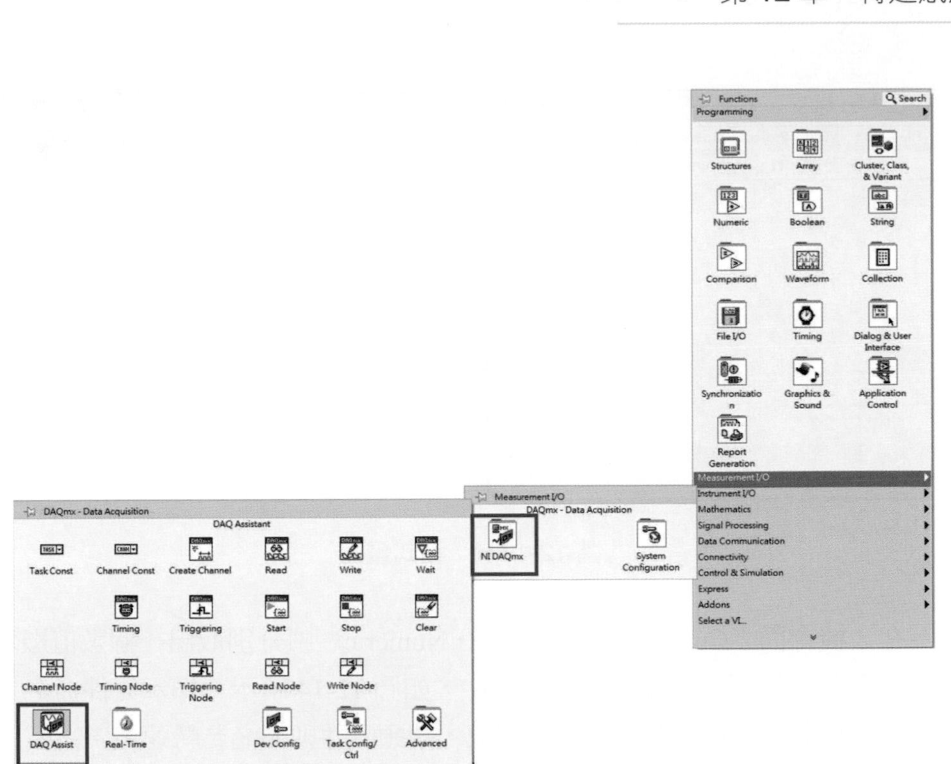

圖 12-12　DAQ Assistant 路徑

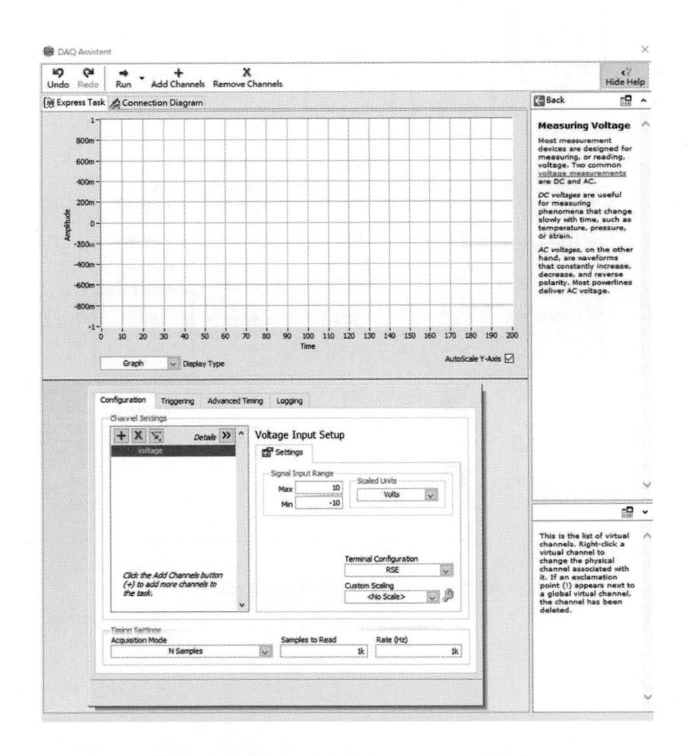

圖 12-13(a)　DAQ Assistant 設定

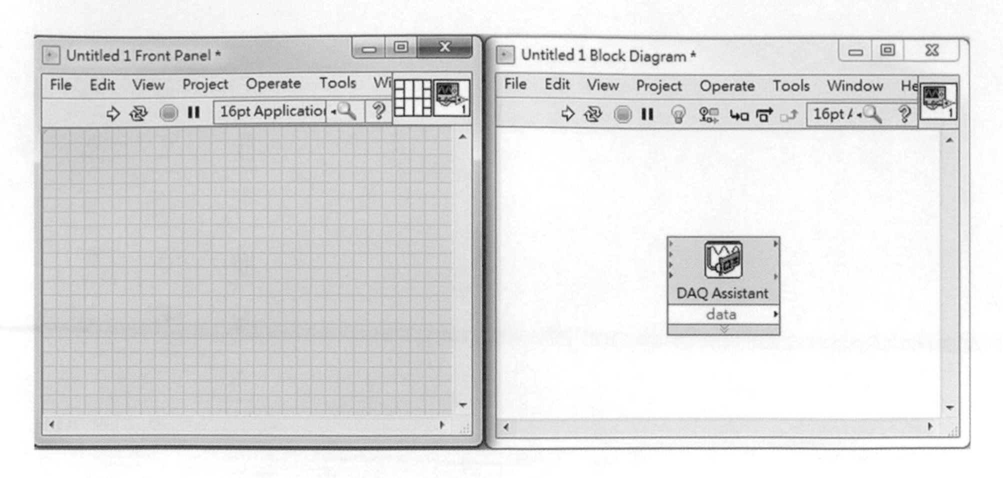

圖 12-13(b) 程式畫面

STEP 2 在人機介面「Controls → Modern → Numeric」中分別取出一個數值顯示元件、一個數值控制元件及一個錶頭元件，如圖 12-14 所示。顯示元件命名為現在轉速，控制元件命名為輸入上限轉速，錶頭元件則命名為轉速表。

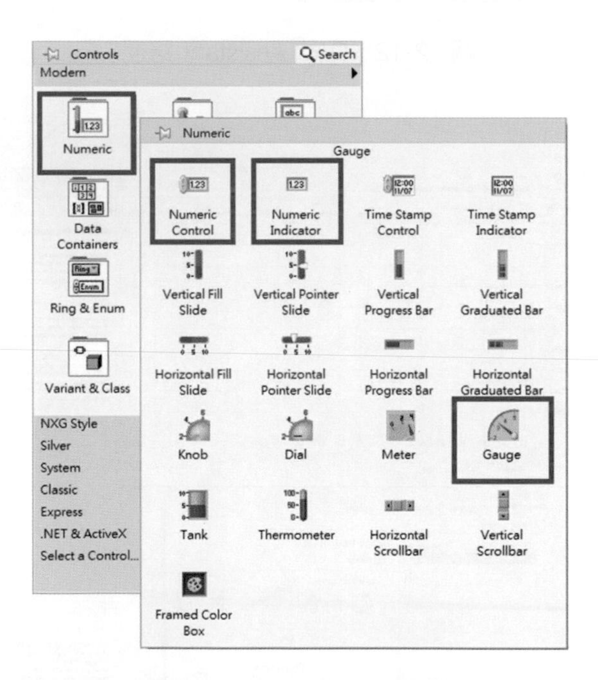

圖 12-14(a) 數值元件路徑

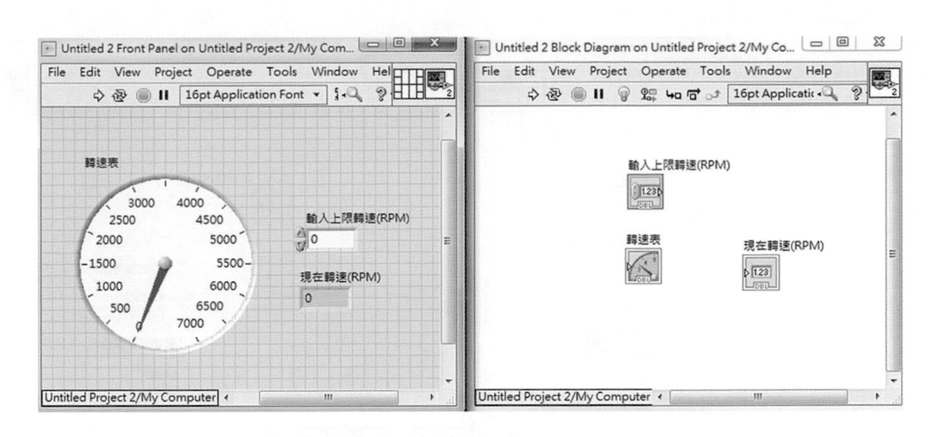

圖 12-14(b)　程式畫面

STEP 3 在人機介面「Controls → Modern → Boolean」中分別取出一個 LED，如圖 12-15 所示，並命名為轉速過高警告。

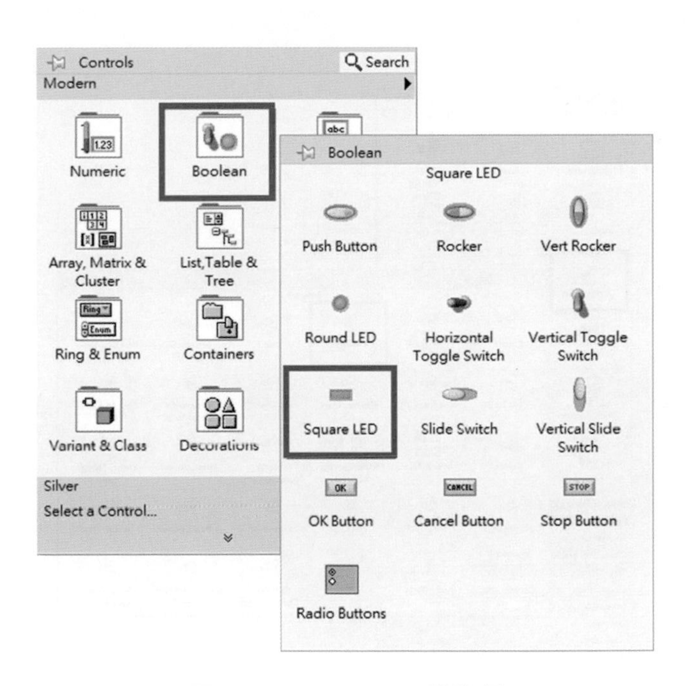

圖 12-15(a)　LED 元件路徑

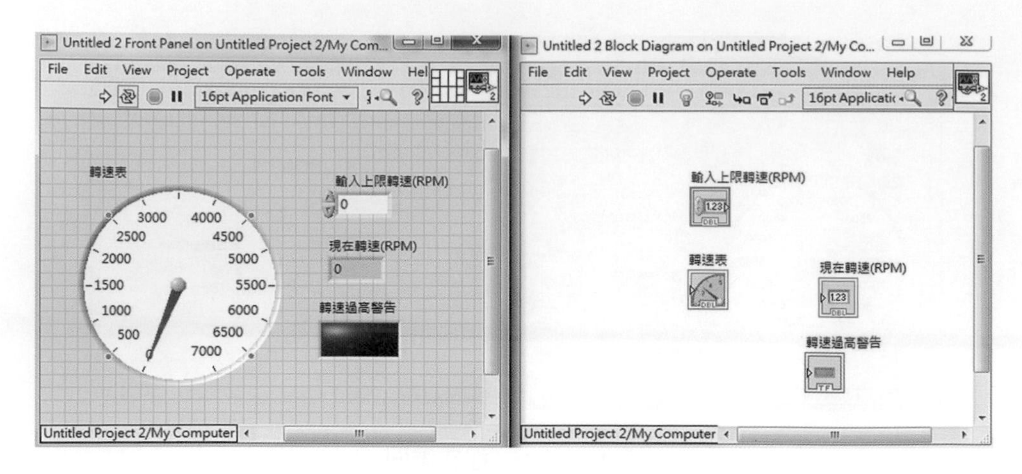

圖 12-15(b)　**程式畫面**

STEP 4 在圖形程式區的「Functions → Programming → Comparison」中取出大於函數一個，如圖 12-16 所示。

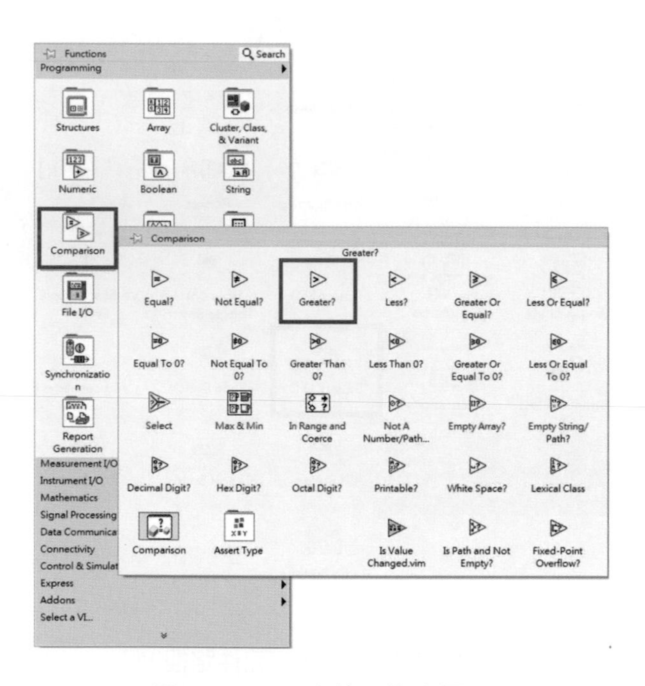

圖 12-16(a)　**大於元件路徑圖**

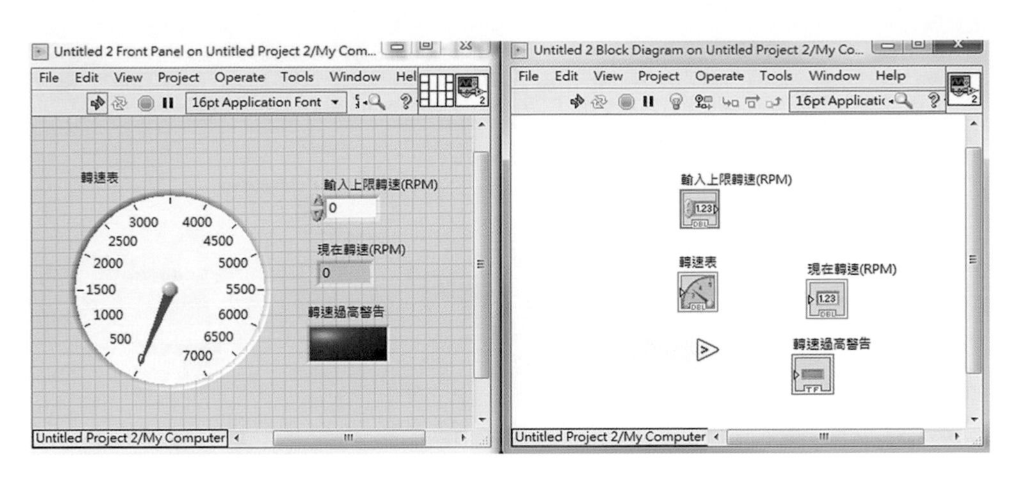

圖 12-16(b)　程式畫面

STEP 5 在圖形程式區的「Functions → Programming → Numeric」中取出乘法元件，並創造一個常數元件輸入 600，如圖 12-17 所示。

註 透過三用電表量測到 7.835V 及示波器所量測到的頻率為 7.9996KHz 透過換算後可得知 1V 約為 1KHz，且透過馬達轉速器銘牌可得知解析度為 100P/R 代表每轉一圈有 100 個 pulse 產生，因 1V = 1000Hz，1000Hz ÷ 100P/R = 10 轉 / 秒，10 轉 / 秒乘上 60 秒便可得到 1V = 600rpm，因此可以得知當 1.5V 時 rpm 為 900。

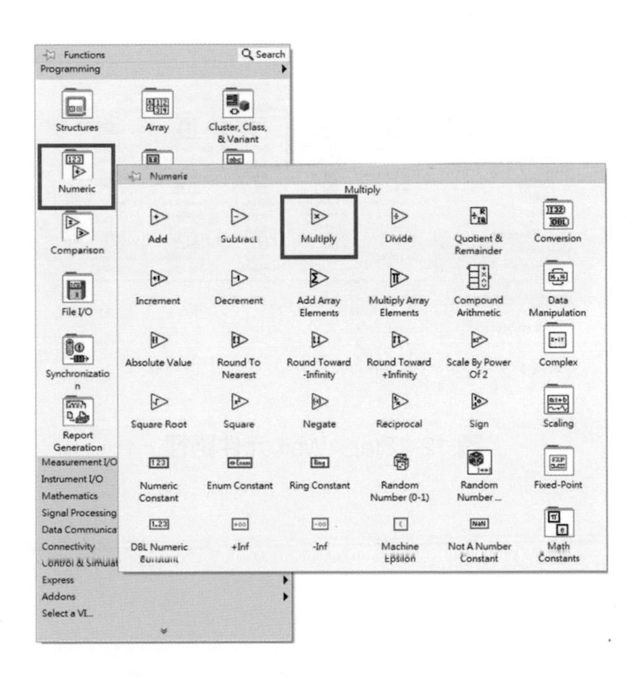

圖 12-17(a)　乘法及加法元件路徑

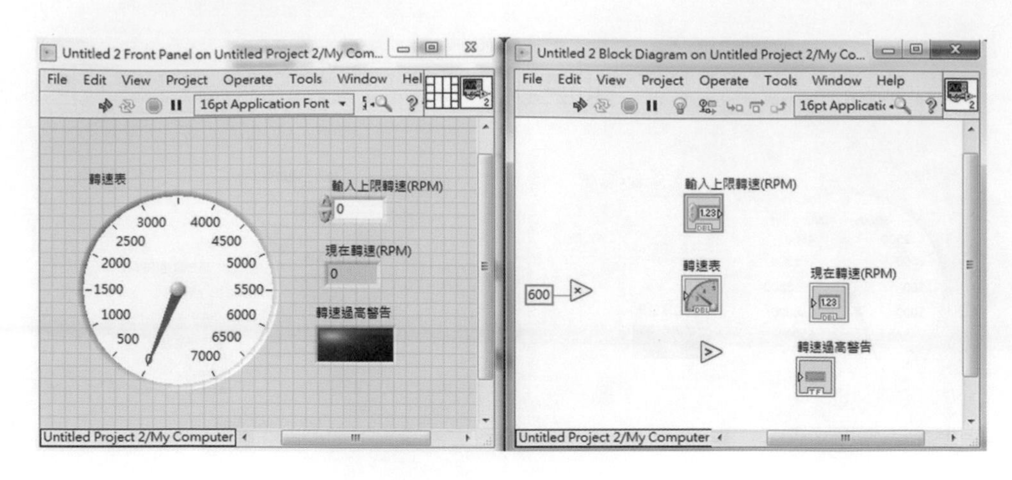

圖 12-17(b)　**程式畫面**

STEP 6 為了讓程式不吃電腦太多資源因此需要做一個「延遲」，在圖形程式區的「Functions → Programming → Timing」中取出 Wait 元件並創造一個常數元件輸入 100，如圖 12-18 所示。

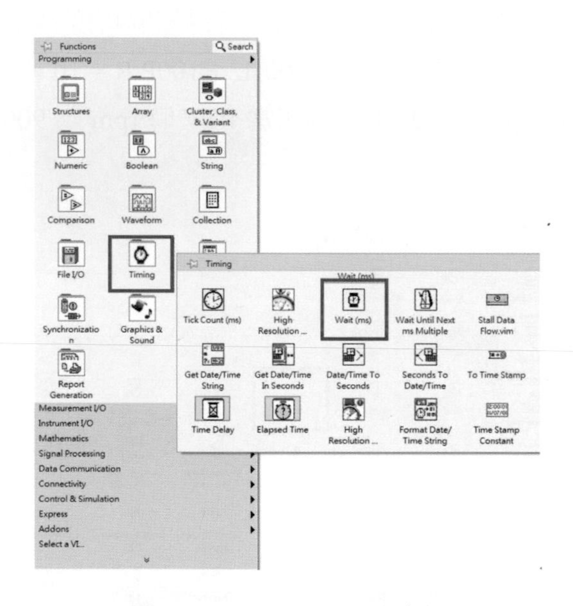

圖 12-18(a)　Wait **元件路徑**

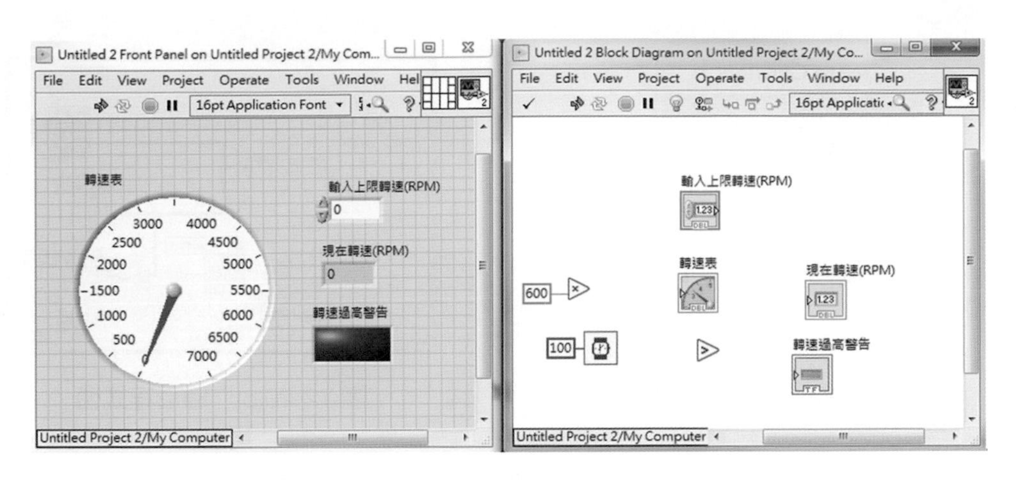

圖 12-18(b)　**程式畫面**

STEP 7 為了讓程式能夠一直執行，在圖形程式區的「Functions → Programming → Structures」中取出 While Loop，如圖 12-19 所示。使用 While Loop 將全部元件包裹在內並在迴圈右下角的紅點左邊接點按一下右鍵創造一個 STOP 元件，如圖 12-20 所示。

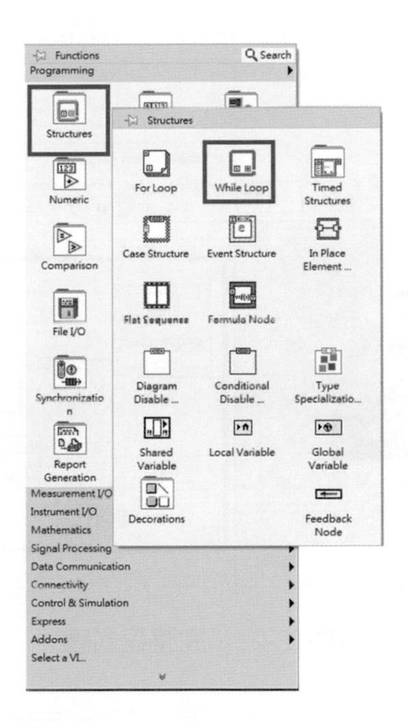

圖 12-19　While Loop **元件路徑**

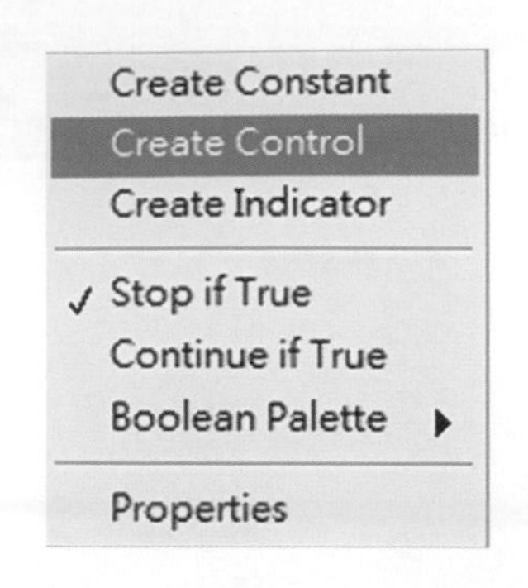

圖 12-20(a)　STOP 元件

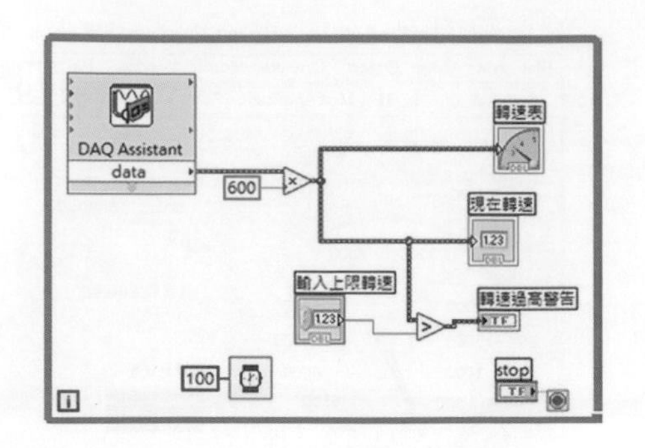

圖 12-20(b)　圖形程式區

STEP 8 將所有元件擺好連接完成後便可開始執行程式，如圖 12-21 所示。

實驗步驟 硬體接線及程式設計完成後先開啟程式並按執行鍵，接著開啟電源供應器提供 +12V 給 F/V 轉換模組及馬達。觀察人機介面的數值顯示值是否與馬達實際轉速相符 (如預算許可，可自行購置一個非接觸式簡易轉速表與人機介面數值做比對更為準確)，便可判斷程式設計及硬體接線是否正確。

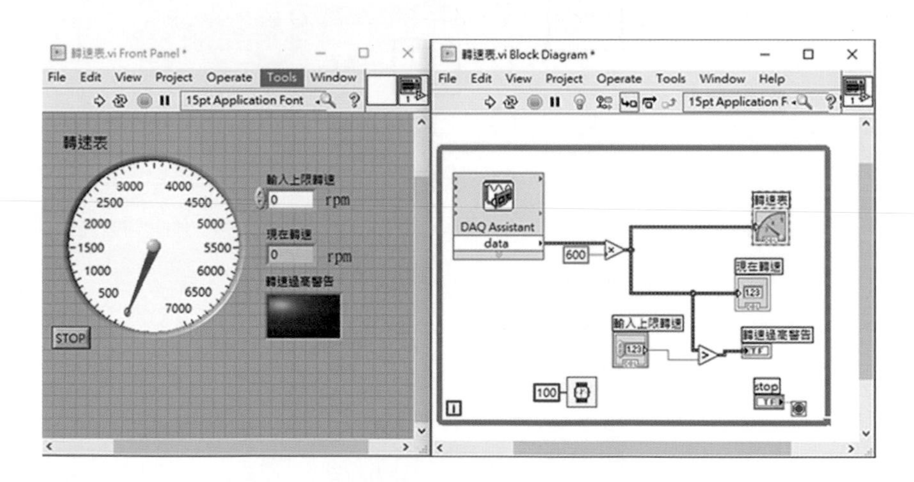

圖 12-21　完整程式圖

流量感測器 (Flow Sensors)

13-1 流量感測器介紹

常見的流量感測器利用有以下五種不同方式獲得流體流速、壓差，或是焓差 (enthalpy)，這五種方式分別是：面積式、轉輪式、孔口板及噴嘴、超音波式及熱傳導式，以下將一一介紹其原理及優缺點。

1. 面積式流量計

面積式流量感測器主要原理如圖 13-1 所示，在具有錐度的垂直管中放置一重錘，水流壓力的差異讓重錘在不同的流量下有不同的高度位置，當流體流過重錘後，分別在重錘的上下端產生 P_2、P_1 之壓力，由於 P_2、P_1 之壓力具有一重錘之高度差（P_1 大於 P_2），使得重錘向上浮動直至平衡為止，此時若藉由錐度之設計則可以調整流體流過重錘的流量，使重錘在不同的流量大小時有不同高度位置。

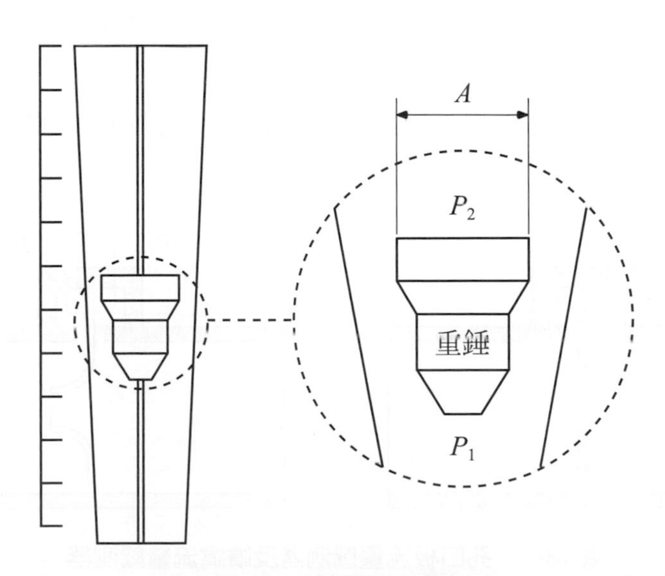

圖 13-1　面積式流量計

面積式流量感測器構造簡單，可以量測氣態及液態之流質，同時只需要於選用時注意流體之密度及溫度，一般都能達到最大流量 2% 的精確度。但由於面積式流量感測器直接利用重錘位置配合預先計算好的流量，直接讀取流量，因此不易利用微電腦系統讀取流量；此外面積式流量感測器需與管路系統串、並聯，往往會造成管路的壓降過大，因此在設計類似系統時需額外預留壓降空間。

2. 轉輪式流量感測器

轉輪式流量感測器主要係利用量測流體流速進而推算流量，圖 13-2 所示為轉輪式流量感測器之基本構造，利用流體驅動轉輪進而獲取流體於管路內之流速。

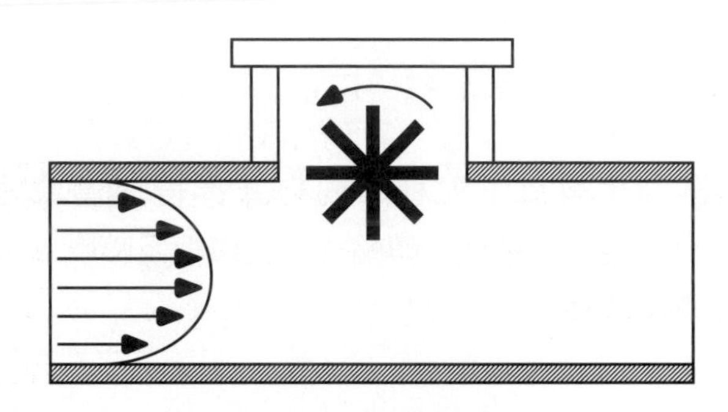

圖 13-2　轉輪式流量感測器

轉輪式流量感測器是十分常見的液態流體感測器，對於一般液態流體皆可使用，安裝時係於管路中加裝一段管節以安置流量計。由於以轉輪方式獲得流速，因此可以利用純機構的方式將流量顯示，或可以利用轉速發電機、計頻器等方式將機械之轉動能轉換成電子式訊號。

3. 孔口板及噴嘴

圖 13-3 所示為孔口板及噴嘴，主要應用於氣體流量之量測，利用流場中截面積變化所造成的壓力差計算流量。

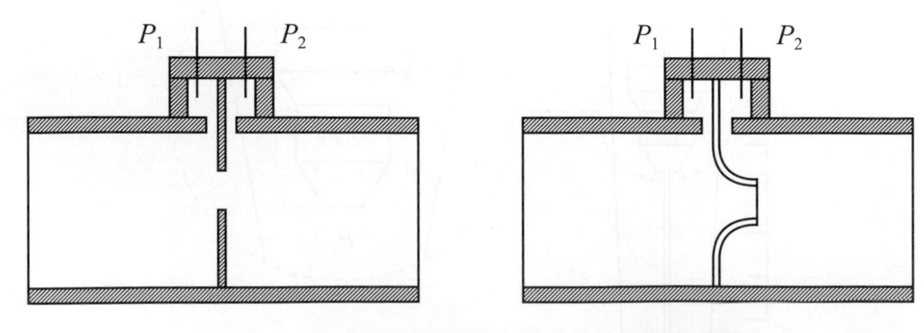

圖 13-3　孔口板流量感測器及噴嘴流量感測器

孔口板及噴嘴流量感測器之流量計算公式：

$$Q = \frac{60\alpha\varepsilon A}{\rho_s}\sqrt{2gh}$$

其中 α 為流量係數，係由喉部面積與管內徑之比值查表得，ε 為空氣因膨脹之修正係數，可由壓力之比值查表得。 ρ_s 為空氣之密度，h 為壓力差。

一般流量感測器相同，為達到較為準確的量測，須於孔口板、噴嘴之前設置整流裝置，令流體達到層流後再行量測，此外孔口板、噴嘴多使用於量測氣體流量的實務場合。

4. 超音波式流量感測器

超音波式流量感測器利用超音波反射之時間計算流體於管路中之流速，繼而配合流體溫度、動黏度及管厚、材質等推算出流量。如圖 13-4 所示，超音波由發射器 A 射出後依序經過管壁折射、流體折射、管壁反射、流體折射、管壁折射後進入接受器 B，由於受到流體流速的影響，使得在不同流質、流速下反射時間會隨之改變，利用此一特性便能計算出流量。

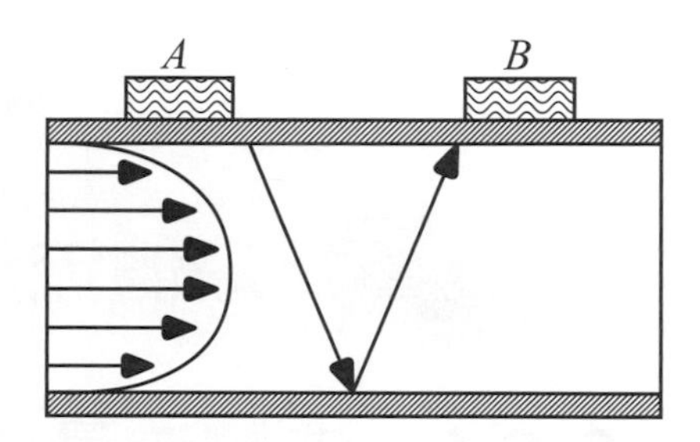

圖 13-4　超音波流量感測器

超音波流量感測器是唯一可以安置於管路外側之流量感測器，因此不需要在管路上額外施工預留量測孔，同時也具有攜帶方便的特性，一般的超音波流量感測器也能夠達到滿刻度 2% 的精確性。但超音波流量感測器只能用在具備不可壓縮性的液態流體，同時不同的超音波感測器所能對應的流體流速也有一定的範圍，更重要的是管路中的流體必須是維持滿管的狀態，而且管路外側的塗裝必須清除才能測試。

5. 熱傳導式流量感測器

熱傳導式流量感測器應用半導體技術，主要利用管路中流體焓 (enthalpy) 計算流量，在封閉系統中系統熱量等於質量流率與焓差之乘積。藉由此關係式便能計算出系統中之質量流率。

質量流率與焓差之乘積公式：

$$\dot{Q} = \dot{m} \times \Delta h$$

圖 13-5 為熱傳導式流量感測器之概念示意圖，於管路之外側安置一個已知輸出功率之加熱器對管路內流體加熱，並於加熱器之前、後安置一個溫度感測器量取溫差，進而求取焓差獲得質量流率。

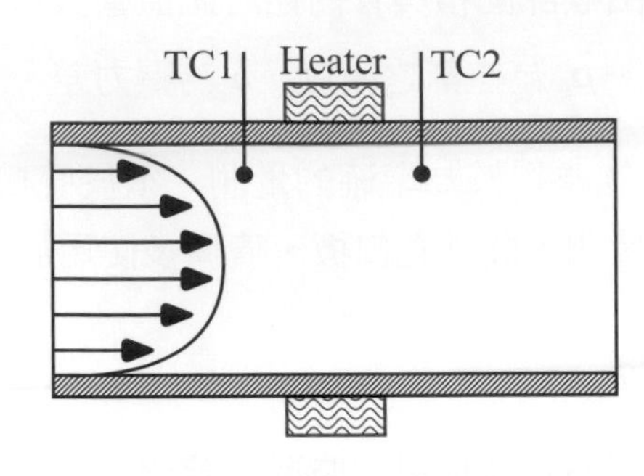

圖 13-5　熱傳導是流量感測器

13-2　液體流量測量

13-2.1　液體流量傳送器之規格表說明

本章節以宇田實業股份有限公司 (https://www.yuden.com.tw/) 的 SN450/1-GA-3M 流量感測器來與 USB-6008 做結合。表 13-1 為 SN450/1-GA-3M 詳細規格表。

表 13-1　SN450/1-GA-3M 規格表

液體流量傳送氣	
Type	SN450/1-GA-3M
輸出訊號	4 ~ 20mA
範圍	水 / 油：5 ~ 300cm/sec
精確度	線性 遲滯 重複性 < ±0.3%fs
供應電源	24VDC±10%
接線方式	3wire
電源消耗	≦ 4 ~ 20mA
保護等級	I P67
主要用領域	液體、油體等介質均可

SN450/1-GA-3M 系列為壓電式的流量傳送器，是以陶瓷及其它晶體材料作成，上圖為出廠時已做了封包作業的成品，其中包含轉換電路、線性修正與穩壓的作業，對溫度也有補償而且其保護等及標示為 IP67，即可以完全防止異物侵入也可在液體中使用，所以主要應用在氣體、液體、與油體等介質。

使用的流量感測器主要輸出為 4 ~ 20mA，需供應電壓為 DC 24V。量測流速範圍為 5 ~ 300cm/sec，即流量 = $\pi \times r^2 \times$ 流速 (r：測量管的半徑、$\pi = 3.1416$)。例：半徑為 2 流速為 250cm/s 流量為 $2^2 \times \pi \times 250 = 3141.6$。此外它動作只用到三條線，電源正極棕色線、電流輸出的黑線與接地共線的藍色，圖 13-6 和 13-7 為其接線圖。圖 13-8 為結構圖。

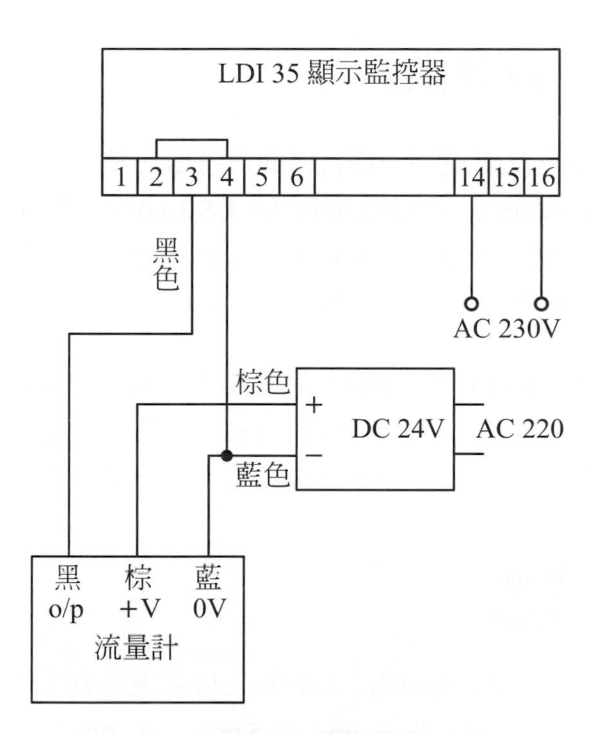

圖 13-6　流量傳送器接線圖 (詳細)

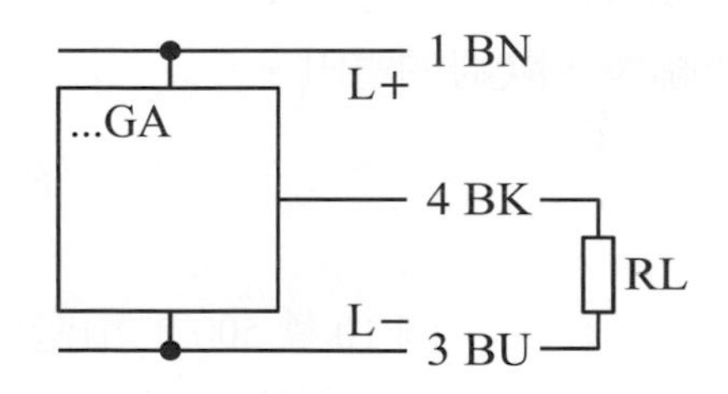

圖 13-7　流量傳送器接線圖 (簡易)

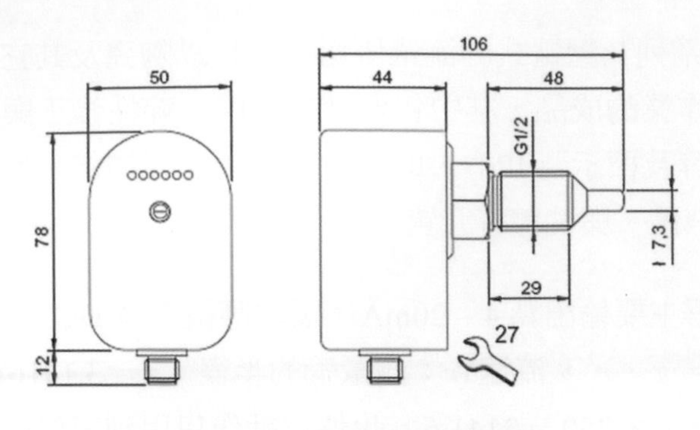

圖 13-8　SN450 結構圖

13-2.2　數值 V.S. 儀表的計算準則

例如：假設循環水的流量為 5 公噸 / 小時，因此選用一個合適的傳送器流量傳送器的輸出範圍為 5 ~ 300cm/s ，且輸出電流為 4 ~ 20mA。在這裡選用的是 USB-6008 資料擷取卡，它的輸入電壓範圍為－ 10V ~ +10V。假設，希望每一 cm/s 有 10mV 的變化量、那麼 300cm/s 就會有 3V 的變化量，因此並沒有超出 USB-6008 的輸入電壓的範圍。

接下來，要計算所需的電阻值。因為 4 ~ 20mA 共有 16mA 的範圍（20mA － 4mA = 16mA），而流速的輸出範圍為 5 ~ 300cm/s。因此，要計算每一 cm/s 為多少電流，16mA/300 cm/s = 53.3μA/°C 代表每 1cm/s 有 53.3μA。最後，利用歐姆定律來計算需在負載端並聯多少歐姆的電阻。

$$R=\frac{V}{I}=\frac{10\text{mV}}{53.3\mu\text{A}}$$

首先，使用一個 10 轉 500 的精密可調電阻，先在電阻的二端跨接三用電表將電阻值調至 187.5，再將其跨接到傳送器的輸出端上。由於，假設 4mA 為 5cm/s，而 20mA 為 300cm/s。在這裡，會發現當 0 cm/s 時，會有 4mA × 187.5 = 0.75V。所以，在程式設計上必需將輸出的電壓值先減去 0.75V，乘上 100 倍 (原先輸入電壓設 10mV × 100 = 1V)。此時，當輸出為 0.75V 時，在程式畫面上才會顯示 0 cm/s。

接下來要計算流量，管子的截面積 $\pi \times r^2$，假設水管半徑為 2cm，那水管的截面積為 $\pi \times 2^2 = 12.57\text{cm}^2$，所以整個流量為截面積 × 流速 × 液體密度。又流量的單位為公噸 / 小時，所以 (1 cm^3 / s 等於 0.0036 公噸 / 小時)。

範例：某一循環水的流量為 4 公噸 / 小時，選用的流速範圍為 0 ~ 250 cm/s，且輸出電流為 4 ~ 20mA。假設希望每 1cm/s 為 20mV，250 cm/s 為 5V。試算出在傳送器上的負載端需並聯多少歐姆的電阻？

$$\frac{(20-4)\text{mA}}{(250-0)°\text{C}} = 64\mu\text{A}/°\text{C}$$

$$R = \frac{V}{I} = \frac{20\text{mV}}{64\mu\text{A}} = 312.5\Omega$$

13-2.3　流量傳送器與 USB-6008 結合

表 13-2 為 SN450/1-GA-3M 的實體配件相關之說明。

表 13-2　傳輸線接腳

設備名稱	設備圖	腳位
SN450/1-GA 液體流量傳送器本體		
傳輸線與本體接頭		圖中三條信號線由左至右分別是 藍：－端 (GND) 黑：+ 端 (O/P) 棕：V+(電源)

以 SN450 系列流量傳送器接上水循環，來測試其流量感測器的接法如圖 13-9。因流量感測器需 DC 24V 電壓供電，按照上面規格表所寫的線的顏色來接電源，電源供應器 DC24V 接至流量感測器的棕色線，負端點接到流量感測器藍色線，黑線則是感測器的輸出線。因此，黑線需先接上一個 10 轉 500Ω 的精密可調電阻並調整電阻值至 187.5Ω 後再接到 USB-6008 的 AI 0+ 腳位。輸出線接上後將感測器藍色線額外拉出一條線接至 USB-6008 類比端的 GND 即可完成硬體接線部分。USB-6008 與流量感測器的接線圖，如圖 13-10 所示。

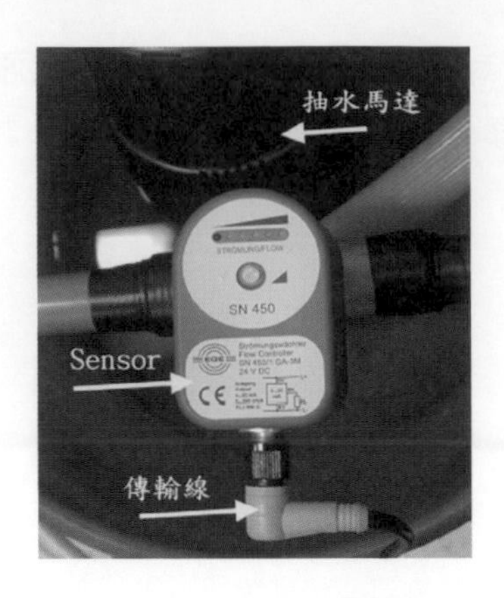

圖 13-9 流量感測器接法

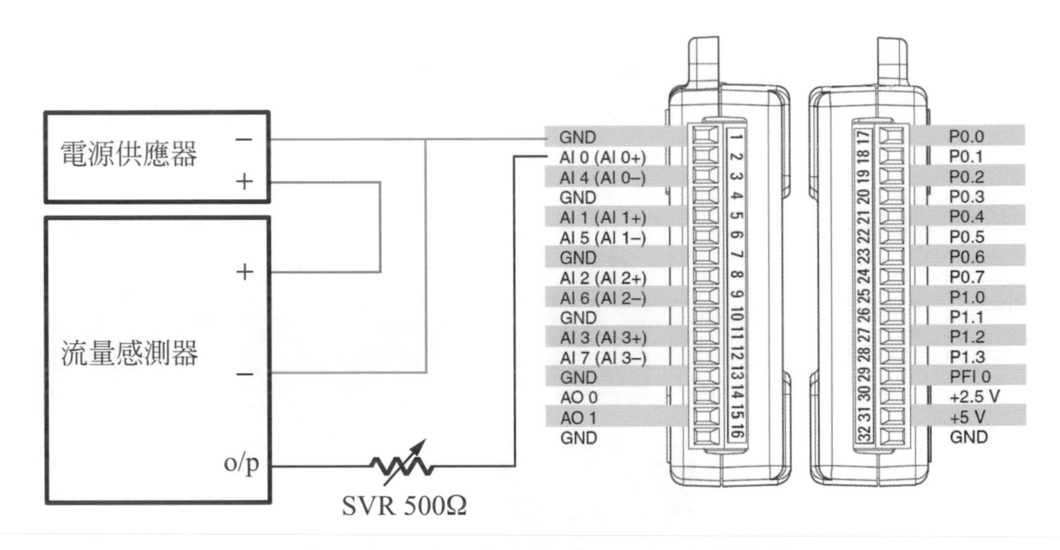

圖 13-10 流量感測器與 USB-6008 接線圖

13-3 程式撰寫

STEP 1 利用 DAQ Assistant，Step by Step 來完成整個程式設計。從圖形程式區點選右鍵「Measurement I/O → NI DAQmx」中找到 DAQ Assistant 如圖 13-11 所示。DAQ Assistant 的設定步驟可參考圖 13-12。

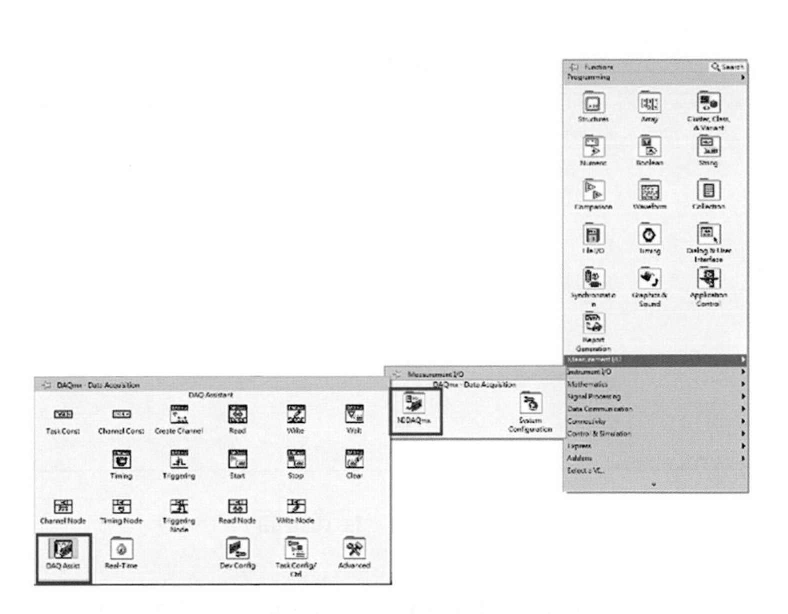

圖 13-11　DAQ Assistant 路徑

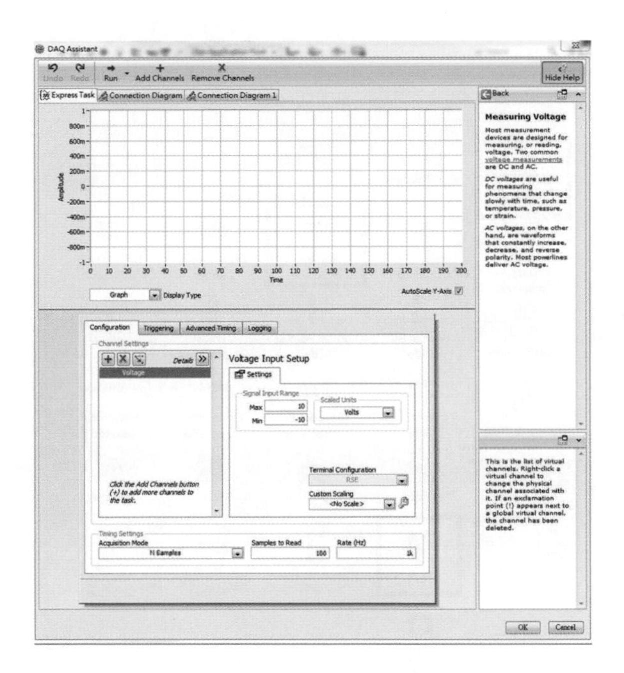

圖 13-12(a)　DAQ Assistant 設定

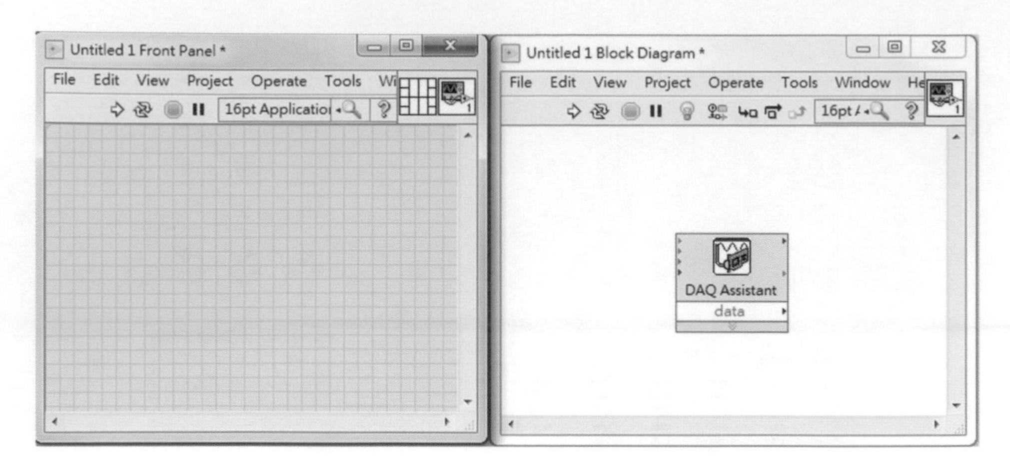

圖 13-12(b) 程式畫面

STEP 2 在人機介面「Controls → Modern → Numeric」中分別取出一個數值顯示元件及一個 Tank 元件，如圖 13-13 所示。顯示元件命名為公噸 / 小時，Tank 元件則命名為流量。

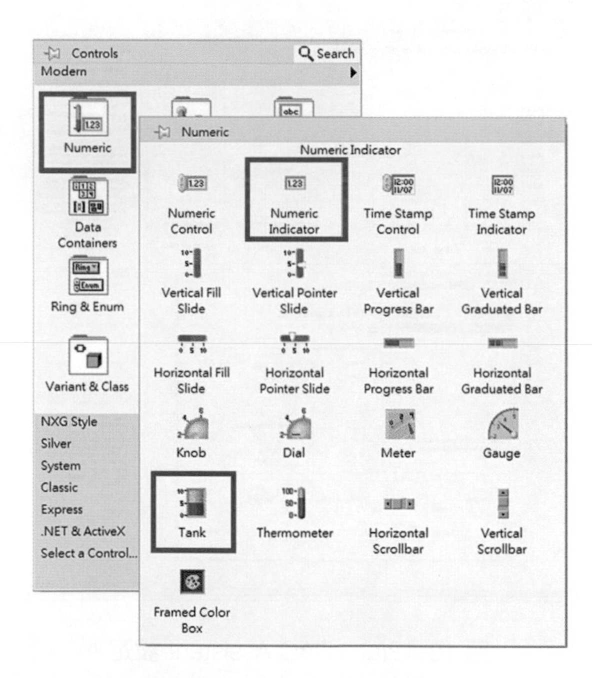

圖 13-13(a) 數值元件路徑

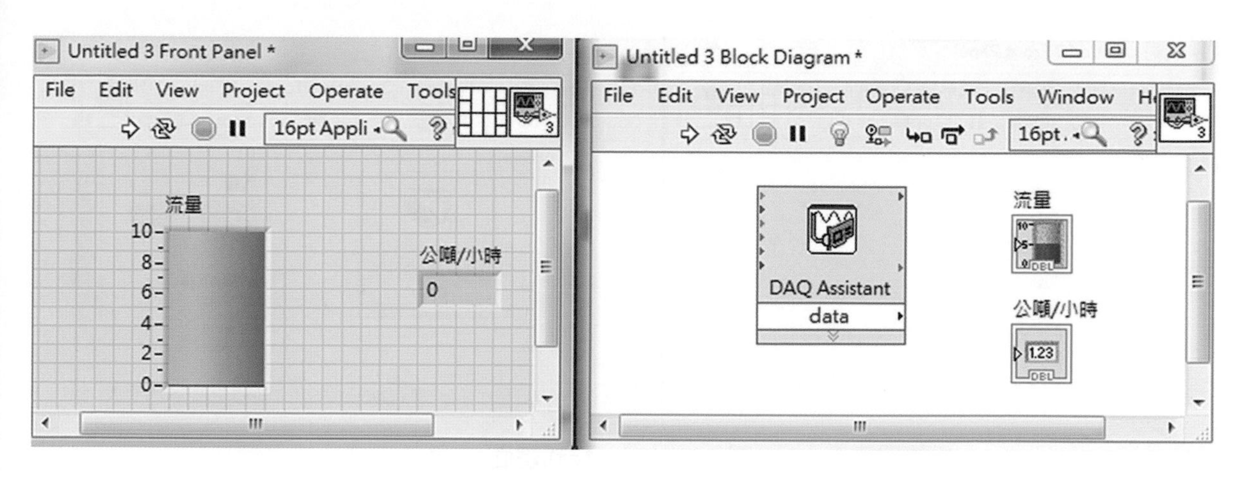

圖 13-13(b)　程式畫面

STEP 3 在圖形程式區的「Functions → Programming → Express → Sig Manip」中取出 From DDT 元件，如圖 13-14 所示。

註 此元件用來將一筆動態資料轉為數值、布林等資料型態，方便 VI 程式來做使用。

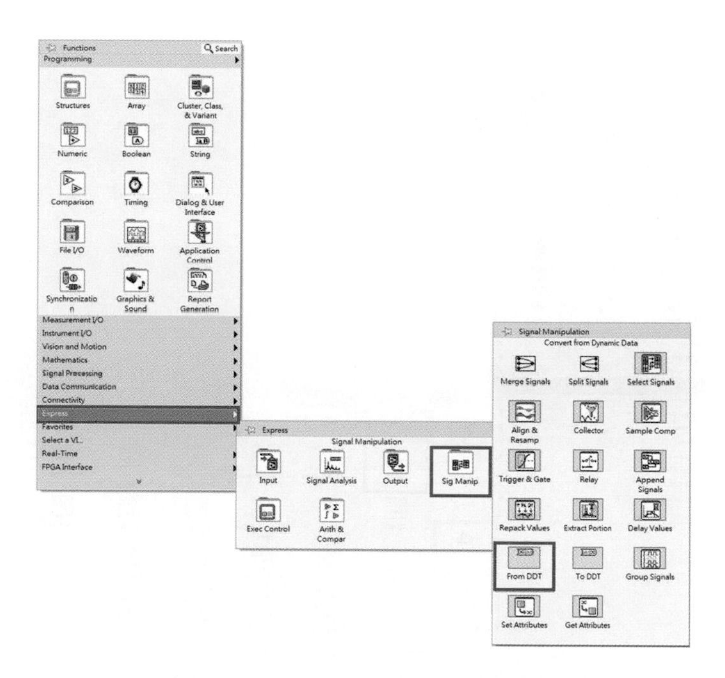

圖 13-14(a)　From DDT 元件路徑

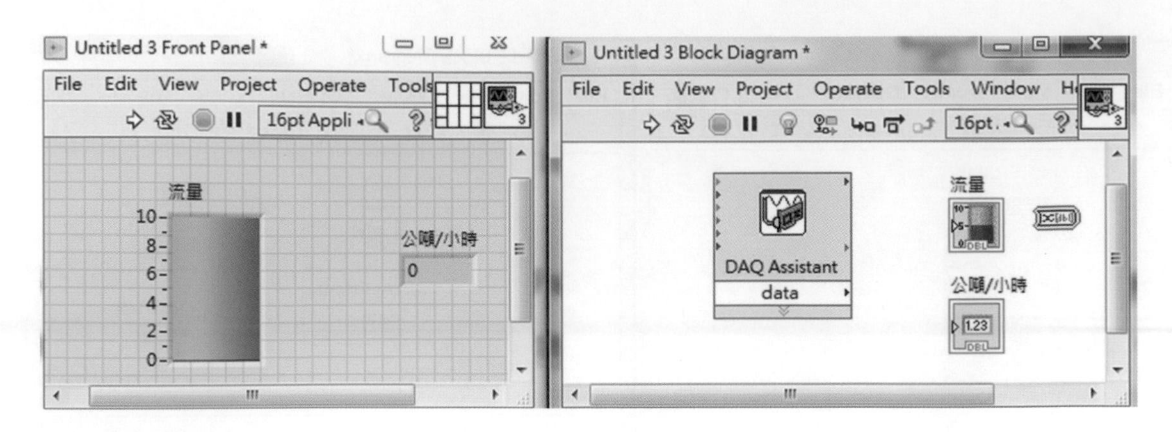

圖 13-14(b)　程式畫面

STEP 4 在圖形程式區的「Functions → Programming → Mathematics → Prob&Stat」中取出 Mean 元件，如圖 13-15 所示。

註 此元件用於計算 DAQ 輸入的資料，將其資料取一個平均值，以便資料變得更為準確。

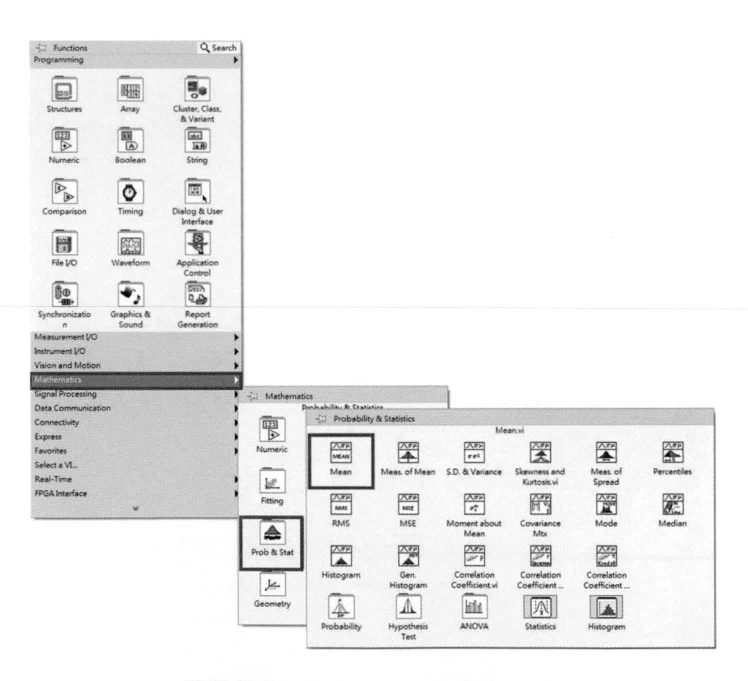

圖 13-15(a)　Mean 元件路徑

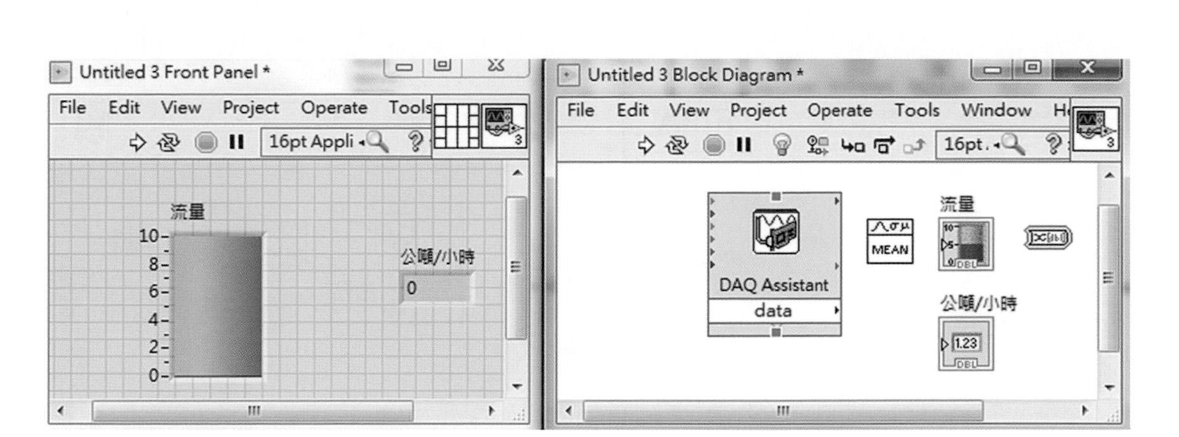

圖 13-15(b) **程式畫面**

STEP 5 在圖形程式區的「Functions → Programming → Numeric」中取出減法元件及乘法元件，並分別創造一個常數元件輸入 0.75 及 100，如圖 13-16 所示。

註 假設 4mA 為 5cm/s，而 20mA 為 300cm/s。在這裡，發現當 0cm/s 時，會有 4mA × 187.5 = 0.75V。所以，在程式設計上必需將輸出的電壓值先減去 0.75V，再乘上 100 倍 (原先輸入電壓設 10mV × 100 = 1V)。此時，當輸出為 0.75V 時，在程式畫面上才會顯示 0cm/s。

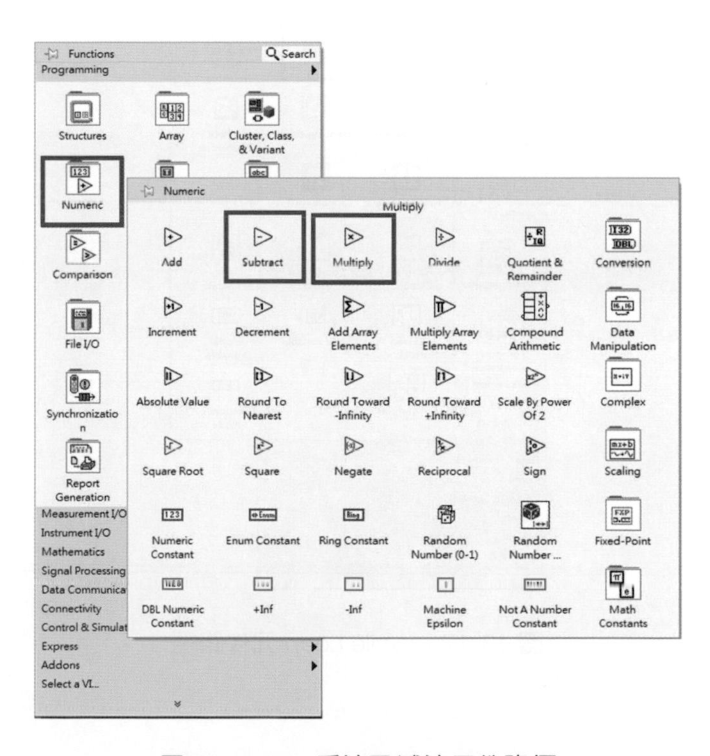

圖 13-16(a) **乘法及減法元件路徑**

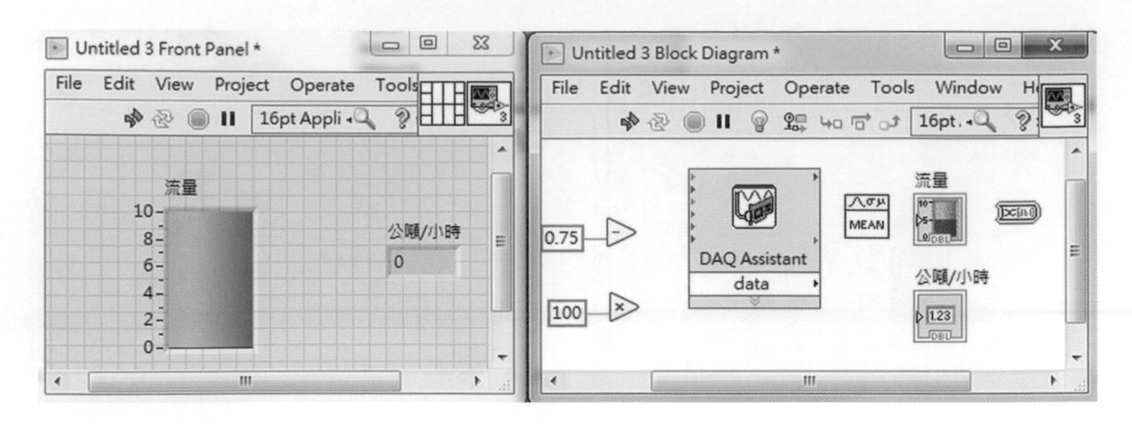

圖 13-16(b) **程式畫面**

STEP 6 為了讓程式能夠一直執行，在圖形程式區的「Functions → Programming → Structures」中取出 While Loop，如圖 13-17 所示。接下來用 While Loop 將全部元件包裹在內並在迴圈右下角紅點左邊接點按一下右鍵創造一個 STOP 元件，如圖 13-18 所示。

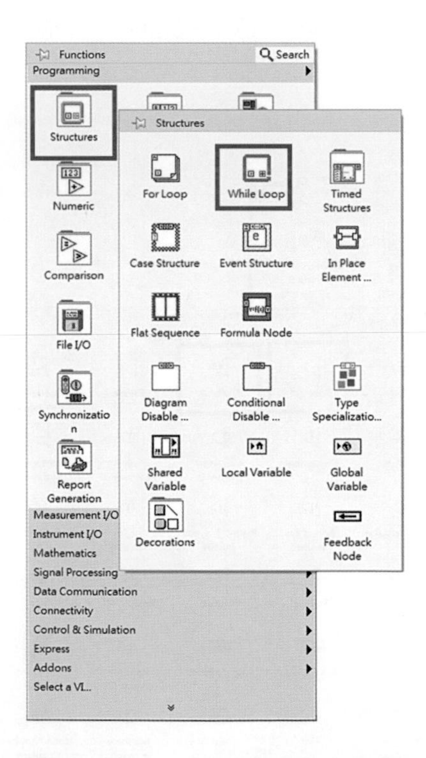

圖 13-17 While Loop **元件路徑**

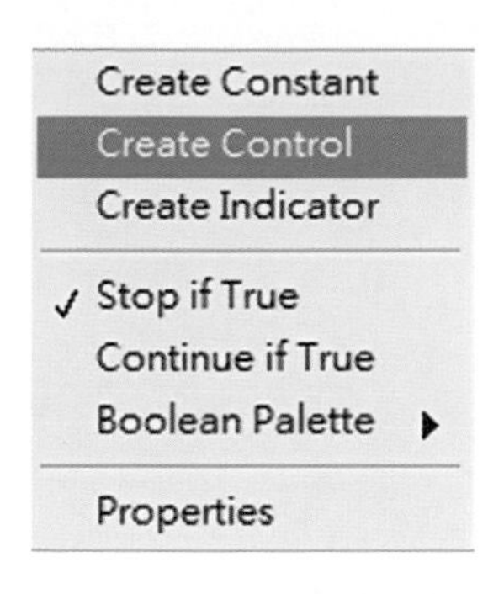

圖 13-18(a)　圖形程式區

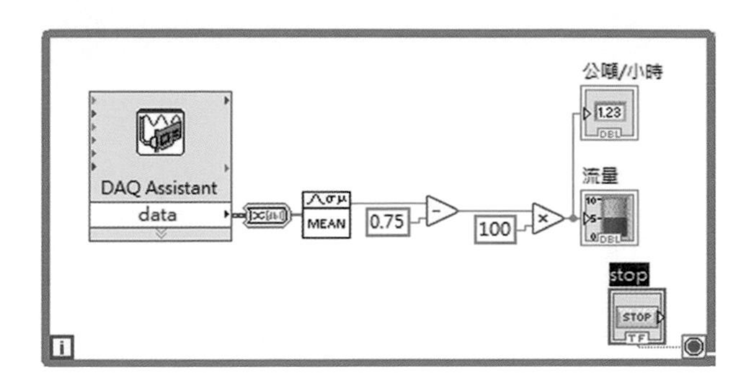

圖 13-18(b)　圖形程式區

STEP 7 將所有元件擺好連結後，如圖 13-19 所示。接著便可開始執行程式。

實驗步驟 硬體接線及程式設計完成後先開啟程式並按執行鍵。接著開電源供應器提供 DC24V 給流量感測器，並將抽水馬達開啟來供應水流。觀察抽水期間流量感測器上方的 LED 燈亮起幾顆，當量越多 LED 燈亮的數目越多代表水流量越大。並觀察人機介面的流量及數值顯示是否有改變。以上步驟皆成功代表此次實驗大功告成。

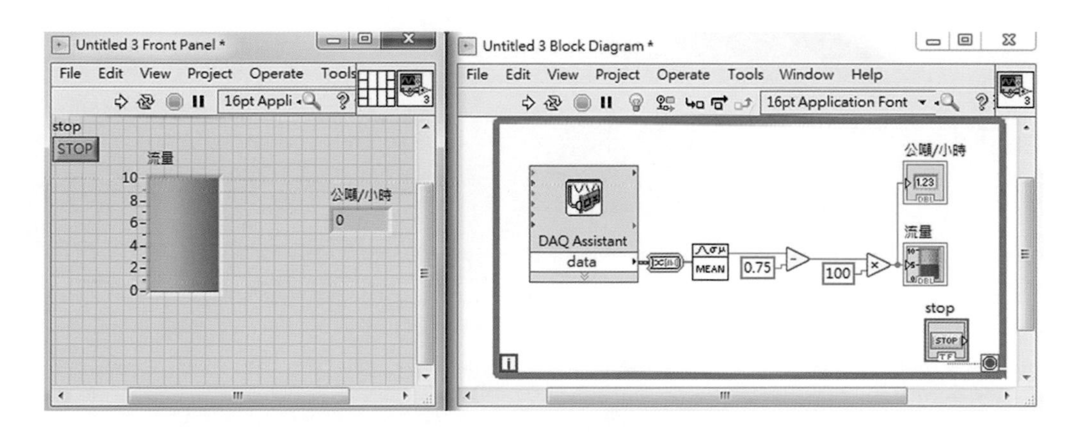

圖 13-19　完整程式圖

壓力傳感器

14-1 壓力傳感器原理

壓力感測器是利用元件之變形，來改變元件之阻值，然後將此一電阻值變化，利用電量方式測量，就可以測量到壓力之大小。

壓力種類有很多，分別為：

(1) 絕對壓力：指相對於零壓力 (如真空) 所測得之壓力值。
(2) 計壓力：指相對於大氣壓力所測得之壓力值。
(3) 差壓：指相對於同一基準壓力時，兩測量點之間的壓力差值。
(4) 分壓：指混合氣體裡，當相互間沒有化學反應時各分量所產生之壓力，此一混合氣體的總體壓力等於各個分壓總和。
(5) 靜壓：指運動的流體作用於和它流動的方向之平行的表面壓力。
(6) 衝擊壓力：指運動的流體作用於和它流動方向垂直的表面壓力。

壓力傳感器的工作原理主要是利用壓阻效應，內部結構圖如圖 14-1 所示。由於壓電材料之線性區間與材料的製程有關，因此壓力轉換器在選用時最重要的規格就是欲量測的壓力範圍，不正確的量測範圍選用會造成取值錯誤，甚至會造成感測器損壞。此外由於材料對於溫度之變遷有相當敏感之特性，因此在使用這類轉換器時也需注意溫度的變化，當溫度變化太過劇烈時易造成材料的老化，或是取值不正常。

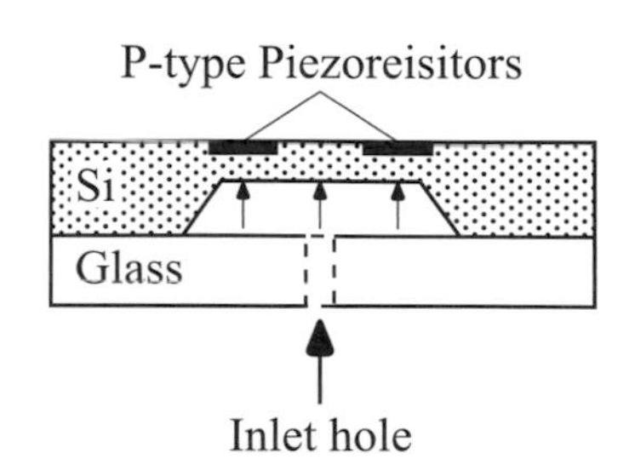

圖 14-1 壓力轉換器內部結構

工業用的壓力轉換器多半都會將線性化電路及放大電路整合在一起，而使用者所接觸到的都是有封包的產品，這些產品的輸出除電壓訊號外，還有工業標準的 4 ~ 20mA 電流訊號兩種，只需接上表頭就能使用。

14-1.1 壓力計的單位換算

圖 14-2 為網路上提供的各種壓力單位的換算器。如有需要，可自行上網。
https://www.digikey.tw/zh/resources/conversion-calculators/conversion-calculator-pressure#
例如：

bar = 14.5 psi = 1.02 kg / cm^2

kg / cm^2 = 14.233 psi = 0.981 bar

psi(磅重 / 平方英寸) = lbw / in^2 = 0.069 bar = 0.07 kg / cm^2

(1 磅 = 0.45 kg，1 英吋 = 2.54 cm)

壓力換算

使用此工具換算多種測量單位的壓力值，包括巴、帕斯卡 (Pa 或 N/m^2)、每平方英寸磅力 (psi)、毫米水柱 (mm H_2O)、英寸水柱 (in H_2O)、英寸汞柱 (in Hg)、每平方公分公斤力 (kg/cm^2)，以及每平方英尺磅力 (psf)。

+更多內容

帕斯卡	100000	Pa (N/m^2)
巴	1	Bar
每平方公分公斤	1.01971621	kg/cm^2
英寸汞柱	29.5299833	in Hg
每平方英寸磅力	14.5037738	psi
每平方英尺磅力	2088.54	psf
攝氏 4 度時毫米水柱	10197.1621	mm H_2O
攝氏 4 度時英寸水柱	401.463076	in H_2O
大氣壓力	0.986923267	atm

圖 14-2 壓力單位換算器

14-2 Huba 511.93 系列規格表

下面範例以以宇田實業有限公司的 Huba 511.93 系列壓力感測器來與 LabVIEW 結合做範例。表 14-1 為 Huba 511.93 規格表

表 14-1　Huba 511.93 規格表

壓力傳送器	
Type	OEM 型 511.93 系列
輸出訊號	4~20mA
範圍	0~10bar
精確度	線性 遲滯 重複性＜ ±0.3%fs
供應電源	8~33VDC
接線方式	3wire
電源消耗	≦ 4~20mA
應用領域	油壓機、真空設備及產業設備 氣體、液體、油體等介質均可

Huba 511.93 系列為壓電式的壓力傳感器，是以陶瓷及其它晶體材料作成，上圖為出廠時已做了封包作業的成品，其中包含轉換電路、線性修正與穩壓的作業，對溫度也有補償而且其保護等及標示為 IP65，即可以完全防止異物侵入也可在液體中使用，所以主要應用在氣體、液體、與油體等介質。

14-3 信號處理

14-3.1 壓力感測器接線

感測器主要輸出為 4 ~ 20mA，需供應電壓為 DC 8~33V，在工業標準 DC 24V 間。量測絕對壓力範圍為 0 ~ 10 bar，即 $10 \times 1.02 = 10.2\ kg/cm^2$，量測時以絕對壓力為主，相對壓力為其晶體材料最大之耐壓。此外它的動作用到三條線 (為三線式)，電壓輸入的棕色線與電流輸出的藍線以及 GND 的黑線，圖 14-3 為其接線圖。

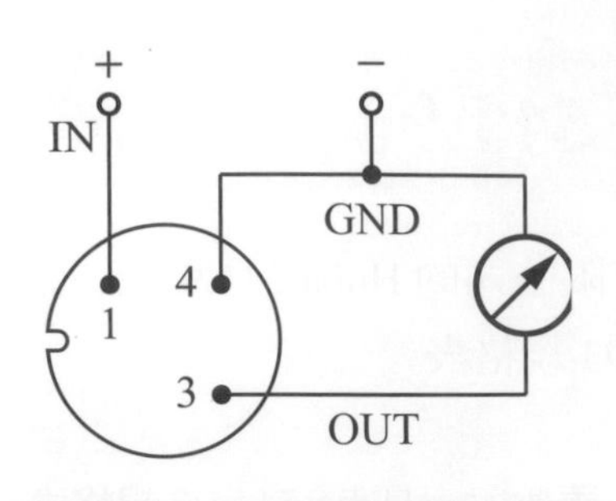

圖 14-3　壓力傳感器接線圖

14-3.2　壓力傳感器與 USB-6008 接線

此章節以 Huba 511.93 系列壓力傳感器接上一台小型空壓機來測試其內部壓力做為範例，如圖 14-4 所示。

圖 14-4　Huba 511.93 壓力傳感器與空壓機連接圖

首先將傳送器接上空壓機，將棕色的傳輸線接上 DC (8 ~ 33VDC) 電源，藍線接在 USB-6008 的 AI 0+。接在 AI 0+ 的端點為輸入訊號點，而 USB-6008 的類比端 GND 則接往電源供應的 GND。然後在感測訊號輸出的藍線與接地端跨接一個 500Ω 的可變電阻，將可變電阻歐姆值調製 62.5Ω(以三用電表量測值) 取得轉換電壓來輸入，如圖 14-5。

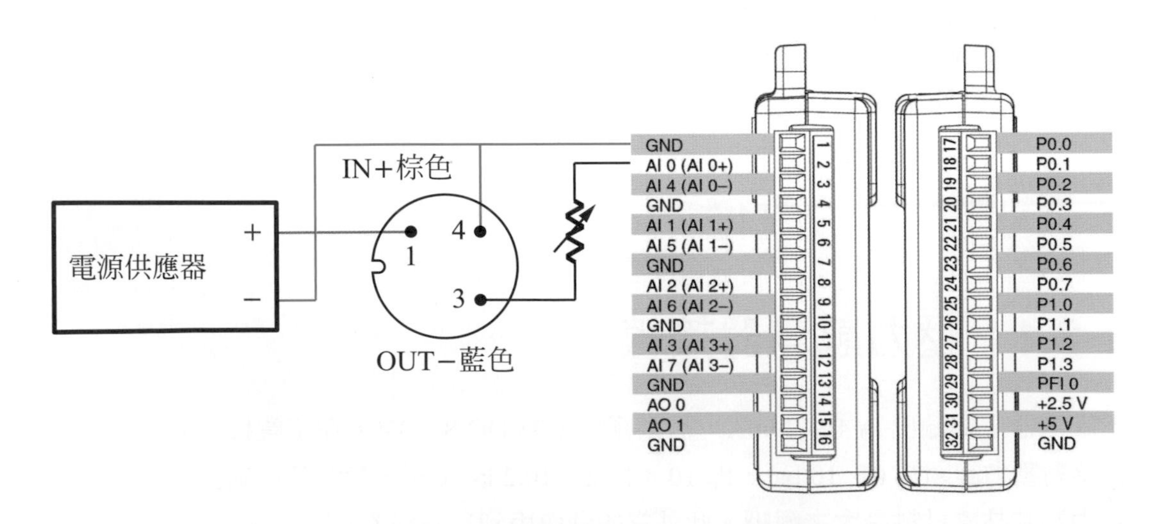

圖 14-5　壓力傳感器與 USB-6008 接線圖

14-3.3　數值 V.S. 儀表的計算準則

因為 Huba 511.93 系列傳送器輸出為 4 ~ 20 mA 之電流，但 USB-6008 的輸入訊號須為電壓，所以要在感測訊號輸出的藍線與接地端 (電源接地點) 跨接電阻，以取得轉換電壓來當作輸入。

要注意的是，電阻的選擇會影響輸出電壓，所以在跨接電阻後要做比例的運算。例如：假設某一空壓機出口的壓力範圍為 0 ~ 10 kg / cm^2，因此選用一個合適的傳送器，在這裡選用一個壓力的輸出範圍在 0 ~ 10bar (1bar = 1.02kg / cm^2) 之間 (因 Huba 511.93 系列的絕對壓力為 0 ~ 10 bar)，所以 0 ~ 10bar = 0 ~ 10.2 kg / cm^2，且輸出電流為 4 ~ 20mA。在這裡選用的是 USB-6008，它的輸入電壓範圍為 –10V ~ +10V。假設，希望每 1kg / cm^2 有 100mV 的變化量、那麼 10.2 kg / cm^2 就會有 1V 的變化量，因此並沒有超出 USB-6008 的輸入電壓的範圍。

接下來，要計算所需的電阻值。因為 4 ~ 20mA 共有 16mA 的範圍 (20mA – 4mA = 16mA)，而壓力的輸出範圍為 0 ~ 10.2 kg / cm^2。因此，計算每 1kg / cm^2 為多少電流，16mA / 10.2 kg / cm^2 = 156.9μA / kg / cm^2 代表每 kg / cm^2 有 156.9μA。最後，利用歐姆定律來計算需在負載端並聯多少歐姆的電阻。$R = \frac{V}{I} = \frac{100\text{mV}}{156.9\mu\text{A}} = 63\Omega$。首先，使用一個 10 轉 500 的精密可調電阻，先在電阻的二端跨接三用電表將電阻值調至 62.5Ω，再將其跨接到傳送器的輸出端上。由於，假設 4mA 為 0 kg / cm^2，而 20mA 為 25.5kg / cm^2。在這裡，會發現當 0 kg / cm^2 時，會有 4mA × 62.5 = 0.25V。所以，在程式設計上必需將輸出的電壓值先減去 0.25V。此時，當輸出為 0.25V 時，在程式畫面上才會顯示 0 kg / cm^2。

註　此處利用歐姆定律算出 63Ω，可 63Ω 並不利於計算，因此在這使用 62.5Ω 來做計算可得到整數來簡化計算上的複雜度。

14-4 程式設計

STEP 1 利用 DAQ Assistant，Step by Step 來完成整個程式設計。從圖形程式區點選右鍵「Measurement I/O → NI DAQmx」中找到 DAQ Assistant 如圖 14-6 所示。DAQ Assistant 的設定步驟可參考圖 14-7。

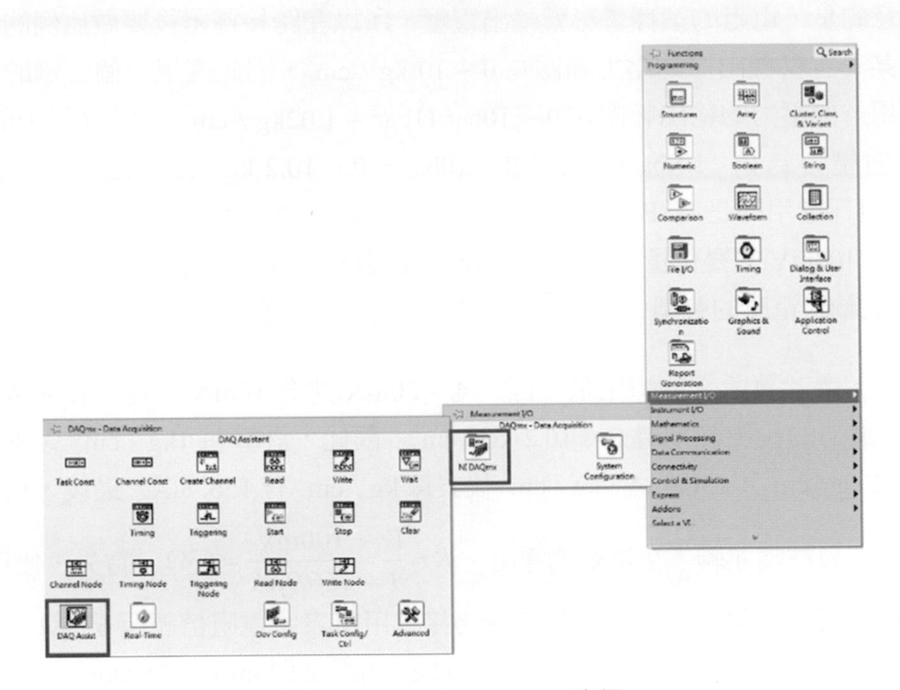

圖 14-6　DAQ Assistant 路徑

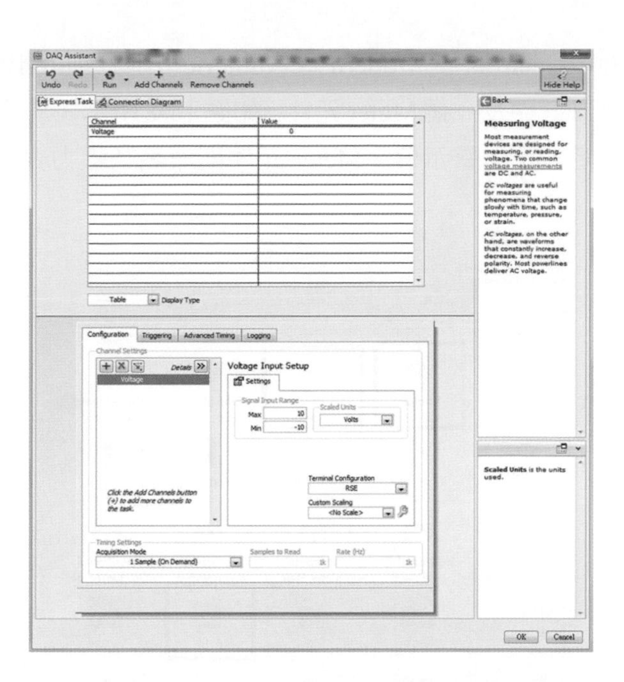

圖 14-7(a) DAQ Assistant 設定

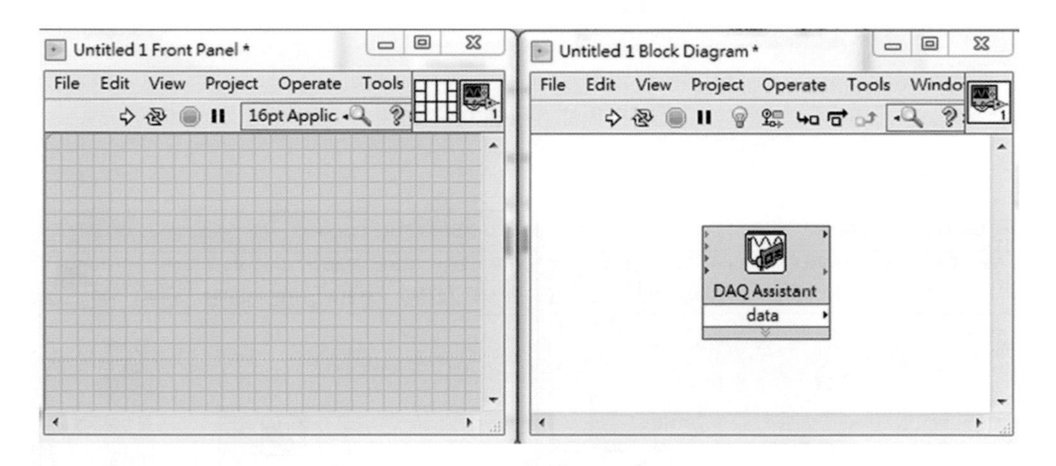

圖 14-7(b) 程式畫面

STEP 2 在人機介面「Controls → Modern → Numeric」中分別取出一個數值顯示元件、一個數值控制元件及一個Meter元件，如圖14-8所示。顯示元件命名為壓力表，控制元件命名為壓力警示值，Meter元件則命名為壓力表。

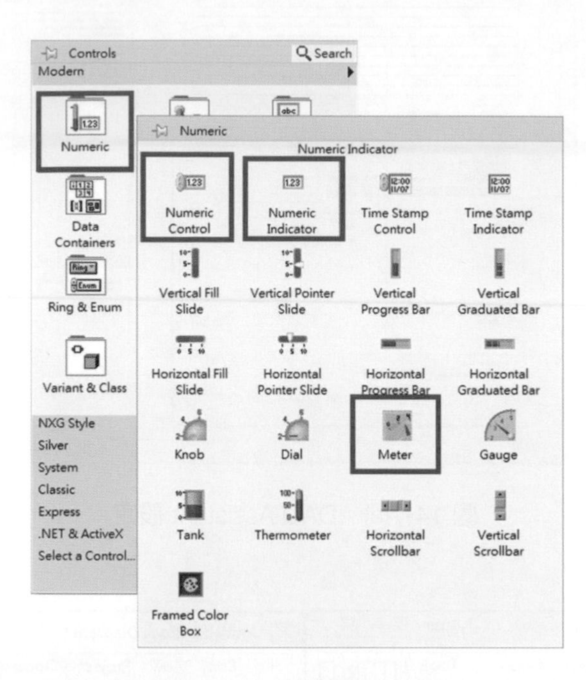

圖 14-8(a)　數值元件路徑

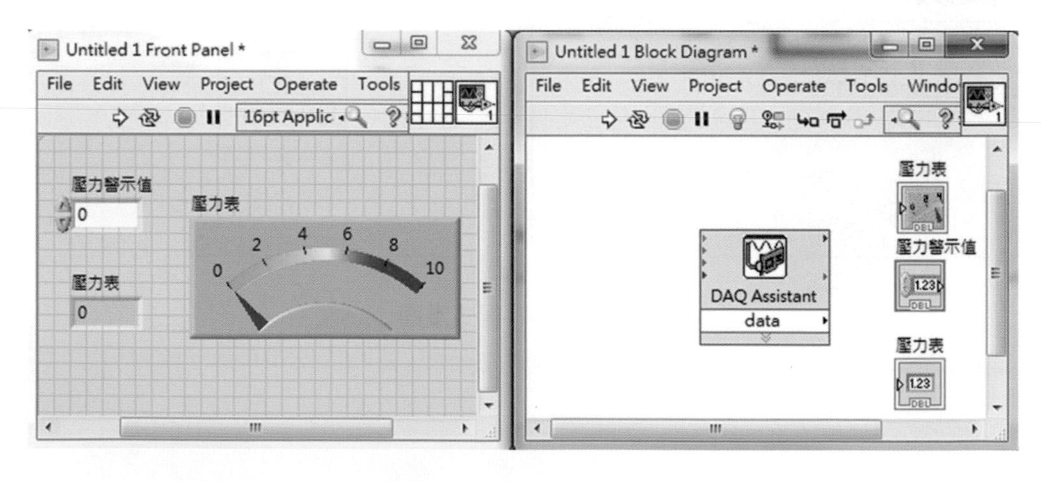

圖 14-8(b)　程式畫面

STEP 3 在人機介面「Controls → Modern → Boolean」中分別取出一個 LED，如圖 14-9 所示，並命名為警示值。

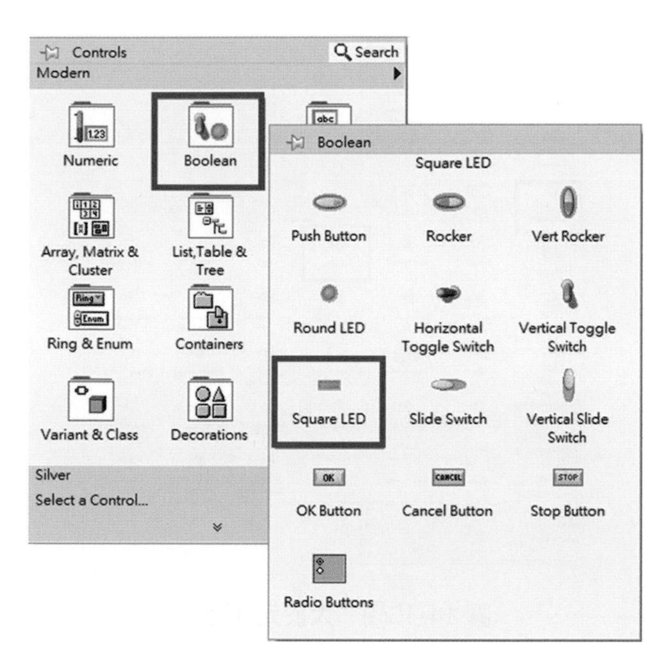

圖 14-9(a)　LED 元件路徑

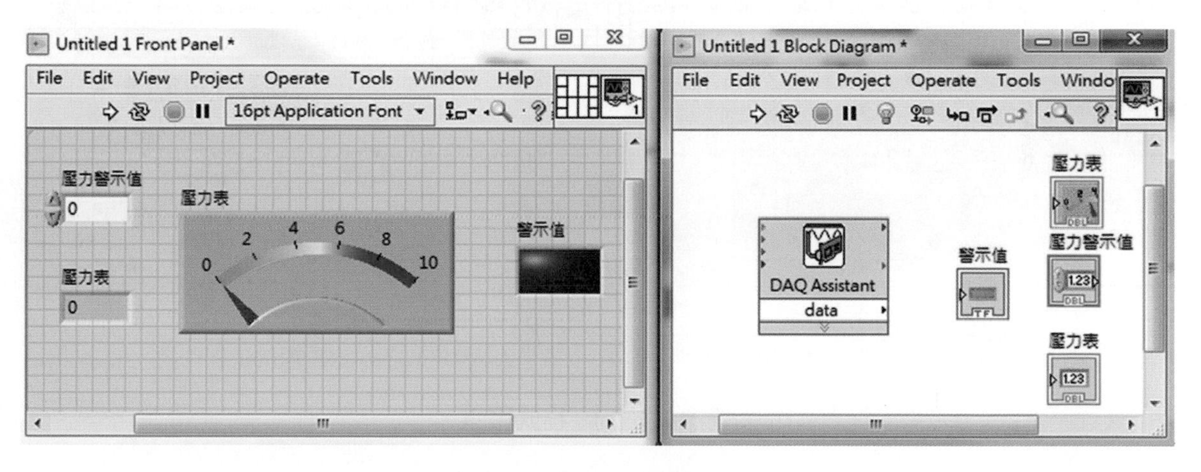

圖 14-9(b)　程式畫面

STEP 4 在圖形程式區的「Functions → Programming → Comparison」中取出大於函數一個，如圖 14-10 所示。

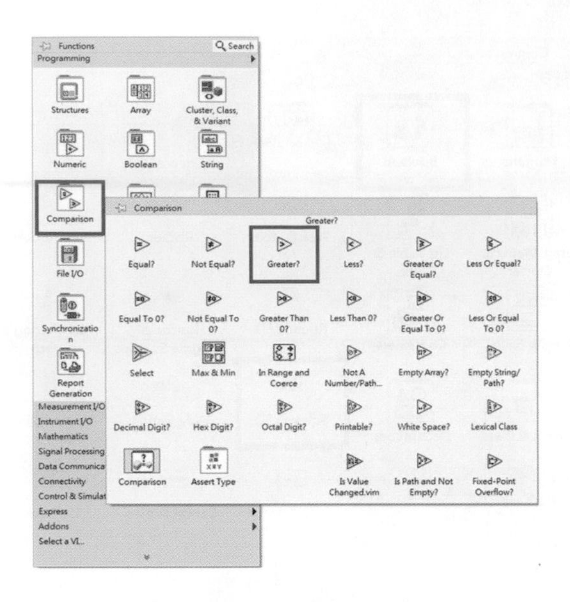

圖 14-10(a)　大於元件路徑

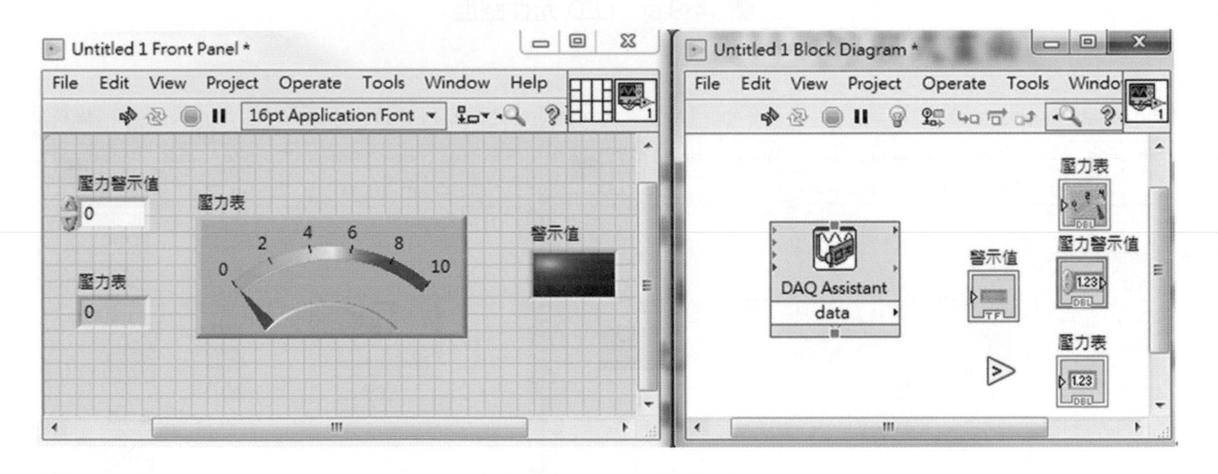

圖 14-10(b)　程式畫面

STEP 5 在圖形程式區的「Functions → Programming → Numeric」中分別取出減法元件及除法元件，並分別創造一個常數元件並設定為 0.25 及 0.1，如圖 14-11 所示。

註 本壓力傳感器輸出為 4 ~ 20 mA 的電流，因此 0kg / cm^2 時輸出為 4mA，10.2 kg / cm^2 時輸出為 20mA，因此此處 0.25 來源為傳感器 4mA × 62.5Ω = 0.25V，會扣掉 0.25V 是為了扣掉初始基準值，而此處除以 0.1 則是每 1 kg / cm^2 上升 0.1V。

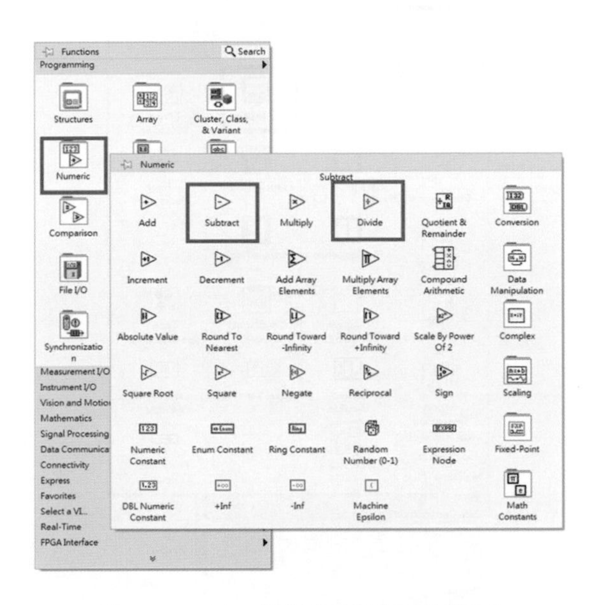

圖 14-11(a)　除法及減法元件路徑

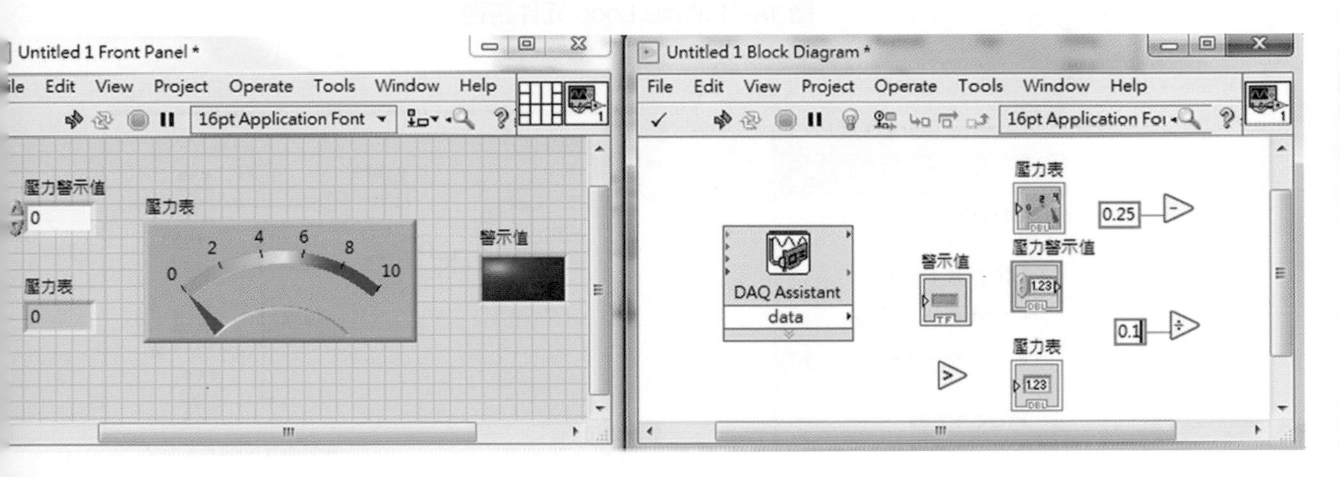

圖 14-11(b)　程式畫面

STEP 6 為了讓程式能夠一直執行，在圖形程式區的「Functions → Programming → Structures」中取出 While Loop，如圖 14-12 所示。接下來用 While Loop 將全部元件包裹在內並在迴圈右下角紅點左邊接點按一下右鍵創造一個 STOP 元件，如圖 14-13 所示。

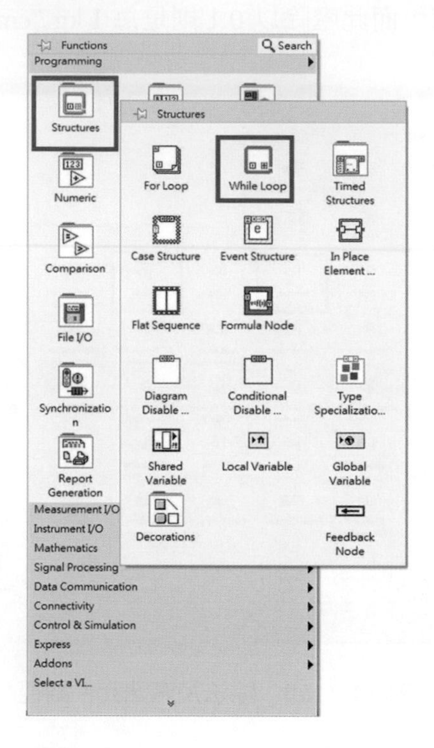

圖 14-12.While Loop 元件路徑

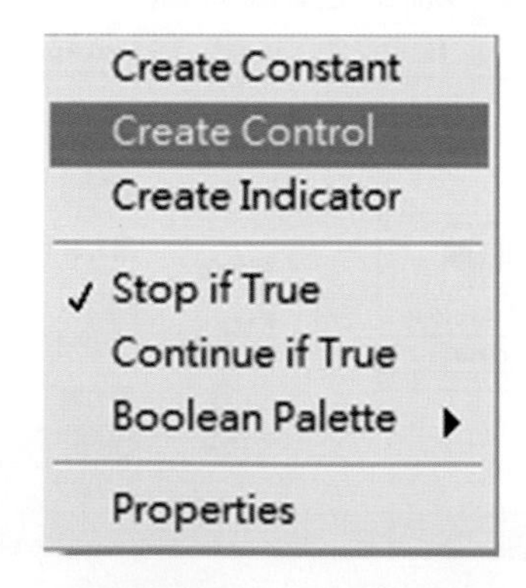

圖 14-13(a) STOP 元件

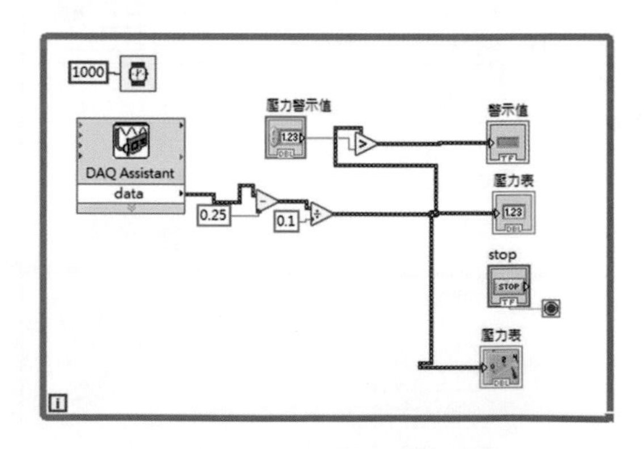

圖 14-13(b) 圖形程式區

STEP 7 將所有元件擺好連結後，如圖 14-14 所示。接著便可開始執行程式。

實驗步驟　硬體接線及程式設計完成後先開啟程式並按執行鍵，接著開啟電源供應器。壓力傳感器接上空壓機，將空壓機的電源打開並開始打氣。打氣完成後打開氣閥，可看到壓力傳感器的數值上升，且氣閥打越開壓力值越高，測試正常後代表大功告成。

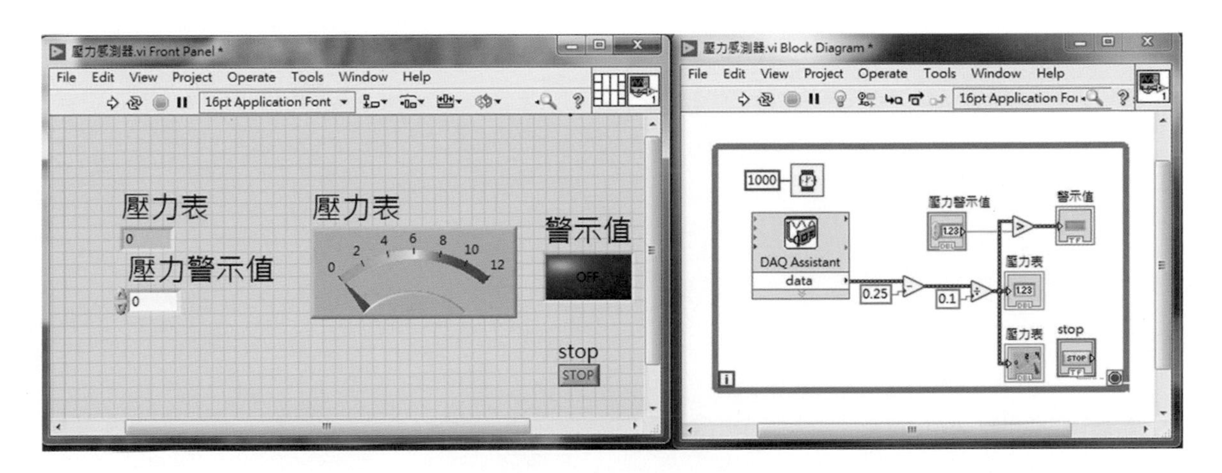

圖 14-14　完整程式圖

網路架設

15-1 網路概論

電腦是一個功能強大的工具，可以讓使用者快速的儲存並處理大量的資料。雖然如此，在引進網路之前，兩台電腦之間的資料傳遞必須先將資料儲存在磁片上，再拿到另一台電腦前將磁片上的資料載入該電腦裡面。若要進行遠距離的資料傳輸，那還必須要將儲存資料的磁碟片利用寄送的方式送到對方手中，這樣不只讓重要資料傳遞時間拉長，一旦時間拉長有時將會導致一間公司的財務損失，或是使公司錯過一個重要的發展機會。

網路系統引進之後使用者不但更具生產力，還可以使用並處理透過網路共享的資料。網路世界的發展帶動了全世界的連結以及發展，使得各種重要資訊能夠及時的傳遞到全世界人的手上。

所謂的網路，就是多台電腦透過網路線互相連接起來，好讓使用者之間分享資訊更容易。網路不只限於一個辦公室內的一群電腦，網路之間通常透過網際網路互相連接起來。網路的規模通常分成三類：區域網路 (LAN)、都會網路 (MAN) 與廣域網路 (WAN)。區域網路 (LAN, Local Area Network) 是規模最小的網路，通常只是一個辦公室 (或一棟建築物) 內的網路，如圖 15-1 所示。

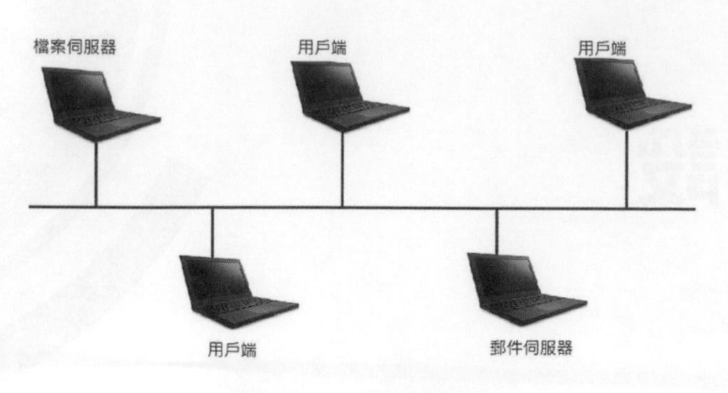

圖 15-1　區域網路

都會網路 (MAN, Metropolitan Area Network) 是一個都市裡的所有區域網路之集合。舉例來說，我們可以將位在高雄的國立高雄科技大學，高雄大學與中山大學，三所學校內的區域網路互相連接起來，就是一個小型的都會網路，如圖 15-2 所示。

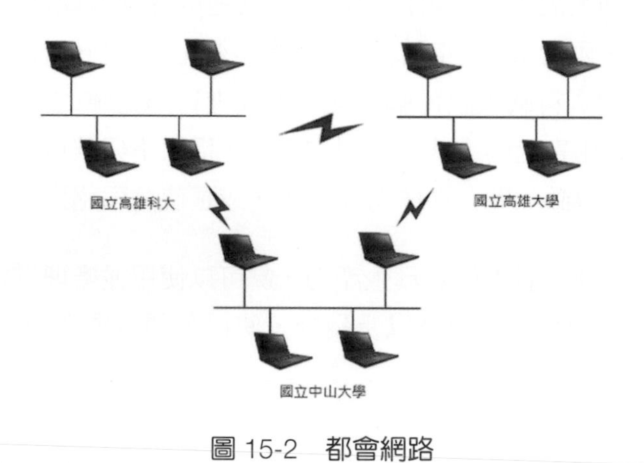

圖 15-2　都會網路

廣域網路 (WAN, Wide Area Network) 是規模最大的網路。它可以連接無數個區域網路與都會網路，連接的範圍可橫跨都市、國家甚至到全球各地，如圖 15-3 所示。

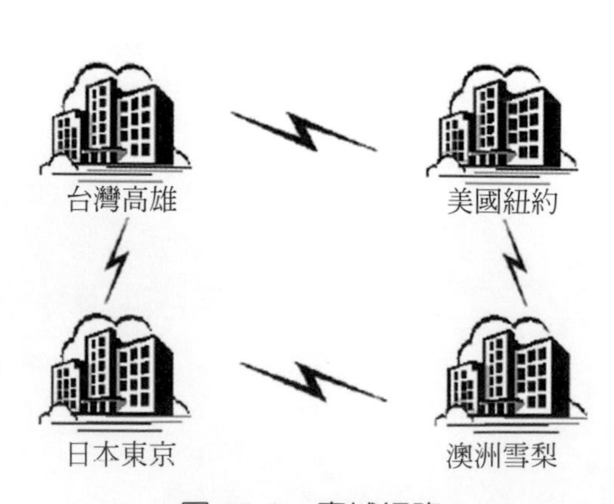

圖 15-3　廣域網路

了解網路的規模後，來談談網路上的電腦彼此溝通的方式吧！網路上的電腦彼此溝通的方式稱為通訊協定。就好像人們所用的語言一樣，每一種語言都有它的文法規則，大家必須遵循這套規則，才能順利用這個語言彼此溝通，所以說通訊協定就相當於在網路上溝通的共同語言。

資料通訊協定的內容相當複雜，而且有時不同電腦系統廠商的協定內容都不同。協定要決定的內容包括封包的大小、表頭的資訊、以及資料是如何放進封包都會有著不同的差異。通訊的兩邊都必須認識這套規則彼此才能順利傳送資料，也就是說要彼此通訊的裝置必須同意使用一致的語言。若電腦裝置所用的通訊協定不同，它們就無法互通。

大多數的通訊協定其實都是由數個協定組合而成的，每個協定只負責溝通工作的特定部份。例如 TCP/IP 這組協定之中就包括了一個檔案傳輸協定、一個電子郵件及路由資訊協定等等。而在 LabVIEW 環境中除了上述的 TCP/IP 通訊協定外，尚有一種重要的通訊方式：稱為 DataSocket 連結。應用 DataSocket 技術可在近端擷取資料並透過簡單的網路設定將擷取的資料傳送至遠端的電腦上且不被通訊協定 TCP/IP、程式語言以及操作系統等之功能與技術而受限。

DataSocket 之使用可分為兩大部分：

1. DataSocket 伺服端
2. DataSocket 客戶端

DataSocket 發布者與 DataSocket 客戶端之間的資料傳輸，必須藉由 DataSocket 伺服器才可進行，如圖 15-4 所示，DataSocket 伺服器獲得發布者之資料，並接受客戶端與網頁瀏覽器之請求，進行資料傳送。

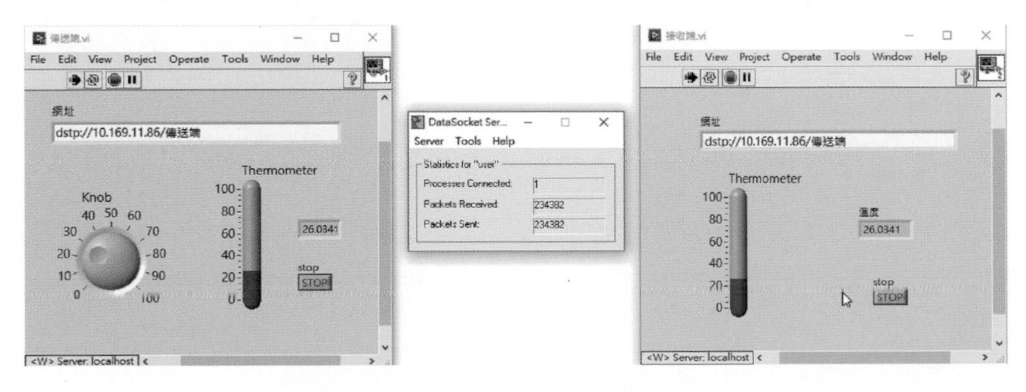

圖 15-4　傳輸示意圖

15-2 資料傳輸 (DataSocket 之應用)

DataSocket 是一種可以簡單的執行資料的傳送與接收之技術。有了 DataSocket 的輔助，就可以不用設定通訊協定。只要有網路 (有線或無線) 便可做資料的傳送與接收。可以在兩台有安裝 LabVIEW 的電腦或者一台安裝 LabVIEW，另一台安裝 LabVIEW Run-Time Engine，在這之間進行資料的傳輸。資料傳送之格式可以為 LabVIEW 的人機介面中的任何元件。當 DataSocket 伺服器啟動後透過 LabVIEW 的程式設計，一個為 Write.vi(發布者)，另一個為 Read.vi(客戶端)，便可進行彼此之間的資料傳送與接收。在後面的例題中，你將可以學會如何使用 LabVIEW 中的 DataSocket 進行資料傳輸。

15-2.1 路徑

在開始介紹如何使用 LabVIEW 中的 DataSocket 來進行資料的傳送與接收前，先得知道 DataSocket 的元件路徑。

1. 在圖形程式區上按滑鼠右鍵，在跳出的函數面板上進入「Data Communication → DataSocket」裡面找到“DataSocket Write”元件 (傳送端) 及“DataSocket Read”元件 (接收端)，如圖 15-5 所示。圖 15-6 為 DataSocket Write 元件之接腳說明圖。如圖 15-7 為 DataSocket Read 元件之接腳說明圖。

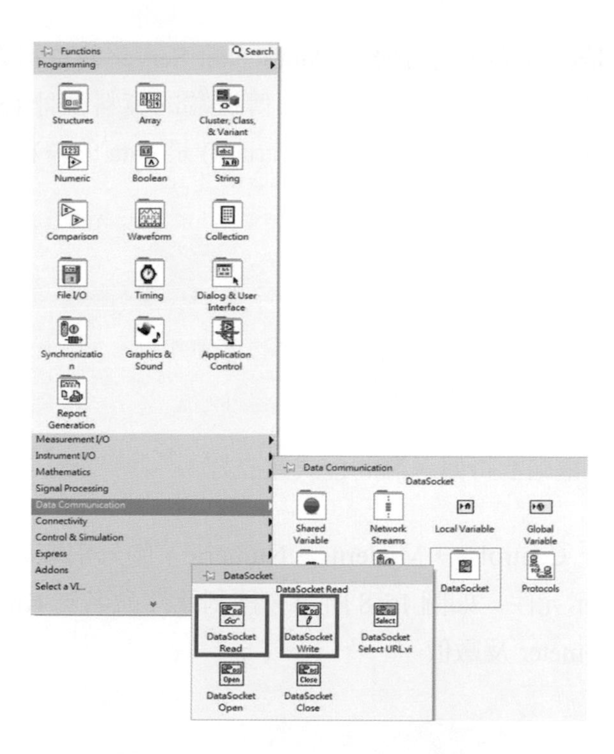

圖 15-5　DataSocket 元件路徑圖

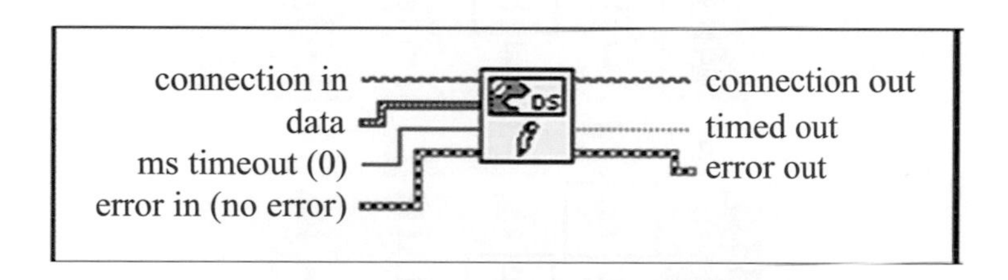

圖 15-6　DataSocket Write 元件接腳說明圖

DataSocket Write 是將資料傳送至 DataSocket Server 的函數。connection in 是 data 的位址。data 是欲傳輸的資料，接收端只要輸入 data 的位址，便可讀取資料。

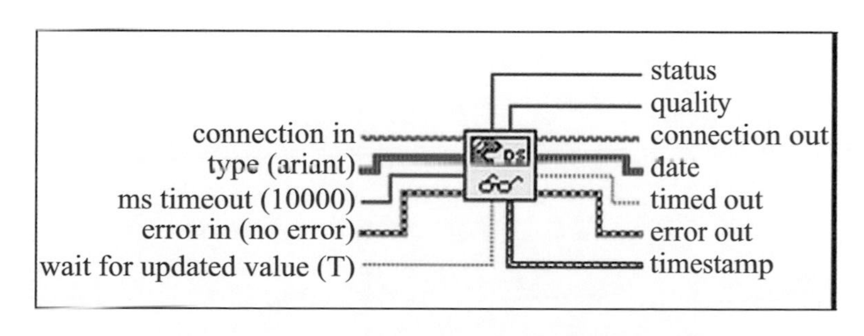

圖 15-7　DataSocket Read 元件接腳說明圖

DataSocket Read 是接收傳送端傳送至 DataSocket Server 的資料之函數。connectionin 是用來輸入欲讀取的資料位址，其位址必須與傳送端的資料位址 (connection in) 一樣。data 是輸出 connection in 讀取到的資料。type(Variant) 是 data 的資料型態 (紫色)。

15-3 程式撰寫

15-3.1 傳送端程式撰寫

首先必須先在一台電腦上將傳送端的程式建立好。

STEP 1 在人機介面「Controls → Modern → Numeric」中分別取出一個數值控制元件及兩個數值顯示元件，如圖 15-8 所示。控制元件命名為 Knob，顯示元件分別命名為 Thermometer 及數值。

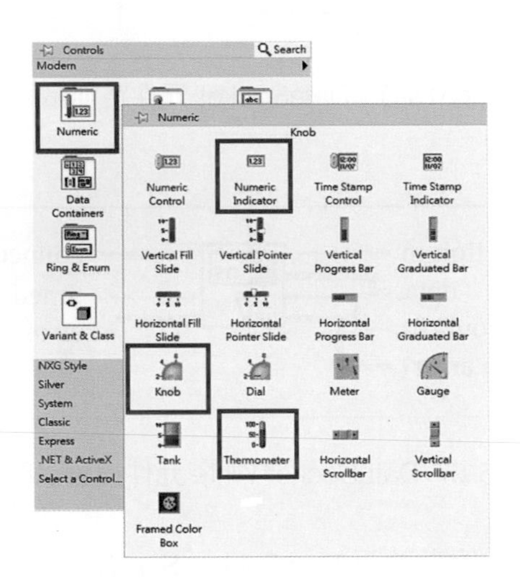

圖 15-8(a) 數值元件路徑

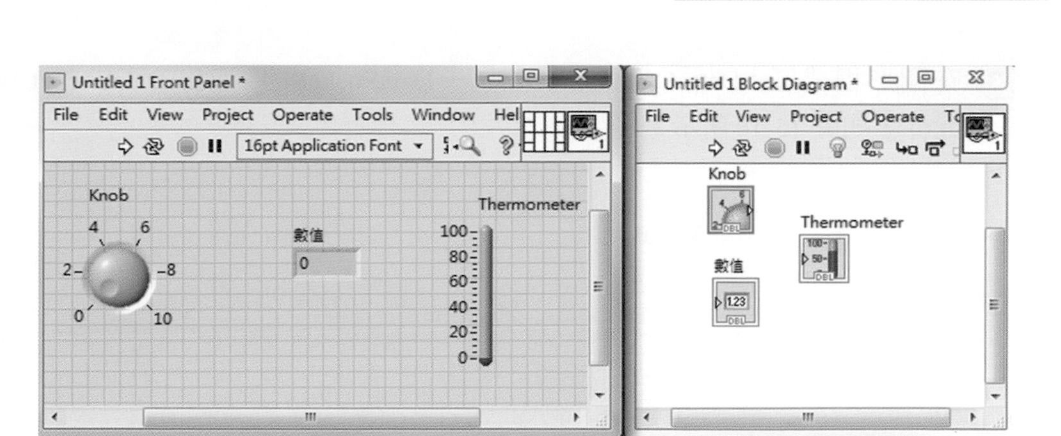

圖 15-8(b)　程式畫面

STEP 2　在人機介面「Controls → Modern → String&Path」中分別取出一個字串輸入元件，如圖 15-9 所示。字串輸入元件命名為網址。

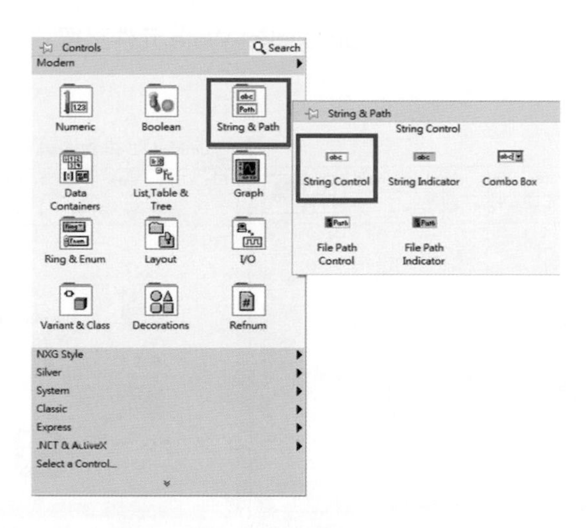

圖 15-9(a)　字串輸入元件路徑

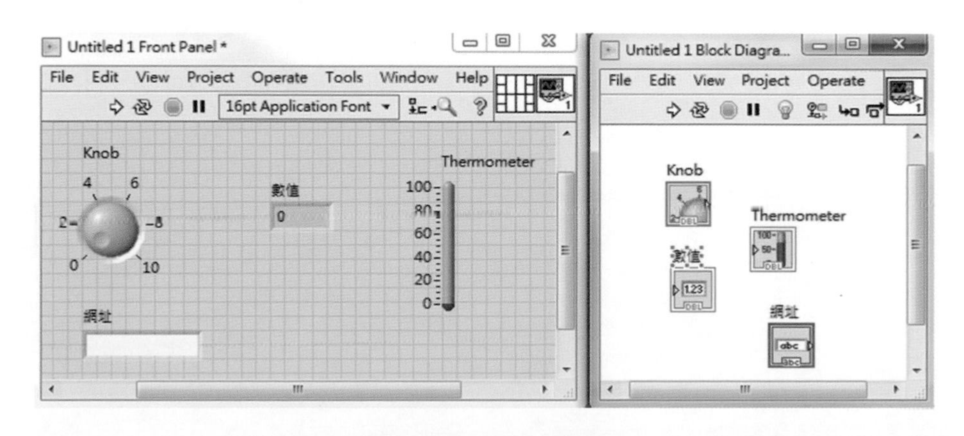

圖 15-9(b)　程式畫面

STEP 3 在圖形程式區「Data Communication → DataSocket」中取出 DataSocket Write 元件，如圖 15-10 所示。

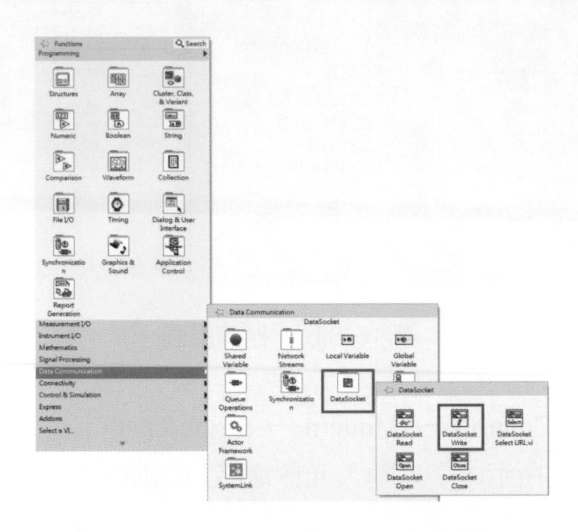

圖 15-10(a)　DataSocket Write 元件路徑

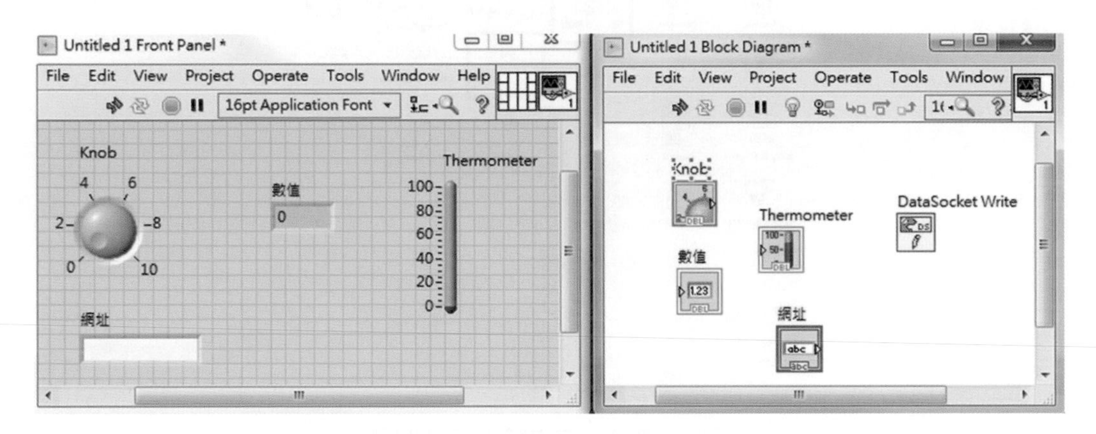

圖 15-10(b)　程式畫面

STEP 4 為了讓程式能夠一直執行，在圖形程式區的「Functions → Programming → Structures」中取出 While Loop，如圖 15-11 所示。使用 While Loop 將全部元件包裹在內並在迴圈右下角的紅點左邊接點按一下右鍵創造一個 STOP 元件，如圖 15-12 所示。

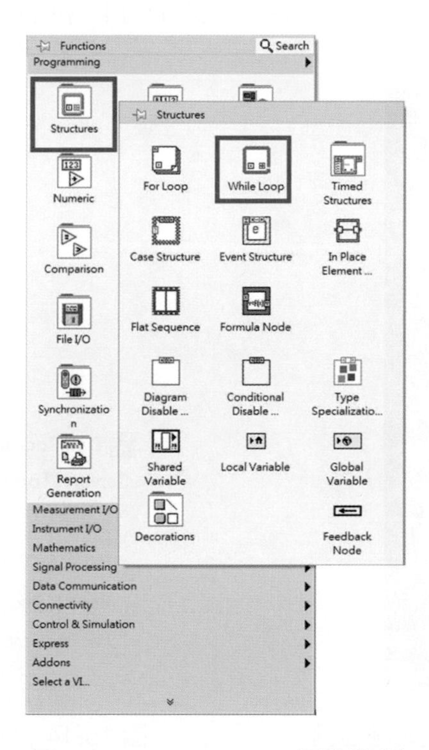

圖 15-11　While Loop 元件路徑

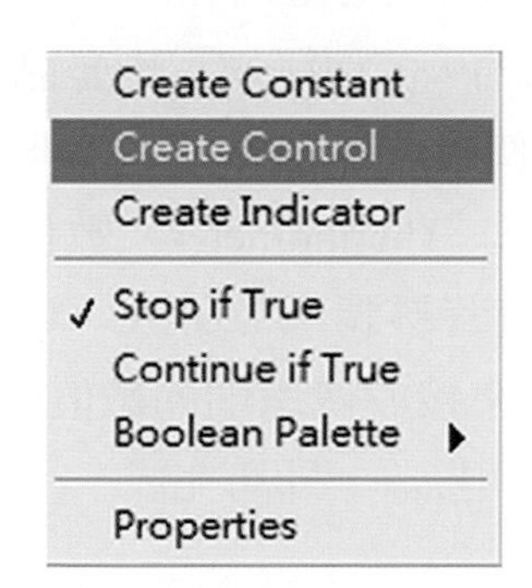

圖 15-12(a)　STOP 元件

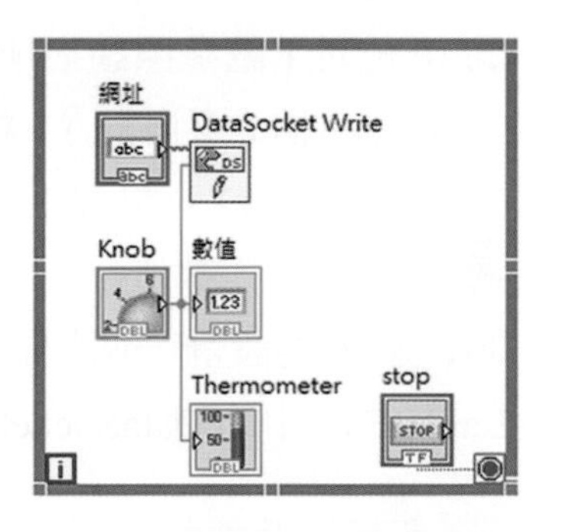

圖 15-12(b)　圖形程式區

STEP 5 在執行 DataSocket Write 程式之前，先從電腦桌面的工具列：「開始 → 程式集 → National Instruments」裡點選 DataSocket Server，如圖 15-13 所示。此乃表示啟動 DataSocket 伺服器，使遠端有安裝 LabVIEW 或有安裝 LabVIEW Run-Time Engine 的電腦能透過 LabVIEW 程式設計可以讀取到 Data Write(傳送端) 傳送至 DataSocket 伺服器的資料。圖 15-14 為 DataSocket Server 的對話框。

圖 15-13　Windows 開始路徑圖

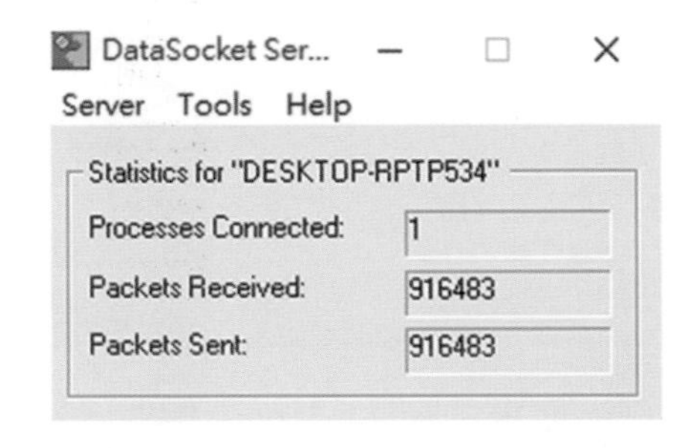

圖 15-14　DataSocket Server 對話框

STEP 6 在網址上輸入 dstp://10.169.11.86/ 傳送端，其中 10.169.11.86 為傳送端電腦的 IP 位址 (請參照讀者所使用的電腦 IP 位址)。“傳送端”則是副檔名為 .vi 的檔案名稱 (可自訂)，檔名的設定是為了使接收端能準確的接收傳送端所要傳送的資料。如圖 15-15 所示，我們先將“Thermometer”數值顯示元件透過“Knob”數值控制元件將欲傳送的數值資料調至 26.0 °C。之後在遠端的電腦上再設計一個相對應的數值顯示元件來接收傳送端的數值資料，利用 LabVIEW 中的 DataSocket 來進行資料的傳送與接收，即可完成。

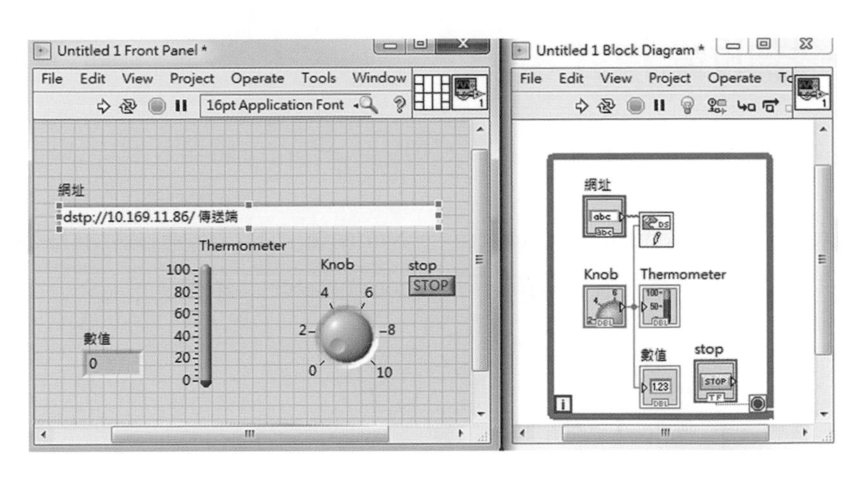

圖 15-15　傳送端程式

查看自己電腦 IP 的方法 (Windows 7/8/10/XP)

1. Windows 視窗畫面中點選工具列的開始選單，再輸入 cmd 後進入到命令提示字元，如圖 15-16 所示。
2. 輸入 ipconfig 按 Enter。
3. 查看到有一行名為 IPv4 位址，那就是使用者電腦的 IP 位址，如圖 15-17 所示。

圖 15-16　Windows 開始路徑

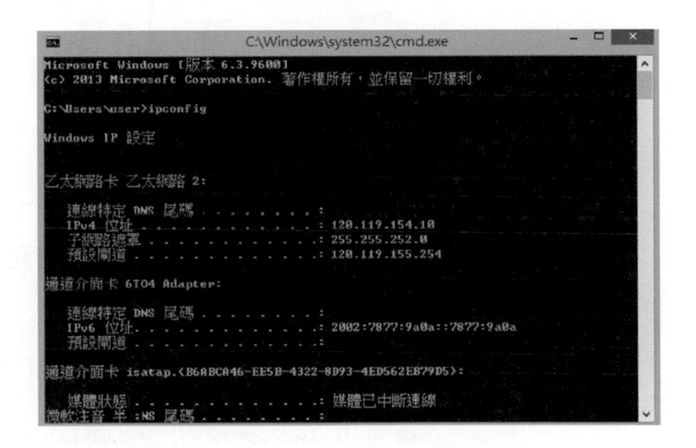

圖 15-17　CMD 對話框

15-3.2　接收端程式撰寫

有了傳送端就必須要有接收端，接下來使用另一台電腦將接收端程式建立起來。

STEP 1 在人機介面「Controls → Modern → Numeric」中取出兩個數值顯示元件，如圖 15-18 所示。顯示元件分別命名為 Thermometer 及數值。

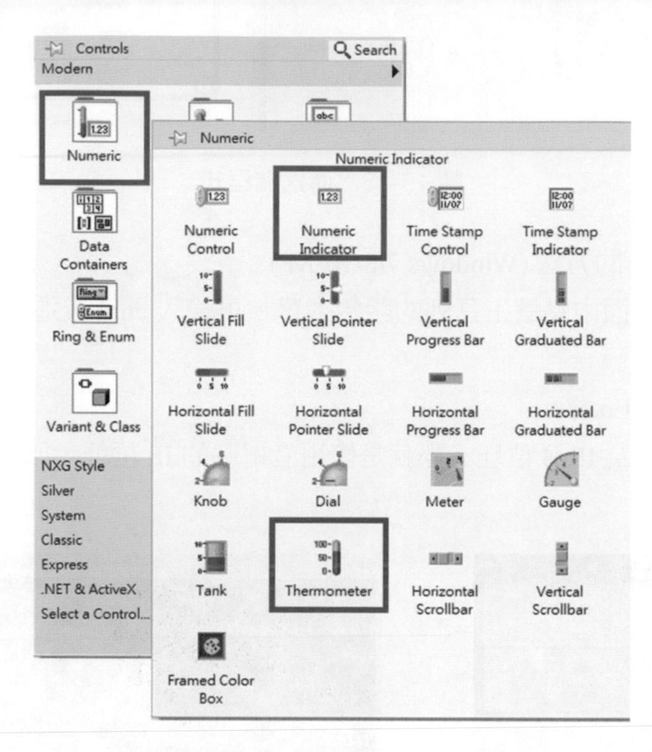

圖 15-18(a)　數值元件路徑

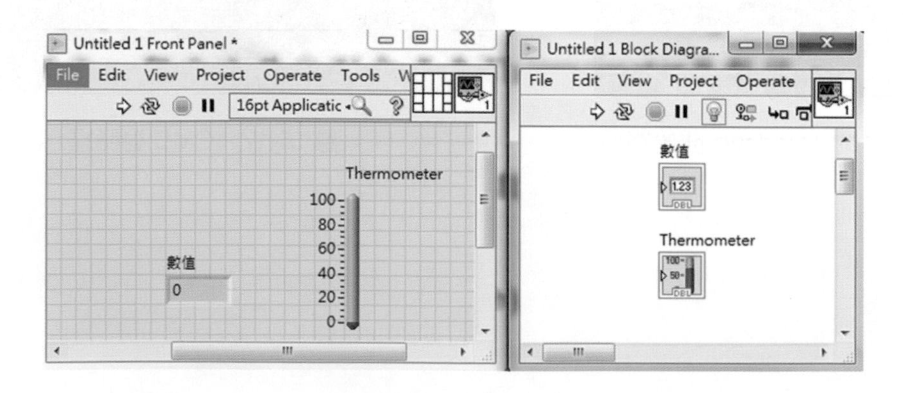

圖 15-18(b)　程式畫面

STEP 2 在人機介面「Controls → Modern → String&Path」中分別取出一個字串輸入元件，如圖 15-19 所示。字串輸入元件命名為網址。

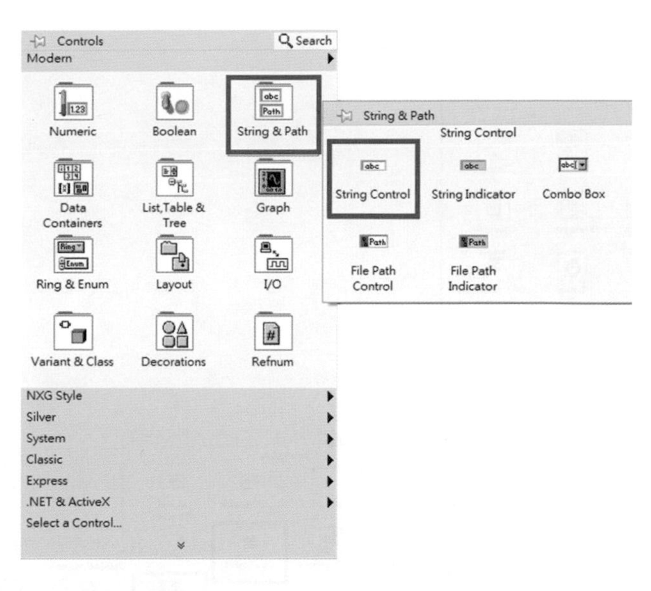

圖 15-19(a)　字串輸入元件路徑

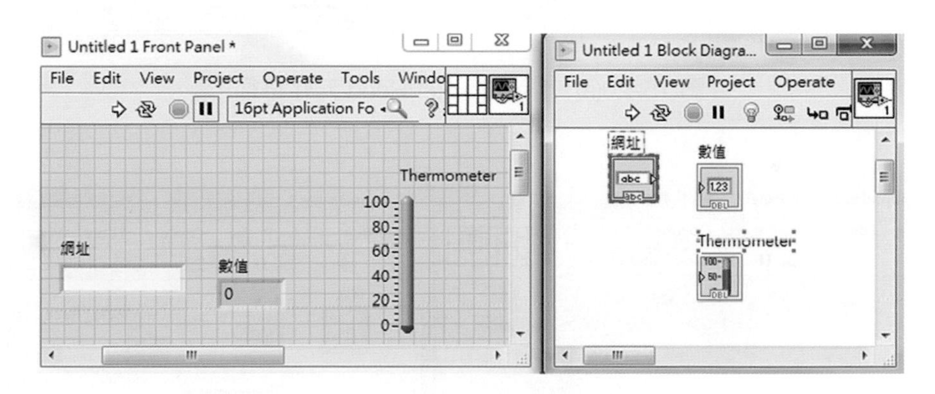

圖 15-19(b)　程式畫面

STEP 3 在圖形程式區「Data Communication → DataSocket」中取出 DataSocket Read 元件，如圖 15-20 所示。

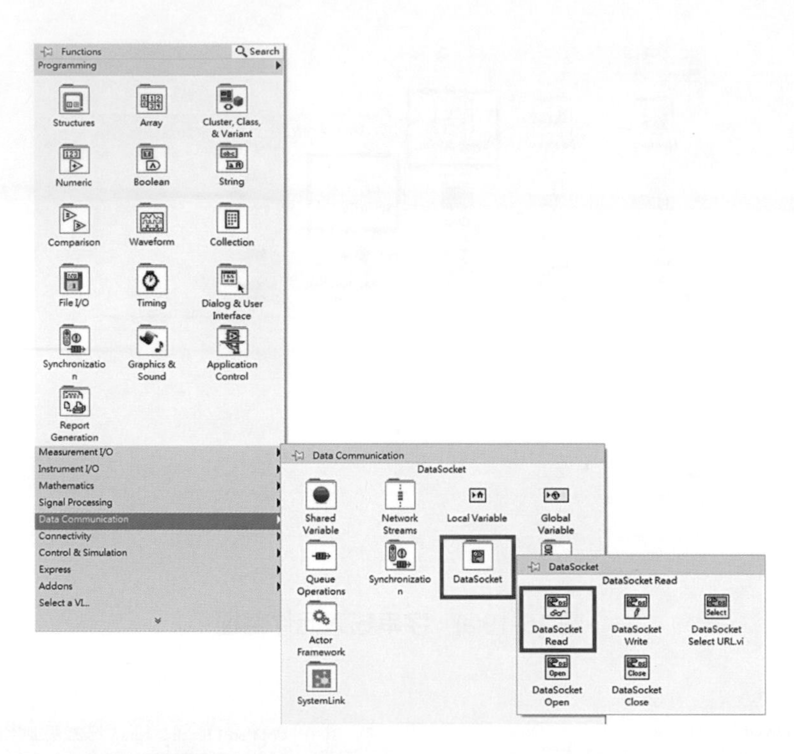

圖 15-20(a)　DataSocket Read 元件路徑

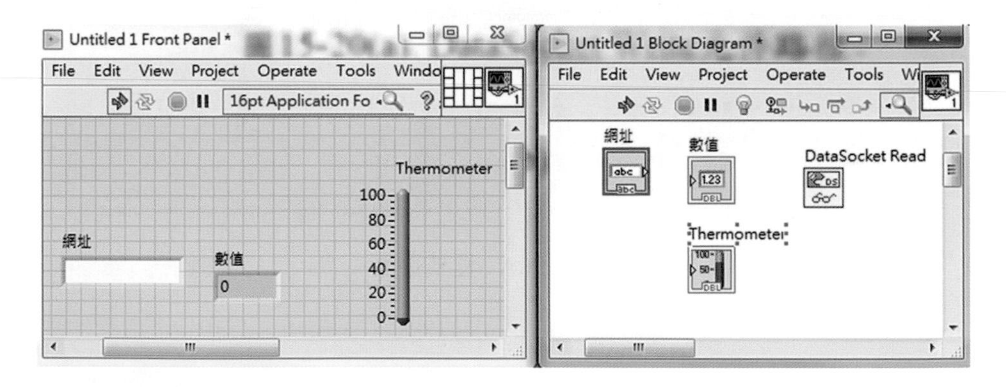

圖 15-20(b)　程式畫面

STEP 4 在圖形程式區「Connectivity → ActiveX」裡面取出 Variant To Data 元件，如圖 15-21 所示。

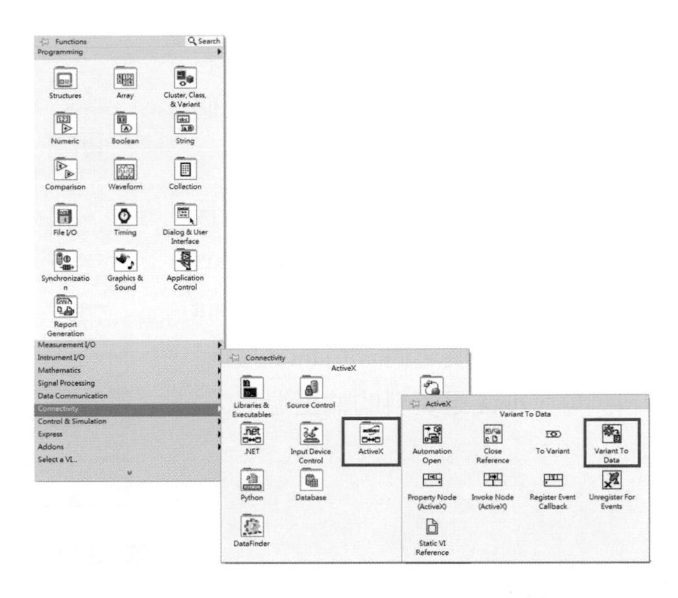

圖 15-21(a)　Variant To Data 元件路徑

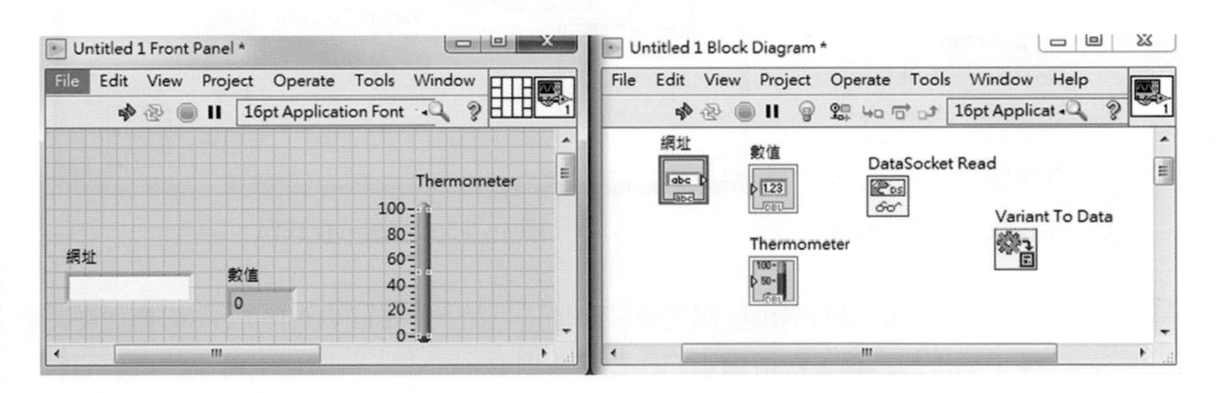

圖 15-21(b)　程式畫面

STEP 5 為了讓程式能夠一直執行，在圖形程式區的「Functions → Programming → Structures」中取出 While Loop，如圖 15-22 所示。使用 While Loop 將全部元件包裹在內並在迴圈右下角的紅點左邊接點按一下右鍵創造一個 STOP 元件，如圖 15-23 所示。

註 Variant To Data 是將接收端從 DataSocket Server 所接收的資料型態轉為數值資料的函數。將 DataSocket Read 的 data 接腳連接至 Variant To Data 的 Variant 接腳上，Variant To Data 函數便可將 Variant 的資料型態轉成數值資料型態，data 是資料的輸出端。

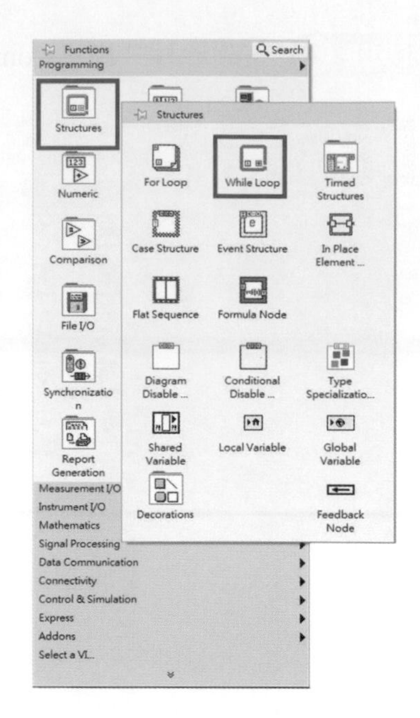

圖 15-22 While Loop 元件路徑

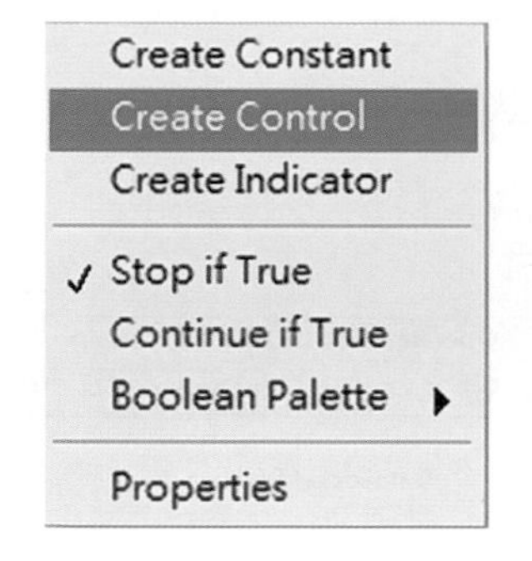

圖 15-23(a) STOP 元件

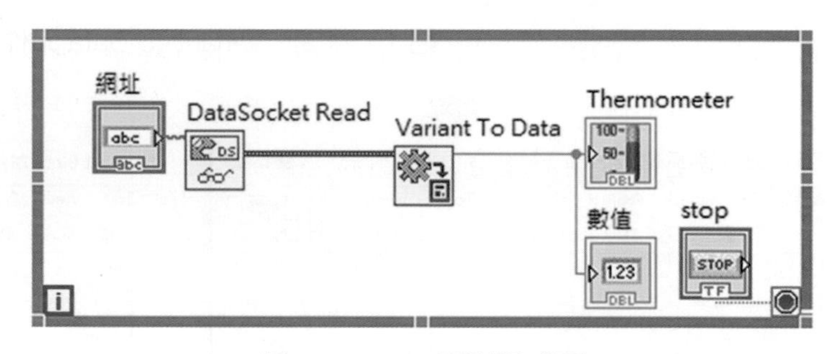

圖 15-23(b) 圖形程式區

STEP 6 最後，在接收端的字串控制元件“網址”上輸入“dstp://10.169.11.86/ 傳送端”後，點選執行鍵，數值顯示元件會接收到 DataSocket 伺服器上傳來的數值資料 26.0 °C，如圖 15-24 所示。可以改變傳送端的資料，再觀看接收端的資料是否會因而改變。

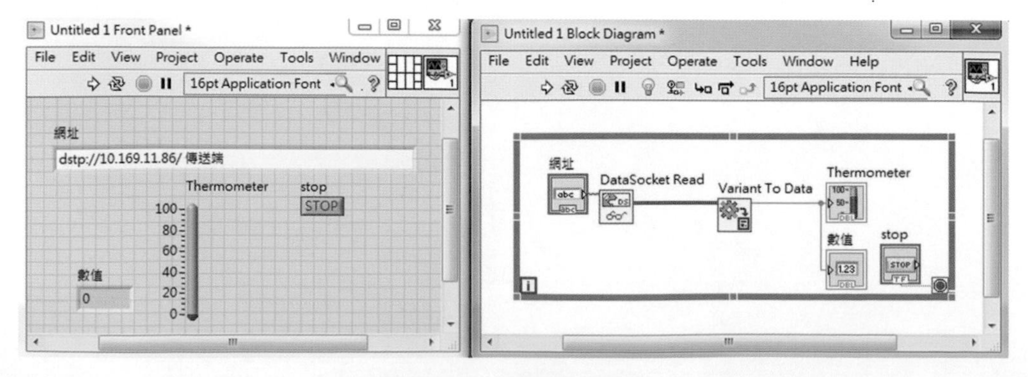

圖 15-24 完整程式圖

LabVIEW NXG

16-1 LabVIEW NXG 介紹

為了因應 5G 連線速度以及網路高容量導致世界上工業遠端監控的需求也大幅增加，NI 國家儀器公司於 2017 年開發了 LabVIEW NXG。LabVIEW NXG 除了具有原本 LabVIEW 方便開發的特性，更強化了遠端監控的功能，使人們可以更加輕鬆且隨時隨地的透過網頁來遠端監控工廠產線以及設備運轉的狀態。LabVIEW NXG 能夠輕鬆的將人機介面放置於網頁上，除此之外更可以輕鬆的抓取別的網頁的資料例如 Google map 等，使得開發遠端監控更加方便且簡易。

16-2 LabVIEW NXG 安裝步驟

STEP 1 進入 NI 官網 (http://www.ni.com/zh-tw.html)，如圖 16-1 所示。

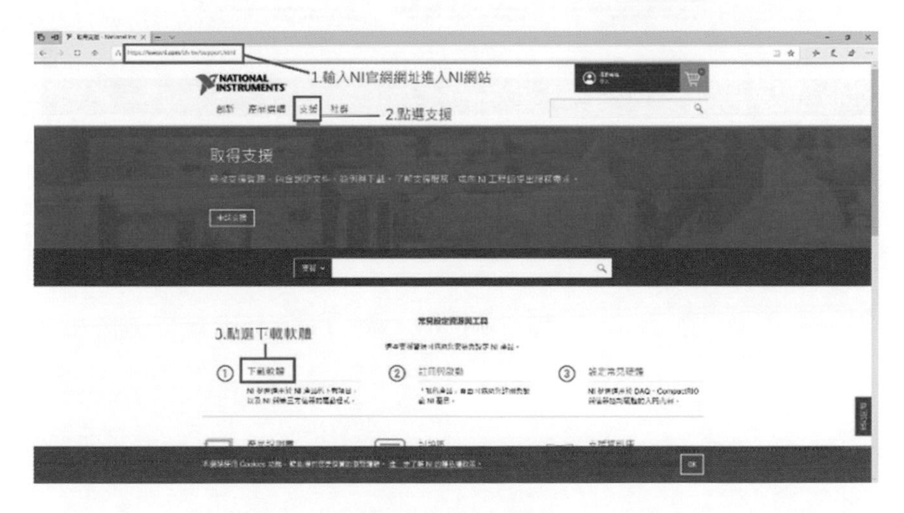

圖 16-1　NI 官網

STEP 2 點選 NI 軟體產品，如圖 16-2 所示。

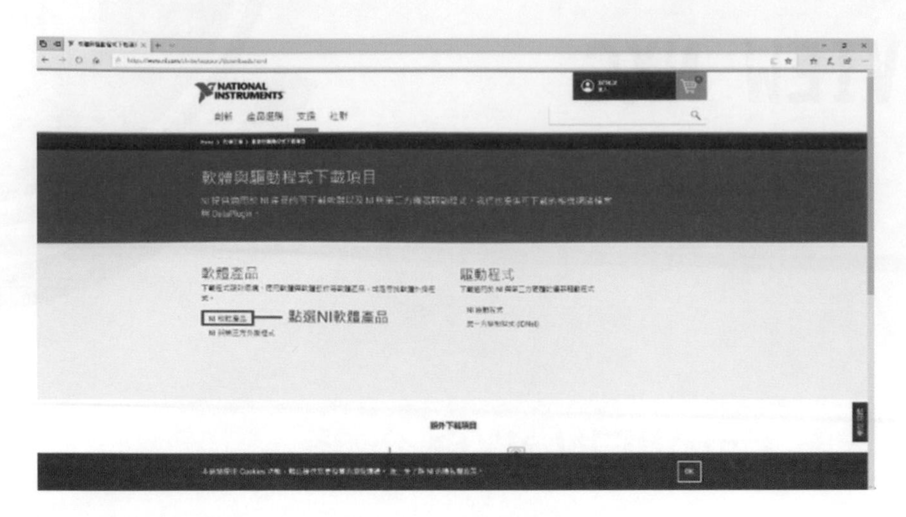

圖 16-2　NI 支援

STEP 3 點選 LabVIEW NXG 進到下一個網頁，如圖 16-3 所示。

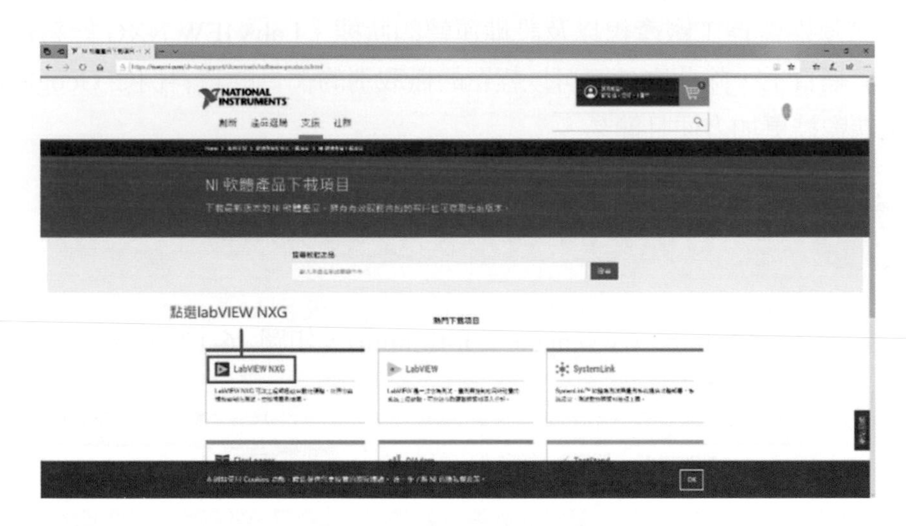

圖 16-3　選擇下載軟體

STEP 4 選擇版本及是否下載驅動軟體，完成後點選下載，如圖 16-4 所示。

圖 16-4　軟體下載版本選擇

STEP 5 下載完成後點擊下載檔案進行安裝，如圖 16-5 所示。

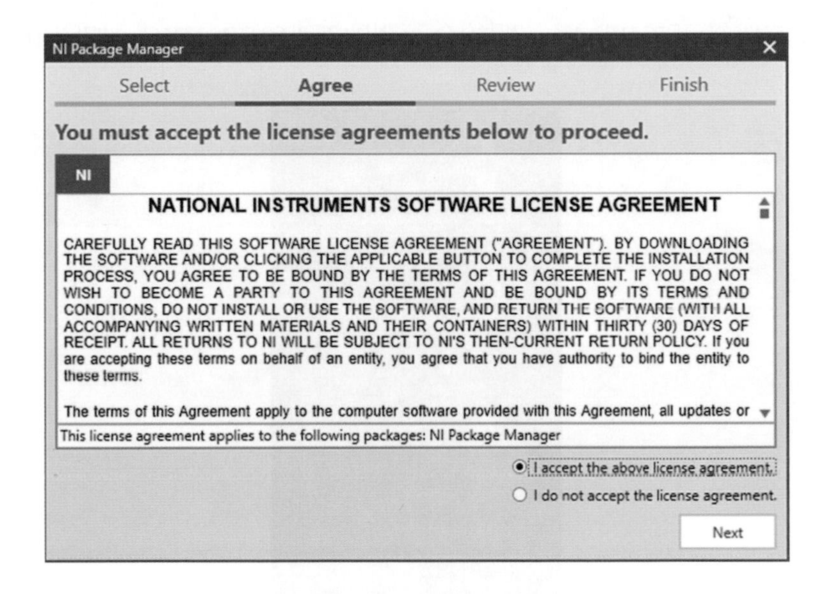

圖 16-5　安裝程式

STEP 6 選擇安裝程式及驅動(除了 FPGA 以外其他全勾選),如圖 16-6 所示。

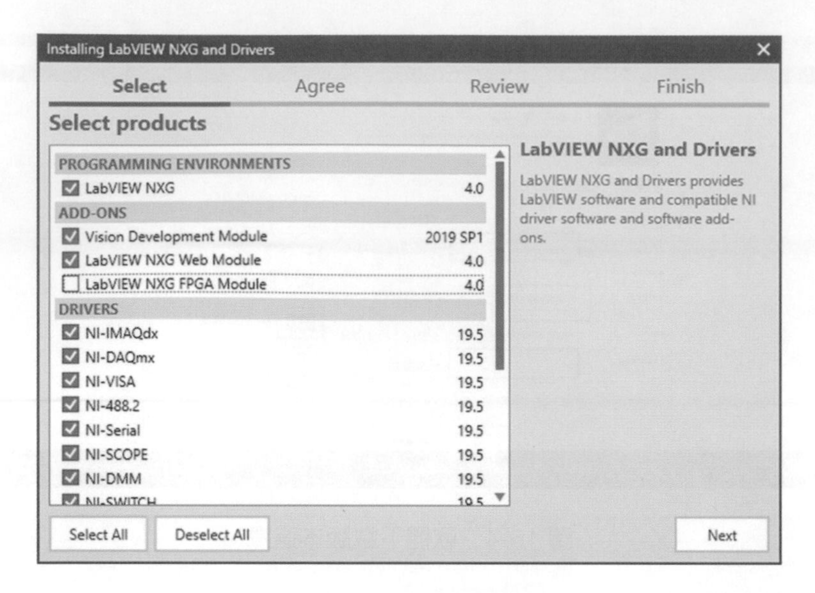

圖 16-6 程式安裝選擇

STEP 7 安裝完成後可在 Windows 開始介面開啟 LabVIEW NXG,如圖 16-7 所示。

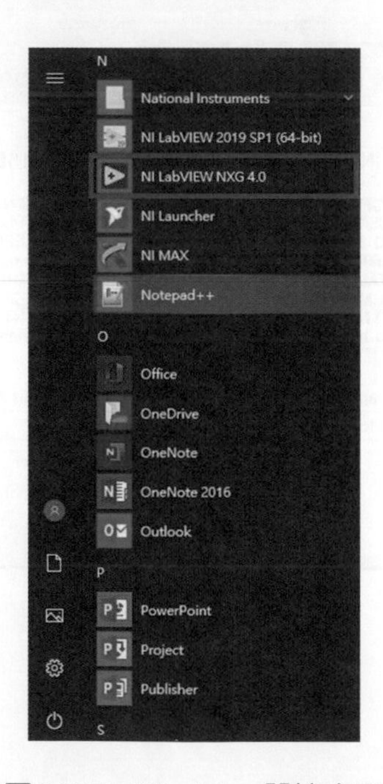

圖 16-7 Windows 開始介面

16-3 LabVIEW NXG Web 簡易程式設計

開啟 LabVIEW NXG 後可看到專案建立畫面，如圖 16-8 所示。打開 VI Project 可看到人機介面 (Panel)，如圖 16-9 所示。點擊中間的圖形程式區 (Diagram) 可開啟圖形程式區，如圖 16-10 所示。

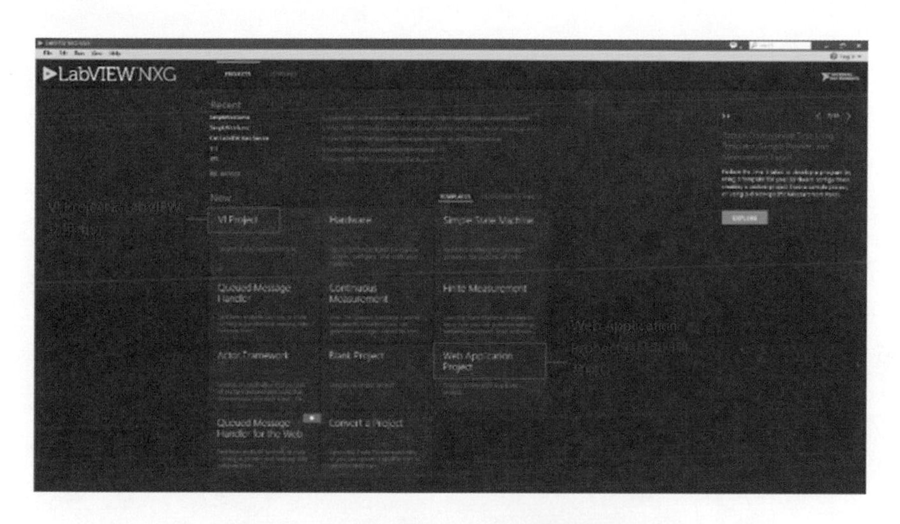

圖 16-8　LabVIEW NXG 專案建立畫面

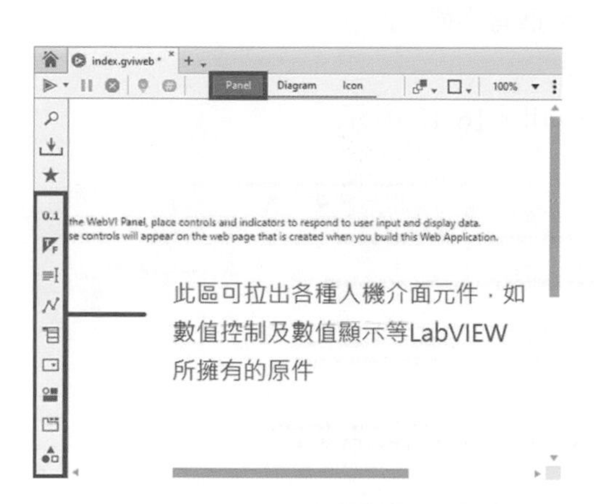

圖 6-9　NXG 人機介面 (Panel)

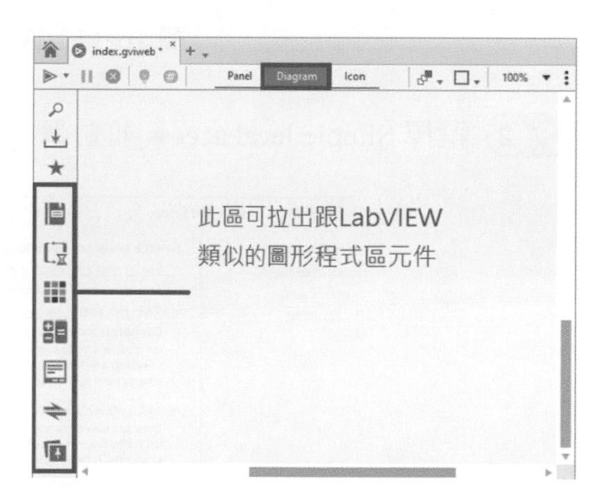

圖 16-10　NXG 圖形程式區 (Diagram)

16-3.1 網路伺服器設定

網頁設計開始前，需先更改網路設定及防火牆設定，讓電腦與網頁之間的通訊不受到任何阻礙。

STEP 1 打開 Windows 搜尋輸入 NI Web，找到 NI Web Server Configuration，如圖 16-11 所示。

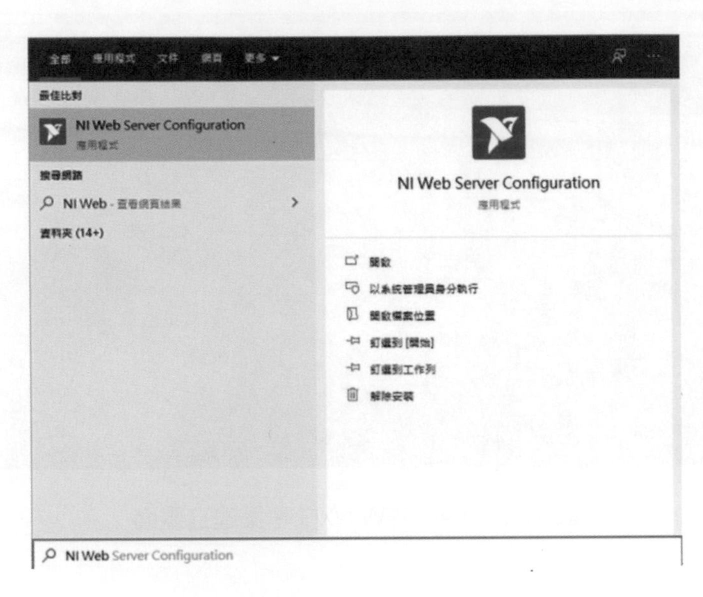

圖 16-11 Windows 搜尋畫面

STEP 2 選擇 Simple local access 並點選 Next，如圖 16-12 所示。

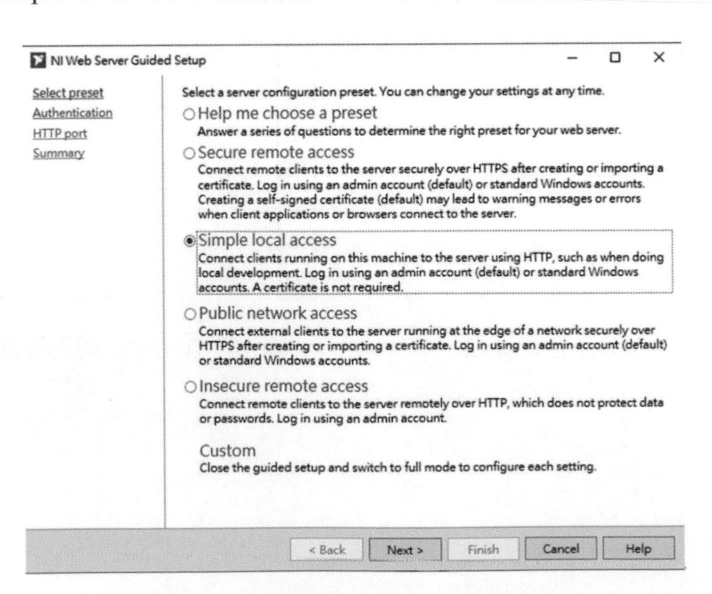

圖 16-12 Web Server 設定

STEP 3　設定密碼後點選 Next，如圖 16-13 所示。

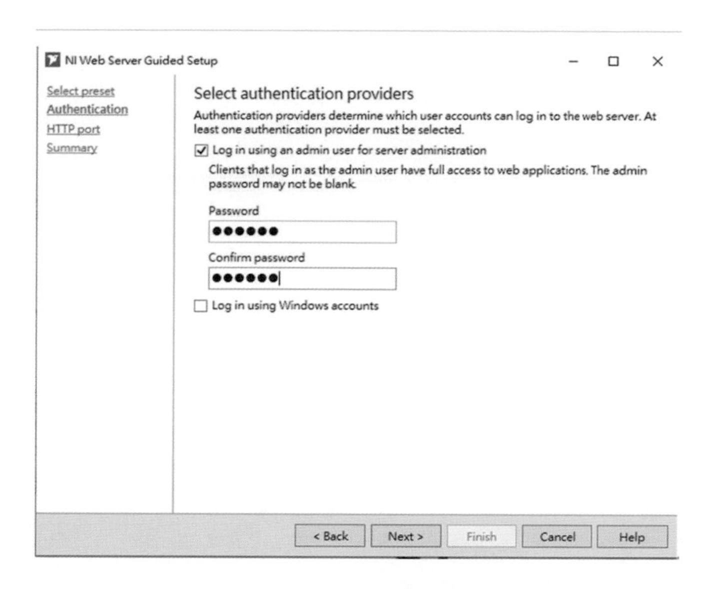

圖 16-13　密碼設定

STEP 4　設定網路窗口後，點選 Next，如圖 16-14 所示。

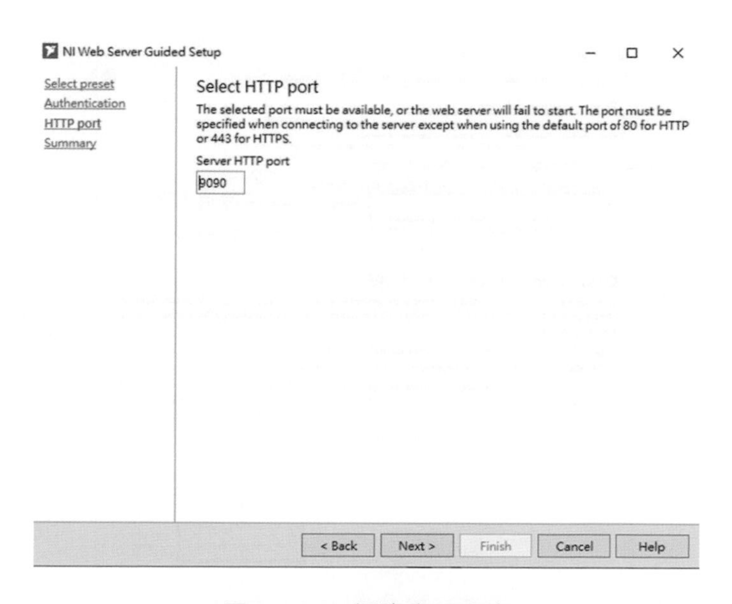

圖 16 14　網路窗口設定

STEP 5 確定 Web Server 設定後，點選 Finish，如圖 16-15 所示。

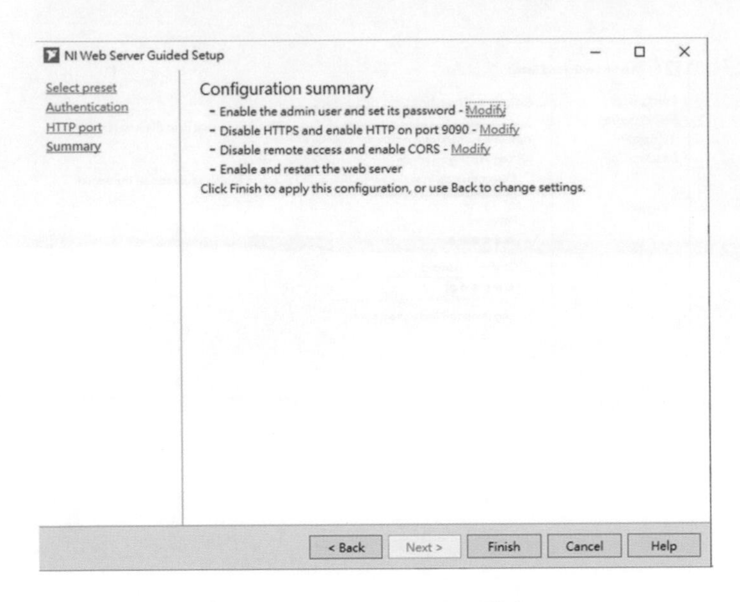

圖 16-15　Web Server 設定

STEP 6 開啟 NI Web Server Configuration 進行個人電腦 IP 設定，如圖 16-16 所示。

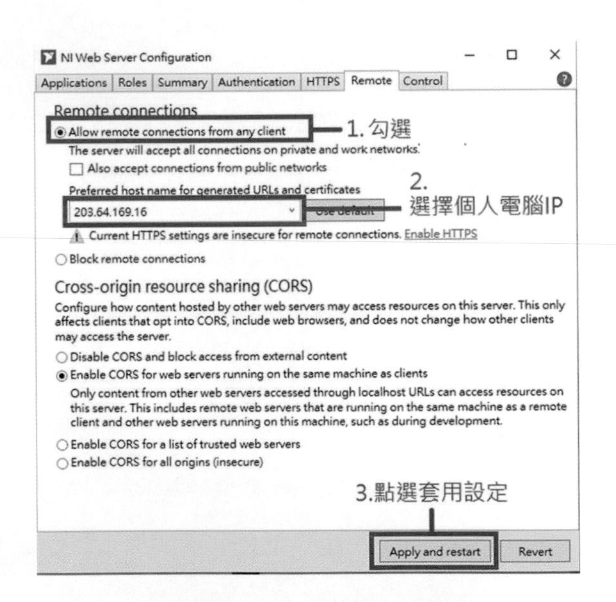

圖 16-16　個人電腦 IP 設定

STEP 7 設定完成後可看到 Running server URI 已變更為個人的 IP 窗口，如圖 16-17 所示。

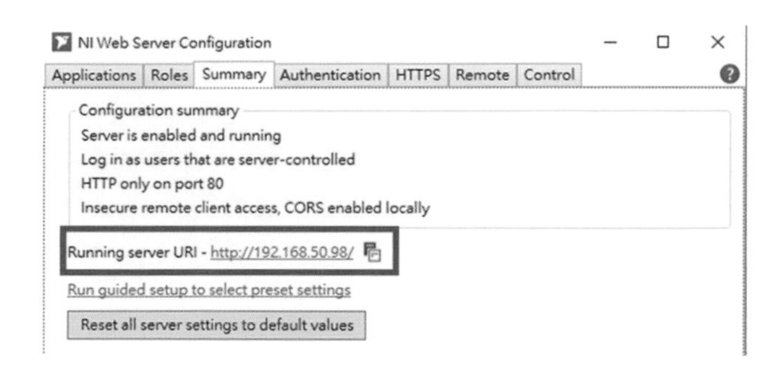

圖 16-17 NI Web Server Configuration **設定完成圖**

註 設定完成後若無法通訊，請將 Windows 防火牆關閉。如關閉防火牆依舊無法解決問題，請聯繫網路服務單位。筆者在學校實際操作時也曾因學校外網無法連入需聯繫電算中心開啟網路端口，如此才能使筆者電腦網路端口與外網做連接。

16-3.2 程式設計

STEP 1 開啟 NXG 並建立 Web Application Project，如圖 16-18 所示。

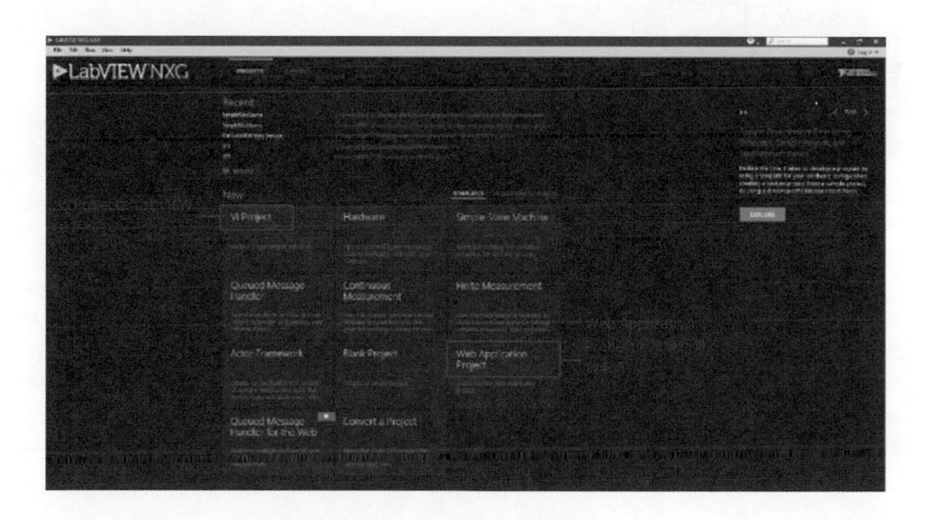

圖 16-18 **建立專案圖**

STEP 2 在 NXG 圖形程式區 Numeric 中取出乘號 (Multiply)、四捨五入 (Round to Nearest) 及亂數 (Random Number) 元件，如圖 16-19 所示。

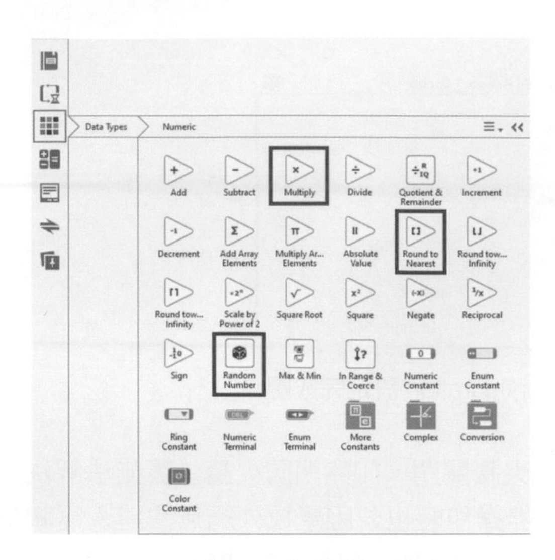

圖 16-19(a)　**數值元件路徑**

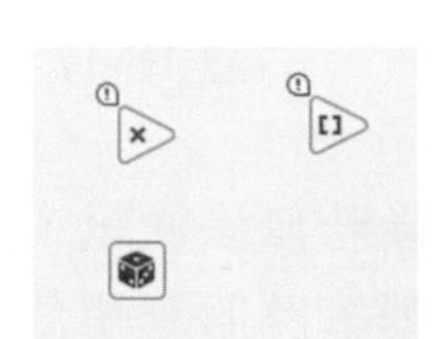

圖 16-19(b)　**程式畫面**

STEP 3 對乘號元件點一下滑鼠左鍵，在 input 0 輸入常數 10，並將亂數元件接在 input 1 點，乘號輸出端點接至四捨五入元件左邊端點，如圖 16-20 所示。

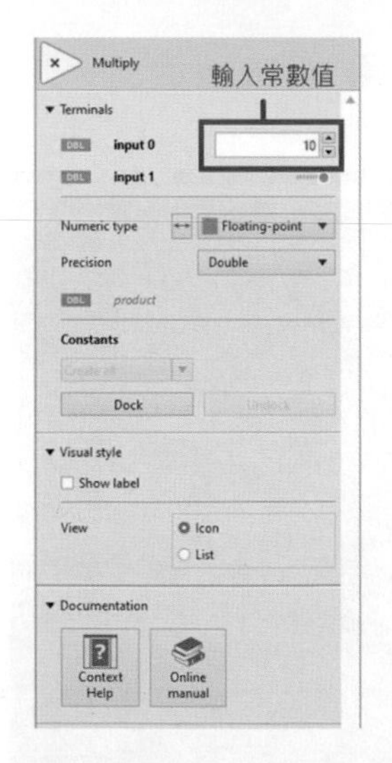

圖 16-20(a)　**常數建立**

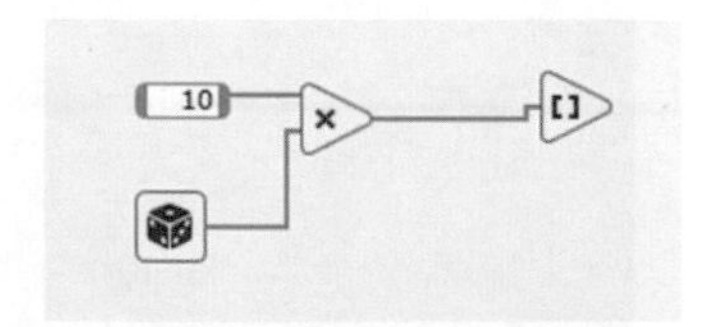

圖 16-20(b)　**程式畫面**

STEP 4　在 NXG 圖形程式區的 Comparison 中取出 Equal? 元件，並將四捨五入元件輸出端接至 Equal? 元件 x 端點，如圖 16-21 所示。

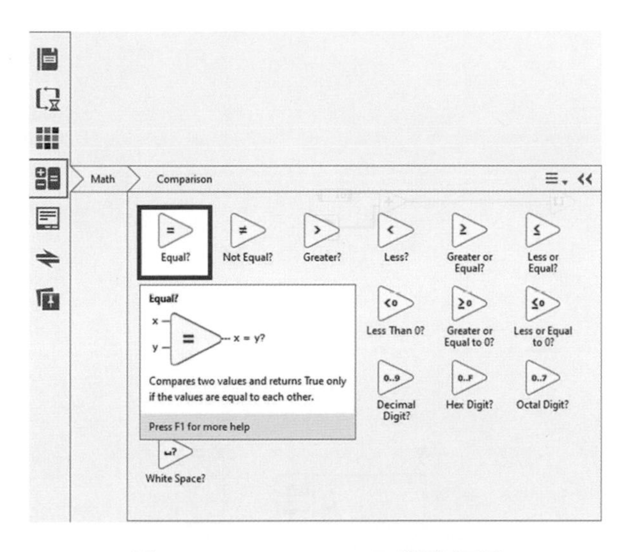

圖 16-21(a)　Equal? 元件路徑圖

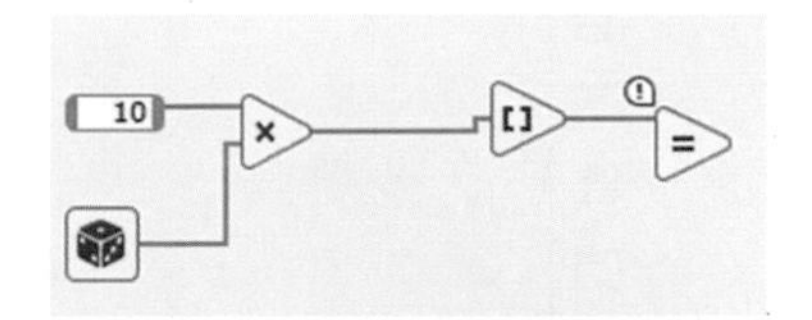

圖 16-21(b)　程式畫面

STEP 5　對著 Equal? 元件 y 端點及輸出端點擊滑鼠右鍵，分別建立一個數值控制元件和一個顯示元件，如圖 16-22 所示。

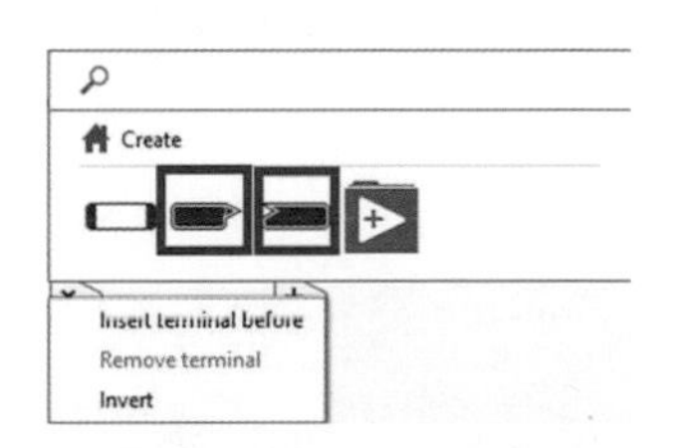

圖 16-22(a)　建立控制元件及顯示元件

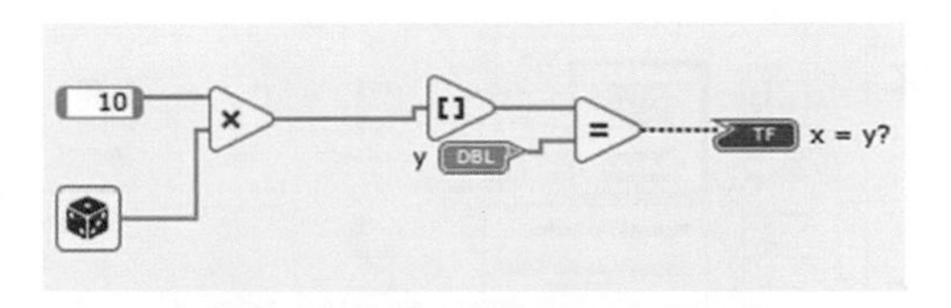

圖 16-22(b)　程式畫面

STEP 6 在圖形程式區取出的元件不會在 LabVIEW NXG 的人機介面上自動顯示，因此必須在人機介面上點擊左邊 Unplaced Items 元件列來取出相對應的人機介面元件，如圖 16-23 所示。

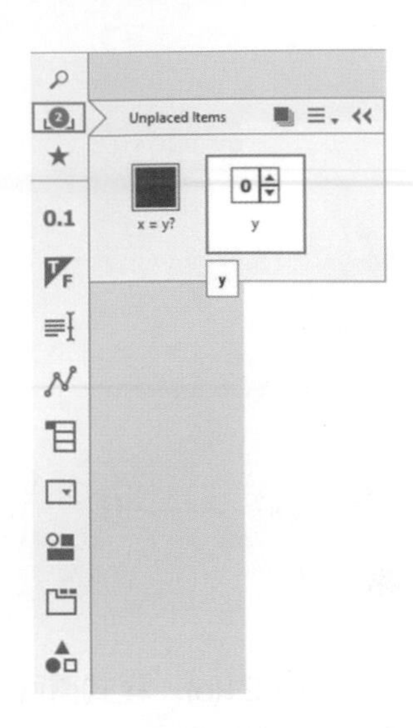

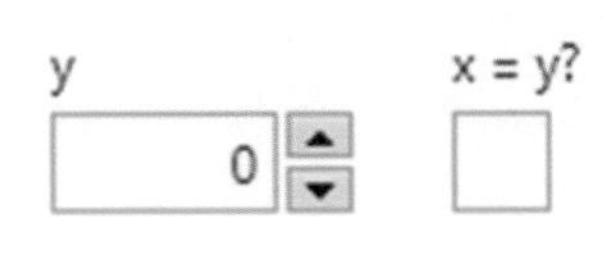

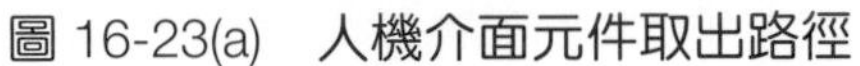

圖 16-23(a)　**人機介面元件取出路徑**

圖 16-23(b)　**人機介面圖**

STEP 7 在人機介面點擊左邊元件列從 Numeric 中取出數值顯示元件，如圖 16-24 所示。

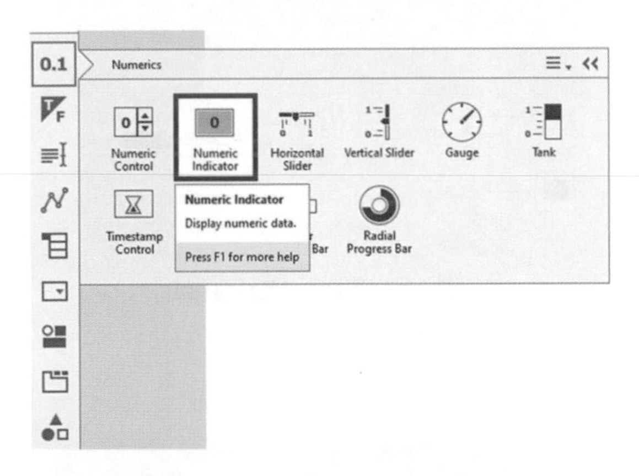

圖 16-24(a)　**數值顯示元件路徑圖**

圖 16-24(b)　**人機介面圖**

STEP 8 回到圖形程式區，將人機介面取出的數值顯示元件接在四捨五入輸出端點，如圖 16-25 所示。

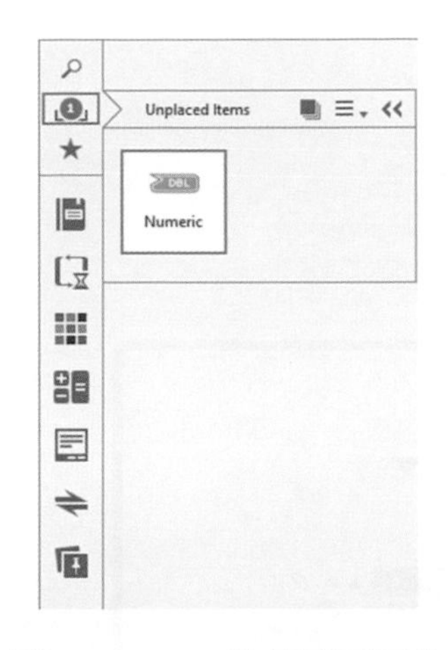

圖 16-25(a)　數值顯示元件

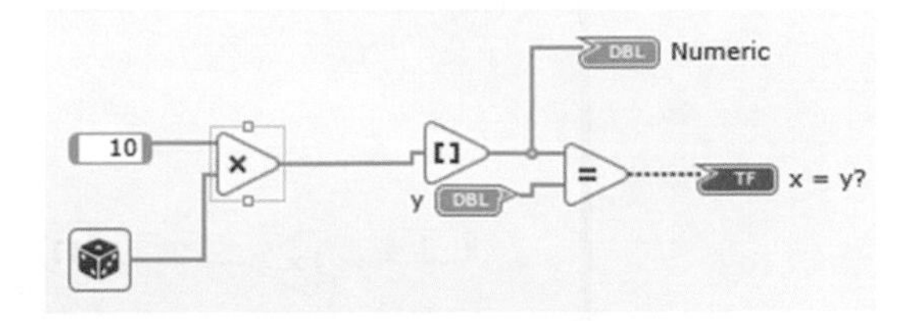

圖 16-25(b)　程式畫面

STEP 9 在圖形程式區 Program Flow 中取出 While Loop 並將所有元件包裹在內，如圖 16-26 所示。

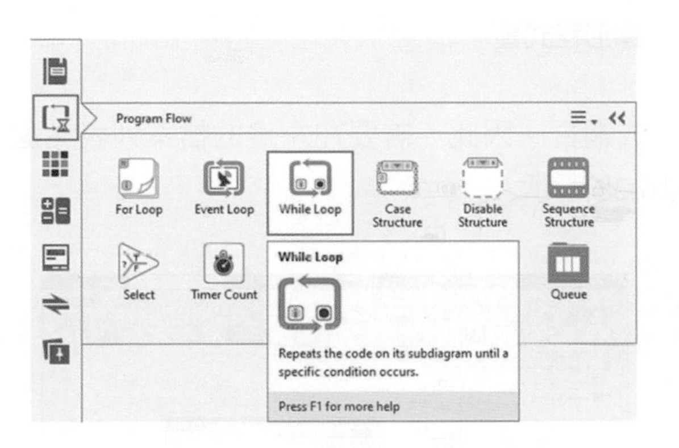

圖 16-26(a)　While Loop 元件路徑

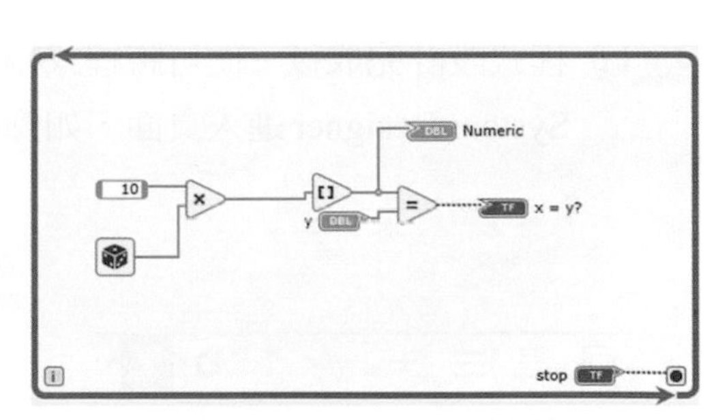

圖 16-26(b)　程式畫面

STEP 10 將元件連接完成後即可完成亂數比大小的程式，如圖 16-27 所示。

圖 16-27(a)　人機介面

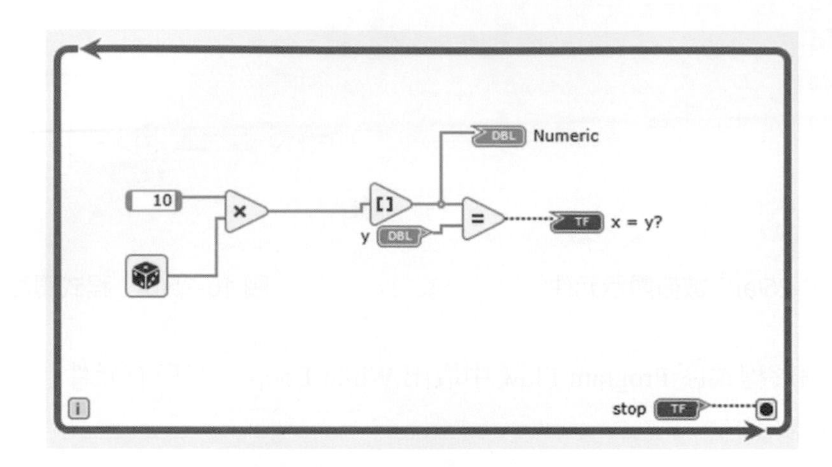

圖 16-27(b)　圖形程式區

STEP 11 程式設計完成後，便可將程式轉化成網頁。因此，需要在左邊的檔案列表點選 System Designer 進入頁面，如圖 16-28 所示。

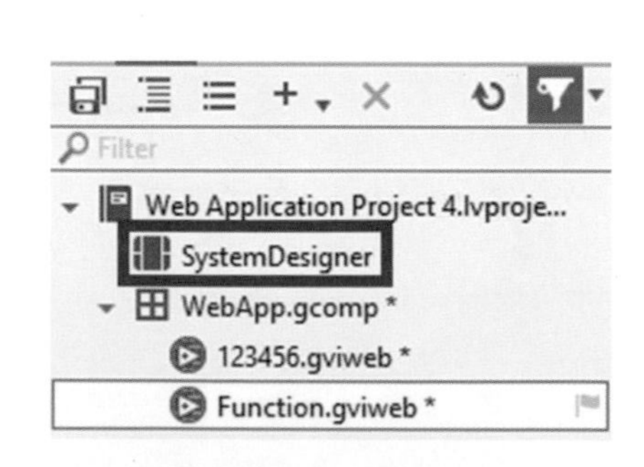

圖 16-28(a)　檔案列表

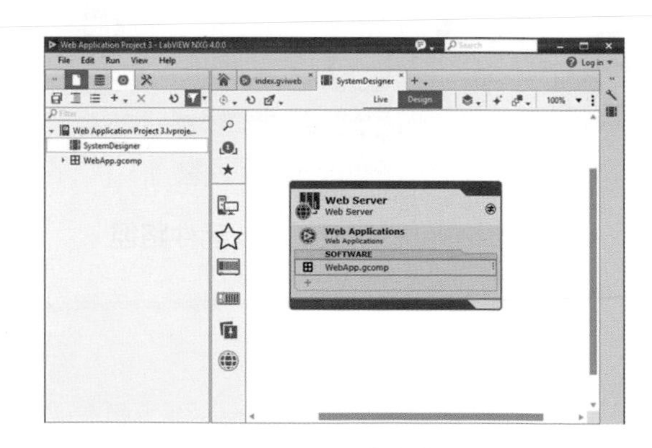

圖 16-28(b)　程式畫面

STEP 12 對著 WebApp.gcomp 點擊滑鼠右鍵後再點擊 Build 將檔案建立成網頁，如圖 16-29 所示。

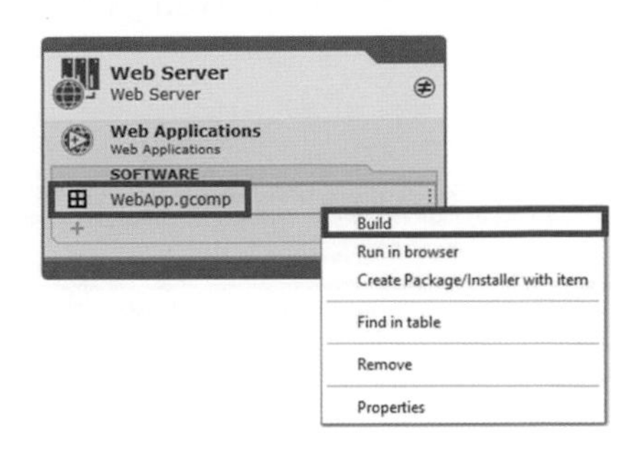

圖 16-29　建立網頁

STEP 13 網頁建立後，視窗的下方會出現完成建立的表單。對著 Complete 處點擊滑鼠右鍵後再點擊 Locate item in Windows Explorer 來打開資料夾，如圖 16-30 所示。

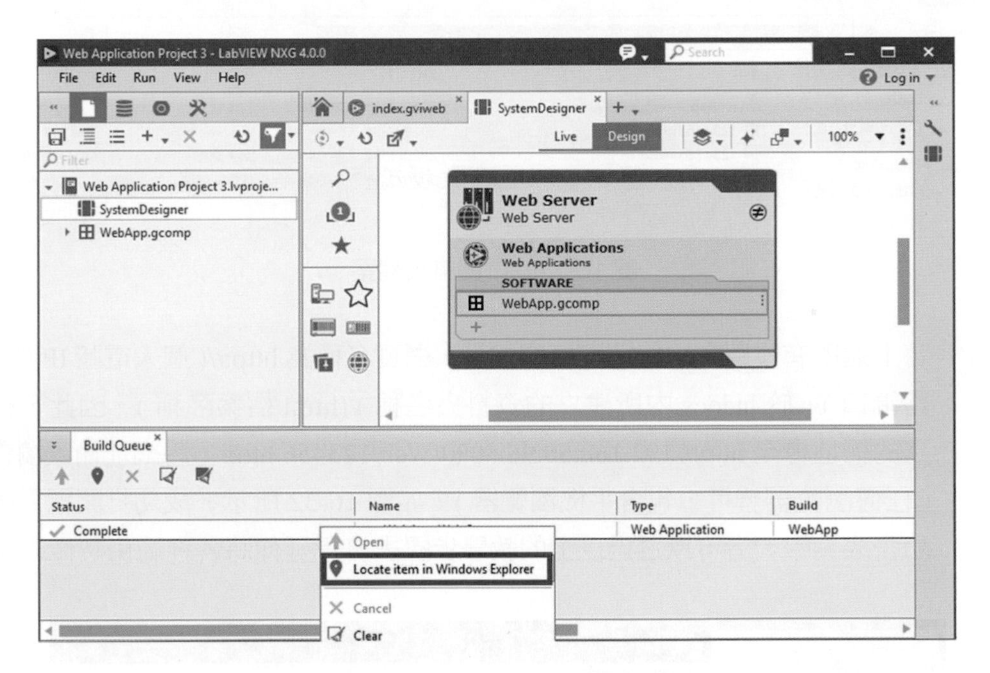

圖 16-30　資料夾路徑

STEP 14 打開資料夾後會看到一個資料夾以及三個檔案。接著在 C:\Program Files\National Instruments\Shared\Web Server\htdocs 資料夾中建立一個新資料夾命名為“Web”，並將上面的所有檔案放入 Web 資料夾，如圖 16-31 所示。

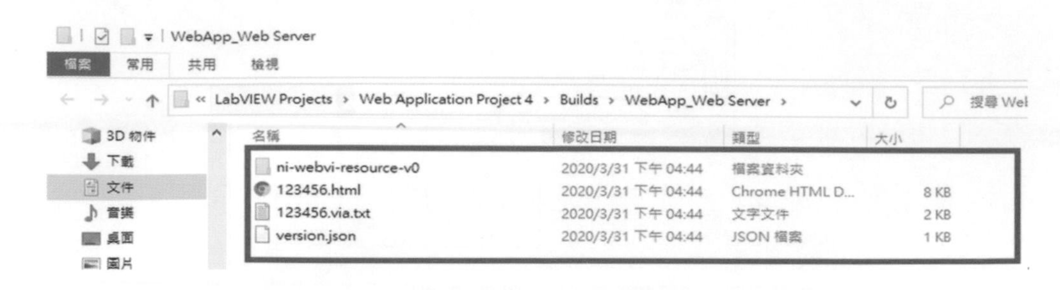

圖 16-31(a)　資料夾檔案

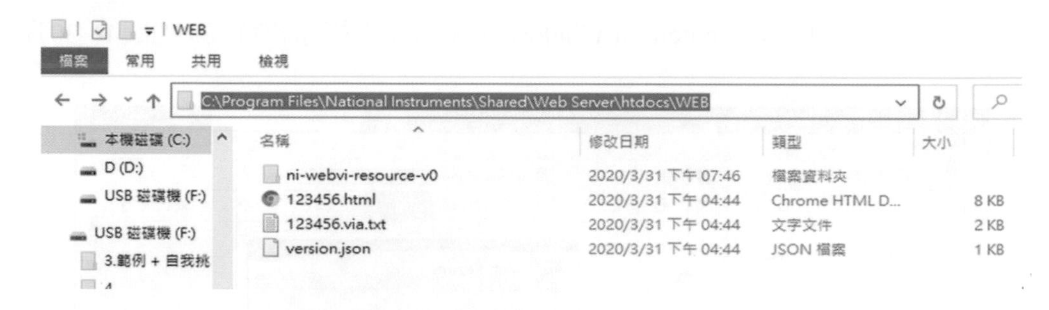

圖 16-31(b)　資料夾檔案

STEP 15 將上述所有步驟完成後即可打開網頁，網頁名稱為 http://(個人電腦 IP 位址 : 網路端口)/(於 htdocs 內所建立的資料夾名稱)/(html 檔案名稱)。因此，在此設立的網址會是 http://192.168.50.98:8080/Web/123456.html，將網址輸入瀏覽器內 (任何瀏覽器皆可，包含手機瀏覽器)，如圖 16-32 所示。成功打開網頁後就大功告成。學習者可以透過以上的教學步驟去自行延伸將各種範例製作成網頁。

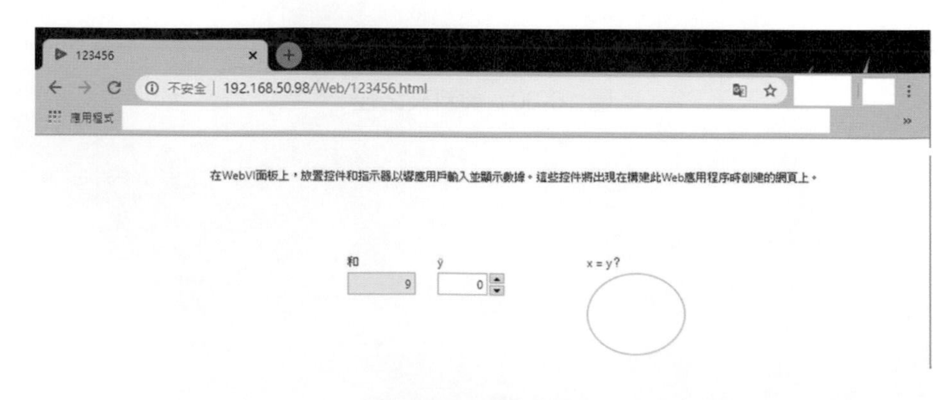

圖 16-32　網頁開啟

16-4 USB-6008 與 NXG 結合

有了網頁架設的基礎後就可以將前面所介紹的 NI USB-6008 與感測器量測的範例與網頁進行結合。使經由NI USB-6008 量測資料的同時將資料上傳至雲端伺服器並透過網頁隨時隨地的查看 USB-6008 所擷取到資料。如此一來，就完成了一個簡易的物聯網系統。

本章節與第三章氣體感測器進行結合。接線部分與第三章一致，透過簡易的氣體感測器模組與 NXG 的網路功能進行整合，打造出一個遠端即時的氣體感測警示功能，以免瓦斯外洩造成人及財物的損失。

在開始程式設計前，需先進入 https://www.systemlinkcloud.com/security 網址，開啟後登入 NI 會員後點擊右上角 NEW 並選擇 Copy key，如圖 16-33 所示。

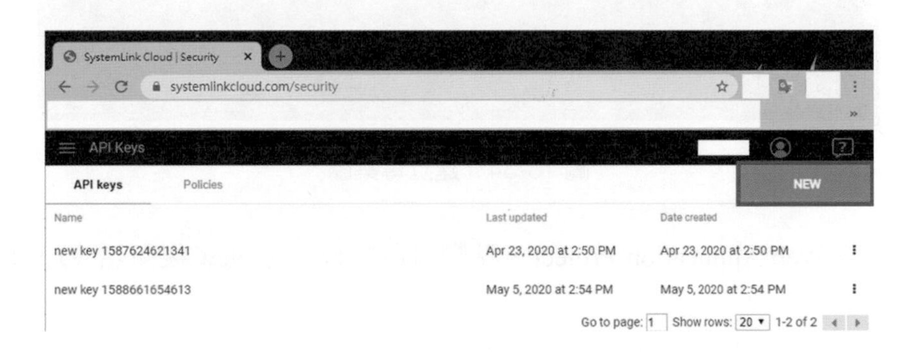

圖 16-33(a)　API Key 建立圖

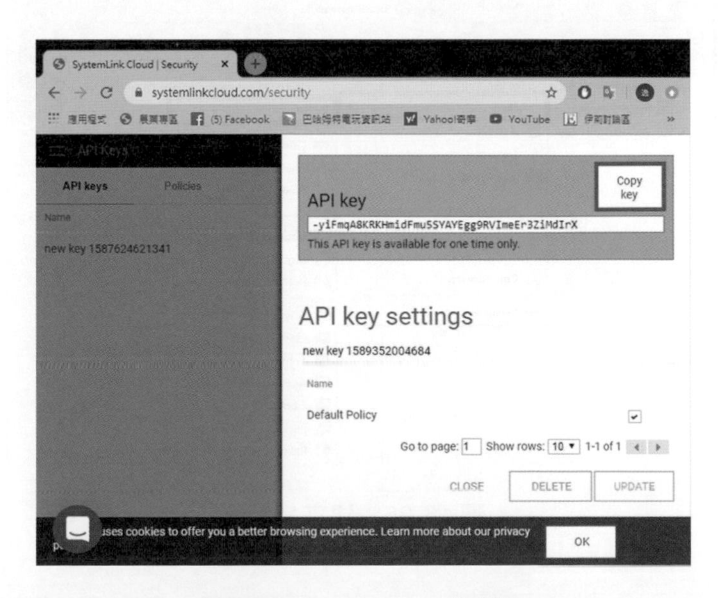

圖 16-33(b)　API key 複製圖

點擊後將新建立的 API Key 複製下來，記得 API Key 要保存好 (拿張紙將 API KEY 抄下，或複製後放置於記事本內)。每建立一次新的 API Key 就得將程式的 API Key 進行更新。

STEP 1 開啟 NXG 並建立 Web Application Project，如圖 16-34 所示。

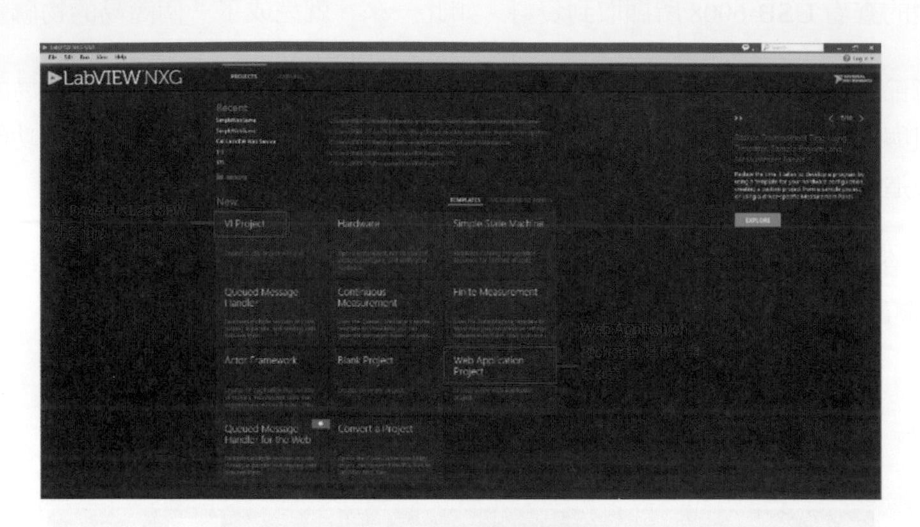

圖 16-34　**建立專案圖**

STEP 2 對著 Web Application Project 8 點擊滑鼠右鍵，選 New 後新增 VI，如圖 16-35 所示。

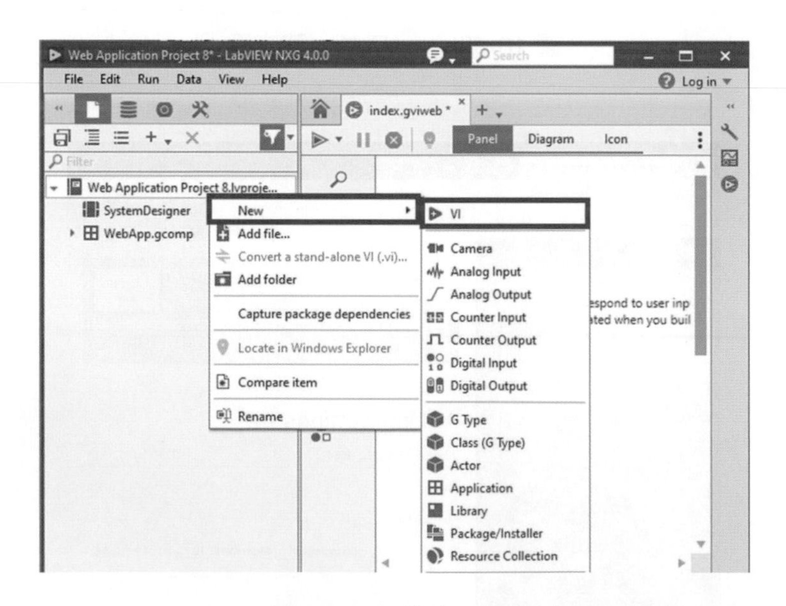

圖 16-35　**建立 VI 圖**

STEP 3 在新增 VI 的圖形程式區 (Diagram) 左上方放大鏡的圖案點擊滑鼠左鍵，輸入 DAQ 搜尋元件並選擇 DAQmx Timing 元件，如圖 16-36 所示。

註 DAQmx Timing 元件用途為設定 USB-6008 與 NXG 之間的溝通時間週期。

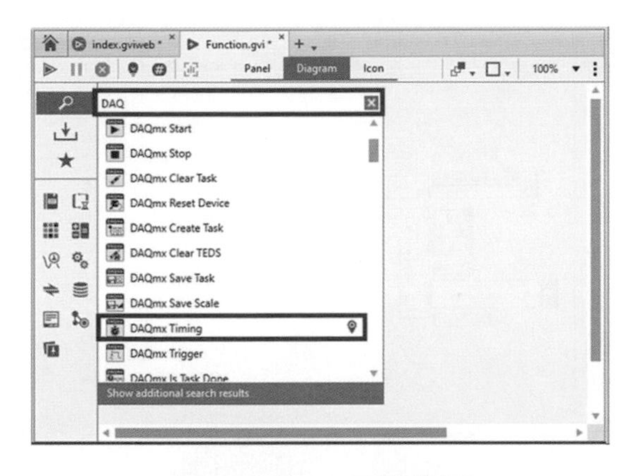

圖 16-36(a)　元件路徑

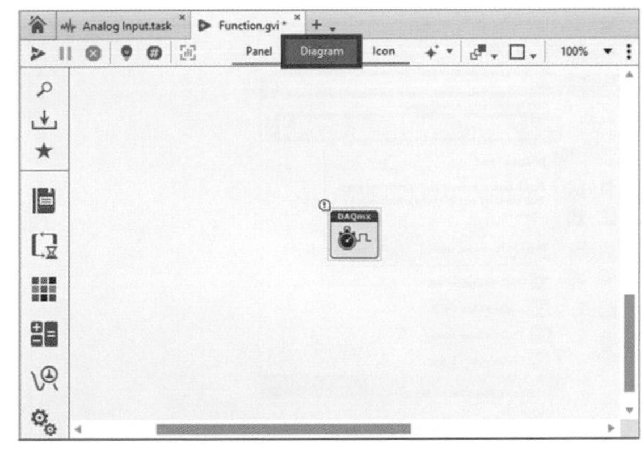

圖 16-36(b)　程式畫面

STEP 4 對著 DAQmx Timing 點擊滑鼠左鍵，將設定調整為 Sample Clock 後點擊 Create all，如圖 16-37 所示。

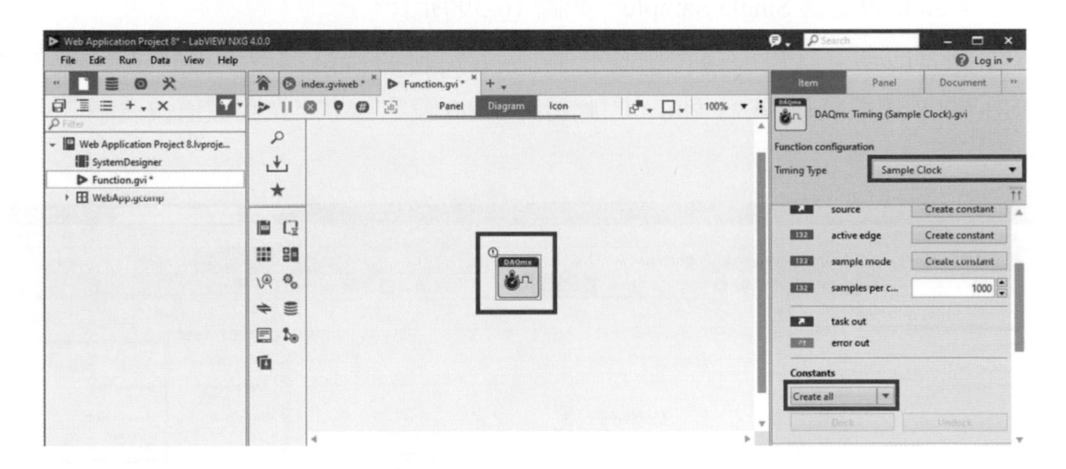

圖 16-37　元件設定圖

STEP 5 在圖形程式區左上方放大鏡的圖案點擊滑鼠左鍵，輸入 DAQ 搜尋元件並選擇 DAQmx Read 元件，如圖 16-38 所示。

註 DAQmx Read 元件用途為抓取 USB-6008 的類比及數位訊號的讀取。

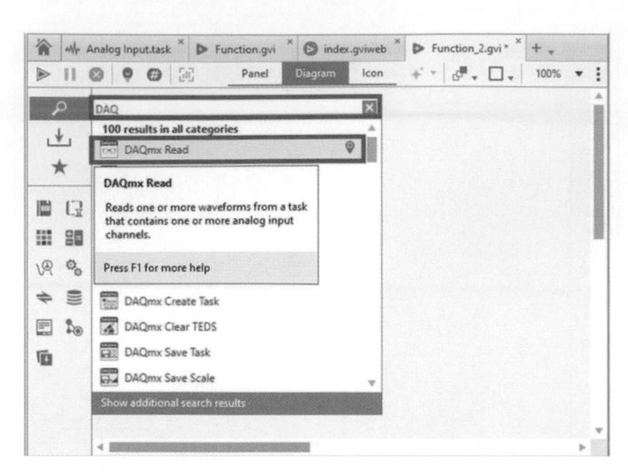

圖 16-38(a)　元件路徑

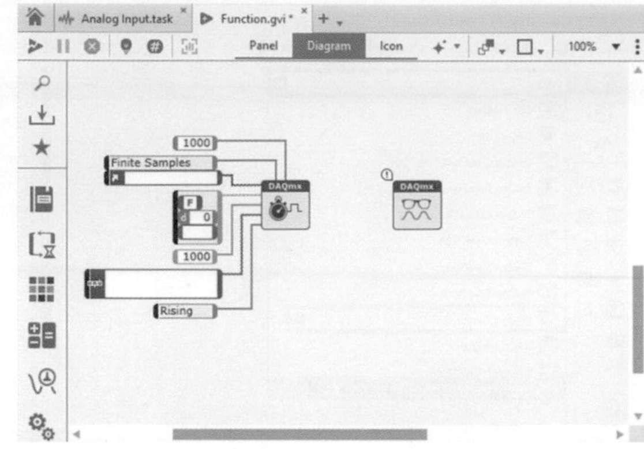

圖 16-38(b)　程式畫面

STEP 6 對著 DAQmx Read 點擊滑鼠左鍵，將 Channel Type 設定為 Analog Input，Data Format 設定為 Floating Point，Channel Count 設定為 Single Channel，Sample Count 設定為 Single Sample，如圖 16-39 所示。

註 將設定完成後，紅框內橘色數值常數 1000 可按照自己需求去做更改，該設定是 USB-6008 讀取資料秒數 (秒)，因此可將 1000 設定為 1 來做到數值快速讀取。

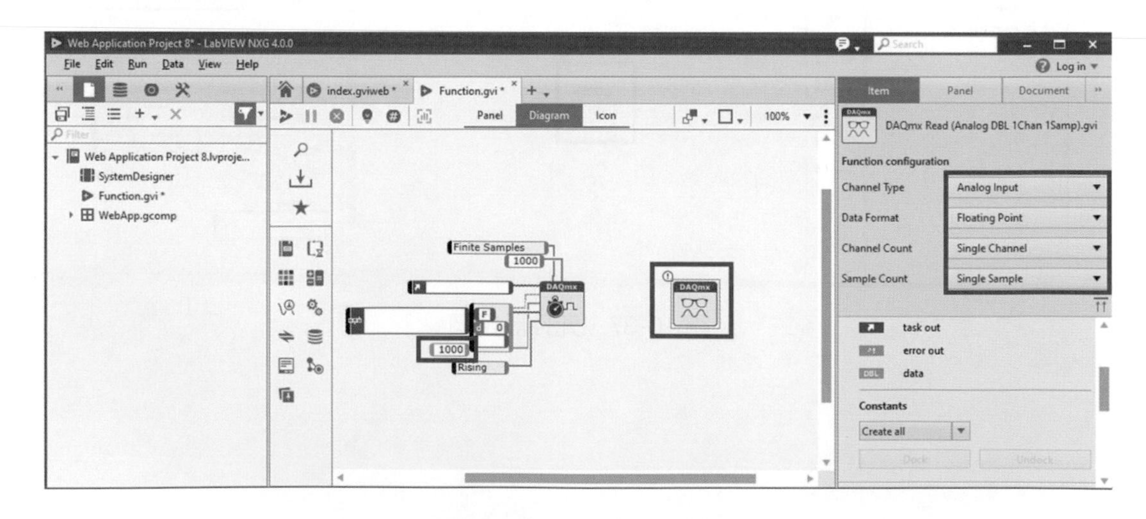

圖 16-39　元件設定圖

STEP 7 在圖形程式區左上方放大鏡的圖案點擊滑鼠左鍵，輸入 open configuration 搜尋元件並選擇 Open Configuration Auto(Desktop) 元件，如圖 16-40 所示。

註 Open Configuration Auto(Desktop) 元件用途為開啟 API 通道的媒介。

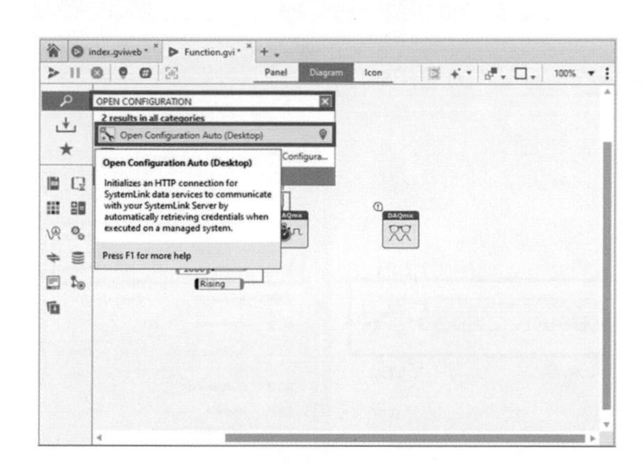

圖 16-40(a)　元件路徑

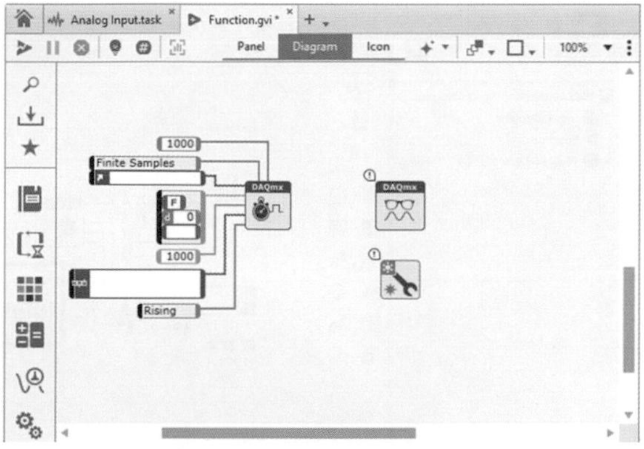

圖 16-40(b)　程式畫面

STEP 8 對著 Open Configuration Auto(Desktop) 點擊滑鼠左鍵，將設定改為 API Key，如圖 16-41 所示。

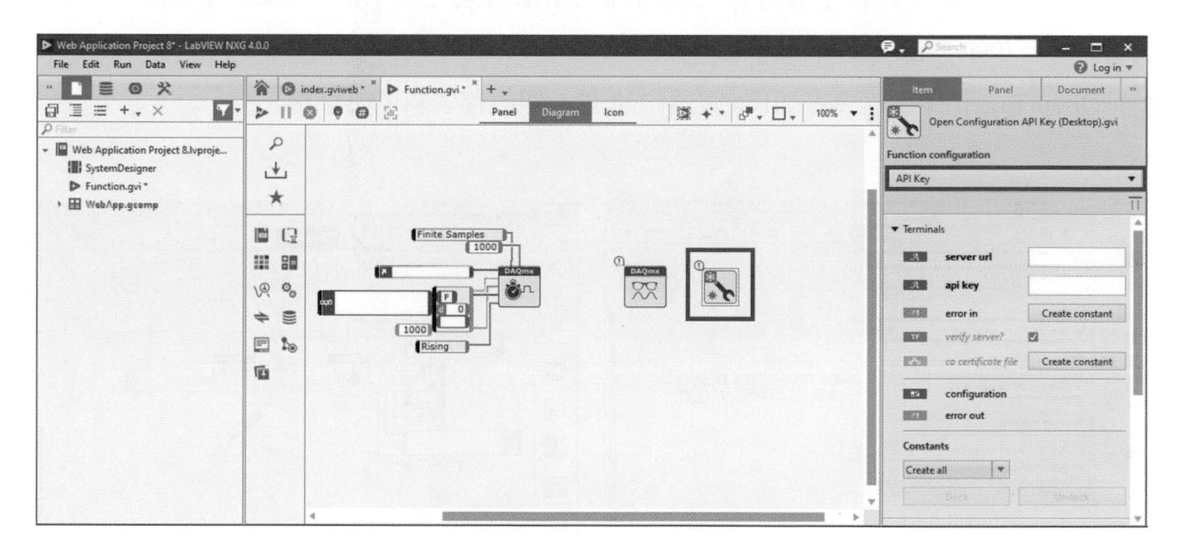

圖 16-41　元件設定圖

STEP 9 對著 Open Configuration Auto(Desktop) 點擊滑鼠左鍵，在 server url 內輸入 https://api.systemlinkcloud.com 這個網址，並將之前建立的 API Key 複製到 API Key 內，如圖 16-42 所示。

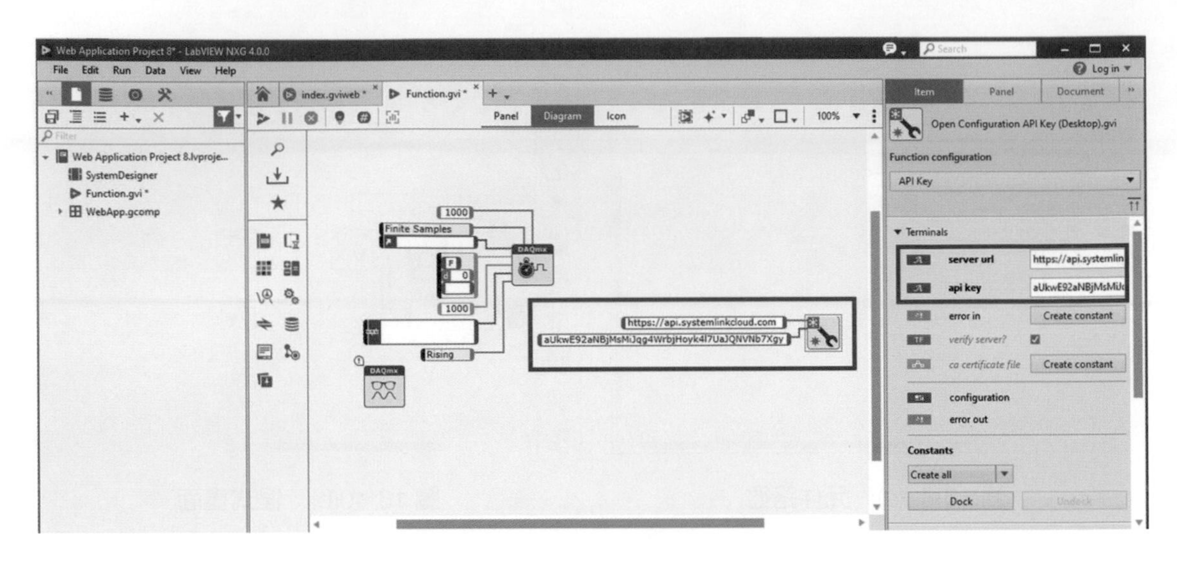

圖 16-42　**網址及 API Key 輸入圖**

STEP 10 在圖形程式區左上方放大鏡的圖案點擊滑鼠左鍵，輸入 open 搜尋元件並選擇 Open Tag 元件，如圖 16-43 所示。

(註) Open Tag 元件用途為在 NI 伺服器內建立一個儲存資料的文字檔。

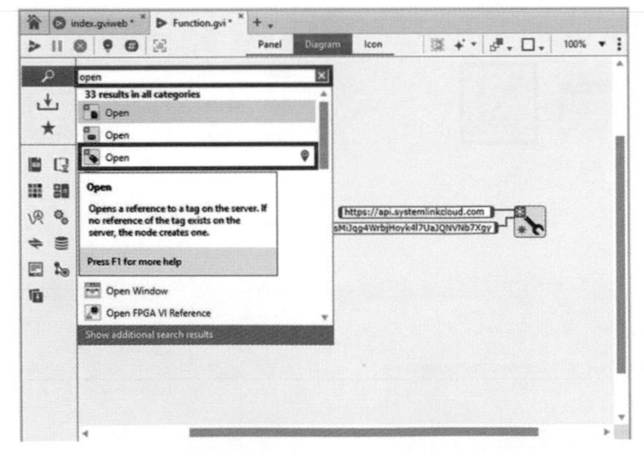

圖 16-43(a)　**元件路徑**

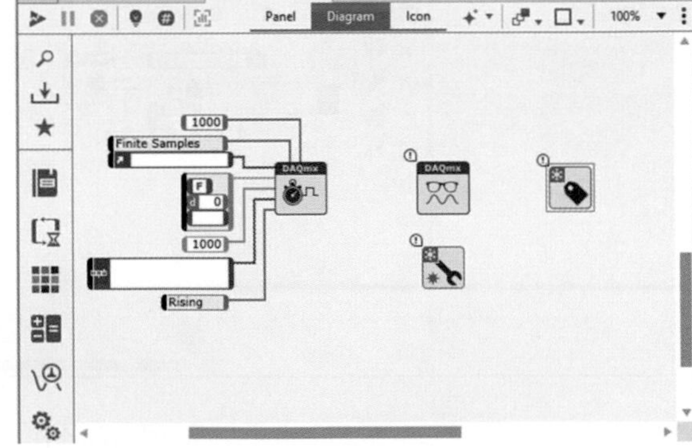

圖 16-43(b)　**程式畫面**

STEP 11 對著 Open Tag 點擊滑鼠左鍵，在 Path 內輸入任意名稱，data type 點擊 Create constant 後選擇 double，如圖 16-44 所示。

註 Path 只是在雲端伺服器建立一個檔案名稱，因此使用隨意名稱即可，沒有任何限制。

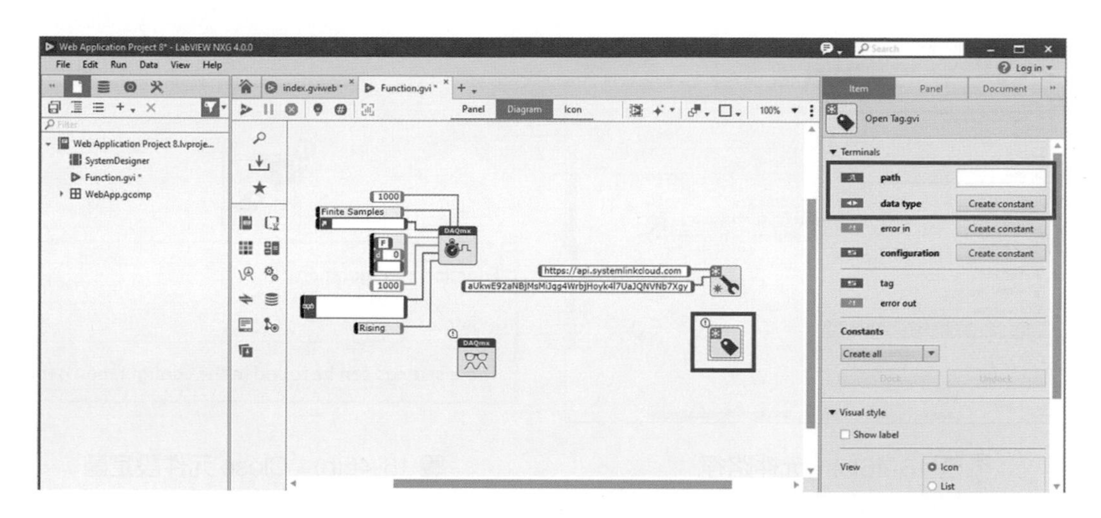

圖 16-44 元件設定圖

STEP 12 在圖形程式區左上方放大鏡的圖案點擊滑鼠左鍵，輸入 write 搜尋元件選擇 Write 元件，如圖 16-45 所示。

註 Write 元件用途是用於當 Open Tag 在伺服器內建立文字檔時寫入資料。

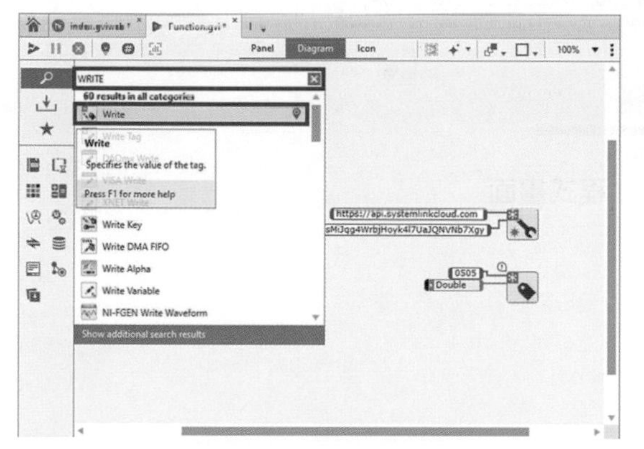

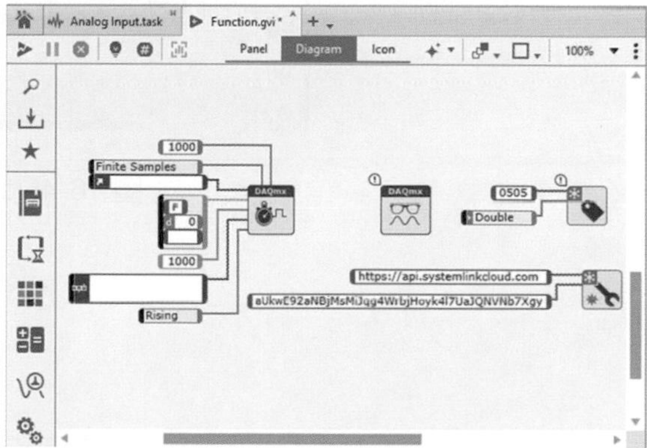

圖 16-45(a) 元件路徑

圖 16-45(b) 程式畫面

STEP 13 在圖形程式區左上方放大鏡的圖案點擊滑鼠左鍵，輸入 Close 搜尋元件選擇 Close 元件，拉出後選擇 Single 設定，如圖 16-46 所示。

註 Close 元件用途為停止文字檔內部資料寫入。

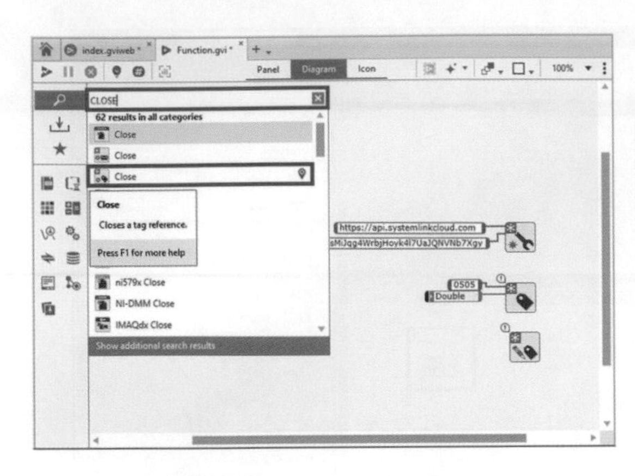

圖 16-46(a)　元件路徑

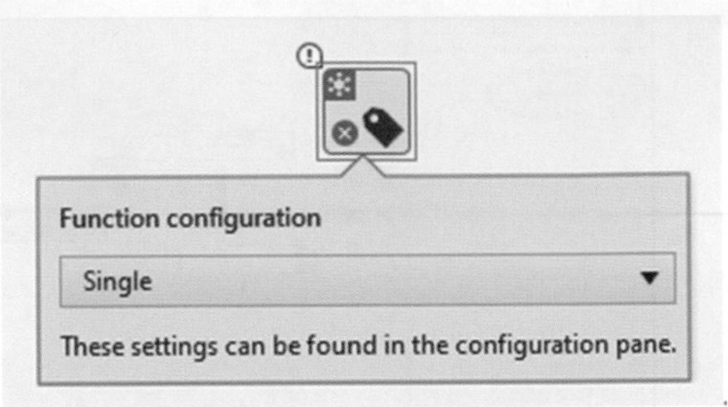

圖 16-46(b)　Close 元件設定圖

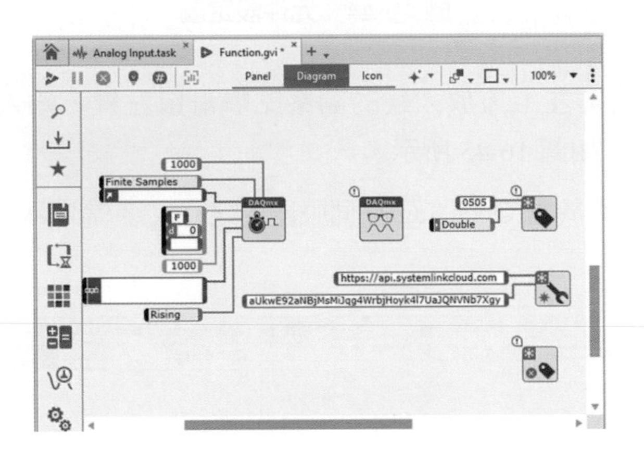

圖 16-46(c)　程式畫面

STEP 14 在圖形程式區左上方放大鏡的圖案點擊滑鼠左鍵，輸入 Close Configuration 搜尋元件選擇 Close Configuration 元件，如圖 16-47 所示。

註 Close Configuration 元件用途為關閉伺服器讀寫。

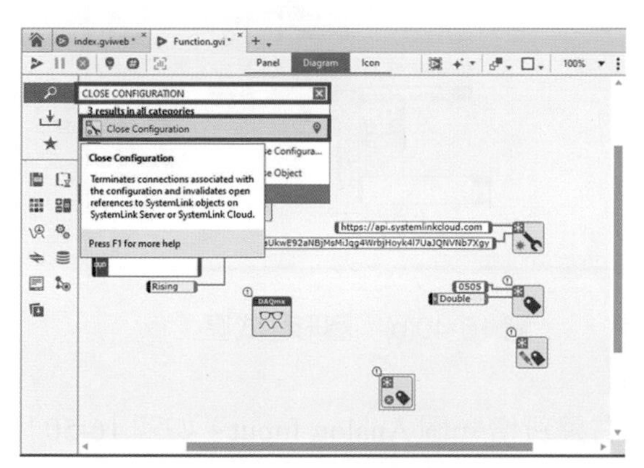

圖 16-47(a)　元件路徑

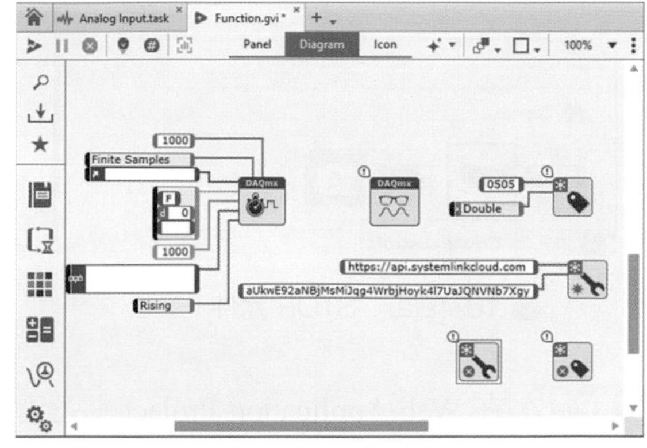

圖 16-47(b)　程式畫面

STEP 15 在圖形程式區 (Diagram) 左上方放大鏡的圖案點擊滑鼠左鍵，輸入 While Loop 搜尋元件選擇 While Loop 迴圈。將除了 Close Configuration 元件及 Close 元件以外的元件包裹在內，如圖 16-48 所示。

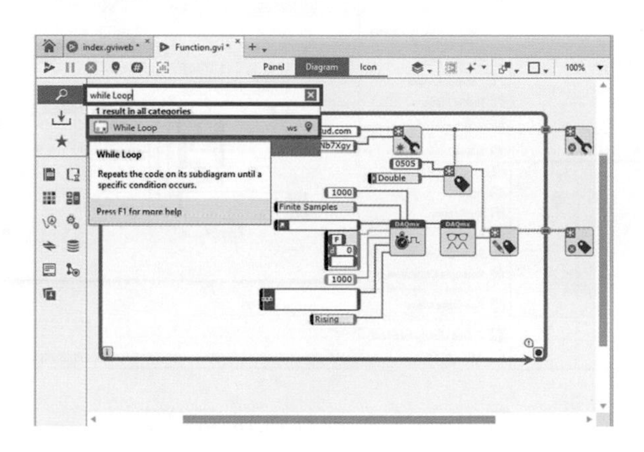

圖 16-48　元件路徑圖

STEP 16 將元件接線完成後在 While Loop 右下角紅點處新增一個控制元件“STOP”，如圖 16-49 所示。

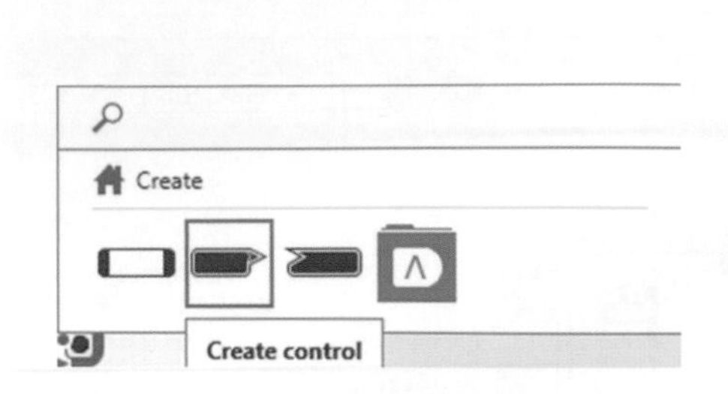

圖 16-49(a)　STOP 元件

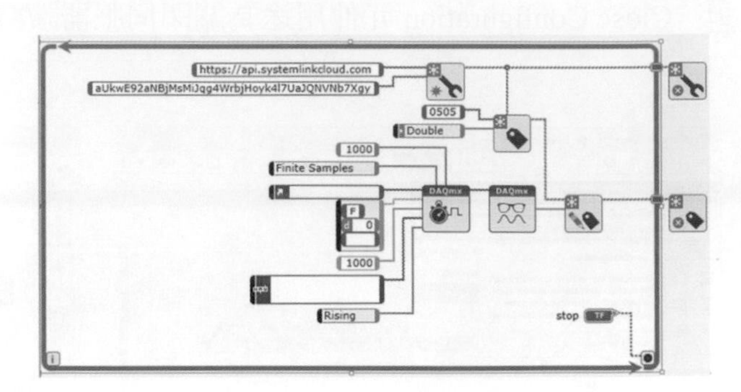

圖 16-49(b)　圖形程式區

STEP 17 在 Web Application Project 點選滑鼠右鍵新增一個 Analog Input，如圖 16-50 所示。

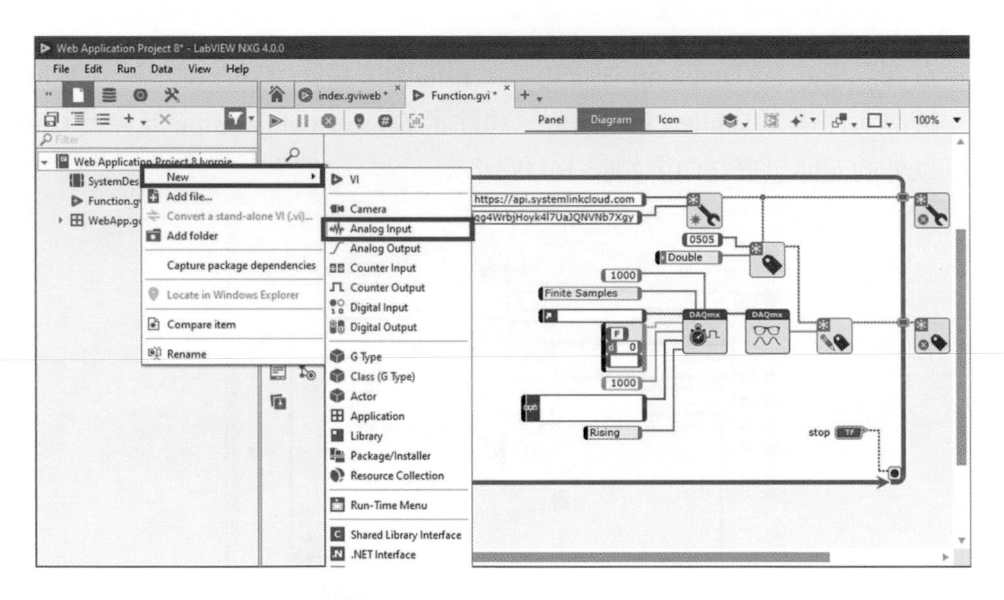

圖 16-50　Analog input 新增圖

STEP 18 將 Analog Input 腳位調為 AI 0，Unit 調整為 Volt，Terminal Configuration 調為 Differential。調整完成後可看到 AI 0 腳位有一個電壓輸入，如圖 16-51 所示。

註 此處為測試介面，目的為確定 USB-6008 的 Analog input 是否正確，執行程式前須先暫停擷取訊號，否則會跟程式互搶擷取通道。

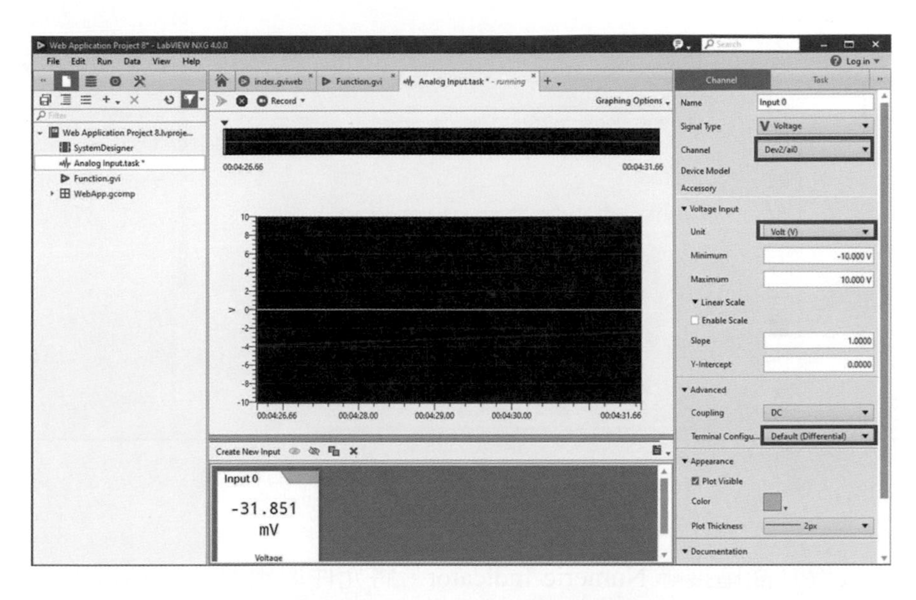

圖 16-51　Analog Input 設定圖

STEP 19 Analog Input 設定完成後，回到圖形程式區 (Diagram)。將 DAQmx Timing 擷取設定調整為 Analog Input 及 Onboard Clock，如圖 16-52 所示。

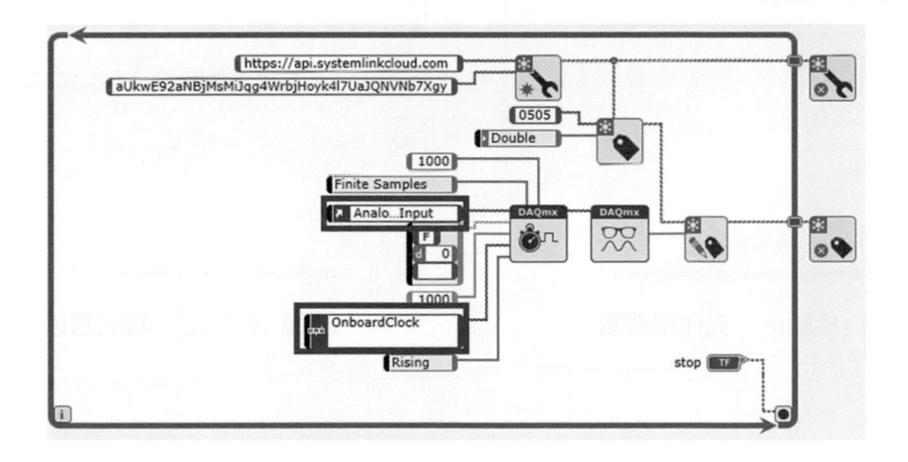

圖 16-52　DAQmx Timing 設定

STEP 20 網頁端：打開左邊 WebApp.gcomp 且滑鼠點擊 Index.gviweb 打開網頁端的人機介面區 (Panel)，如圖 16-53 所示。

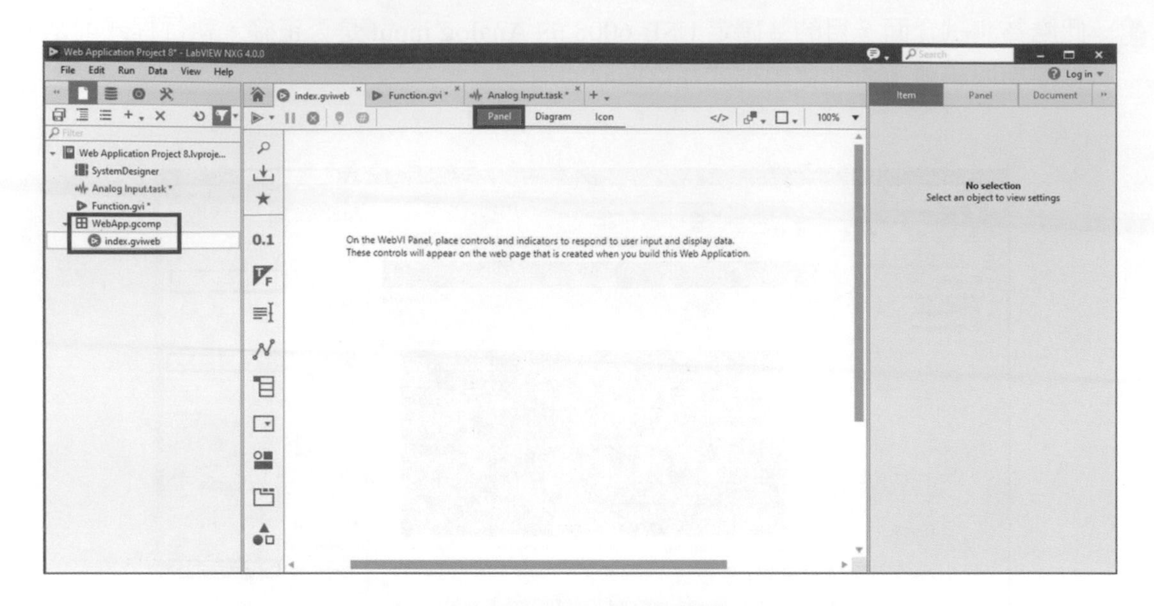

圖 16-53　網頁人機介面

STEP 21 在人機介面區搜尋 Numeric Indicator，將元件取出並命名為電壓值 (V)，如圖 16-54 所示。

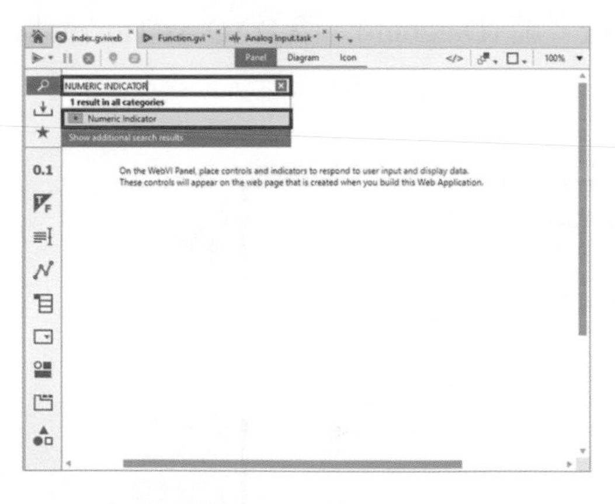

圖 16-54(a)　元件路徑圖

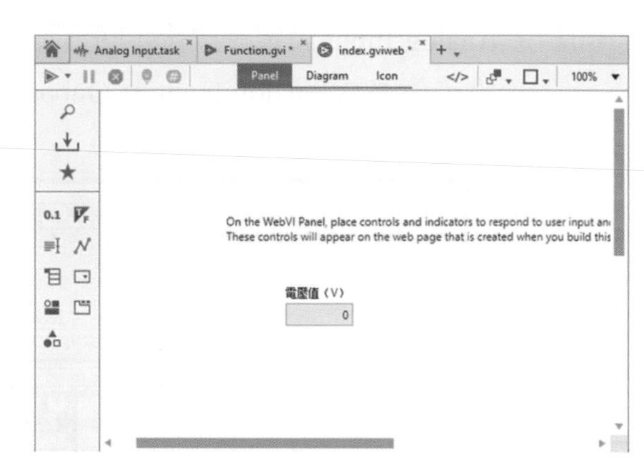

圖 16-54(a)　程式畫面

STEP 22 在人機介面 (Panel) 左上方放大鏡的圖案點擊滑鼠左鍵，輸入 LED 搜尋元件選擇 Square LED 元件並命名為瓦斯外洩警告，如圖 16-55 所示。

圖 16-55(a) 元件路徑

圖 16-55(b) 程式畫面

STEP 23 將 STEP 9 的 Open Configuration Auto(Desktop) 元件及 STEP 11 的 Open Tag 元件複製貼上至網頁的圖形程式區 (Diagram)，如圖 16-56 所示。

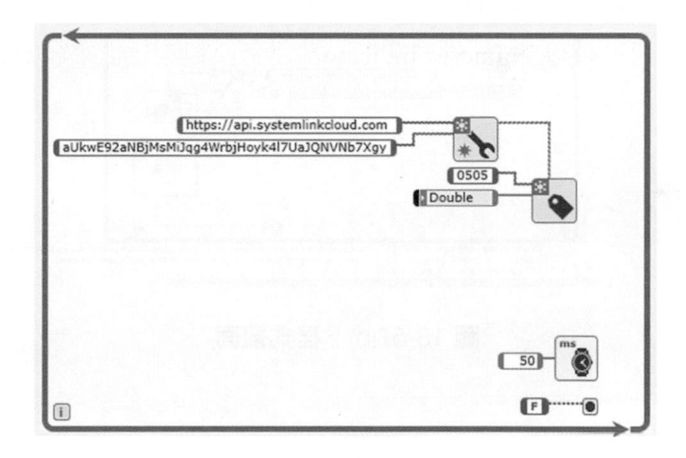

圖 16-56 圖形程式區

STEP 24 在圖形程式區 (Diagram) 左上方放大鏡的圖案點擊滑鼠左鍵，輸入 Read 搜尋元件選擇 Read Tag 元件，如圖 16-57 所示。

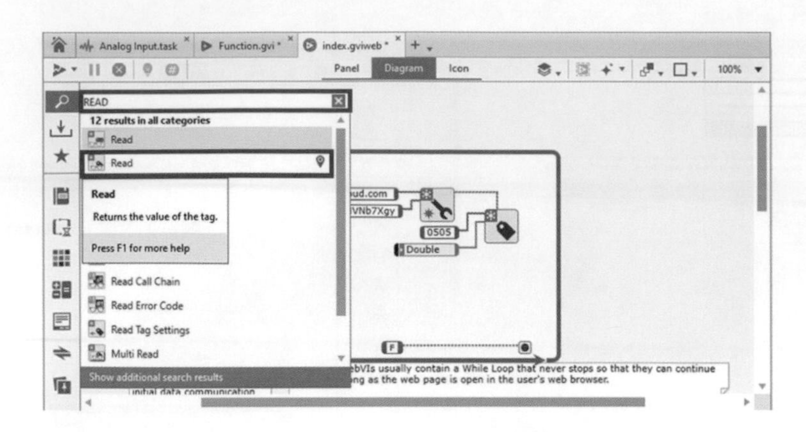

圖 16-57(a)　元件路徑圖

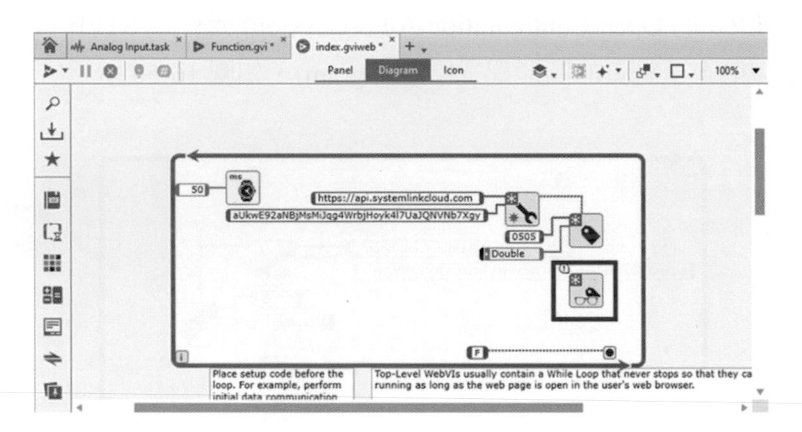

圖 16-57(b)　程式畫面

STEP 25 在圖形程式區左上方放大鏡的圖案點擊滑鼠左鍵，輸入 Great 搜尋元件選擇 Greater? 元件，如圖 16-58 所示。

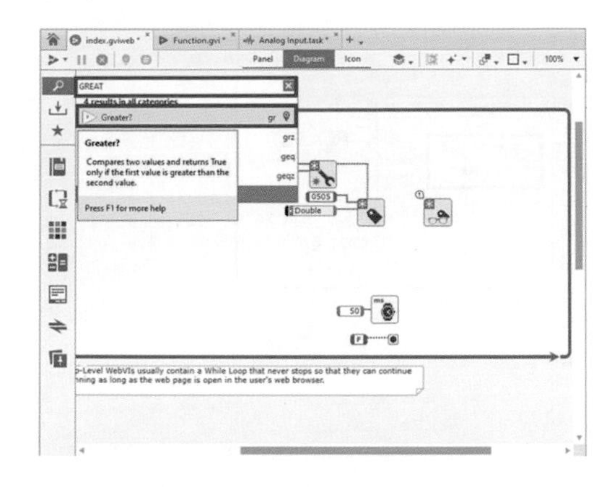

圖 16-58(a)　元件路徑圖

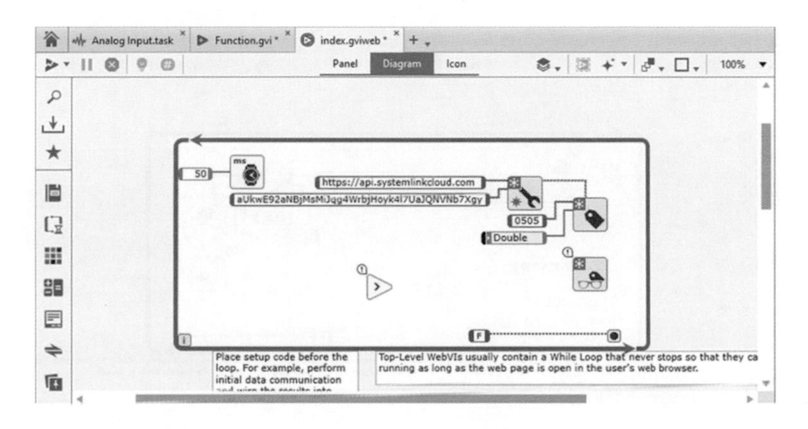

圖 16-58(b)　程式畫面

STEP 26 在圖形程式區左上方 Unplaced Items 處將瓦斯外洩警告及電壓值元件取出，如圖 16-59 所示。

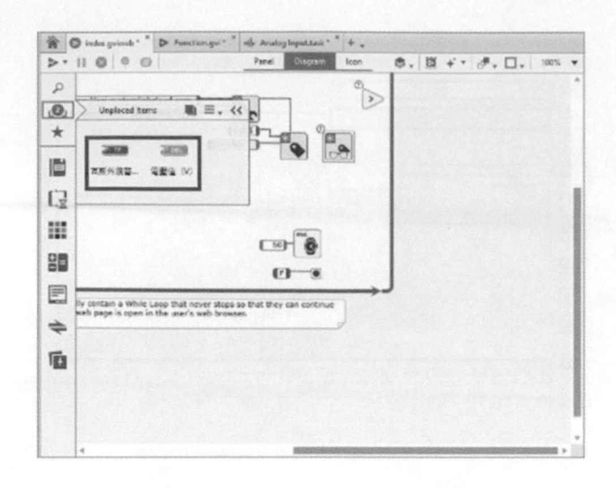

圖 16-59(a) 元件取出圖

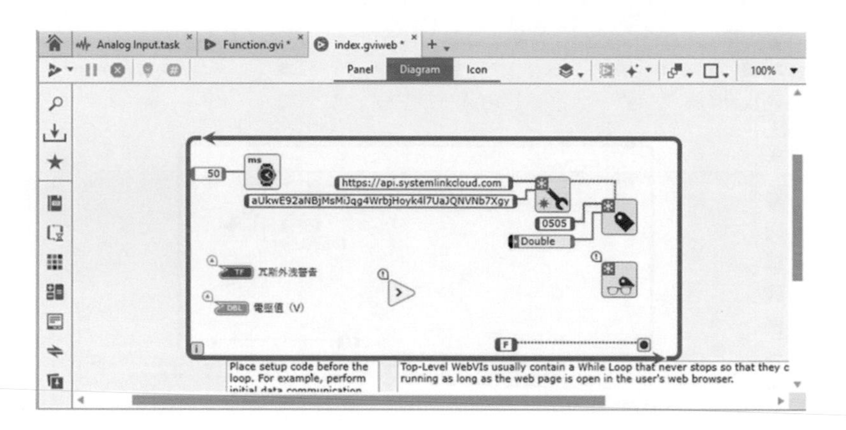

圖 16-59(b) 程式畫面

STEP 27 將所有元件擺好連接後，如圖 16-60 所示。

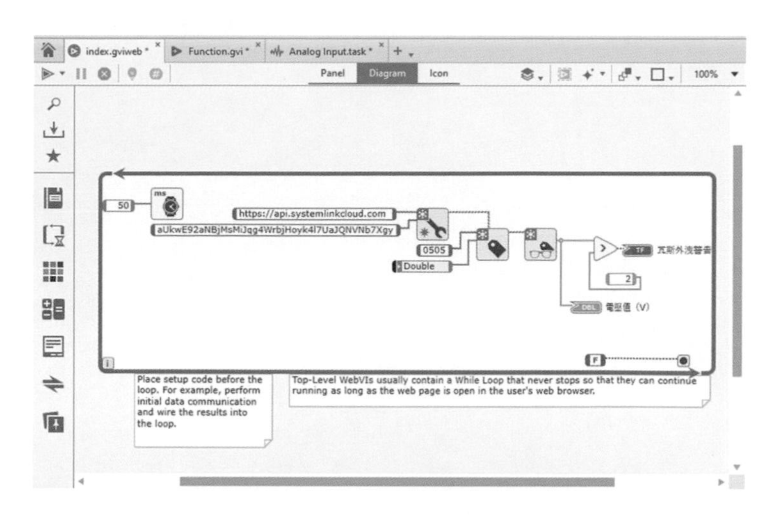

圖 16-60　圖形程式區

STEP 28 將程式上傳到 LabVIEW NXG 網路伺服器，步驟如同 16-4.2 章節的步驟 11~15 便可完成網頁架設，如圖 16-61 所示。

圖 16-61　網頁完成圖

行動裝置

17-1 LabVIEW 與 IOS 系統結合

在本章節中所使用的行動裝置為 iPad mini3 MGHV2TA/A，來做為行動式遠端監控設備。

17-1.1 行動裝置使用前所需設定

首先要在行動裝置中安裝 App 軟體 Data Dashboard for LabVIEW。

STEP 1 點選行動裝置內的“App Store”，如圖 17-1 所示，將程式開啟。

圖 17-1　IOS 系統桌面圖

STEP 2 在右上角的搜尋內打上“Data Dashboard for LabVIEW”，輸入完後並搜尋，就會找到軟體了，如圖 17-2 所示。

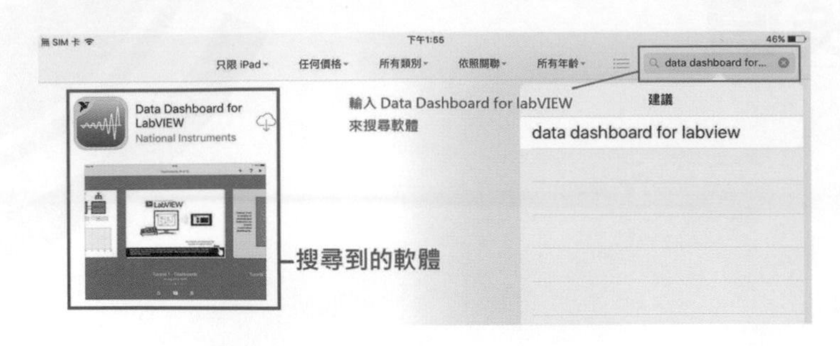

圖 17-2　App Store 畫面圖

STEP 3 點擊搜尋到的“Data Dashboard for LabVIEW”，就會跳出詳細的介紹頁面，如圖 17-3 所示。

STEP 4 點選圖 17-4 中所示的圖示來進行下載及安裝。

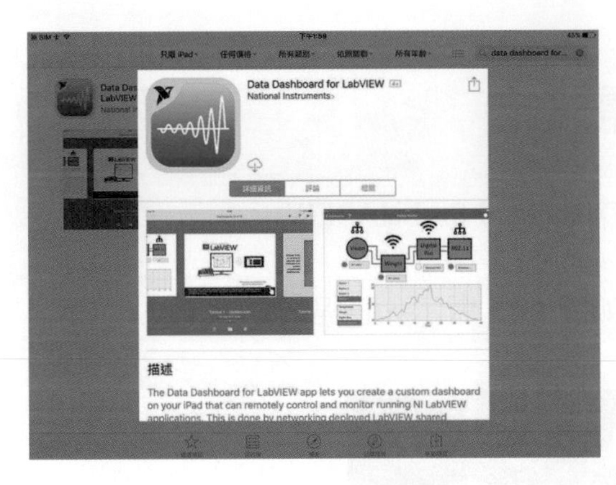

圖 7-3　App 介紹圖

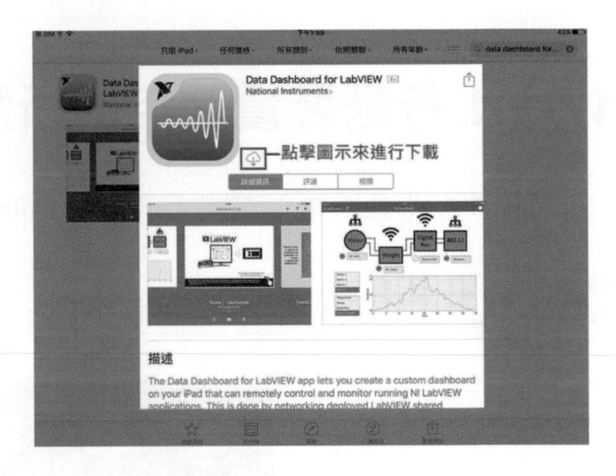

圖 17-4　App 安裝圖

STEP 5 安裝完成後點選“開啟”來執行程式，如圖 17-5 所示。

STEP 6 安裝完成後點選“開啟”來執行程式，如圖 17-6 所示。

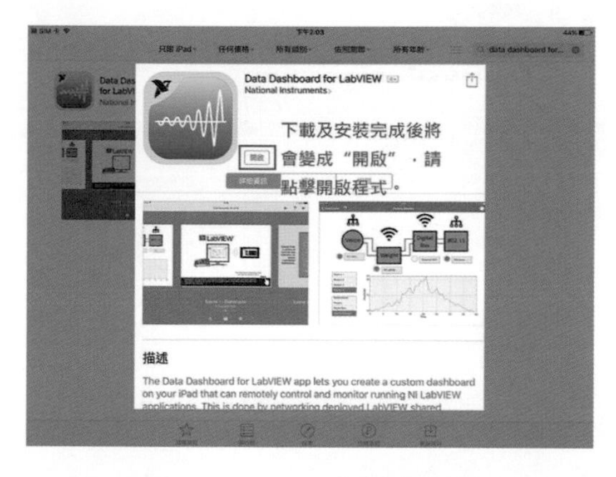

圖 17-5　App 安裝完成圖

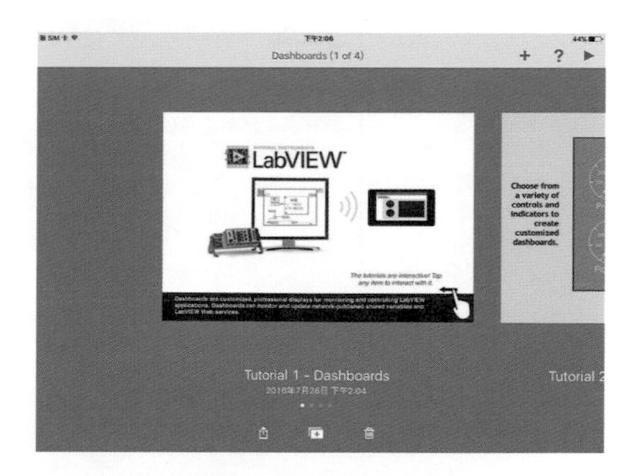

圖 17-6　App 介面圖

17-2 程式撰寫

17-2.1 電腦端程式撰寫

STEP 1 開啟 LabVIEW，點開 File 選單，點選 New，如圖 17-7 所示。再來將 Project 點開，選擇 Empty Project 按 ok，如圖 17-8 所示。

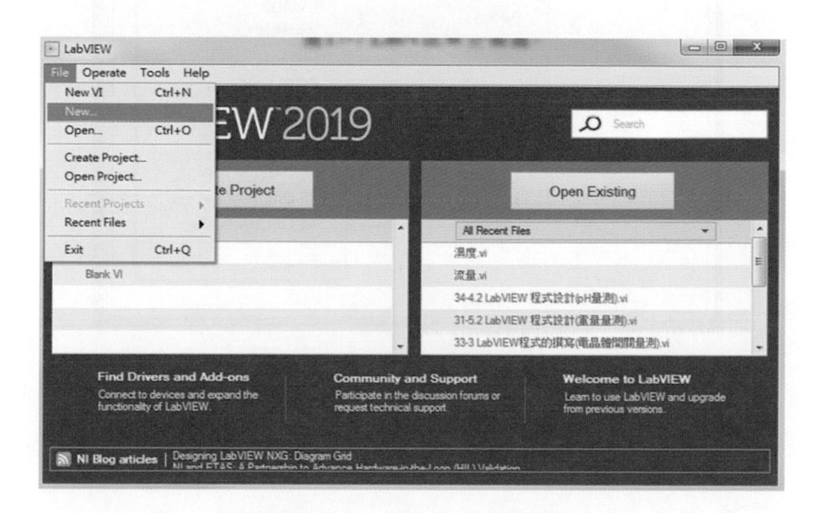

圖 17-7　LabVIEW 介面圖

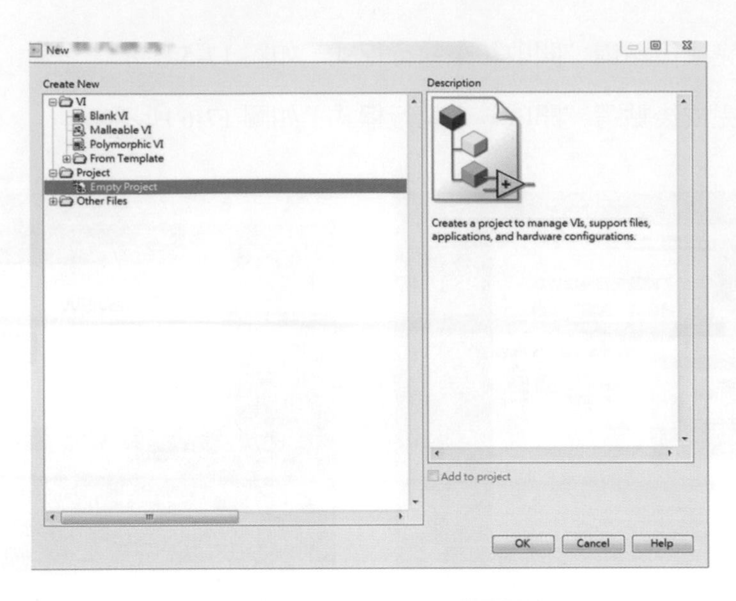

圖 17-8　LabVIEW 視窗圖

STEP 2 完成後，會出現圖 17-9 的視窗，再來對 My Computer 點選滑鼠右鍵開啟選單，選擇 New 選單中的 VI，如圖 17-9 所示。

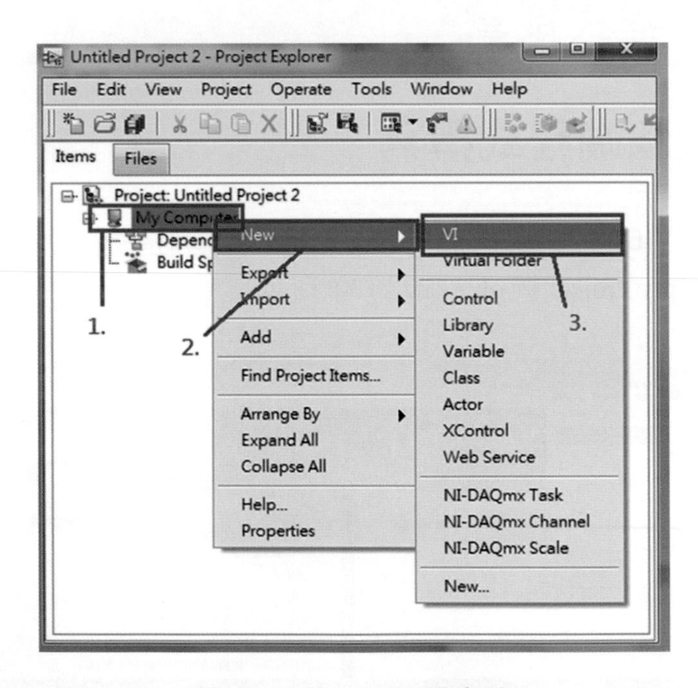

圖 17-9　LabVIEW 視窗圖

STEP 3 在人機介面「Controls → Modern → Numeric」中取出一個數值顯示元件，如圖 17-10 所示。

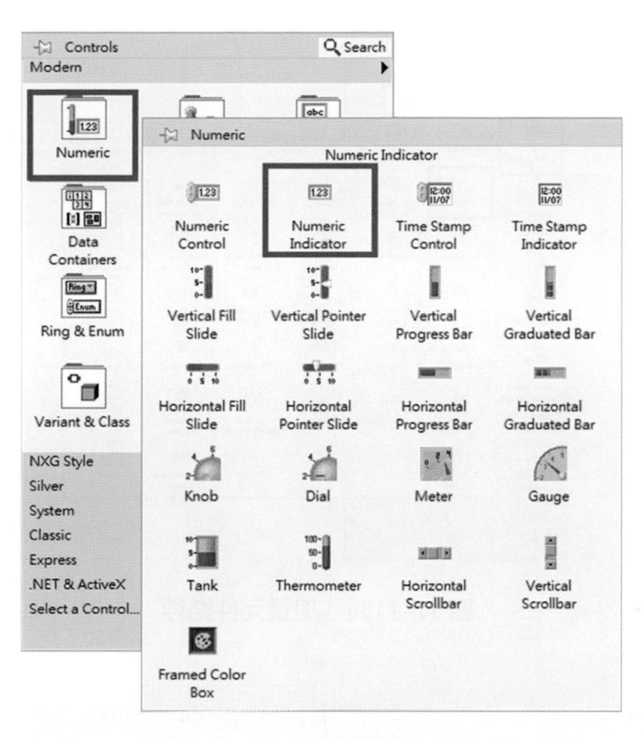

圖 17-10(a)　數值元件路徑

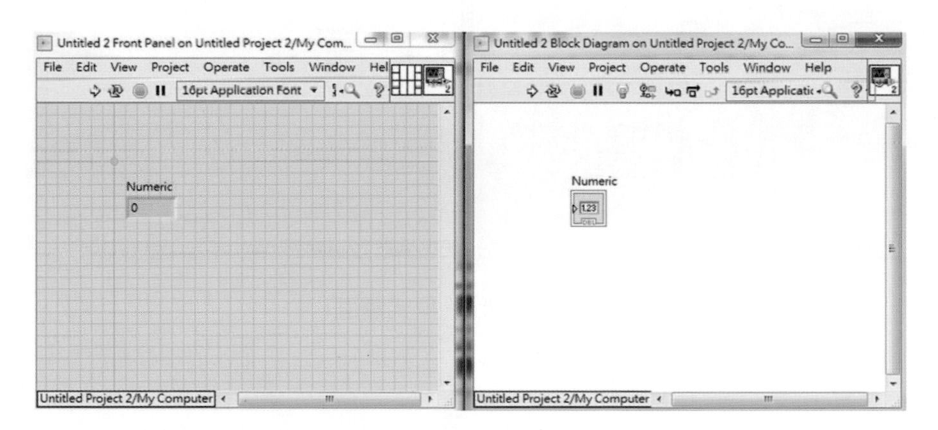

圖 17-10(b)　程式畫面

STEP 4 在圖形程式區的「Functions → Programming → Numeric」中取出加號元件，如圖 17-11 所示。

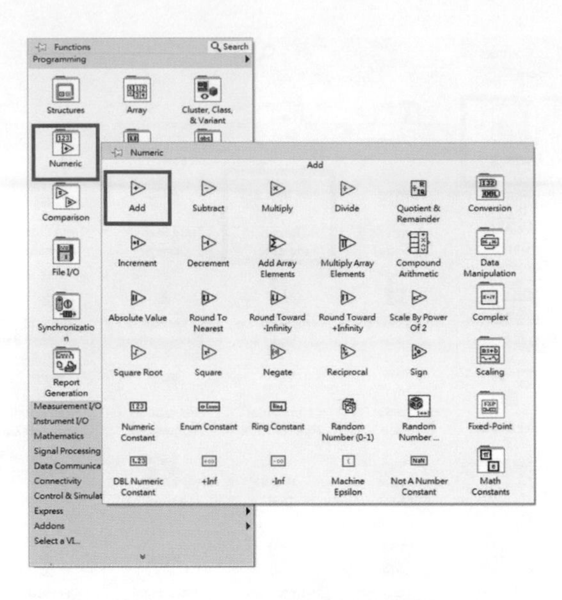

圖 17-11(a)　加號元件路徑

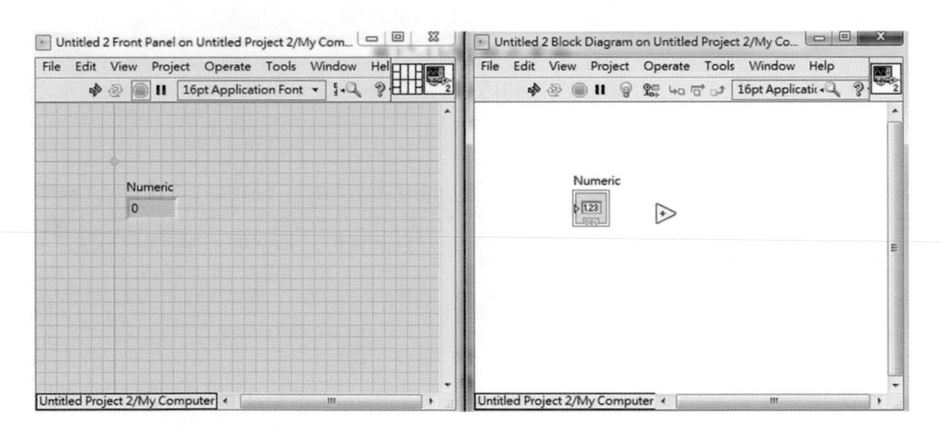

圖 17-11(b)　程式畫面

STEP 5 為了讓程式每 1 秒做一次加的動作，因此需增加一個 delay 元件。在圖形程式區的「Functions → Programming → Timing」中取出 Wait 元件並創造一個常數元件輸入 1000，如圖 17-12 所示。

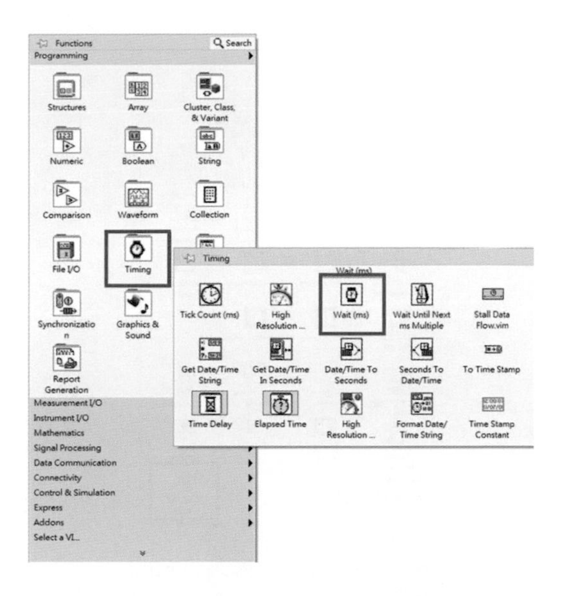

圖 17-12(a)　Wait 元件路徑

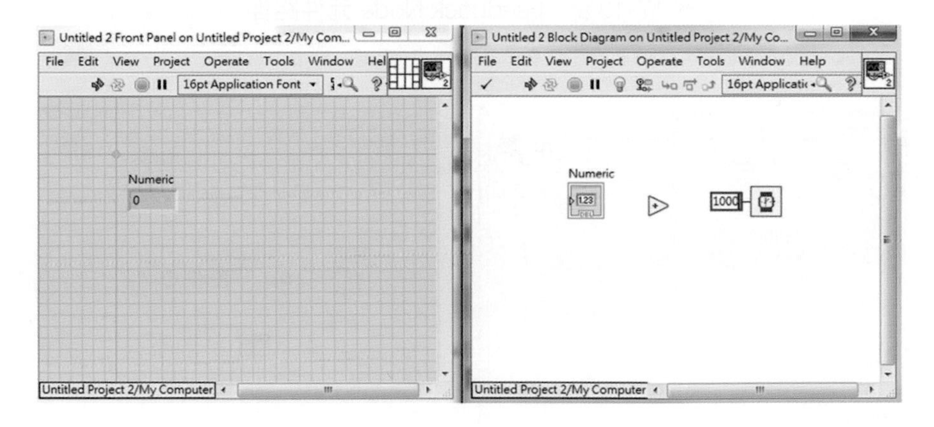

圖 17-12(b)　程式畫面

STEP 6 在圖形程式區的「Functions → Programming → Structures」中取出 Feedback Node，如圖 17-13 所示。

註 使用該元件是因為累加器需要將回傳的數值不斷加 1 累加上去。因此，使用該元件來將前一次的數值資料回傳後再進行加 1。

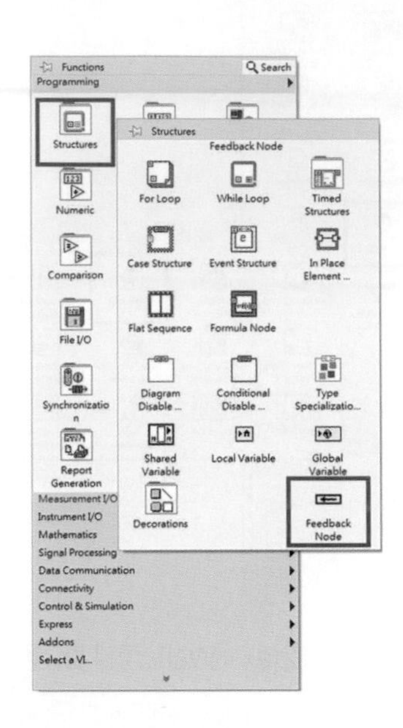

圖 17-13(a) Feedback Node 元件路徑

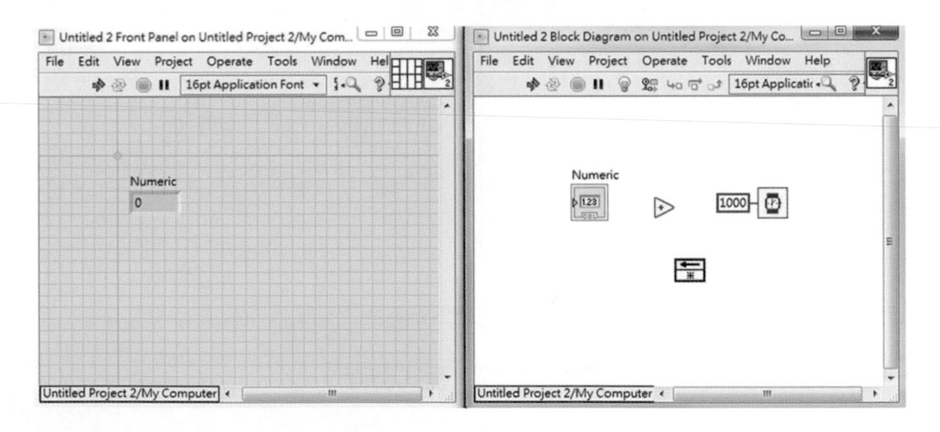

圖 17-13(b) 程式畫面

STEP 7 在圖形程式區的「Functions → Programming → Structure」中取出 Case Structure 元件，如圖 17-14 所示。將所有元件連接後並取出 Case Structure 將全部包裹在內，如圖 17-15 所示。

註 使用 Case Structure 用意在於判斷條件是否為使用者所需的條件並決定迴圈內執行的程式，這邊使用預設的 True 及 False 即可，如需修改條件則在 True 及 False 處自行輸入所需的條件即可。

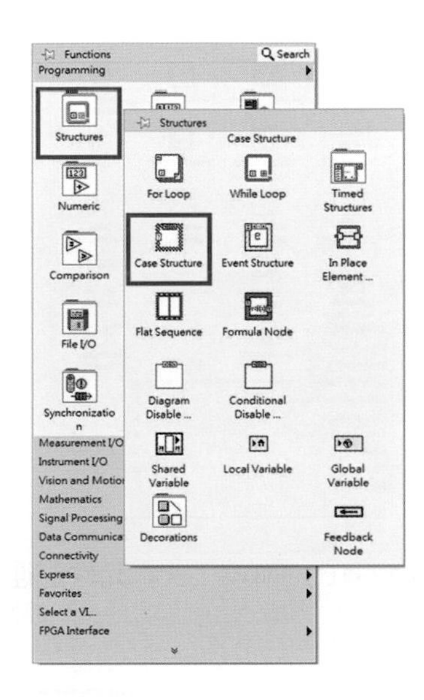

圖 17-14　Case Structure 路徑

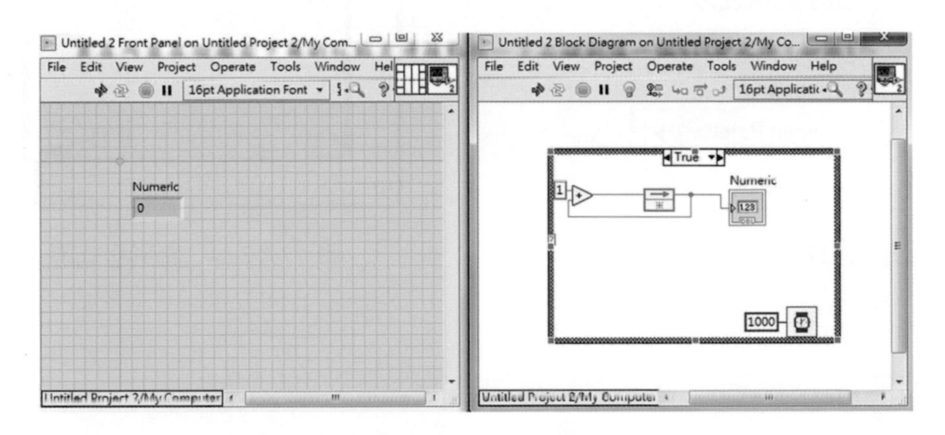

圖 17-15　程式畫面

STEP 8 為了讓程式能夠一直執行，在圖形程式區的「Functions → Programming → Structures」中取出 While Loop，如圖 17-16 所示。使用 While Loop 將全部元件包裹在內並在迴圈右下角的紅點左邊接點按一下右鍵創造一個 STOP 元件，如圖 17-17 所示。

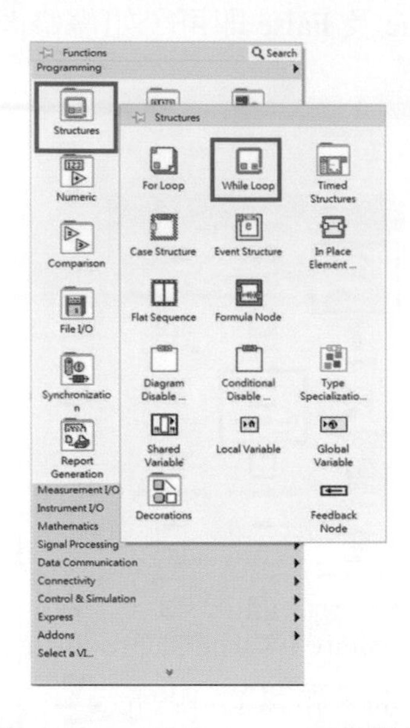

圖 17-16　While Loop 元件路徑

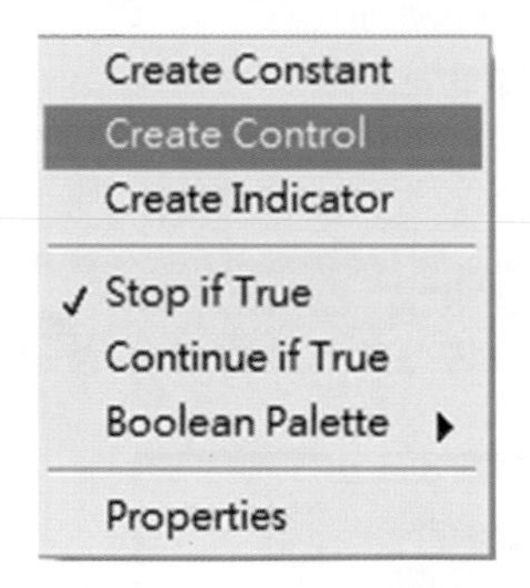

圖 17-17(a)　STOP 元件

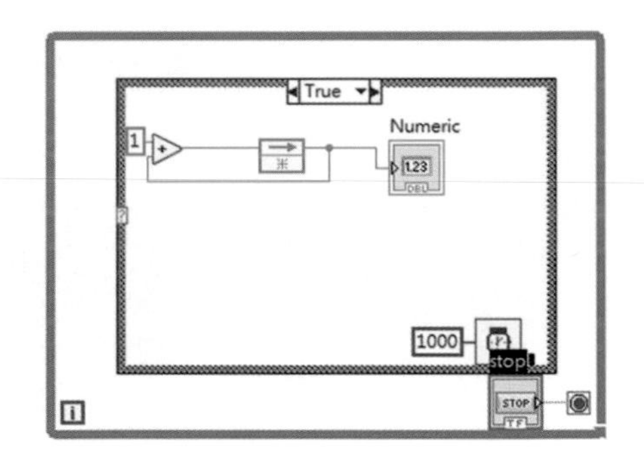

圖 17-17(b)　圖形程式區

STEP 9 程式撰寫完成後，在 Project 的欄位下，對 My Computer 點右鍵開啟選單，選擇 New 選單中的 Variable，如圖 17-18 所示。

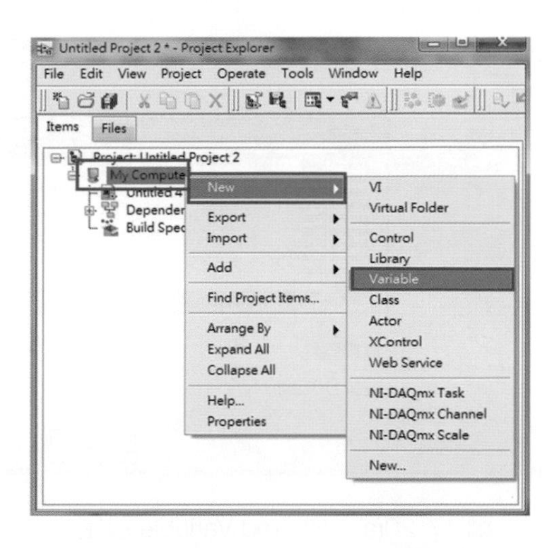

圖 17-18　LabVIEW 選單

STEP 10 完成圖 17-18 後會出現 Shared Variable properties 的視窗，可依使用者需求調整設定。設定完成按下 OK，如圖 17-19 所示。

圖 17-19　Shared Variable 設定

在這裡要建立兩個元件，分別為“回傳數值”與“控制 Boolean”，如圖 17-20 所示。

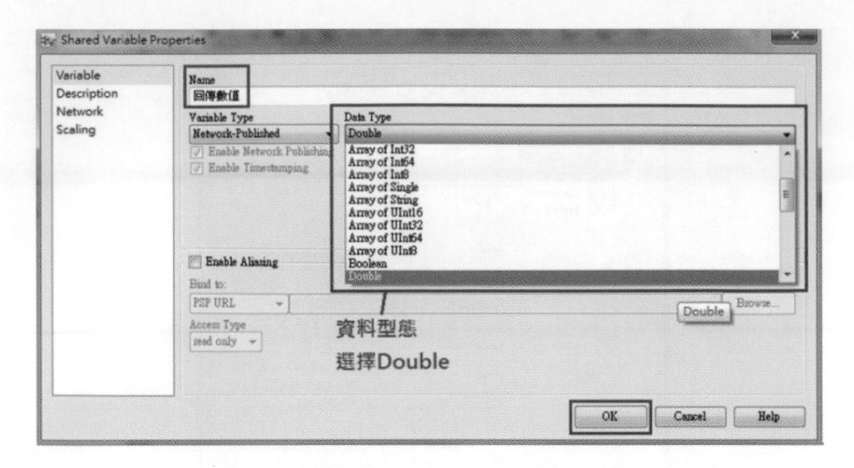

圖 17-20(a) Shared Variable 設定

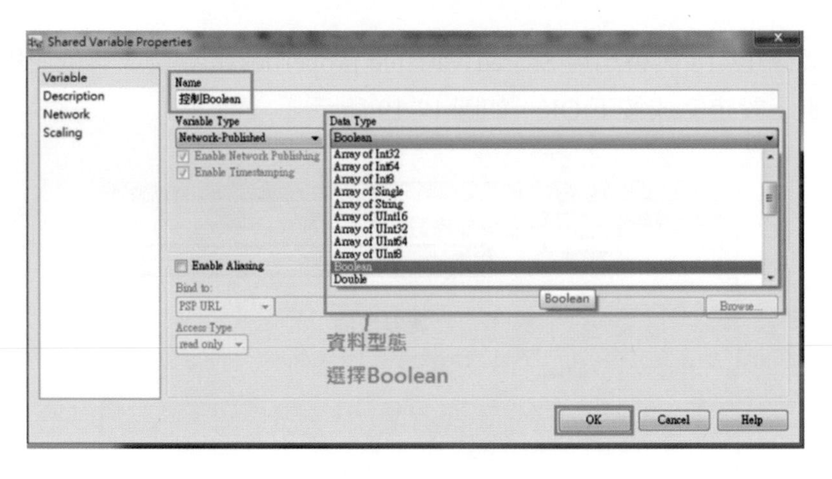

圖 17-20(b) Shared Variable 設定

STEP 11 將剛才建立好的“回傳數值”與“控制 Boolean”拉進程式區內，如圖 17-21 所示。

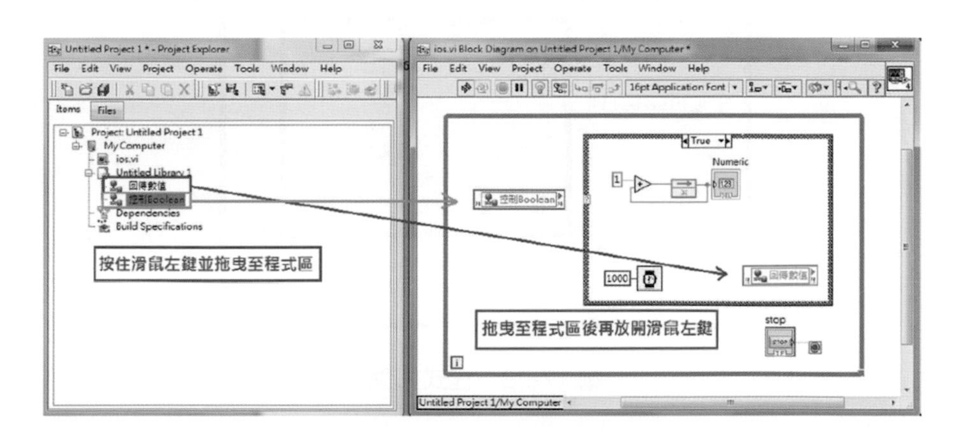

圖 17-21　程式畫面

STEP 12 由於“回傳數值”箭頭在右側，表示為 Read 模式，必須改為 Write 才可以接上累加的數值，如圖 17-22 所示。

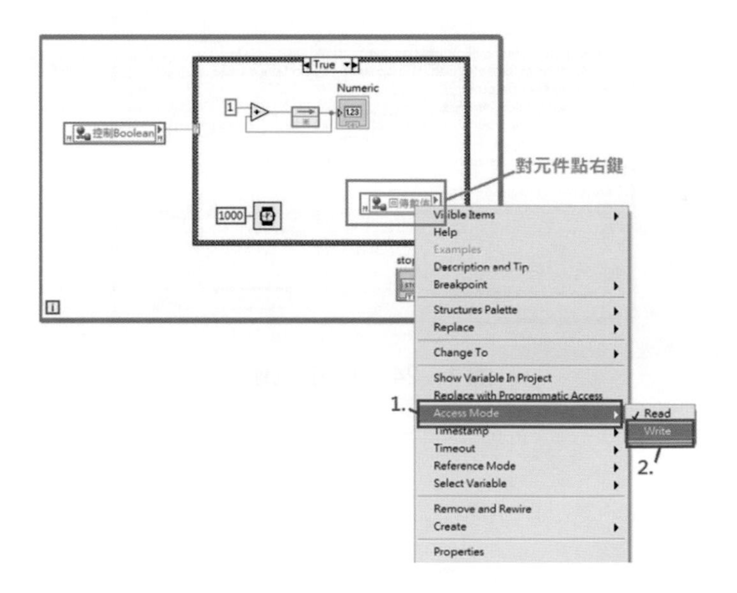

圖 17-22　元件設定圖

STEP 13 將“回傳數值”與“控制 Boolean”連接起來，如圖 17-23 所示。

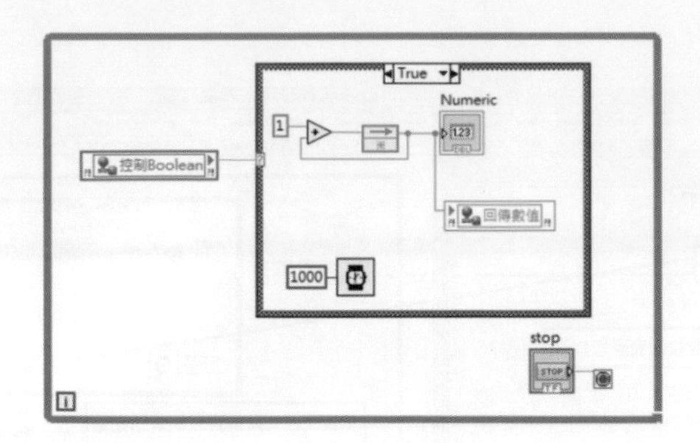

圖 17-23　**程式畫面**

STEP 14 完成後點選執行會出現一個視窗，上面會告訴你 IP 位址。這個 IP 位址是行動裝置在連線的時候所需要的，記起來後再點選 Close 並繼續，如圖 17-24 所示。

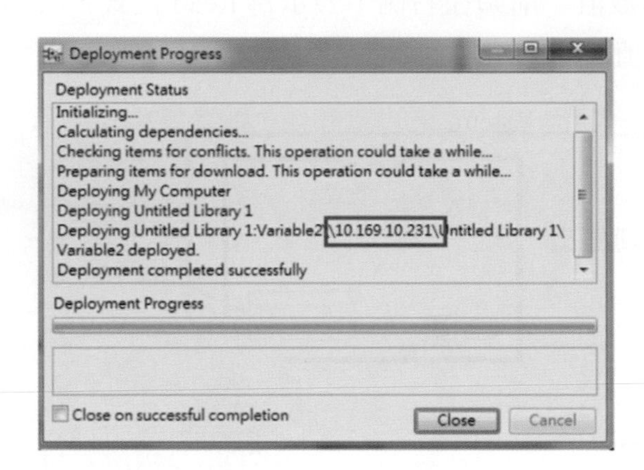

圖 17-24　**IP 位址圖**

17-2.2　行動裝置程式撰寫

STEP 1 開啟行動裝置內的“Data Dashboard for LabVIEW”軟體，點選右上方“+”的符號來建立新 dashboard，如圖 17-25 所示。點選後將會進入新範例中。

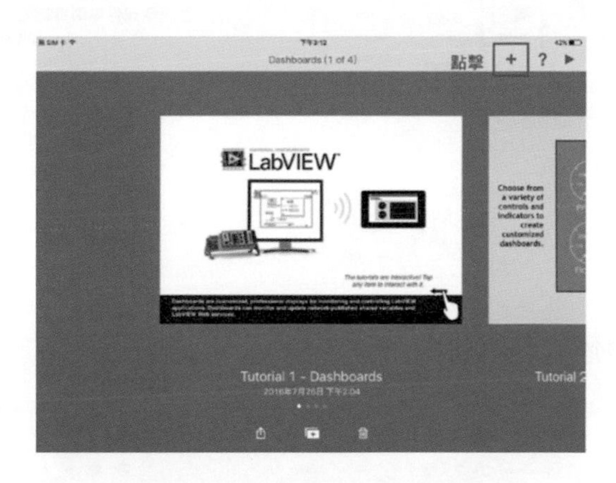

圖 17-25　手機 App 介面

STEP 2 在右上角中，點選 Palette 來建立元件，如圖 17-26 所示。

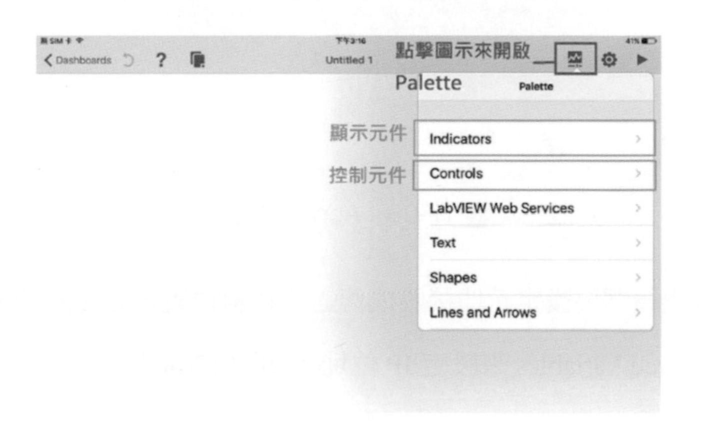

圖 17-26　手機 App 介面

STEP 3 在行動裝置中，需要一個布林控制元件及數值顯示元件，它們的位置如圖 17-27 所示。分別各取出一個元件，如圖 17-28 所示。

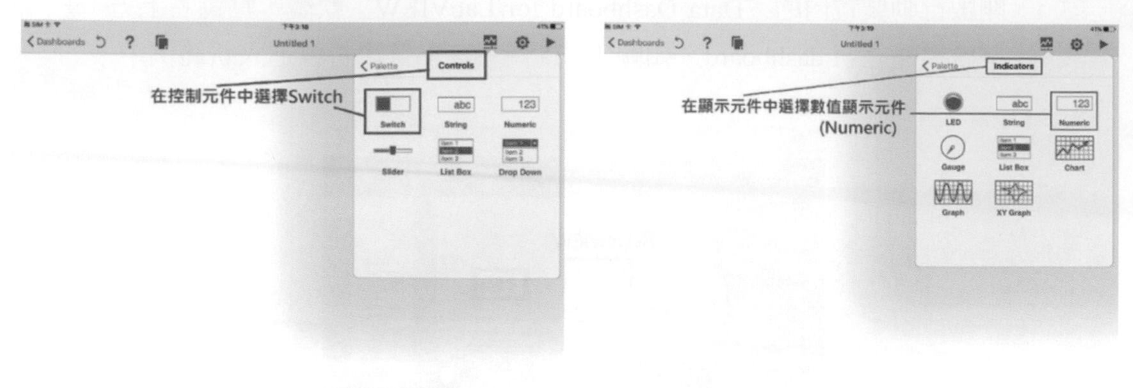

圖 17-27(a)　布林元件路徑圖　　圖 17-27(b)　數值元件路徑圖

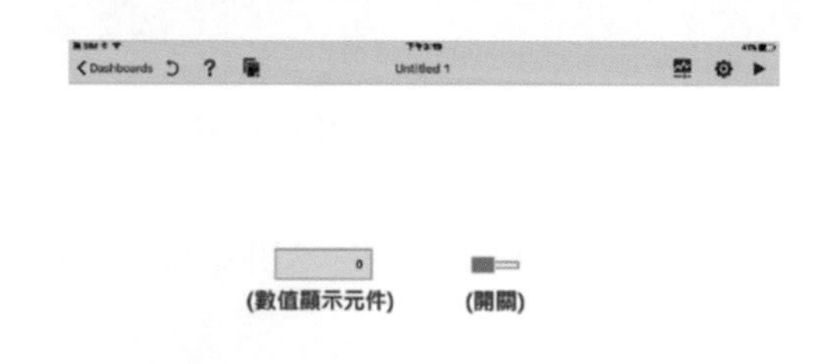

圖 17-28　App 程式畫面

STEP 4 元件取出後需要設定元件接收或傳送的資料位置，方法如圖 17-29 所示。

STEP 5 選擇 Shared Variables 來設定 IP 位址，如圖 17-30 所示。

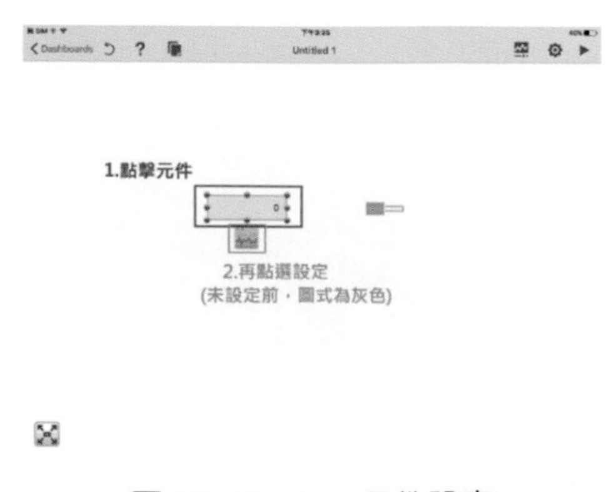

圖 17-29　App 元件設定

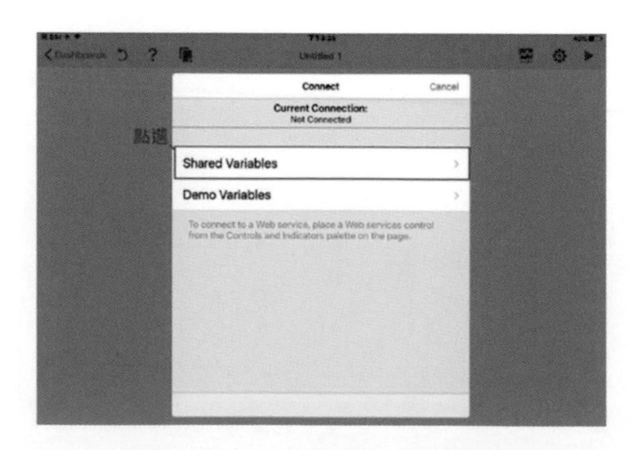

圖 17-30　程式元件設定

STEP 6 選擇後，在 New Server 內輸入 IP(此處的 IP 請讀者輸入自己程式所顯示的 IP)，輸入後再點選 Connect，如圖 17-31 所示。(要是無法連接至所輸入的 IP 的話，請確認所使用的網路環境是否有限制)。

STEP 7 選擇 Untitled Library1，如圖 17-32 所示。

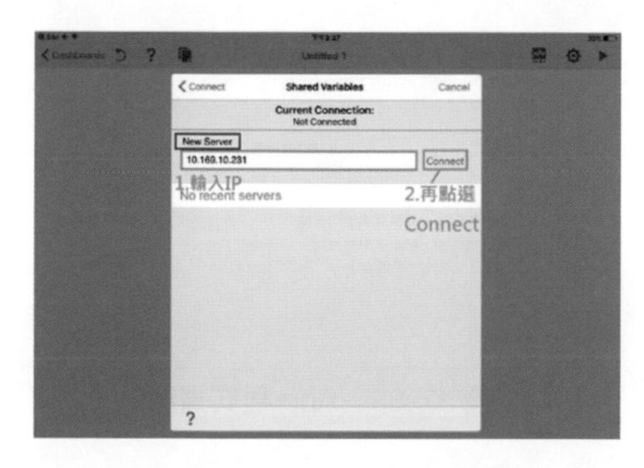

圖 17-31　IP 位址輸

圖 17-32　元件連接設定

STEP 8 點選 “回傳數值” 與 “控制 Boolean” (此處的名稱請讀者選擇自訂名稱的選項)，如圖 17-33 所示。

圖 17-33(a)　元件連接設定

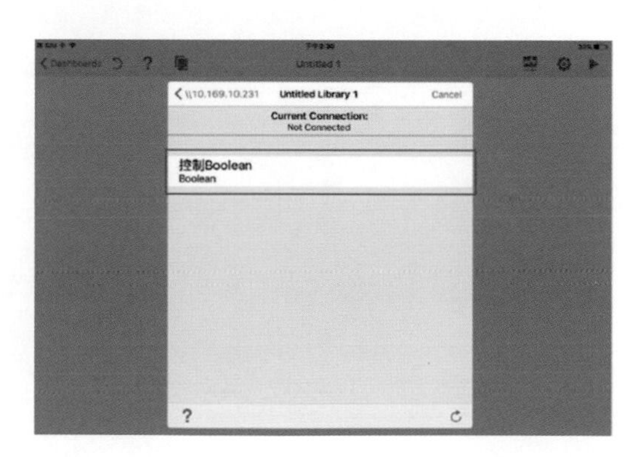

圖 17-33(b)　元件連接設定

STEP 9 設定完成後，點選右上角的執行來執行程式，如圖 17-34 所示。(請確認電腦中的 LabVIEW 是否有在執行，沒有在執行的話將無法傳送及接收資料)

STEP 10 在行動裝置上點擊布林開關來執行數字的累加，如圖 17-35 所示。改變行動裝置中的開關狀態來觀察行動裝置及電腦中的數值及開關的運作。

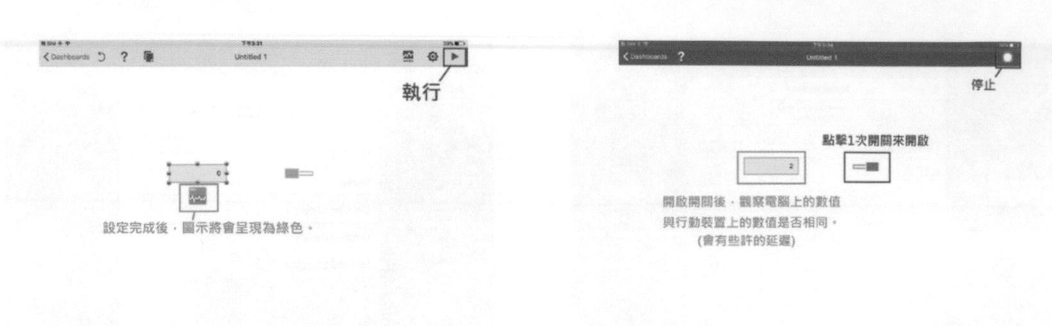

圖 17-34　App 程式畫面

圖 17-35　App 程式畫面

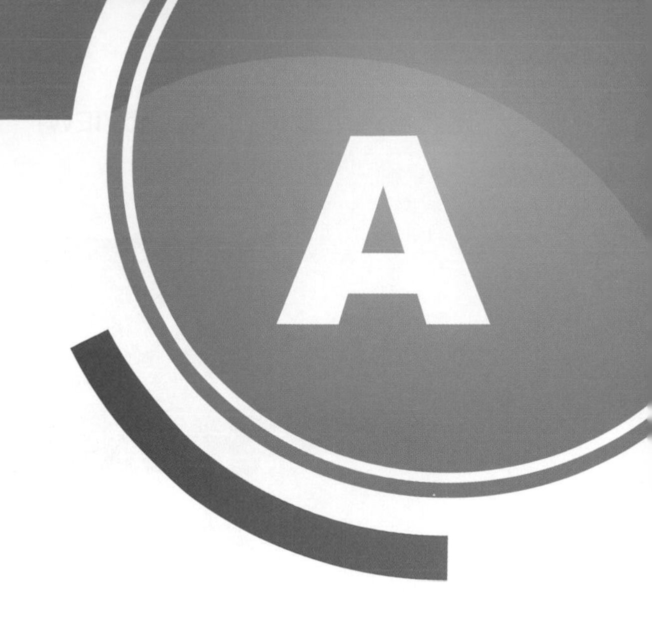

附錄

附錄 1 教具模組介紹

1. 教具模組

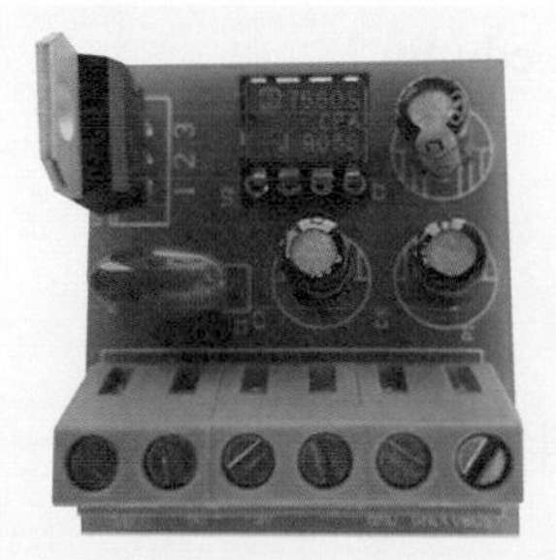

＋10 V 轉換成 ± 5 V 感測電路

光反射器感測電路

三支棒水位感測電路

pH 感測電路

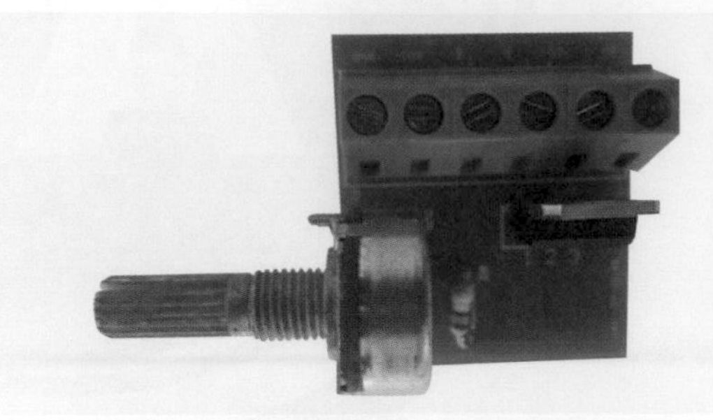

PT-100 溫度感測電路

LM335 半導體溫度感測電路

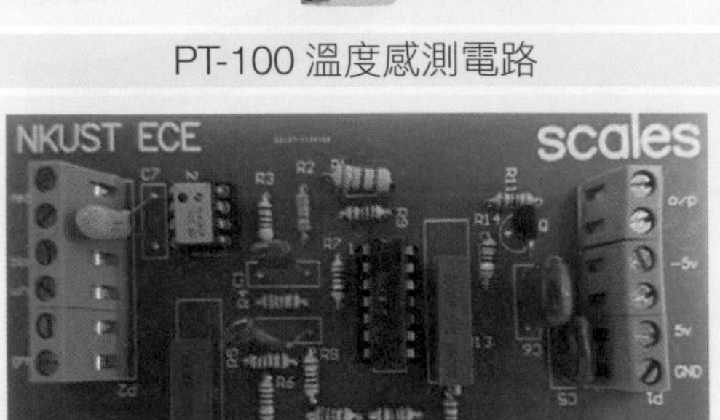

荷重元感測電路

環境溫度監控系統

1. 教學上如有需要購買教具可洽 Email：chiung@nkust.edu.tw

2. 建議授課方式可參考如下方式之一：

   (1) 使用麵包板由學生自行插接元件組成電路。
   (2) 自行製作或團購已測試成功之印刷電路板，由學生自行焊接電路。
   (3) 團購已測試成功的教具模組。

2. 教具材料總表

1. LM335

項次	名稱	規格	數量	備註
1	歐式端子台	2 pin	2	
2	精密電阻	2.2 kΩ	1	
3	可變電阻	B 10 kΩ	1	
4	溫度感測器	LM335	1	

2. pH 感測器

項次	名稱	規格	數量	備註
1	歐式端子台	2 pin	4	
2	精密電阻	6.8 kΩ	1	
3	精密電阻	33 kΩ	4	
4	精密電阻	100 kΩ	1	
5	精密電阻	56 kΩ	1	
6	麥拉電阻	0.01 μF (103 J)	1	
7	可變電阻	10 kΩ / 25 轉	2	
8	運算放大器	TL082	1	

3. 水位三支棒

項次	名稱	規格	數量	備註
1	歐式端子台	2 pin	7	
2	IC 腳座	14 pin	1	
3	IC 腳座	16 pin	1	
4	繼電器	LU-5	2	
5	LED	紅色	1	
6	LED	綠色	1	
7	精密電阻	1 kΩ	2	
8	精密電阻	4.7 kΩ	2	
9	麥拉電阻	0.1 μF (104 J)	2	
10	電阻	2.2 MΩ	2	
11	整流二極體	1N4001	2	
12	雙極電晶體	8050	2	
13	雙 D 觸發器	CD4013	1	

4. Pt-100

項次	名稱	規格	數量	備註
1	歐式端子台	2 pin	3	
2	精密電阻	499 Ω	1	
3	可變電阻	B 5 kΩ	1	
4	可調穩壓器	LM317	1	

5. 環境監控

項次	名稱	規格	數量	備註
1	歐式端子台	2 pin	3	
2	繼電器	LU-5	2	
3	風扇		1	
4	LED		1	
5	精密電阻	100 Ω	2	
6	精密電阻	2.2 kΩ	1	
7	可變電阻	B 10 kΩ	1	
8	電阻	1 kΩ	1	
9	開關二極體	1N4148	2	
10	雙極電晶體	2N2222	2	
11	溫度感測器	LM335	1	

6. 水位四支棒

項次	名稱	規格	數量	備註
1	歐式端子台	2 pin	7	
2	IC 腳座	14 pin	1	
3	IC 腳座	16 pin	1	
4	LED	紅色	1	
5	LED	綠色	1	
6	電阻	5 MΩ	1	
7	電阻	2.2 MΩ	2	
8	電阻	2 MΩ	1	
9	電阻	1 MΩ	2	
10	電阻	4.7 kΩ	2	
11	整流二極體	1N4002	2	
12	雙極電晶體	8050	2	
13	反相器	CD4049	1	
14	雙 D 觸發器	CD4013	1	

7. 光反射

項次	名稱	規格	數量	備註
1	歐式端子台	2 pin	4	
2	電阻	200 Ω	1	

8. 分壓 ± 5 V

項次	名稱	規格	數量	備註
1	歐式端子台	2 pin	3	
2	IC 腳座	8 pin	1	
3	麥拉電阻	0.1 μF (104 J)	1	
4	電解電容	100 μF / 25 V	2	
5	電解電容	100 μF / 16 V	1	
6	轉換電壓穩壓器	7660S	1	
7	線性電壓穩壓器	7805	1	

9. 電子磅秤

項次	名稱	規格	數量	備註
1	歐式端子台	2 pin	6	
2	IC 腳座	8 pin	2	
3	精密電阻	560 kΩ	4	
4	精密電阻	30 kΩ	1	
5	精密電阻	20 kΩ	2	
6	可變電阻	10 kΩ / 25 轉	1	
7	運算放大器	TL081	1	
8	運算放大器	TL082	1	

附錄 2 LM335

November 2000

LM135/LM235/LM335, LM135A/LM235A/LM335A Precision Temperature Sensors

General Description

The LM135 series are precision, easily-calibrated, integrated circuit temperature sensors. Operating as a 2-terminal zener, the LM135 has a breakdown voltage directly proportional to absolute temperature at +10 mV/˚K. With less than 1Ω dynamic impedance the device operates over a current range of 400 µA to 5 mA with virtually no change in performance. When calibrated at 25˚C the LM135 has typically less than 1˚C error over a 100˚C temperature range. Unlike other sensors the LM135 has a linear output.

Applications for the LM135 include almost any type of temperature sensing over a −55˚C to +150˚C temperature range. The low impedance and linear output make interfacing to readout or control circuitry especially easy.

The LM135 operates over a −55˚C to +150˚C temperature range while the LM235 operates over a −40˚C to +125˚C temperature range. The LM335 operates from −40˚C to +100˚C. The LM135/LM235/LM335 are available packaged in hermetic TO-46 transistor packages while the LM335 is also available in plastic TO-92 packages.

Features

- Directly calibrated in ˚Kelvin
- 1˚C initial accuracy available
- Operates from 400 µA to 5 mA
- Less than 1Ω dynamic impedance
- Easily calibrated
- Wide operating temperature range
- 200˚C overrange
- Low cost

Schematic Diagram

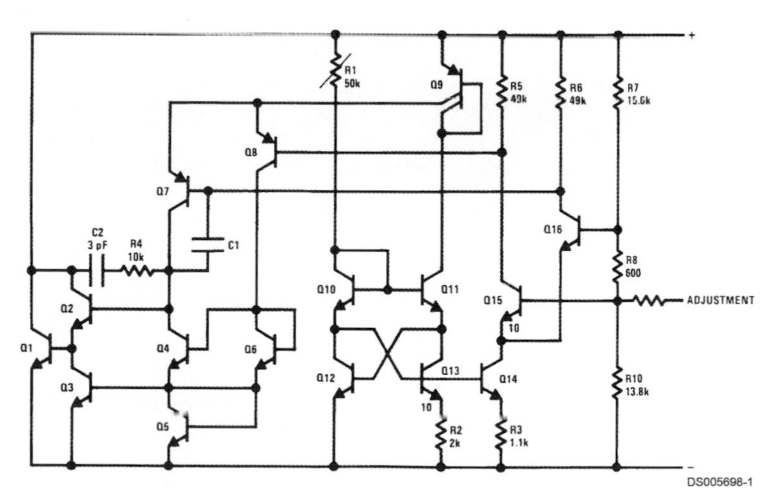

DS005698-1

Connection Diagrams

TO-92
Plastic Package

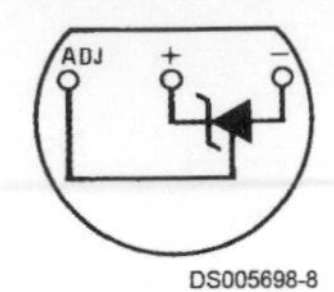

Bottom View
Order Number LM335Z or LM335AZ
See NS Package Number Z03A

SO-8
Surface Mount Package

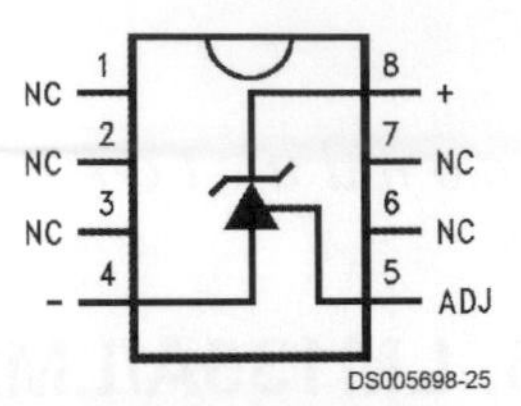

Order Number LM335M
See NS Package Number M08A

TO-46
Metal Can Package*

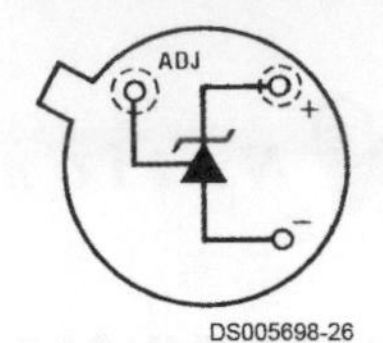

*Case is connected to negative pin

Bottom View
Order Number LM135H, LM135H-MIL, LM235H, LM335H, LM135AH, LM235AH or LM335AH
See NS Package Number H03H

Absolute Maximum Ratings (Note 4)

If Military/Aerospace specified devices are required, please contact the National Semiconductor Sales Office/ Distributors for availability and specifications.

Reverse Current	15 mA
Forward Current	10 mA
Storage Temperature	
TO-46 Package	−60°C to +180°C
TO-92 Package	−60°C to +150°C
SO-8 Package	−65°C to +150°C

Specified Operating Temp. Range

	Continuous	Intermittent (Note 2)
LM135, LM135A	−55°C to +150°C	150°C to 200°C
LM235, LM235A	−40°C to +125°C	125°C to 150°C
LM335, LM335A	−40°C to +100°C	100°C to 125°C

Lead Temp. (Soldering, 10 seconds)

TO-92 Package:	260°C
TO-46 Package:	300°C
SO-8 Package:	300°C
Vapor Phase (60 seconds):	215°C
Infrared (15 seconds):	220°C

Temperature Accuracy (Note 1)

LM135/LM235, LM135A/LM235A

Parameter	Conditions	LM135A/LM235A			LM135/LM235			Units
		Min	Typ	Max	Min	Typ	Max	
Operating Output Voltage	T_C = 25°C, I_R = 1 mA	2.97	2.98	2.99	2.95	2.98	3.01	V
Uncalibrated Temperature Error	T_C = 25°C, I_R = 1 mA		0.5	1		1	3	°C
Uncalibrated Temperature Error	$T_{MIN} \leq T_C \leq T_{MAX}$, I_R = 1 mA		1.3	2.7		2	5	°C
Temperature Error with 25°C Calibration	$T_{MIN} \leq T_C \leq T_{MAX}$, I_R = 1 mA		0.3	1		0.5	1.5	°C
Calibrated Error at Extended Temperatures	$T_C = T_{MAX}$ (Intermittent)		2			2		°C
Non-Linearity	I_R = 1 mA		0.3	0.5		0.3	1	°C

Temperature Accuracy (Note 1)

LM335, LM335A

Parameter	Conditions	LM335A			LM335			Units
		Min	Typ	Max	Min	Typ	Max	
Operating Output Voltage	T_C = 25°C, I_R = 1 mA	2.95	2.98	3.01	2.92	2.98	3.04	V
Uncalibrated Temperature Error	T_C = 25°C, I_R = 1 mA		1	3		2	6	°C
Uncalibrated Temperature Error	$T_{MIN} \leq T_C \leq T_{MAX}$, I_R = 1 mA		2	5		4	9	°C
Temperature Error with 25°C Calibration	$T_{MIN} \leq T_C \leq T_{MAX}$, I_R = 1 mA		0.5	1		1	2	°C
Calibrated Error at Extended Temperatures	$T_C = T_{MAX}$ (Intermittent)		2			2		°C
Non-Linearity	I_R = 1 mA		0.3	1.5		0.3	1.5	°C

Electrical Characteristics (Note 1)

Parameter	Conditions	LM135/LM235 LM135A/LM235A			LM335 LM335A			Units
		Min	Typ	Max	Min	Typ	Max	
Operating Output Voltage Change with Current	400 μA≤I_R≤5 mA At Constant Temperature		2.5	10		3	14	mV
Dynamic Impedance	I_R=1 mA		0.5			0.6		Ω
Output Voltage Temperature Coefficient			+10			+10		mV/°C
Time Constant	Still Air		80			80		sec
	100 ft/Min Air		10			10		sec
	Stirred Oil		1			1		sec
Time Stability	T_C=125°C		0.2			0.2		°C/khr

Electrical Characteristics (Note 1) (Continued)

Note 1: Accuracy measurements are made in a well-stirred oil bath. For other conditions, self heating must be considered.

Note 2: Continuous operation at these temperatures for 10,000 hours for H package and 5,000 hours for Z package may decrease life expectancy of the device.

Note 3:

Thermal Resistance	TO-92	TO-46	SO-8
θ_{JA} (junction to ambient)	202°C/W	400°C/W	165°C/W
θ_{JC} (junction to case)	170°C/W	N/A	N/A

Note 4: Refer to RETS135H for military specifications.

Typical Performance Characteristics

Reverse Voltage Change

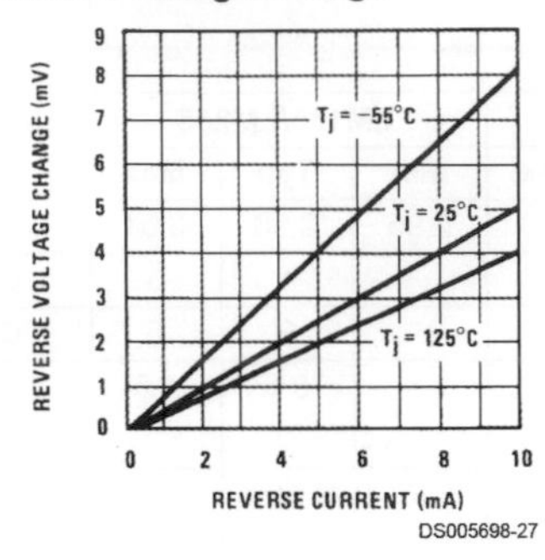

DS005698-27

Calibrated Error

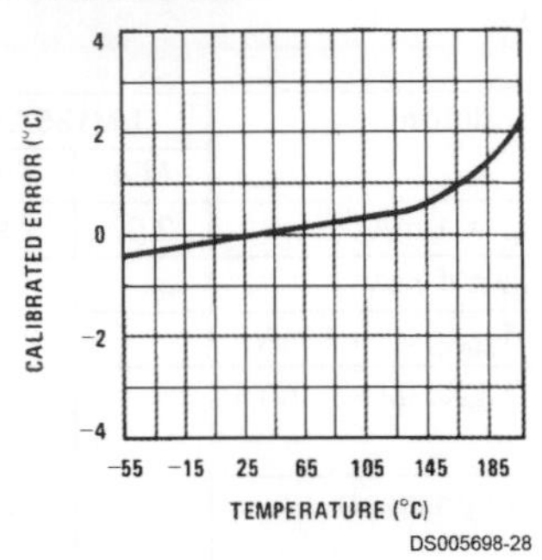

DS005698-28

Reverse Characteristics

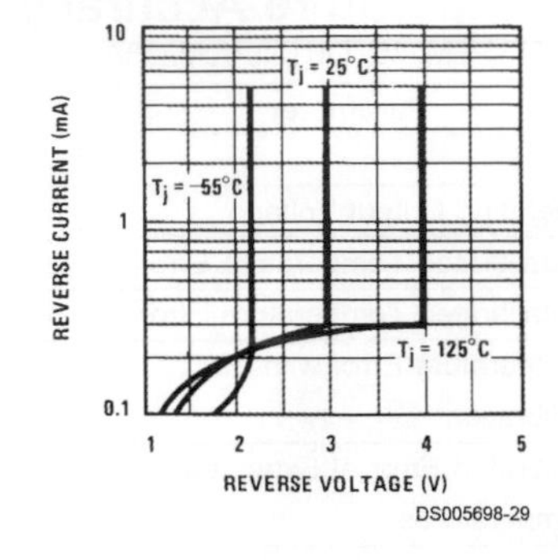

DS005698-29

Response Time

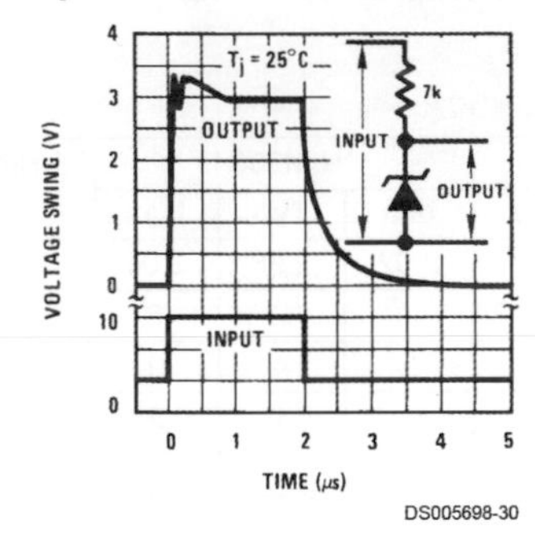

DS005698-30

Dynamic Impedance

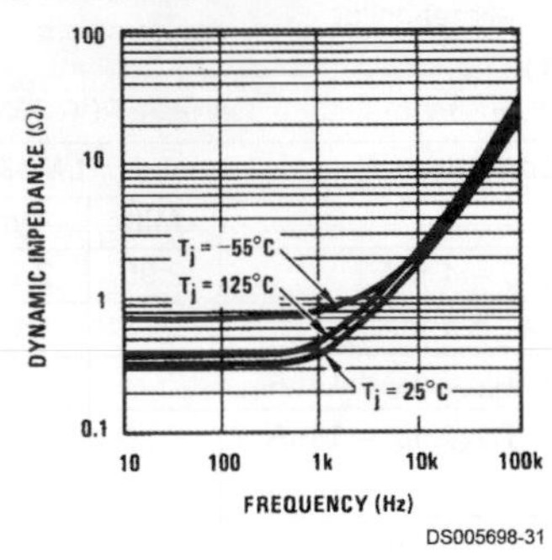

DS005698-31

Noise Voltage

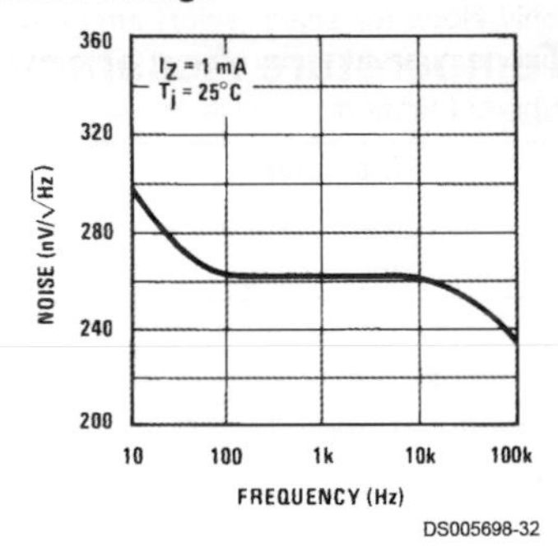

DS005698-32

Thermal Resistance Junction to Air

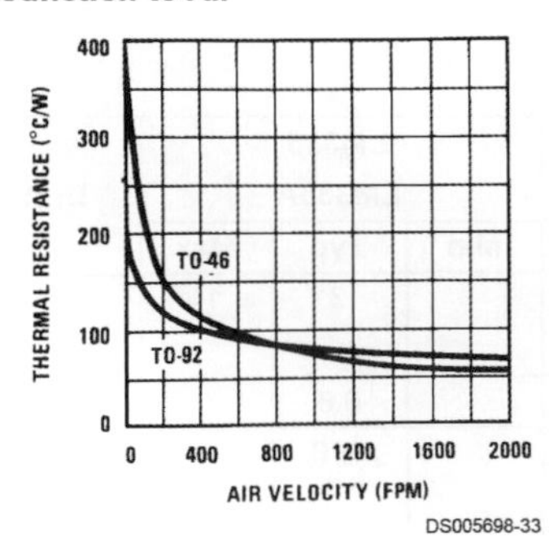

DS005698-33

Thermal Time Constant

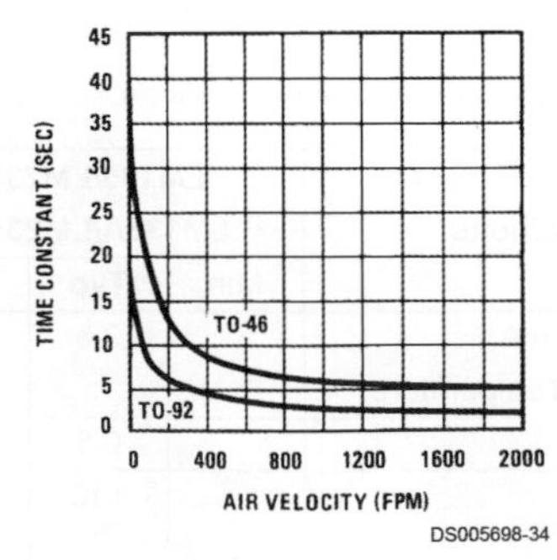

DS005698-34

Thermal Response in Still Air

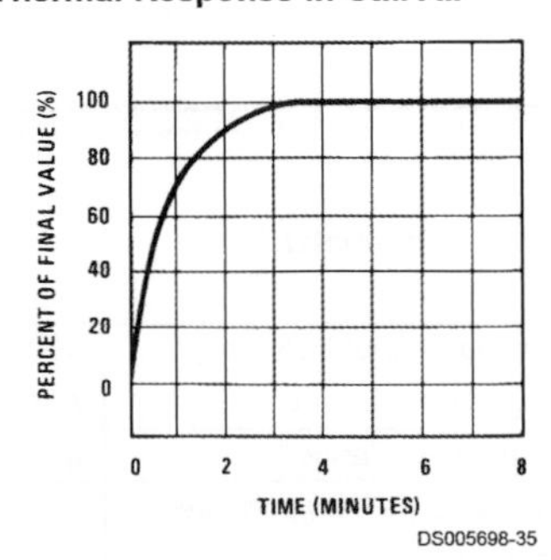

DS005698-35

Typical Performance Characteristics (Continued)

Thermal Response in Stirred Oil Bath

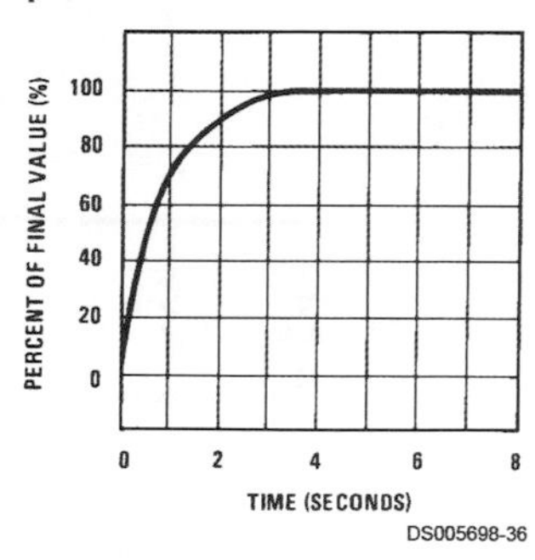

Forward Characteristics

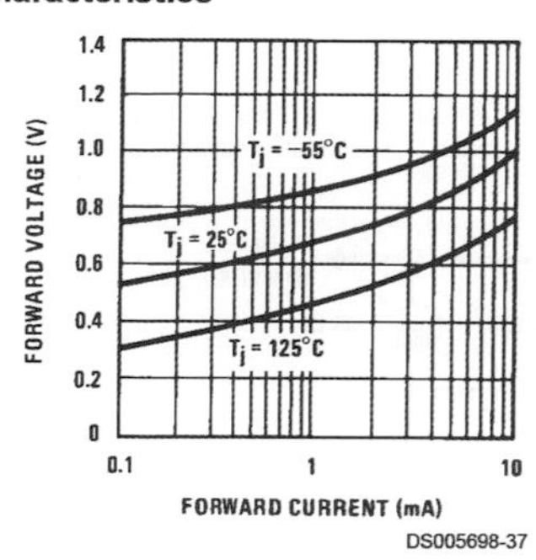

Application Hints

CALIBRATING THE LM135

Included on the LM135 chip is an easy method of calibrating the device for higher accuracies. A pot connected across the LM135 with the arm tied to the adjustment terminal allows a 1-point calibration of the sensor that corrects for inaccuracy over the full temperature range.

This single point calibration works because the output of the LM135 is proportional to absolute temperature with the extrapolated output of sensor going to 0V output at 0˚K (−273.15˚C). Errors in output voltage versus temperature are only slope (or scale factor) errors so a slope calibration at one temperature corrects at all temperatures.

The output of the device (calibrated or uncalibrated) can be expressed as:

$$V_{OUT_T} = V_{OUT_{T_o}} \times \frac{T}{T_o}$$

where T is the unknown temperature and T_o is a reference temperature, both expressed in degrees Kelvin. By calibrating the output to read correctly at one temperature the output at all temperatures is correct. Nominally the output is calibrated at 10 mV/˚K.

To insure good sensing accuracy several precautions must be taken. Like any temperature sensing device, self heating can reduce accuracy. The LM135 should be operated at the lowest current suitable for the application. Sufficient current, of course, must be available to drive both the sensor and the calibration pot at the maximum operating temperature as well as any external loads.

If the sensor is used in an ambient where the thermal resistance is constant, self heating errors can be calibrated out. This is possible if the device is run with a temperature stable current. Heating will then be proportional to zener voltage and therefore temperature. This makes the self heating error proportional to absolute temperature the same as scale factor errors.

WATERPROOFING SENSORS

Meltable inner core heat shrinkable tubing such as manufactured by Raychem can be used to make low-cost waterproof sensors. The LM335 is inserted into the tubing about ½" from the end and the tubing heated above the melting point of the core. The unfilled ½" end melts and provides a seal over the device.

Typical Applications

Basic Temperature Sensor

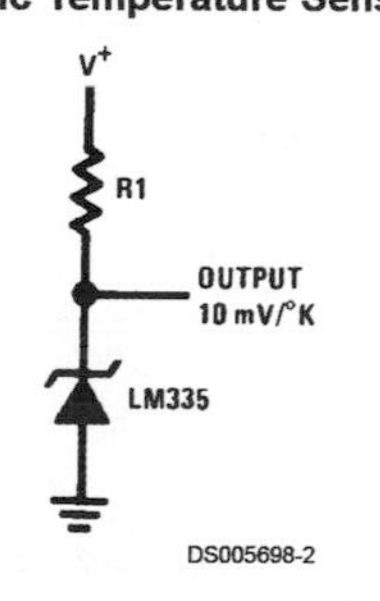

Calibrated Sensor

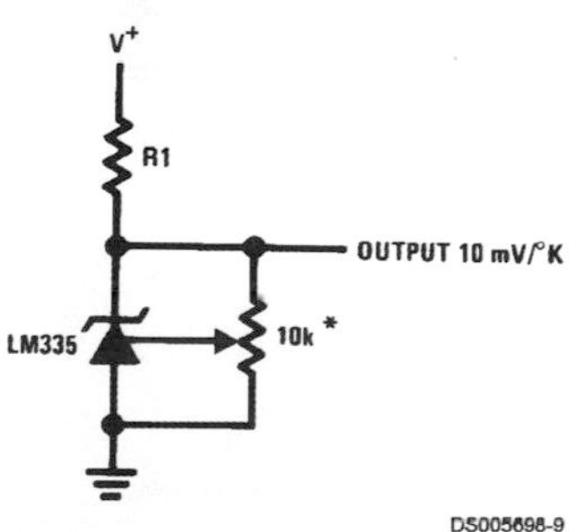

*Calibrate for 2.982V at 25˚C

Wide Operating Supply

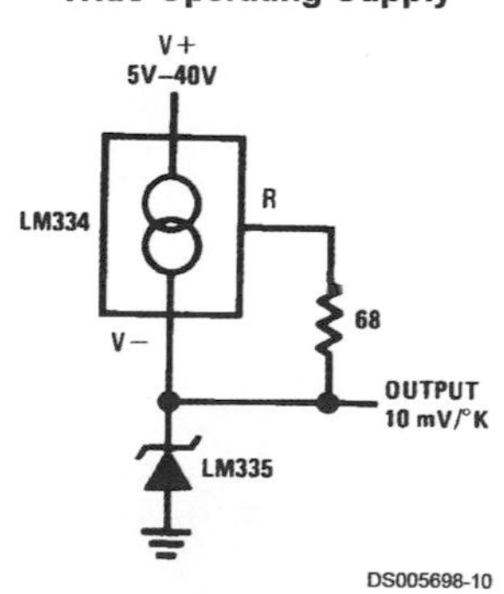

Typical Applications (Continued)

Minimum Temperature Sensing

15V
6k
T_{MIN} 10 mV/°K
LM335
LM335
LM335

DS005698-4

Average Temperature Sensing

15V
6k
T_{AVG} (30 mV/°K)
LM335
LM335
LM335

DS005698-18

Remote Temperature Sensing

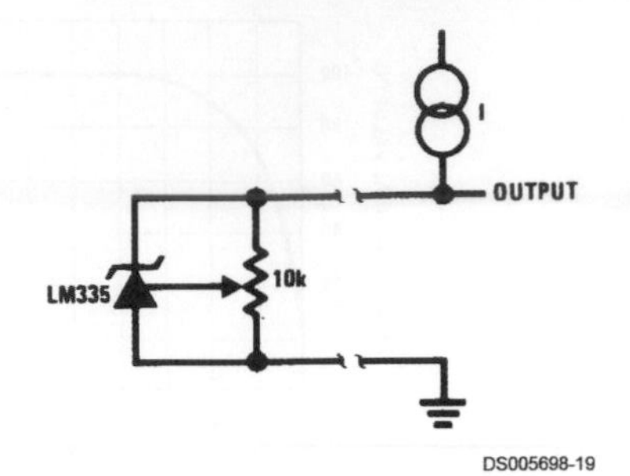

DS005698-19

Wire length for 1°C error due to wire drop

AWG	I_R = 1 mA FEET	I_R = 0.5 mA* FEET
14	4000	8000
16	2500	5000
18	1600	3200
20	1000	2000
22	625	1250
24	400	800

*For I_R = 0.5 mA, the trim pot must be deleted.

Isolated Temperature Sensor

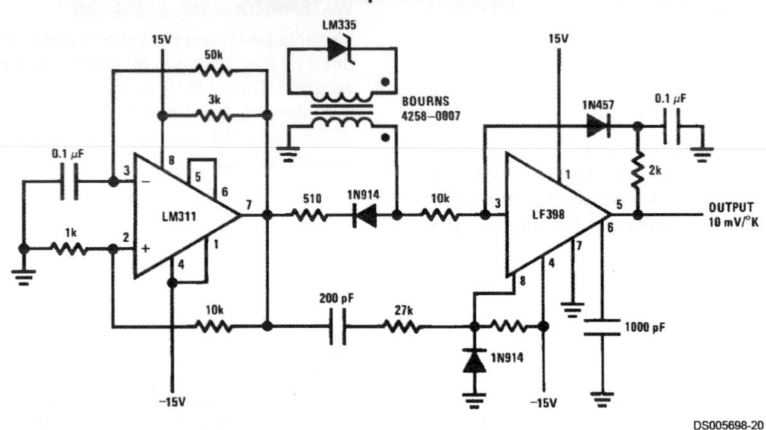

DS005698-20

Typical Applications (Continued)

Simple Temperature Controller

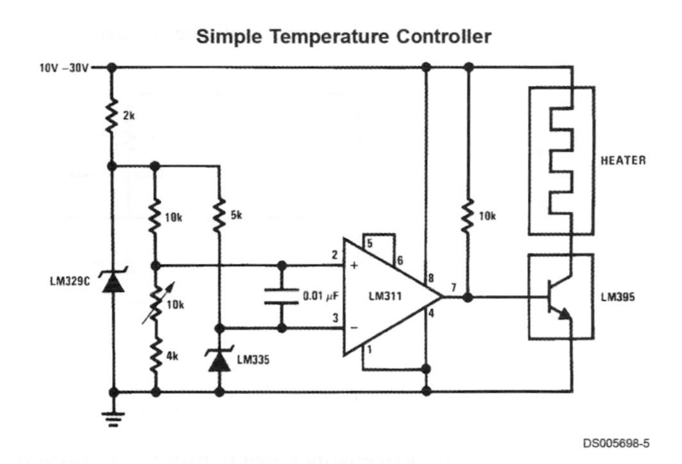

Simple Temperature Control

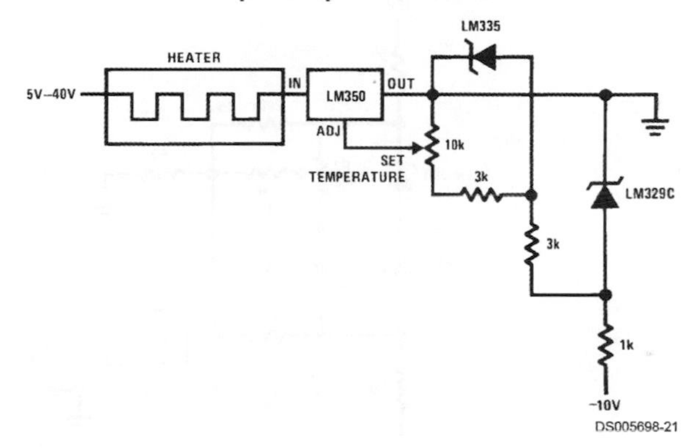

Ground Referred Fahrenheit Thermometer

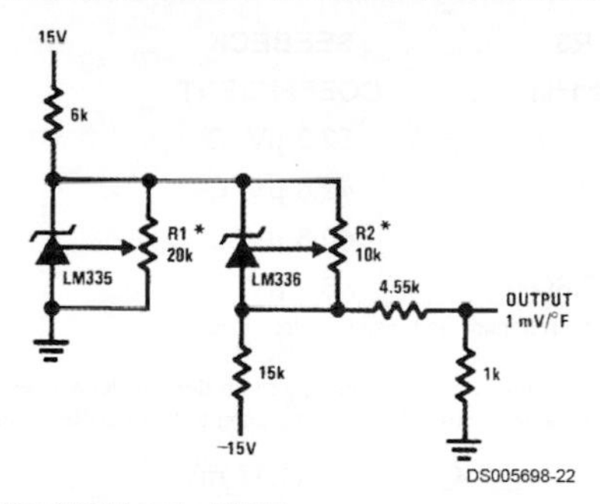

*Adjust R2 for 2.554V across LM336.
Adjust R1 for correct output.

Centigrade Thermometer

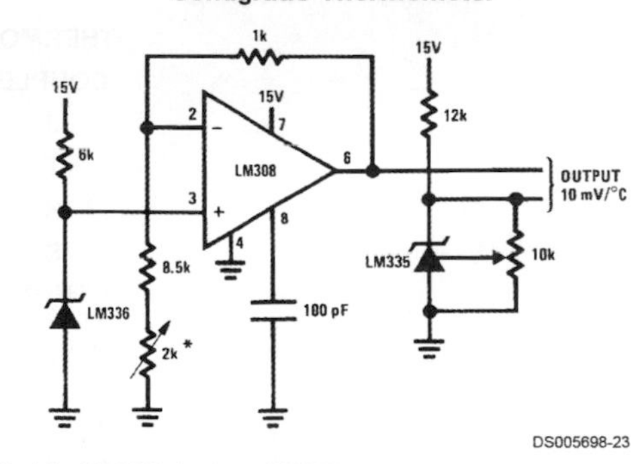

*Adjust for 2.7315V at output of LM308

Typical Applications (Continued)

Fahrenheit Thermometer

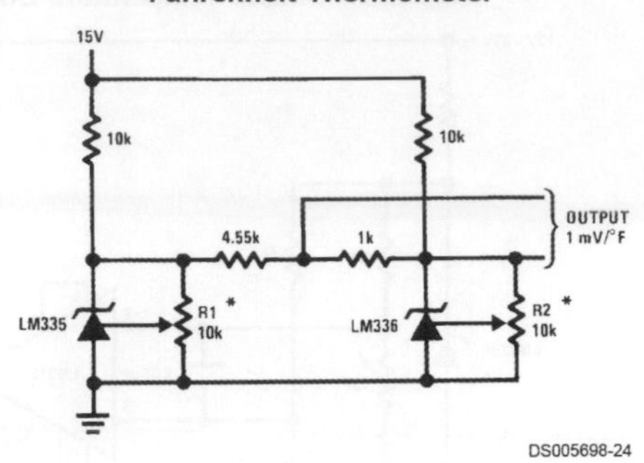

DS005698-24

*To calibrate adjust R2 for 2.554V across LM336.
Adjust R1 for correct output.

THERMOCOUPLE COLD JUNCTION COMPENSATION
Compensation for Grounded Thermocouple

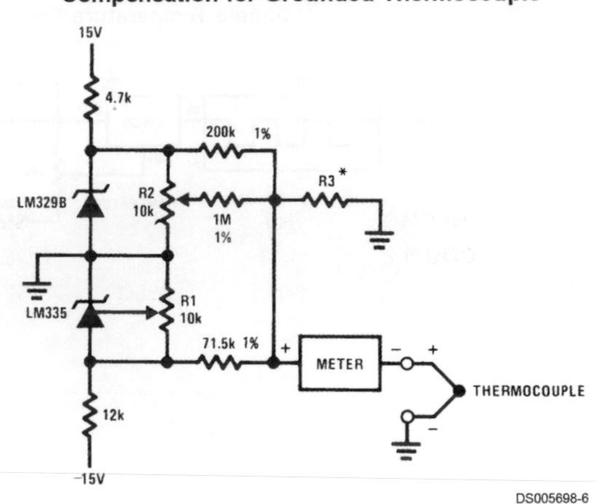

DS005698-6

*Select R3 for proper thermocouple type

THERMO-COUPLE	R3 (±1%)	SEEBECK COEFFICIENT
J	377Ω	52.3 μV/°C
T	308Ω	42.8 μV/°C
K	293Ω	40.8 μV/°C
S	45.8Ω	6.4 μV/°C

Adjustments: Compensates for both sensor and resistor tolerances
1. Short LM329B
2. Adjust R1 for Seebeck Coefficient times ambient temperature (in degrees K) across R3.
3. Short LM335 and adjust R2 for voltage across R3 corresponding to thermocouple type

J	14.32 mV	K	11.17 mV
T	11.79 mV	S	1.768 mV

Typical Applications (Continued)

Single Power Supply Cold Junction Compensation

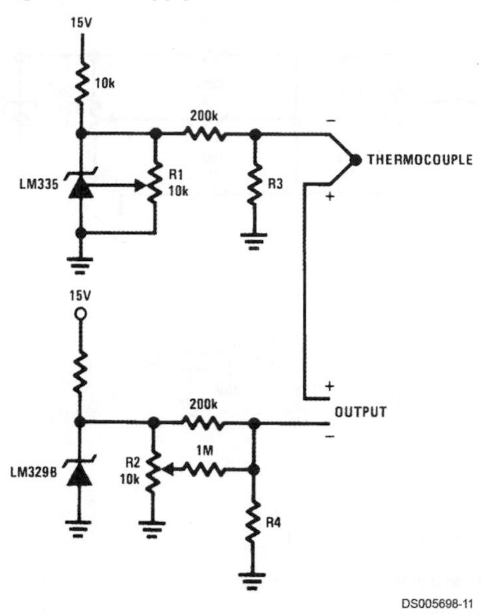

*Select R3 and R4 for thermocouple type

THERMO-COUPLE	R3	R4	SEEBECK COEFFICIENT
J	1.05K	385Ω	52.3 μV/°C
T	856Ω	315Ω	42.8 μV/°C
K	816Ω	300Ω	40.8 μV/°C
S	128Ω	46.3Ω	6.4 μV/°C

Adjustments:

1. Adjust R1 for the voltage across R3 equal to the Seebeck Coefficient times ambient temperature in degrees Kelvin.
2. Adjust R2 for voltage across R4 corresponding to thermocouple

J	14.32 mV
T	11.79 mV
K	11.17 mV
S	1.768 mV

Typical Applications (Continued)

Centigrade Calibrated Thermocouple Thermometer

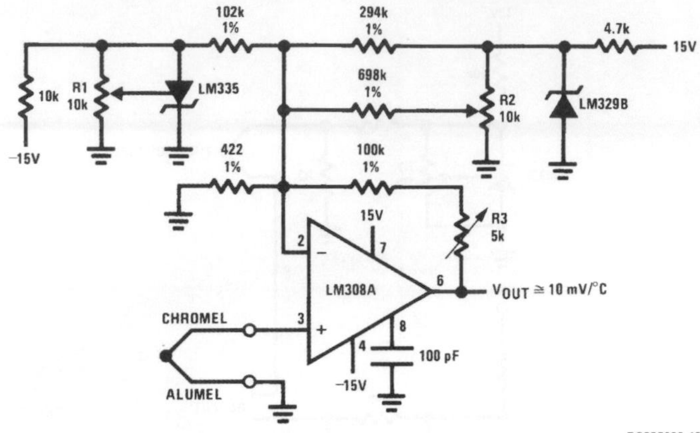

Terminate thermocouple reference junction in close proximity to LM335.

Adjustments:

1. Apply signal in place of thermocouple and adjust R3 for a gain of 245.7.
2. Short non-inverting input of LM308A and output of LM329B to ground.
3. Adjust R1 so that V_{OUT} = 2.982V @ 25°C.
4. Remove short across LM329B and adjust R2 so that V_{OUT} = 246 mV @ 25°C.
5. Remove short across thermocouple.

Fast Charger for Nickel-Cadmium Batteries

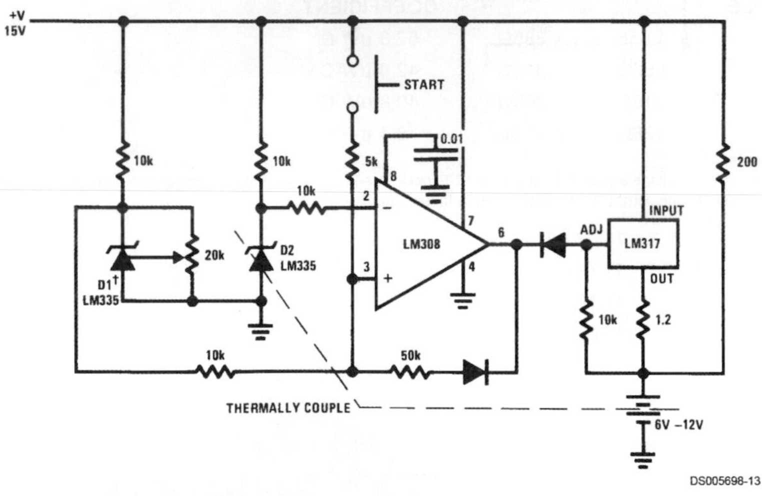

†Adjust D1 to 50 mV greater V_Z than D2.

Charge terminates on 5°C temperature rise. Couple D2 to battery.

Differential Temperature Sensor

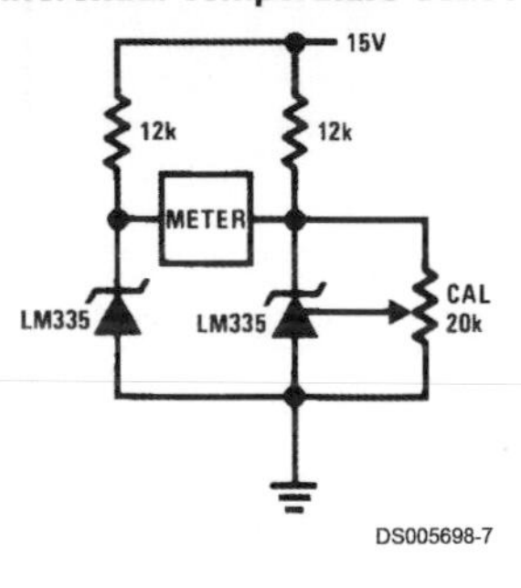

Typical Applications (Continued)

Differential Temperature Sensor

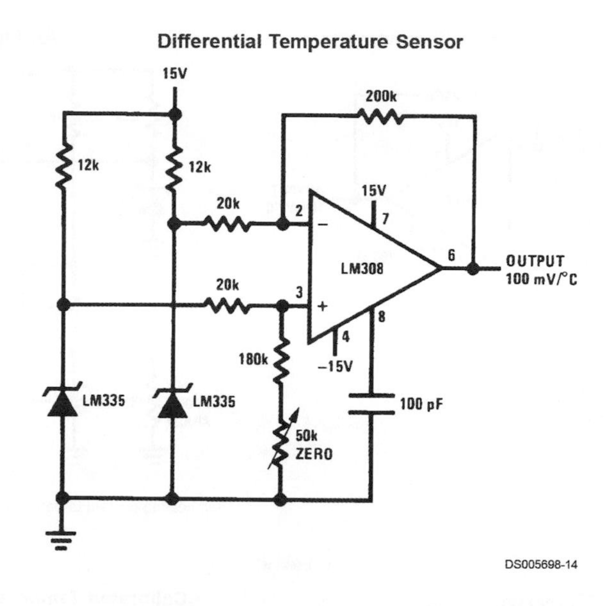

Variable Offset Thermometer

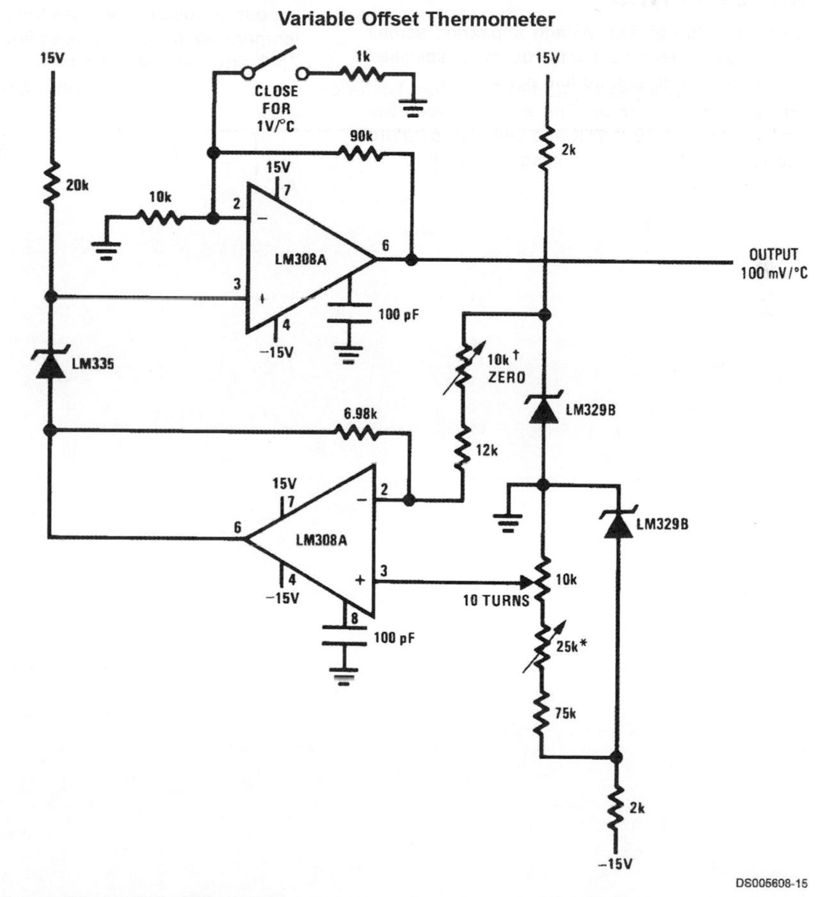

†Adjust for zero with sensor at 0°C and 10T pot set at 0°C
*Adjust for zero output with 10T pot set at 100°C and sensor at 100°C
Output reads difference between temperature and dial setting of 10T pot

Typical Applications (Continued)

Ground Referred Centigrade Thermometer

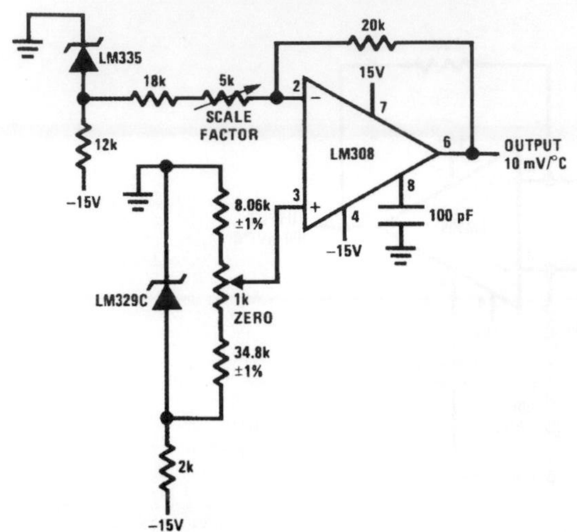

DS005698-16

Air Flow Detector*

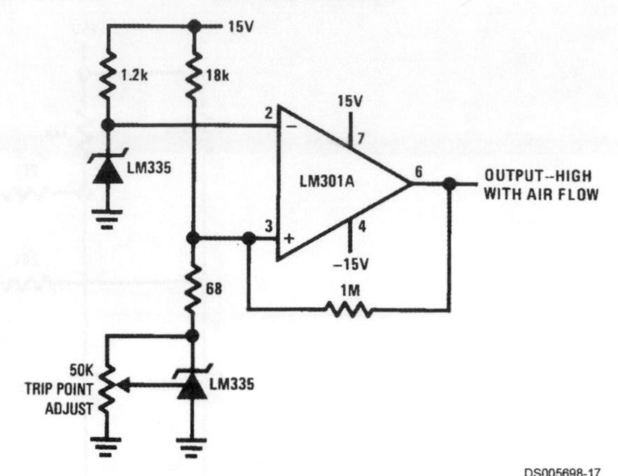

DS005698-17

*Self heating is used to detect air flow

Definition of Terms

Operating Output Voltage: The voltage appearing across the positive and negative terminals of the device at specified conditions of operating temperature and current.

Uncalibrated Temperature Error: The error between the operating output voltage at 10 mV/˚K and case temperature at specified conditions of current and case temperature.

Calibrated Temperature Error: The error between operating output voltage and case temperature at 10 mV/˚K over a temperature range at a specified operating current with the 25˚C error adjusted to zero.

Physical Dimensions inches (millimeters) unless otherwise noted

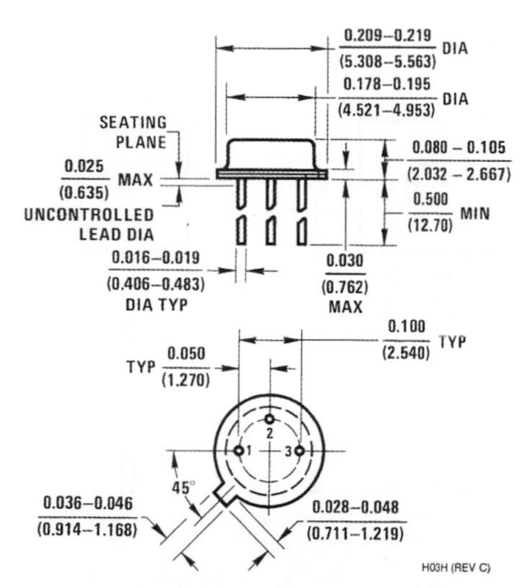

Metal Can Package (H)
Order Number LM135H, LM235H, LM335H, LM135AH, LM235AH or LM335AH
NS Package Number H03H

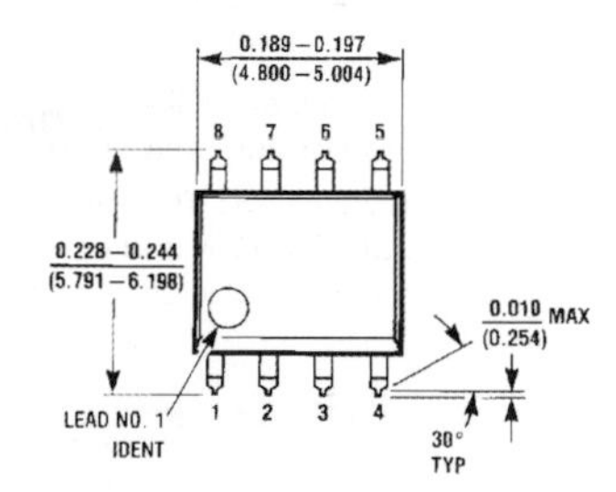

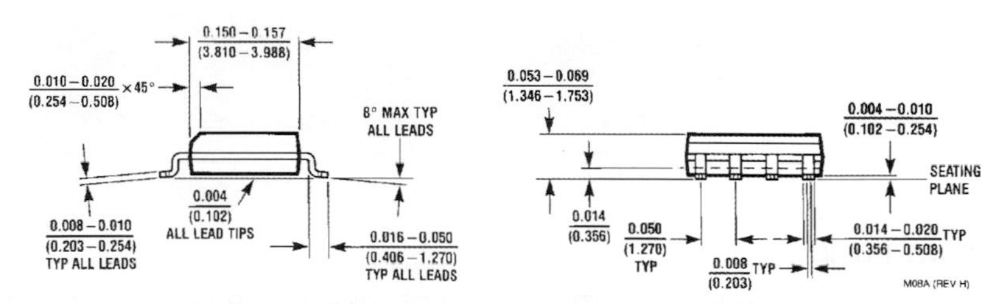

8-Lead Molded Small Outline Package (M)
Order Number LM335M
NS Package Number M08A

Physical Dimensions inches (millimeters) unless otherwise noted (Continued)

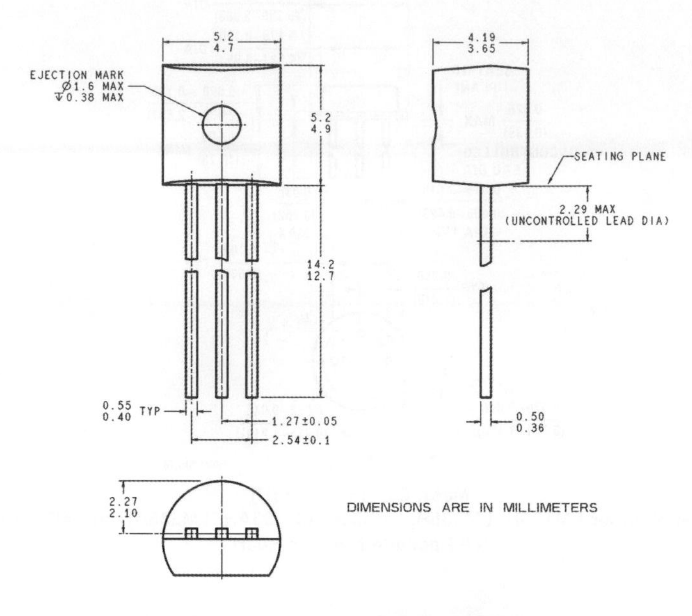

Plastic Package
Order Number LM335Z or LM335AZ
NS Package Z03A

National Semiconductor Corporation
Americas
Tel: 1-800-272-9959
Fax: 1-800-737-7018
Email: support@nsc.com
www.national.com

National Semiconductor Europe
Fax: +49 (0) 180-530 85 86
Email: europe.support@nsc.com
Deutsch Tel: +49 (0) 69 9508 6208
English Tel: +44 (0) 870 24 0 2171
Français Tel: +33 (0) 1 41 91 8790

National Semiconductor Asia Pacific Customer Response Group
Tel: 65-2544466
Fax: 65-2504466
Email: ap.support@nsc.com

National Semiconductor Japan Ltd.
Tel: 81-3-5639-7560
Fax: 81-3-5639-7507

國家圖書館出版品預行編目資料

感測器應用實務(使用 LabVIEW) / 陳瓊興, 歐陽逸
編著. -- 初版. -- 新北市 : 全華圖書, 2020.10
面 ; 公分
ISBN 978-986-503-503-7(平裝)

1.LabVIEW(電腦程式) 2.量度儀器

331.7029 109014964

感測器應用實務(使用 LabVIEW)

作者 / 陳瓊興、歐陽逸
發行人 / 陳本源
執行編輯 / 張繼元
出版者 / 全華圖書股份有限公司
郵政帳號 / 0100836-1 號
印刷者 / 宏懋打字印刷股份有限公司
圖書編號 / 06445007
初版一刷 / 2020 年 10 月
定價 / 新台幣 560 元
ISBN / 978-986-503-503-7(平裝)
全華圖書 / www.chwa.com.tw
全華網路書店 Open Tech / www.opentech.com.tw
若您對書籍內容、排版印刷有任何問題，歡迎來信指導 book@chwa.com.tw

臺北總公司(北區營業處)
地址：23671 新北市土城區忠義路 21 號
電話：(02) 2262-5666
傳真：(02) 6637-3695、6637-3696

南區營業處
地址：80769 高雄市三民區應安街 12 號
電話：(07) 381-1377
傳真：(07) 862-5562

中區營業處
地址：40256 臺中市南區樹義一巷 26 號
電話：(04) 2261-8485
傳真：(04) 3600-9806

歡迎加入 全華會員

● 會員獨享

會員享購書折扣、紅利積點、生日禮金、不定期優惠活動…等。

● 如何加入會員

掃 QRcode 或填妥讀者回函卡直接傳真（02）2262-0900 或寄回，將由專人協助登入會員資料，待收到 E-MAIL 通知後即可成為會員。

如何購買 全華書籍

1. 網路購書

全華網路書店「http://www.opentech.com.tw」，加入會員購書更便利，並享有紅利積點回饋等各式優惠。

2. 實體門市

歡迎至全華門市（新北市土城區忠義路 21 號）或各大書局選購。

3. 來電訂購

(1) 訂購專線：(02) 2262-5666 轉 321-324
(2) 傳真專線：(02) 6637-3696
(3) 郵局劃撥（帳號：0100836-1　戶名：全華圖書股份有限公司）
※ 購書未滿 990 元者，酌收運費 80 元。

全華網路書店 www.opentech.com.tw
E-mail: service@chwa.com.tw

※ 本會員制如有變更則以最新修訂制度為準，造成不便請見諒。

廣　告　回　信
板橋郵局登記證
板橋廣字第540號

行銷企劃部　收

23671
新北市土城區忠義路21號
全華圖書股份有限公司

讀者回函卡

掃 QRcode 線上填寫 ▶▶▶

姓名：＿＿＿＿＿＿ 生日：西元＿＿＿年＿＿＿月＿＿＿日 性別：□男 □女

電話：（ ）＿＿＿＿＿＿ 手機：＿＿＿＿＿＿

e-mail：（必填）＿＿＿＿＿＿

註：數字零，請用 Φ 表示，數字 1 與英文 L 請另註明並書寫端正，謝謝。

通訊處：□□□□□

學歷：□高中・職 □專科 □大學 □碩士 □博士

職業：□工程師 □教師 □學生 □軍・公 □其他

學校／公司：＿＿＿＿＿＿ 科系／部門：＿＿＿＿＿＿

・需求書類：

□ A. 電子 □ B. 電機 □ C. 資訊 □ D. 機械 □ E. 汽車 □ F. 工管 □ G. 土木 □ H. 化工 □ I. 設計

□ J. 商管 □ K. 日文 □ L. 美容 □ M. 休閒 □ N. 餐飲 □ O. 其他

・本次購買圖書為：＿＿＿＿＿＿ 書號：＿＿＿＿＿＿

・您對本書的評價：

封面設計：□非常滿意 □滿意 □尚可 □需改善，請說明＿＿＿＿＿＿

內容表達：□非常滿意 □滿意 □尚可 □需改善，請說明＿＿＿＿＿＿

版面編排：□非常滿意 □滿意 □尚可 □需改善，請說明＿＿＿＿＿＿

印刷品質：□非常滿意 □滿意 □尚可 □需改善，請說明＿＿＿＿＿＿

書籍定價：□非常滿意 □滿意 □尚可 □需改善，請說明＿＿＿＿＿＿

整體評價：請說明＿＿＿＿＿＿

・您在何處購買本書？

□書局 □網路書店 □書展 □團購 □其他＿＿＿＿＿＿

・您購買本書的原因？（可複選）

□個人需要 □公司採購 □親友推薦 □老師指定用書 □其他＿＿＿＿＿＿

・您希望全華以何種方式提供出版訊息及特惠活動？

□電子報 □ DM □廣告（媒體名稱＿＿＿＿＿＿）

・您是否上過全華網路書店？（www.opentech.com.tw）

□是 □否 您的建議＿＿＿＿＿＿

・您希望全華出版哪方面書籍？＿＿＿＿＿＿

・您希望全華加強哪些服務？＿＿＿＿＿＿

感謝您提供寶貴意見，全華將秉持服務的熱忱，出版更多好書，以饗讀者。

填寫日期：　　/　　/

2020.09 修訂

親愛的讀者：

感謝您對全華圖書的支持與愛護，雖然我們很慎重的處理每一本書，但恐仍有疏漏之處，若您發現本書有任何錯誤，請填寫於勘誤表內寄回，我們將於再版時修正，您的批評與指教是我們進步的原動力，謝謝！

全華圖書　敬上

勘誤表

書號		書名		作者	
頁數	行數	錯誤或不當之詞句		建議修改之詞句	

我有話要說：（其它之批評與建議，如封面、編排、內容、印刷品質等・・・）